装备科技译著出版基金

含能材料译丛

含能材料百科全书

Energetic Materials Encyclopedia

[德]托马斯·马蒂亚斯·克拉珀特克(Thomas M. Klapötke) 著
赵凤起 秦钊 姚二岗 译

国防工业出版社
·北京·

著作权合同登记　图字：军-2020-048 号

图书在版编目（CIP）数据

含能材料百科全书/（德）托马斯·马蒂亚斯·克拉珀特克著；赵凤起，秦钊，姚二岗译．—北京：国防工业出版社，2021.10

书名原文：Energetic Materials Encyclopedia

ISBN 978-7-118-12356-2

Ⅰ．①含…　Ⅱ．①托…②赵…③秦…④姚…　Ⅲ．①功能材料　Ⅳ．①TB34

中国版本图书馆 CIP 数据核字（2021）第 157728 号

※

国防工业出版社出版发行

（北京市海淀区紫竹院南路 23 号　邮政编码 100048）

三河市腾飞印务有限公司印刷

新华书店经售

*

开本 710×1000　1/16　印张 26¼　字数 477 千字

2021 年 10 月第 1 版第 1 次印刷　印数 1—2000 册　定价 158.00 元

（本书如有印装错误，我社负责调换）

国防书店：（010）88540777　　书店传真：（010）88540776

发行业务：（010）88540717　　发行传真：（010）88540762

译 者 序

本书是一部系统介绍含能化合物相关参数的手册，系统全面介绍了 200 多种含能化合物的化学式、简称、物理化学性质、感度、热性能、爆轰参数和晶胞参数等信息。书中介绍的含能材料不仅包含大家广为熟知和正在使用的含能材料，还囊括了大量性能优异的新型含能材料。

本书的作者系国际知名的含能材料专家，德国慕尼黑大学的托马斯·马蒂亚斯·克拉珀特克(Thomas M. Klapötke)教授，他是英国皇家化学会、美国化学会和德国化学会会员，也是国际烟火学会和美国国防工业协会的终身会员。Thomas M. Klapötke 教授担任《德国无机化学》期刊的执行主编，还是《推进剂、炸药和烟火技术》及《美国含能材料》等多个含能材料领域国际期刊的编委，在国际同行评议期刊上发表学术论文 600 多篇，出版专著近 10 部。

为了更好地跟踪国际含能材料领域前沿，进一步方便我国火炸药配方设计和研究人员的查阅，在国防工业出版社的领导和老师的指导、支持和帮助下，经德国德古意特出版社的许可和授权，我们组织翻译了此书。译者相信，本书将会成为含能材料研究工作者很有价值的一本参考手册。希望读者能够借助本书更好地运用性能优异的新型含能材料，并从中受益。

原著中很多专有名词及术语，直接采用了缩写。为尊重原著，书中的化合物按照原版的英文字母顺序进行排列，为方便中国读者使用，我们添加了按中文名称和分子式以及中英文和缩写对照的索引，同时在附录中还增加了符号说明及单位换算表，以方便读者查阅。

值此书中文版出版之际，作为译者，在此感谢本译著的支持者和校核者，感谢他们所付出的艰辛劳动和始终如一的热情；感谢西北大学徐抗震教授和西安近代化学研究所刘英哲博士在化合物名称翻译和校对方面给予的帮助；感谢国防工业出版社为出版此书所做的努力；最后感谢西安近代化学研究所和火炸药燃烧国防科技重点实验室的各级领导及同事对本译著所提供的指导、帮助和建议。

限于译、校者的水平，加上书中内容涉及的知识面较广，译文中不妥之处在所难免，期望读者斧正。

译　者

2020 年 12 月于西安

前　言

本书基于德国慕尼黑大学的含能材料研究小组与美国陆军研究实验室的陆军研究办公室以及美国海军研究办公室为期一年的合作。对已知、正在使用以及新型炸药的感度数据和性能参数报道使用时需要统一标准是完成本书背后的驱动力。

感谢美国马里兰州阿伯丁试验场的美国陆军研究实验室的 Betsy M. Rice 博士、Ed Byrd 博士和 Brad Forch 博士，美国海军研究办公室的 Cliff Bedford 博士和 Chad Stoltz 博士，美国马里兰州印第安黑德海军水面战中心的 Al Stern 博士和来自英国的全球海军研究办公室的 Judah Goldwasser 博士，以及慕尼黑含能材料研究小组的许多前同事和现同事所提出的鼓舞人心的讨论和建议。没有他们的帮助，本书无法完成。此外，还要感谢美国海军研究办公室的资助（资助号 ONR. N00014-16-1-2062）。

感谢所有在本书的编写、出版过程中给予帮助的人，特别感谢 Martin Haertel 博士、Alicia Dufter 硕士和 Cornelia Unger 硕士为本书初稿所做出的努力，同时还要特别感谢 T. I. Gerle 为改进初稿所给予的帮助和辛勤工作。

感谢澳大利亚国防学院的 Lynne Wallace 教授、中国北京理工大学的张建国教授、美国陆军研究实验室的 Jesse J. Sabatini 博士、克罗地亚萨格勒布大学的 Muhamed Suceska 博士、伊朗马利克阿什塔尔大学的 Mohammad H. Keshavarz 教授对本书的贡献。

最后再一次感谢美国海军研究办公室的资助（资助号：ONR. N00014-16-1-2062）。

特别感谢 Lena Stoll 和 Sabina Dabrowski（WdeG）出色而高效的合作。

Thomas M. Klapötke

2018 年 2 月于慕尼黑

前言

目　　录

A

1-氨基四唑-5-酮氨基胍盐(Aminoguanidinium 1-aminotetrazol-5-oneate) … 1
1-氨基四唑-5-酮(1-Aminotetrazol-5-one) ………… 2
1-氨基四唑-5-酮铵盐(Ammonium 1-aminotetrazol-5-oneate) ………… 3
叠氮化铵(Ammonium azide) ………… 4
二硝酰胺铵(Ammonium dinitramide) ………… 5
硝酸铵(Ammonium nitrate) ………… 8
高氯酸铵(Ammonium perchlorate) ………… 10
苦味酸铵(Ammonium picrate) ………… 13
偶氮三唑酮(Azotriazolone) ………… 15
氧化偶氮三唑酮(Azoxytriazolone) ………… 16

B

氯酸钡(Barium chlorate) ………… 18
硝酸钡(Barium nitrate) ………… 19
高氯酸钡(Barium perchlorate) ………… 21
过氧化苯甲酰(Benzoyl peroxide) ………… 23
1,1′-二硝氨基-5,5′-联四唑二(氨基胍)盐(Bis(aminoguanidinium) 1,1′-dinitramino-5,5′-bitetrazolate) ………… 24
1,1′-二硝氨基-5,5′-联四唑双(3,4-二氨基-1,2,4-三唑)盐(Bis(3,4-diamino-1,2,4-triazolium) 1,1′-dinitramino-5,5′-bitetrazolate) ………… 25
双(二氨基脲)1,1′-二硝氨基-5′,5′-联四唑盐(Bis(diaminouronium) 1,1′-dinitramino-5,5′-bitetrazolate) ………… 26
双(3,5-二硝基-4-氨基吡唑基)甲烷(Bis(3,5-dinitro-4-aminopyrazolyl) methane) ………… 27
双(2,2-二硝基丙基)乙缩醛(Bis(2,2-dinitropropyl) acetal) ………… 29

双(2,2-二硝基丙基)甲缩醛(Bis(2,2-dinitropropyl)formal) …… 30
1,1′-二硝氨基-5,5′-联四唑双胍盐(Bis(guanidinium)1,1′-dinitramino-5,5′-bitetrazolate) …… 31
3,3′-二异噁唑-5,5′-二亚甲基硝酸酯(Bis-isoxazole-bis-methylene dinitrate) …… 32
3,3′-二异噁唑-4,4′,5,5′-四亚甲基硝酸酯(Biisoxazoletetrakis(methyl nitrate)) …… 34
4,6-二硝氨基-1,3,5-三嗪-2(1H)-酮(Bis(nitramino)triazinone) …… 35
2,2,2-双(三硝基乙基)草酸(2,2,2-Bis(trinitroethyl)oxalate) …… 36
5,5′-双(2,4,6-三硝基苯)-2,2′-双(1,3,4-噁二唑)(5,5′-Bis(2,4,6-trinitrophenyl)-2,2′-bi(1,3,4-oxadiazole)) …… 38
双(3,4,5-三硝基吡唑基)甲烷(Bis(3,4,5-trinitropyrazolyl)methane) …… 39
双(三硝基乙基)硝胺(Bis-trinitroethylnitramine) …… 41
双(三硝基乙基)脲(Bis(trinitroethyl)urea) …… 43
1,3-丁二醇二硝酸酯(Butanediol dinitrate) …… 44
1,2,4-丁三醇三硝酸酯(Butanetriol trinitrate) …… 45
N-丁基-*N*-(2-硝酸酯乙基)硝胺(*N*-butyl-*N*-(2-nitroxyethyl)nitramine) …… 47

C

斯蒂芬酸钾钙(Calcium potassium styphnate) …… 49
ε-六硝基六氮杂异伍兹烷(ε-CL-20) …… 50
5-硝基四唑亚铜(Copper(I)5-nitrotetrazolate) …… 52
三聚叠氮氰(Cyanuric triazide) …… 53
环三亚甲基三亚硝胺(Cyclotrimethylene trinitrosamine) …… 55

D

二过氧化二丙酮(DADP) …… 58
3,3′-二氨基-4,4′-氧化偶氮呋咱(3,3′-Diamino-4,4′-azoxyfurazan) …… 59
2,6-二氨基-3,5-二硝基吡嗪-1-氧化物(2,6-Diamino-3,5-dinitropyrazine-1-oxide) …… 61
二氨基胍-1-氨基四唑 5-酮盐(Diaminoguanidinium 1-aminotetrazol-5-oneate) …… 62

3,4-二氨基-1,2,4-三唑 1-氨基四唑-5-酮盐(3,4-Diamino-1,2,4-triazolium 1-aminotetrazol-5-oneate) …… 63
二(1-氨基-1,2,3-三唑)5,5'-联四唑-1,1'-二羟基盐(Di(1-amino-1,2,3-triazolium)5,5'-bitetrazole-1,1'-diolate) …… 64
3,4-二氨基-1,2,4-三唑-1-羟基 5-氨基-四唑盐(3,4-Diamino-1,2,4-triazolium 1-hydroxyl-5-amino-tetrazolate) …… 65
3,4-二氨基-1,2,4-三唑 5-硝氨基-四唑盐(3,4-Diamino-1,2,4-triazolium 5-nitramino-tetrazolate) …… 66
3,4-二氨基-1,2,4-三唑 5-硝基-四唑盐(3,4-Diamino-1,2,4-triazolium 5-nitro-tetrazolate) …… 67
二硝基重氮酚(2-Diazonium-4,6-dinitrophenolate) …… 68
二(3,4-二氨基-1,2,4-三唑)5-二硝甲基-四唑盐(Di(3,4-diamino-1,2,4-triazolium)5-dinitromethyl-tetrazolate) …… 70
二(3,4-二氨基-1,2,4-三唑)5-硝氨基-四唑盐(Di(3,4-diamino-1,2,4-triazolium)5-nitramino-tetrazolate) …… 71
二乙二醇二硝酸酯(Diethyleneglycol dinitrate) …… 72
二甘油四硝酸酯(Diglycerol tetranitrate) …… 74
5,5'-联四唑-1,1'-二氧二羟胺(Dihydroxylammonium 5,5'-bitetrazole-1,1'-dioxide) …… 75
1,1'-二羟基-3,3'-二硝基-5,5'-联-1,2,4-三唑二羟胺盐(Dihydroxylammonium-3,3'-dinitro-5,5'-bis(1,2,4-triazole)-1,1'-diolate) …… 77
二甲基-2-叠氮乙基胺(2-Dimethylaminoethylazide) …… 78
2,3-二甲基-2,3-二硝基丁烷(2,3-Dimethyl-2,3-dinitrobutane) …… 79
偏二甲肼(Unsymmetrical dimethylhydrazine) …… 80
2,4-二硝基苯甲醚(2,4-Dinitroanisole) …… 82
4,6-二硝基苯并氧化呋咱(4,6-Dinitrobenzofuroxan) …… 83
2,4-二硝基氯苯(Dinitrochlorobenzene) …… 85
2,4-二硝基-2,4-二氮杂戊烷(2,4-Dinitro-2,4-diazapentane) …… 86
2,4-二硝基-2,4-二氮杂己烷(2,4-Dinitro-2,4-diazahexane) …… 87
3,5-二硝基-3,5-二氮杂庚烷(3,5-Dinitro-3,5-diazaheptane) …… 88
二硝基二甲基草酰胺(Dinitrodimethyloxamide) …… 90
二硝基二氧乙基草酰胺二硝酸酯(Dinitrodioxyethyloxamide dinitrate) …… 91

2,2′-二硝基二苯胺(2,2′-Dinitrodiphenylamine) …………………………… 93
2,4-二硝基二苯胺(2,4-Dinitrodiphenylamine) ……………………………… 94
2,4′-二硝基二苯胺(2,4′-Dinitrodiphenylamine) …………………………… 95
2,6-二硝基二苯胺(2,6-Dinitrodiphenylamine) ……………………………… 96
4,4′-二硝基二苯胺(4,4′-Dinitrodiphenylamine) …………………………… 97
1,4-二硝基甘脲(1,4-Dinitroglycolurile) ……………………………………… 98
1,5-二硝基萘(1,5-Dinitronaphthalene) ……………………………………… 100
1,8-二硝基萘(1,8-Dinitronaphthalene) ……………………………………… 101
二硝基邻甲酚(Dinitroorthocresol) ……………………………………………… 102
二硝基苯氧基乙基硝酸酯(Dinitrophenoxyethylnitrate) ……………………… 104
二硝基苯肼(Dinitrophenylhydrazine) …………………………………………… 105
二硝基苯(Dinitrosobenzene) ……………………………………………………… 106
4,10-二硝基-4,10-二氮杂-2,6,8,12-四氧四环十二烷
(4,10-Dinitro-2,6,8,12-tetraoxa-4,10-diazaisowurtzitane) ……………… 107
2,4-二硝基甲苯(2,4-Dinitrotoluene) …………………………………………… 109
2,6-二硝基甲苯(2,6-Dinitrotoluene) …………………………………………… 111
己二酸二辛酯(Dioctyl adipate) ………………………………………………… 112
吉纳(Dioxyethylnitramine dinitrate) …………………………………………… 113
二季戊四醇六硝酸酯(Dipentaerythritol hexanitrate) ………………………… 115
二苯氨甲酸乙酯(Diphenylurethane) …………………………………………… 116
二苦基脲(Dipicrylurea) ………………………………………………………… 118
1,1′-二羟基-5,5′-联四唑-二(氨基脲)盐(Di(semicarbazide)
5,5′-bitetrazole-1,1′-diolate) ………………………………………………… 119

E

赤藓醇四硝酸酯(Erythritol tetranitrate) ……………………………………… 120
乙酸乙醇胺(Ethanolamine dinitrate) …………………………………………… 122
三羟甲基丙烷三硝酸酯(Ethriol trinitrate) ……………………………………… 123
乙二胺二硝酸盐(Ethylenediamine dinitrate) …………………………………… 125
乙烯二硝胺(Ethylene dinitramine) ……………………………………………… 126
乙二醇二硝酸酯(Ethylene glycol dinitrate) …………………………………… 129
硝酸乙酯(Ethyl nitrate) ………………………………………………………… 131
N-乙基-*N*-(2-硝氧乙基)硝胺(*N*-ethyl-*N*-(2-nitroxyethyl)nitramine) …… 132

乙基苦味酸(Ethyl picrate) …… 133
2,4,6-三硝基苯基乙基硝胺(Ethyltetryl) …… 134

F

1,1-二氨基-2,2-二硝基乙烯(FOX-7) …… 136
N-脒基脲二硝酰胺盐(FOX-12) …… 138

G

甘油乙酸酯二硝酸酯(Glycerol acetate dinitrate) …… 141
甘油1,3-二硝酸酯(Glycerol 1,3-dinitrate) …… 142
甘油1,2-二硝酸酯(Glycerol 1,2-dinitrate) …… 143
甘油-2,4-二硝基苯基醚二硝酸酯(Glycerol-2,4-dinitrophenyl ether dinitrate) …… 144
甘油硝基乳酸酯二硝酸酯(Glycerol nitrolactate dinitrate) …… 145
甘油三硝基苯醚二硝酸酯(Glycerol trinitrophenyl ether dinitrate) …… 146
聚叠氮缩水甘油醚(Glycidyl azide polymer) …… 147
1-氨基四唑-5-酮胍盐(Guanidinium 1-aminotetrazol-5-oneate) …… 149
硝酸胍(Guanidinium nitrate) …… 150
高氯酸胍(Guanidinium perchlorate) …… 152
苦味酸胍(Guanidinium picrate) …… 155

H

N-(2,4,6三硝基苯基-*N*-硝氨基)-三羟甲基甲烷三硝酸酯(Heptryl) …… 157
六亚甲基四胺二硝酸盐(Hexamethylenetetramine dinitrate) …… 158
六硝基偶氮苯(Hexanitroazobenzene) …… 159
2,4,6,2′,4′,6′-六硝基联苯(2,4,6,2′,4′,6′-Hexanitrobiphenyl) …… 161
2,4,6,2′,4′,6′-六硝基二苯胺(2,4,6,2′,4′,6′-Hexanitrodiphenylamine) …… 162
六硝基二苯基氨基乙基硝酸酯(Hexanitrodiphenylaminoethyl nitrate) …… 164
六硝基二苯基甘油单硝酸酯(Hexanitrodiphenylglycerol mononitrate) …… 165
2,4,6,2′,4′,6′-六硝基苯基醚(2,4,6,2′,4′,6′-Hexanitrodiphenyl oxide) …… 166
2,4,6,2′,4′,6′-六硝基二苯基硫醚(2,4,6,2′,4′,6′-Hexanitrodiphenylsulfide) …… 167
2,4,6,2′,4′,6′-六硝基二苯基砜(2,4,6,2′,4′,6′-Hexanitrodiphenylsulfone) …… 169
六硝基乙烷(Hexanitroethane) …… 170

六硝基二苯基草酸胺(Hexanitrooxanilide) …… 172
六硝基芪(Hexanitrostilbene) …… 173
黑索今(Hexogen) …… 176
六亚甲基三过氧化二胺(HMTD) …… 184
肼(Hydrazine) …… 186
1,1′-二羟基-5,5′-联四唑肼盐(Hydrazinium 5,5′-bitetrazole-1,1′-diolate) …… 188
硝酸肼(Hydrazinium nitrate) …… 189
硝仿肼(Hydrazinium nitroformate) …… 191
高氯酸肼(Hydrazinium perchlorate) …… 193
二(5-硝氨基-四唑)-3-肼基-4-氨基-1H-1,2,4-三唑盐(3-Hydrazinium-4-amino-1H-1,2,4-triazolium di(5-nitramino-tetrazolate)) …… 195
二(5-硝基-四唑)-3-肼基-4-氨基-1H-1,2,4-三唑盐(3-Hydrazinium-4-amino-1H-1,2,4-triazolium di(5-nitro-tetrazolate)) …… 196
1H,1′H-5,5′-双四唑′ 3-肼基-4-氨基-1H-1,2,4-三唑盐(3-Hydrazinium-4-amino-1H-1,2,4-triazolium 1H,1′H-5,5′-bitetrazole-1,1′-diolate) …… 197
硝基四唑-3-肼基-4-氨基-1H-1,2,4-三唑盐(3-Hydrazinium-4-amino-1H-1,2,4-triazolium nitrotetrazolate) …… 198
1,1′-二羟基-5,5′-偶氮四唑二(3-肼基-4-氨基-2H-1,2,4-三唑)盐(3-Hydrazino-4-amino-2H-1,2,4-triazolium 1H,1′H-5,5′-azotetrazole-1,1′-diolate) …… 199

I

异山梨醇二硝酸酯(Isosorbitol dinitrate) …… 200

L

叠氮化铅(Lead azide) …… 202
斯蒂酚酸铅(Lead styphnate) …… 204

M

甘露醇六硝酸酯(D-Mannitol hexanitrate) …… 206
雷汞(Mercury fulminate) …… 207

N

硝基氨基胍(Nitroaminoguanidine) …… 210
硝化纤维素(Nitrocellulose) …… 211
硝基乙烷(Nitroethane) …… 214
硝基乙基丙二醇二硝酸酯(Nitroethylpropanediol dinitrate) …… 215
硝化甘油(Nitroglycerine) …… 216
硝基缩水甘油(Nitroglycide) …… 220
硝化甘醇(Nitroglycol) …… 221
硝基胍(Nitroguanidine) …… 222
硝基异丁基甘油三硝酸酯(Nitroisobutylglycerol trinitrate) …… 225
硝基甲烷(Nitromethane) …… 227
硝基甲基丙二醇二硝酸酯(Nitromethyl propanediol dinitrate) …… 229
2-硝基甲苯(2-Nitrotoluene) …… 230
3-硝基甲苯(3-Nitrotoluene) …… 231
4-硝基甲苯(4-Nitrotoluene) …… 232
3-硝基-1,2,4-三唑-5-酮(3-Nitro-1,2,4-triazole-5-one) …… 233
硝基脲(Nitrourea) …… 235

O

八硝基立方烷(Octanitrocubane) …… 238
奥克托今(Octogen) …… 240

P

季戊四醇三硝酸酯(Pentaerythritol trinitrate) …… 247
太安(PETN) …… 248
苦氨酸(Picramic acid) …… 257
苦味酸(Picric acid) …… 259
聚-3-叠氮基甲基-3-甲基-氧杂环丁烷(Poly-3-azidomethyl-3-methyl-oxetane) …… 261
聚-3,3-双-(叠氮基甲基)-氧杂环丁烷(Poly-3,3-bis-(azidomethyl)-oxetane) …… 263
聚缩水甘油硝酸酯(PolyGLYN) …… 264

聚三硝基苯(Polynitropolyphenylene) ······ 265
聚乙烯醇硝酸酯(Polyvinyl nitrate) ······ 266
氯酸钾(Potassium chlorate) ······ 268
二硝酰胺钾(Potassium dinitramide) ······ 269
1,1′-二硝基氨基-5,5′-联四唑钾盐(Potassium 1,1′-dinitramino-5,5′-bistetrazolate) ······ 271
二硝基苯并氧化呋咱钾(Potassium dinitrobenzfuroxan) ······ 272
5,7-二硝基-4-氧-[2,1,3]-苯并噁二唑钾-3-氧化物(Potassium 5,7-dinitro-[2,1,3]-benzoxadiazol-4-olate 3-oxide) ······ 274
硝酸钾(Potassium nitrate) ······ 275
高氯酸钾(Potassium perchlorate) ······ 277
丙二醇二硝酸酯(Propyleneglycol dinitrate) ······ 279
硝酸丙酯(Propyl nitrate) ······ 280
2,6-二苦氨基-3,5-二硝基吡啶(PYX) ······ 281

S

叠氮化银(Silver azide) ······ 283
雷酸银(Silver fulminate) ······ 285
氯酸钠(Sodium chlorate) ······ 286
硝酸钠(Sodium nitrate) ······ 288
高氯酸钠(Sodium perchlorate) ······ 290
硝酸锶(Strontium nitrate) ······ 291
2,4,6-三硝基间苯二酚(斯蒂酚酸)(Styphnic acid) ······ 293

T

四硝基二苯并-1,3a,4,6a-四氮杂戊搭烯(Tacot) ······ 296
三过氧化三丙酮(TATP) ······ 297
四胺-顺式-双(5-硝基-2H-四唑)钴(III)高氯酸盐(Tetraamine-cis-bis(5-nitro-2H-tetrazolato) cobalt(III) perchlorate) ······ 300
四甲基硝酸铵(Tetramethylammonium nitrate) ······ 301
四羟甲基环戊酮四硝酸酯(Tetramethylolcyclopentanone tetranitrate) ······ 302
2,3,4,6-四硝基苯胺(2,3,4,6-Tetranitroaniline) ······ 304
四硝基咔唑(Tetranitrocarbazole) ······ 306

四硝基甘脲(Tetranitroglycolurile) ······ 307
四硝基甲烷(Tetranitromethane) ······ 308
四硝基萘(Tetranitronaphthalene) ······ 311
四氮烯(Tetrazene) ······ 312
1-[(2E)-3-(1H-四唑-5-基)三氮-2-烯-1-亚基]甲烷二胺(1-[(2E)-3-(1H-tetrazol-5-yl)triaz-2-en-1-ylidene]methanediamine) ······ 314
特屈儿(Tetryl) ······ 315
1-氨基三唑-5-酮-三氨基胍盐(Triaminoguanidinium 1-aminotetrazol-5-oneate) ······ 322
三氨基硝酸胍(Triaminoguanidinium nitrate) ······ 323
1,3,5-三氨基-2,4,6-三硝基苯(1,3,5-Triamino-2,4,6-trinitrobenzene) ······ 325
1,3,5-三叠氮-2,4,6-三硝基苯(1,3,5-Triazido-2,4,6-trinitrobenzene) ······ 329
二缩三乙二醇二硝酸酯(Triethyleneglycol dinitrate) ······ 331
三-(2,2,2-三硝基乙基)氧基甲烷(2,2,2-Trinitroethyl formate) ······ 332
2,2,2-三硝基乙基-硝氨基甲酸酯(2,2,2-Trinitroethyl nitrocarbamate) ······ 333
硝酸三甲铵(Trimethylammonium nitrate) ······ 335
1,3-丙二醇二硝酸酯(Trimethyleneglycol dinitrate) ······ 336
三硝基苯胺(Trinitroaniline) ······ 337
三硝基茴香醚(Trinitroanisole) ······ 339
三硝基氮杂环丁烷(Trinitroazetidine) ······ 341
三硝基苯(Trinitrobenzene) ······ 344
三硝基苯甲酸(Trinitrobenzoic acid) ······ 347
三硝基氯苯(Trinitrochlorobenzene) ······ 348
三硝基甲酚(2,4,6-Trinitrocresol) ······ 350
三硝基甲烷(Trinitromethane) ······ 352
三硝基萘(Trinitronaphthalene) ······ 353
三硝基苯氧基乙基硝酸酯(Trinitrophenoxyethyl nitrate) ······ 355
2,4,6-三硝基苯基硝基氨基乙基硝酸酯(2,4,6-Trinitrophenylnitraminoethyl nitrate) ······ 356
三硝基吡啶(Trinitropyridine) ······ 358
三硝基吡啶-*N*-氧化物(Trinitropyridine-*N*-oxide) ······ 359

三硝基甲苯(2,4,6-Trinitrotoluene) …… 361
三硝基二甲苯(Trinitroxylene) …… 370
三季戊四醇辛酸硝酸酯(Tripentaerythritol octanitrate) …… 372

U

硝酸脲(Uronium nitrate) …… 374
乌洛托品二硝酸盐(Urotropinium dinitrate) …… 376

附　录

附录 1　符号说明 …… 377
附录 2　术语注释 …… 378
附录 3　单位换算表 …… 380

索　引

分子式索引表 …… 383
中文索引表 …… 386
中英文索引表 …… 393

A

1-氨基四唑-5-酮氨基胍盐
(Aminoguanidinium 1-aminotetrazol-5-oneate)

名称 1-氨基四唑-5-酮氨基胍盐

主要用途 猛(高能)炸药

分子结构式

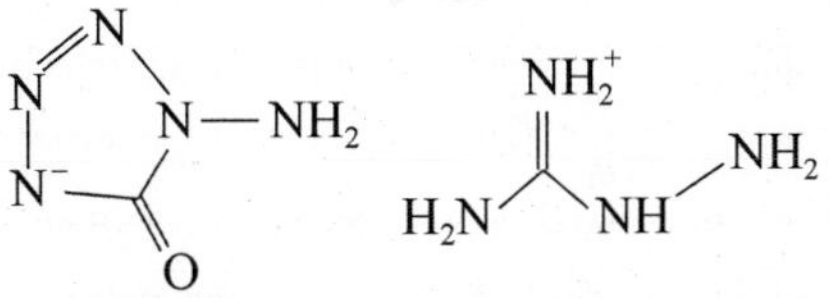

名称	ATO·AG	
分子式	$C_2H_9N_9O$	
$M/(g \cdot mol^{-1})$	175.18	
IS/J	>40[1]	
FS/N		
ESD/J		
$N/\%$	72.0	
$\Omega(CO)/\%$	-50.29	
$T_{m.p}/℃$	197.51[1](DSC-TG@ 10℃·min^{-1})	
$T_{dec}/℃$	220.6[1](DSC-TG@ 10℃·min^{-1})	
$\rho/(g \cdot cm^{-3})$	1.597[1](@ 296 K,晶体)	
$\Delta_f H°/(kJ \cdot mol^{-1})$ $\Delta_f H°/(kJ \cdot kg^{-1})$	420.51[1](理论值) 2402.9[1](理论值)	
	理论值(K-J)	实测值
$-\Delta_{ex}U°/(kJ \cdot kg^{-1})$		
T_{ex}/K		
P_{C-J}/GPa	26.7[1]	
$VoD/(m \cdot s^{-1})$	8160[1]	
$V_0/(L \cdot kg^{-1})$		

参考文献

[1] X. Yin, J. -T. Wu, X. Jin, C. -X. Xu, P. He, T. Li, K. Wang, J. Qin, J. -G. Zhang, RSC Adv., 2015, 5, 60005-60014.

1-氨基四唑-5-酮
(1-Aminotetrazol-5-one)

名称 1-氨基四唑-5-酮

主要用途 猛(高能)炸药

分子结构式

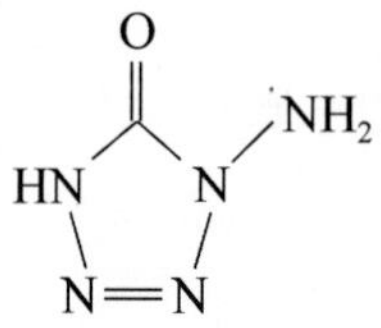

名称	ATO	
分子式	CH_3N_5O	
$M/(g \cdot mol^{-1})$	101.08	
IS/J	>40[1]	
FS/N		
ESD/J		
N/%	69.29	
$\Omega(CO)$/%	-23.76	
$T_{m.p}$/℃	221.0[1](DSC-TG@ 10℃ · min^{-1})	
T_{dec}/℃	227.1[1](DSC-TG@ 10℃ · min^{-1})	
$\rho/(g \cdot cm^{-3})$	1.796(@ 296 K,晶体)[1]	
$\Delta_f H^\circ/(kJ \cdot mol^{-1})$ $\Delta_f H^\circ/(kJ \cdot kg^{-1})$	342.98[1] 3395.8[1]	
	理论值(K-J)	实测值
$-\Delta_{ex}U^\circ/(kJ \cdot kg^{-1})$		
T_{ex}/K		
P_{C-J}/GPa	35.0[1]	
VoD/$(m \cdot s^{-1})$	8880[1]	
$V_0/(L \cdot kg^{-1})$		

参考文献

[1] X. Yin, J. -T. Wu, X. Jin, C. -X. Xu, P. He, T. Li, K. Wang, J. Qin, J. -G. Zhang, RSC Adv., 2015, 5, 60005-60014.

1-氨基四唑-5-酮铵盐
(Ammonium 1-aminotetrazol-5-oneate)

名称 1-氨基四唑-5-酮铵盐

主要用途 猛(高能)炸药

分子结构式

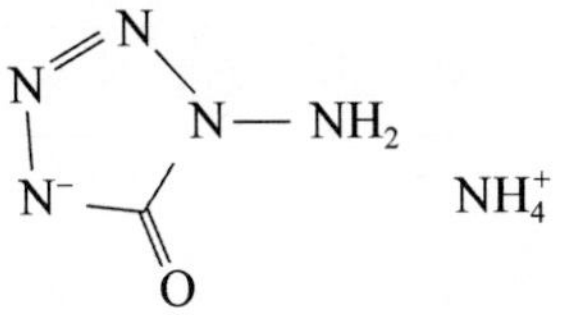

名称	$ATO \cdot NH_3$	
分子式	CH_6N_6O	
$M/(g \cdot mol^{-1})$	118.12	
IS/J	>40[1]	
FS/N		
ESD/J		
$N/\%$	75.7	
$\Omega(CO)/\%$	-40.68	
$T_{m.p}/℃$		
$T_{dec}/℃$		
$\rho/(g \cdot cm^{-3})$	1.647(@298K,晶体)[1]	
$\Delta_f H°/(kJ \cdot mol^{-1})$ $\Delta_f H°/(kJ \cdot kg^{-1})$	225.01[1](理论值) 1906.9[1](理论值)	
	理论值(K-J)	实测值
$-\Delta_{ex}U°/(kJ \cdot kg^{-1})$		
T_{ex}/K		
P_{C-J}/GPa	28.7[1]	
$VoD/(m \cdot s^{-1})$	8260[1]	
$V_0/(L \cdot kg^{-1})$		

参考文献

[1] X. Yin, J. -T. Wu, X. Jin, C. -X. Xu, P. He, T. Li, K. Wang, J. Qin, J. -G. Zhang, RSC Adv., 2015, 5, 60005-60014.

叠氮化铵
(Ammonium azide)

名称 叠氮化铵

主要用途 制备聚合氮的前驱体[1]

分子结构式

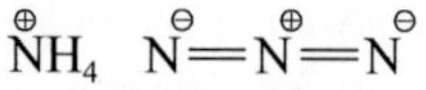

名称	叠氮化铵
分子式	NH_4N_3
$M/(g \cdot mol^{-1})$	60.06
IS/J	
FS/N	
ESD/J	
$N/\%$	93.29
$\Omega/\%$	-53.3
$T_{m.p}$	160℃(实测值),在 133~134℃处开始升华
T_{dec}	在 250~450℃处缓慢分解(@70 mmHg(DSC @5℃·min^{-1}))
$\rho/(g \cdot cm^{-3})$	1.346(晶体)[2]
$\Delta_f H°/(kJ \cdot mol^{-1})$ $\Delta_f H°/(kJ \cdot kg^{-1})$	120.4[3](理论值) 112.8[1] 2004.7[3](理论值) 1891.2[4]

	理论值(K-J)	理论值(EXPLO5_6.04)	实测值
$-\Delta_{ex}U°/(kJ \cdot kg^{-1})$		2938	
T_{ex}/K		2015	1673.2
P_{C-J}/GPa	15.16[1]	18.87	
$VoD/(m \cdot s^{-1})$	6450(@1.357g·cm^{-3})[1]	817(@1.346g·cm^{-3}, $\Delta_f H$=114kJ·mol^{-1})	
$V_0/(L \cdot kg^{-1})$		1106	

名称	叠氮化铵[5]	叠氮化铵[6]
化学式	N_4H_4	N_4H_4
$M/(g \cdot mol^{-1})$	60.06	60.06
晶系	斜方	斜方

续表

空间群	*Pmna*(no. 53)	*Pmna*(no. 53)
a/Å	8.948(3)	8.8978(2)
b/Å	3.808(2)	3.8067(8)
c/Å	8.659(3)	8.6735(17)
α/°	90	90
β/°	90	90
γ/°	90	90
V/Å^3	295.05	293.78
Z	4	4
ρ_{calc}/(g·cm^{-3})	1.352	
T/K		

参考文献

[1] N. Yedukondalu, V. D. Ghule, G. Vaitheeswaran, J. Phys. Chem. C, 2012, 116, 16910–16917.

[2] R. Meyer, J. Köhler, A. Homburg, Explosives, 7th edn., Wiley-VCH, Weinheim, 2016, p. 10.

[3] B. Nazari, M. H. Keshavarz, M. Hamadanian, S. Mosavi, A. R. Ghaedsharafi, H. R. Pouretedal, Fluid Phase Equilibria, 2016, 408, 248–258.

[4] https://engineering.purdue.edu/~propulsi/propulsion/comb/propellants.html.

[5] E. Prince, C. S. Choi, Acta Cryst., 1978, B34, 2606–2608.

[6] O. Reckeweg, A. Simon, Z. Naturforsch., 2003, 58B, 1097–1104.

二硝酰胺铵
(Ammonium dinitramide)

名称 二硝酰胺铵

主要用途 氧化剂,二元爆炸物的组分

分子结构式

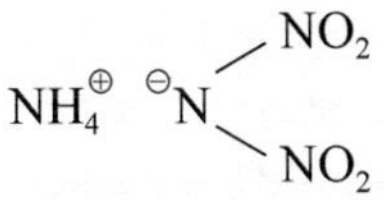

名称	ADN
分子式	$H_4N_4O_4$
M/(g·mol^{-1})	124.06
IS/J	4N·m[17],3~5N·m[1-2], 3~4[3],5[4],3.7[6],4(晶体)[10],4(颗粒)[10],6(晶体)[11],12(颗粒)[11],5.0N·m(合成产物)[12],5.0N·m(乳液结晶后)[12]

续表

FS/N	64[17],64～72[1],>350[3,6],72[4],72(合成产物)[12],72(乳液结晶后)[12]
ESD/J	0.45[4],E_{50}=3.5(聚集体)[13],E_{50}=4.3(针状晶体)[13],E_{50}=2.7(粉末)[13],E_{50}=3.7(柱状晶体)[13],>156mJ(密闭环境,晶体)[10],>156mJ(开放环境,晶体)[10], >156mJ(开放环境,晶体)[10],>156mJ(开放环境,颗粒)[10]
N/%	45.2
Ω(CO)/%	25.8
$T_{m.p}$/℃	91.5[2,13],93[5,7],94[9],94,91.5,90.7,93.5,92[10],92(DSC@5K·min^{-1},晶体,置于铝坩埚中)[10],90(DSC@ 5K·min^{-1},颗粒,置于铝坩埚中)[10],92(晶体,TG-DTA-FTIR-MS@ 5K·min^{-1})[10],90(颗粒,TG-DTA-FTIR-MS@5K·min^{-1})[10]
T_{dec}/℃	127[2],134[7](自点火温度=160℃)[4],189[9],189,127,183,190,130[10],127(DSC@5K·min^{-1},晶体置于密闭细颈玻璃瓶中)[10],133(DSC@5K·min^{-1},粉体,置于密闭细颈玻璃瓶中)[10]
ρ/(g·cm^{-3})	1.812(@298K)[17],1.8183[3],1.81(@25℃)[4,6],1.56(液态,@100℃)
$\Delta_f H°$/(kJ·mol^{-1}) $\Delta_f H$/(kcal·mol^{-1}) $\Delta_f H°$/(kJ·mol^{-1}) $\Delta_f H°$/(kJ·kg^{-1})	-125.3[1] -35.4[4] -150[6] -1207[17]

	理论值(EXPLO5_6.04)	实测值	理论值(ICT热动力学程序)	理论值(CHEETAH 2.0用BKW EOS和BKWS产物库)
$-\Delta_{ex}U°$/(kJ·kg^{-1})	2784	3096[5]	3337(H_2O(液态)@25℃)[9]	
T_{ex}/K	2319			
P_{C-J}/(kbar)	270			21GPa
VoD/(m·s^{-1})	8502	约7000 6480(1.840g·cm^{-3})		7.62mm·μs^{-1}(1.72g·cm^{-3},生成热:-135.0kJ·mol^{-1})
V_0/(L·kg^{-1})	984	1084[8]	592[9]	

名称	ADN[14] (α-ADN)	ADN[15-16] (β-ADN)
化学式	$H_4N_4O_4$	$H_4N_4O_4$
$M/(g\cdot mol^{-1})$	124.07	124.07
晶系	单斜	单斜
空间群	$P2_1/c$(no. 14)	
a/Å	6.914(1)	晶胞参数未见报道
b/Å	11.787(2)	
c/Å	5.614(3)	
α/(°)	90	
β/(°)	100.40(1)	
γ/(°)	90	
V/Å^3	450.0(2)	
Z	4	
$\rho_{calc}/(g\cdot cm^{-3})$	1.831	
T/K	223	

参考文献

[1] New Energetic Materials, H. H. Krause, Ch. 1 in Energetic Materials, U. Teipel (ed.), Wiley-VCH Verlag GmbH & Co. KGaA, Weinheim, 2005, pp. 1-26. isbn: 3-527-30240-9.

[2] T. M. Klapötke, Chemistry of High-Energy Materials, 3rd edn., De Gruyter, Berlin, 2015.

[3] http://www.eurenco.com/content/explosives/defence-security/oxidizers-energetic-polymers/adn/

[4] M. Rahm, T. Brinck, Green Propellants Based on Dinitramide Salts,: Mastering Stability and Chemical Compatability Issues, Ch. 7 in Green Energetic Materials, T. Brinck (ed.), Wiley, pp. 179-204, 2014.

[5] A. Smirnov, D. Lempert, T. Pivina, D. Khakimov, Central Eur. J. Energ. Mat., 2011, 8, 223-247.

[6] Chemical Rocket Propulsion: A Comprehensive Survey of Energetic Materials, L. DeLuca, T. Shimada, V. P. Sinditskii, M. Calabro (eds.), Springer, 2017.

[7] M. Jafari, M. Kamalvand, M. H. Keshavarz, A. Zamani, H. Fazeli, Indian J. Engineering and Mater. Sci., 2015, 22, 701-706.

[8] K. Kishore, K. Sridhara, Solid Propellant Chemistry: Condensed Phase Behavior of Ammonium Perchlorate-Based Solid Propellants, Defence Research and Development Organisation, Ministry of Defence, New Delhi, India, 1999.

[9] M. A. Bohn, Proceedings of New Trends in Research of Energetic Materials, Pardubice, 15-17th April 2015, pp. 4-25.

[10] D. E. G. Jones, Q. S. M. Kwok, M. Vachon, C. Badeen, W. Ridley, Propellants, Explosives, Pyrotechnics, 2005, 20, 140-147.

[11] H. Östmark, U. Bemm, A. Langlet, R. Sandén, N. Wingborg, J. Energ. Mater., 2000, 18, 123-138.

[12] U. Teipel, T. Heintz, H. H. Krause, Propellants, Explosives, Pyrotechnics, 2000, 25, 81-85.

[13] J. Cui, J. Han, J. Wang, R. Huang, J. Chem. Eng. Data, 2010, 55, 3229-3234.

[14] R. Gilardi, J. Flippen-Andersson, C. George, R. J. Butcher, J. Am. Chem. Soc., 1997, 119, 9411-9416.

[15] D. C. Sorescu, D. L. Thompson, J. Phys. Chem. B, 1999, 103, 6774-6782.

[16] T. P. Russell, G. J. Piermarini, S. Block, P. J. Miller, J. Phys. Chem., 1996, 100, 3248-3251.

[17] R. Meyer, J. Köhler, A. Homburg, Explosives, 7th edn., Wiley-VCH, 2016, p. 12.

硝 酸 铵
(Ammonium nitrate)

名称 硝酸铵

主要用途 氧化剂,双组分炸药的成分

分子结构式

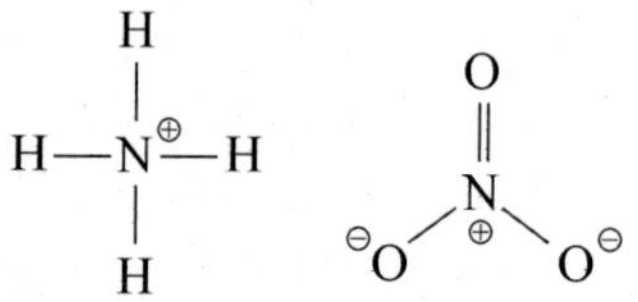

名称	硝酸铵
分子式	NH_4NO_3
$M/(g \cdot mol^{-1})$	80.04
IS/J	>40(<100μm), >50[6], 19.62(B.M.)[3-4], 15.45(P.A.)[3-4], 19.6(B.M.[7]), 15.5(P.A.)[7], >49[10] P.A. 值[4] 15.45(25℃), 13.96(@75℃), 13.46(@100℃), 13.46(150℃), 5.98(@ 175℃)[7]
FS/N	>360(<100μm), >363[6], 353[10]
ESD/J	>1.5(<100μm)
N/%	34.98
Ω(CO)/%	19.99
$T_{相变}$/℃	-18(四方-斜方)[14], 32.1(斜方-斜方)[14], 84.2(斜方-四方)[14], 125.2(四方-立方)[14], 169.6(立方-液态)[14], -18(四方-斜方)[16], 32.1(斜方-斜方)[16], 84.2(斜方-四方)[16], 25.2(四方-立方)[16], 169.9(立方-液态)[16], 2.2(AN Ⅳ-AN Ⅲ)[8]
$T_{m.p}$/℃	170[7], 169[8,10]

续表

T_{dec}/℃ T_{dec}/℃ T_{dec}/℃	210[7,10] 210[8] 约 250(起始,DTA@ 5℃·min^{-1})[5] 284(起始,DTA@ 5K·min^{-1})[6]			
ρ/(g·cm^{-3})	7.722(@ 298K,晶体),1.73[7],1.725[8],1.724(@ 298K)[1]			
$\Delta_f H°$/(kJ·mol^{-1}) $\Delta_f H$/(kJ·mol^{-1}) $\Delta_f H$/(kJ·mol^{-1}) $\Delta_f H°$/(kJ·kg^{-1})	−366 −365.1[8] −396[10] −4060.6[1]			
	理论值(EXPLO5 6.04)	理论值(ZMWCyw)	理论值(ICT 热动力学程序)	实测值
$-\Delta_{ex}U°$/(kJ·kg^{-1})	1577	1712[5]	2479(H_2O(液态)@25℃)[13]	1448[7]
T_{ex}/K	1576			
P_{C-J}/(kbar)	216			
VoD/(m·s^{-1})	7960			4500(@ 1.05g·cm^{-3})[2],1000(@ 0.9g·cm^{-3},固态,无约束)[3,7],2500(@1.4g·cm^{-3},液态,强约束)[3,7],1650(@ 0.826g·cm^{-3})[5],约 1500(@ 0.7g·cm^{-3})[8-9],2700(@ 1.73g·cm^{-3})[12]
V_0/(L·kg^{-1})	1069	980[1](992dm^3·kg^{-1}[5])	459[13]	980[7]

名称	AN−Ⅰ[15]	AN−Ⅱ[15]	AN−Ⅲ[15]	AN−Ⅳ[15]	AN−Ⅴ[15]
	(ε−)	(δ−)	(γ−)	(β−)	
化学式	$H_4N_2O_3$	$H_4N_2O_3$	$H_4N_2O_3$	$H_4N_2O_3$	$H_4N_2O_3$
M/(g·mol^{-1})	80.04	80.04	80.04	80.04	80.04
晶系	立方	四方	斜方	斜方	斜方
空间群	$Pm\bar{3}m$(no.221)	$P\bar{m4}m$(no.113) $P4/mbm$(no.127)	$Pmna$(no.53)	$Pmna$(no.47)	$Pccn$(no.56)
a/Å	4.366	5.7193	7.7184	5.745	7.983
b/Å		5.7193	5.8447	5.438	7.972
c/Å		4.9326	7.1624	4.942	9.832
α/(°)			90	90	90
β/(°)			90	90	90
γ/(°)			90	90	90
V/Å^3	83.2245	161.347	323.108	154.395	555.07
Z	1	2	4	2	8
ρ_{calc}/(g·cm^{-3})	1.59706	1.64756	1.64545	1.72515	1.91563
T/℃	150	82	45	22	<255K

参考文献

[1] https://engineering.purdue.edu/~propulsi/propulsion/comb/propellants.html

[2] M. H. Keshavarz, *J. Haz. Mat.*, 2009, *166*, 762-769.

[3] Ordnance Technical Intelligence Agency, *Encyclopedia of Explosives: A Compilation of Principal Explosives, Their Characteristics, Processes of Manufacture and Uses*, Ordnance Liaison GroupDurham, Durham, North Carolina, 1960.

[4] B. M. abbreviation for Bureau of Mines apparatus; P. A. abbreviation for Picatinny Arsenal apparatus.

[5] D. Buczkowski, *Centr. Eur. J. Energet. Mater.*, 2014, *11*, 115-127.

[6] T. A. Roberts, M. Royle, *ICHEME Symposium Series no. 124*, pp. 191-208.

[7] *AMC Pamphlet Engineering Design Handbook: Explosive Series Properties of Explosives of Military Interest*, Headquarters, U. S. Army Materiel Command, January 1971.

[8] B. M. Dobratz, P. C. Crawford, *LLNL Explosives Handbook-Properties of Chemical Explosives and Explosive Simulants*, Lawrence Livermore National Laboratory, January 31st 1985.

[9] M. L. Hobbs, M. R. Baer, *Proceedings of the* 10th *International, Detonation Symposium, Office of Naval Research ONR 33395-12*, 1993, 409-418.

[10] *Chemical Rocket Propulsion: A Comprehensive Survey of Energetic Materials*, L. DeLuca, T. Shimada, V. P. Sinditskii, M. Calabro (eds.), Springer, 2017.

[11] M. Jafari, M. Kamalvand, M. H. Keshavarz, A. Zamani, H. Fazeli, *Indian J. Engineering and Mater. Sci.*, 2015, 22, 701-706.

[12] P. W. Cooper, *Explosives Engineering*, Wiley-VCH, New York, 1996.

[13] M. A. Bohn, *Proceedings of New Trends in Research of Energetic Materials*, Pardubice, 15-17th April 2015, pp. 4-25.

[14] R. A. Marino, S. Bulusu, *J. Energet. Mater.*, 1985, 3:1, 57-74.

[15] C. -O. Lieber, *Propellants, Explosives, Pyrotechnics*, 2000, 25, 288-301.

[16] G. Singh, I. P. S. Kapoor, S. M. Mannan, J. Kaur, *J. Haz. Mater.*, 2000, *A79*, 1-18

高氯酸铵
(Ammonium perchlorate)

名称 高氯酸铵

主要用途 复合推进剂的氧化剂,弹丸填料,火炬、点火器、燃烧弹的组分

分子结构式

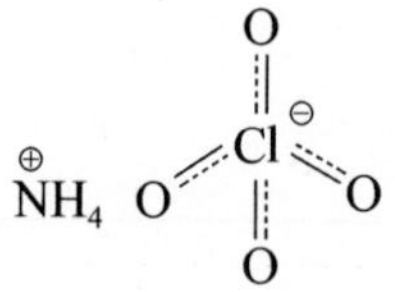

名称	APC
分子式	NH_4ClO_4
$M/(g \cdot mol^{-1})$	117. 49
IS/J	15[1],15~25[5],5[6],13. 15(B. M.)[7],11. 97(P. A.)[7],15[11]
FS/N	>320[5],>363[6],>100[11]
ESD/J	>5[18]
$N/\%$	11. 92
$\Omega(CO)/\%$	34. 04
$T_{m.p}/℃$	>300[2],>220(伴随分解)[8] <240(斜方),>240(立方,ρ=1. 71g·cm^{-3})[8] 235(分解)[11]
$T_{dec}/℃$ $T_{dec}/℃$ $T_{dec}/℃$	320[1] 389[6](DSC,5K·min^{-1}) 240(@相变);300(LT_{dec}),400(HT_{dec})[12]
$\rho/(g \cdot cm^{-3})$(@298K) $\rho/(g \cdot cm^{-3})$	1. 95[1,3,8] 1. 949[4] 1. 80,1. 95(斜方)[12],1. 71,1. 76(立方)[12] 1. 95[8,11](@理论密度)
$\Delta_f H°/(kJ \cdot mol^{-1})$ $\Delta_f H$ $\Delta_f H°/(kJ \cdot kg^{-1})$ $\Delta_f H/(kJ \cdot kg^{-1})$ $\Delta_f H/(kJ \cdot kg^{-1})$	-295. 8[1] -70. 6kcal·mol^{-1}[10] -665cal·g^{-1}[7] -70. 58kcal·mol^{-1}[8],-295kJ·mol^{-1}[8] -2517. 4[1] -2518. 8[4] -2515[8-9]

	理论值 (EXPLO5_6. 04)	理论值 (ICT 热动力学程序)	实测值
$-\Delta_{ex}U°/(kJ \cdot kg^{-1})$	1419	1972(H_2O(液态)@25℃)[1,14]	1972(H_2O(液态))[1],2008[9]
T_{ex}/K	1713		
P_{C-J}/GPa	186		187(@ρ=1. 95g·cm^{-3})[8]
$VoD/(m \cdot s^{-1})$	6809		4390(1. 950g·cm^{-3})[9],3700(@1. 00g·cm^{-3})[10],2872mm·μs^{-1}(@ 1. 006 g·cm^{-3},直径2. 54cm)[13], 3258mm·μs^{-1}(0. 988g·cm^{-3},直径5. 08cm)[13],3027mm·μs^{-1}(@ 1. 009g·cm^{-3},直径3. 495cm)[13]
$V_0/(L \cdot kg^{-1})$	884	533[14]	799[1]

名称	AP[8,15-16]（低于240℃的相）	AP[17]（高于240℃的相）	AP[8]	AP[17]
化学式	H_4NO_4Cl	H_4NO_4Cl	H_4NO_4Cl	H_4NO_4Cl
$M/(g\cdot mol^{-1})$	117.49	117.49	117.49	117.49
晶系	斜方	立方	斜方	斜方
空间群	$Pna2_1$(no. 33)	$F43m$	$Pnma$(no. 62)	$Pnma$(no. 62)
a/Å	9.220(1)	7.67	9.226	9.23
b/Å	7.458(1)		5.817	7.43
c/Å	5.814(1)		7.459	5.82
α/(°)	90		90	90
β/(°)	90		90	90
γ/(°)	90		90	90
$V/Å^3$	399.7903		400.307	400.204
Z	4			
$\rho_{calc}/(g\cdot cm^{-3})$		1.71	1.94944	1.94995
T/K			<240℃	<240℃

参考文献

[1] R. Meyer, J. Köhler, A. Homburg, *Explosives*, 7th edn., Wiley-VCH, Weinheim, 2016, pp. 15-16.

[2] P. A. Koutentis, *Molecules*, 2005, *10*, 346-359.

[3] "Hazardous Substances Data Bank" data were obtained from the National Library of Medicine(US).

[4] https://engineering.purdue.edu/~propulsi/propulsion/comb/propellants.html

[5] *New Energetic Materials*, H. H. Krause, Ch. 1 in *Energetic Materials*, U. Teipel(ed.), Wiley-VCH Verlag GmbH & Co. KGaA, Weinheim, 2005, pp. 1-26. isbn: 3-527-30240-9.

[6] T. A. Roberts, M. Royle, *ICHEME Symposium Series no.* 124, pp. 191-208.

[7] *AMC Pamphlet Engineering Design Handbook: Explosive Series Properties of Explosives of Military Interest*, Headquarters, U. S. Army Materiel Command, January 1971. B. M. abbreviation for Bureau of Mines apparatus; P. A. abbreviation for Picatinny Arsenal apparatus.

[8] B. M. Dobratz, P. C. Crawford, *LLNL Explosives Handbook-Properties of Chemical Explosives and Explosive Simulants*, Lawrence Livermore National Laboratory, January 31st 1985.

[9] A. Smirnov, D. Lempert, T. Pivina, D. Khakimov, *Central Eur. J. Energ. Mat.*, 2011, 8, 223-247.

[10] M. L. Hobbs, M. R. Baer, *Proceedings of the 10th International, Detonation Symposium, Office of Naval Research ONR 33395-12*, 1993, 409-418.

[11] *Chemical Rocket Propulsion: A Comprehensive Survey of Energetic Materials*, L. DeLuca,

T. Shimada, V. P. Sinditskii, M. Calabro (eds.), Springer, 2017.

[12] K. Kishore, K. Sridhara, *Solid Propellant Chemistry: Condensed Phase Behavior of Ammonium Perchlorate-Based Solid Propellants*, Defence Research and Development Organisation, Ministry of Defence, New Delhi, India, 1999.

[13] D. Price, A. R. Clairmont, J. O. Erkman, D. J. Edwards, *Ideal Detonation Velocity of Ammonium Perchlorate and its Mixtures with H. E.*, NOL, United States Ordnance Laboratory, White Oak, Maryland, 16th December 1968, NOLTR 68-182.

[14] M. A. Bohn, *Proceedings of New Trends in Research of Energetic Materials*, Pardubice, 15-17th April 2015, pp. 4-25.

[15] J. Zhang, T. Zhang, L. Yang, *Huozhayo Xuebao*, 2002, *25*, 33-34.

[16] J. -O. Lundgren, *Acta Cryst.*, 1979, *B35*, 1027-1033.

[17] C. -O. Lieber, *Propellants, Explosives, Pyrotechnics*, 2000, *25*, 288-301.

[18] S. M. Kaye, *Encyclopedia of Explosives and Related Items*, *Vol.* 7, U. S. Army Research and Development Command, TACOM, Picatinny Arsenal, 1975.

苦味酸铵
(Ammonium picrate)

名称(别称) 苦味酸铵(D 炸药)

主要用途 军用炸药[1]

分子结构式

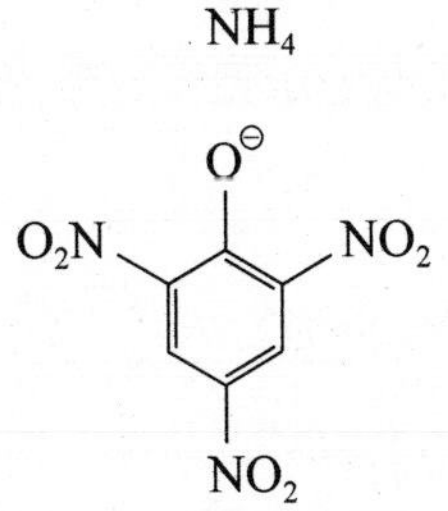

名称	D 炸药
分子式	$C_6H_6N_4O_7$
$M/(g\cdot mol^{-1})$	246.14
IS/J	33[2], 8.47(P. A.)[11], 33.35[12]
FS/N	
ESD/J	0.76 ±0.08[3], 6.0(有约束, 100 目)[11], 0.25(无约束, 100 目)[11]
$N/\%$	22.76
$\Omega(CO_2)/\%$	-52.0

续表

$T_{m.p}$/℃	265~271[4],265(分解)[11],约280(伴随分解)[12]		
T_{dec}/℃			
ρ/(g·cm^{-3}) ρ/(g·cm^{-3})	1.72[5] 1.717[12](TMD)		
$\Delta_f H°$/(kJ·mol^{-1}) $\Delta_f H$/(cal·g^{-1}) $\Delta_f H$/(kJ·mol^{-1}) $\Delta_f H$/(kcal·mol^{-1}) $\Delta_f H°$/(kJ·kg^{-1})	-386.6[1] -395[11] -393[12] -94.0[13] -1570.7[1]		
	理论值(EXPLO5_6.04)	理论值	实测值
$-\Delta_{ex}U°$/(kJ·kg^{-1})	3842	2963(H_2O(液态))[6]	2871(H_2O(液态))[1,10] 2732(H_2O(气态))[1] 3347[11]
T_{ex}/K	2871	3360[7]	
P_{C-J}/GPa	20.79	18.8[8]	
VoD/(m·s^{-1})	7276(@1.72g·cm^{-3},$\Delta_f H$=-386.62kJ·mol^{-1})	6798(@1.55g·cm^{-3})[9]	6850(@1.55g·cm^{-3},装药直径1.0英寸①)[11] 6700(@1.4g·cm^{-1}[13]
V_0/(L·kg^{-1})	680		909[1,14]

① 1英寸=2.54cm。

名称	苦味酸铵[12,15](α-晶型)	苦味酸铵[12,15](β-晶型,T≥150℃)
化学式	$C_6H_6N_4O_7$	$C_6H_6N_4O_7$
M/(g·mol^{-1})	246.14	246.14
晶系	斜方	单斜
空间群	*lbca*(no.73)	
a/Å	13.45	晶胞参数未见报道
b/Å	19.74	
c/Å	7.12	
α/(°)	90	
β/(°)	90	
γ/(°)	90	
V/Å^3		
Z	8	
ρ_{calc}/(g·cm^{-3})	1.717	
T/K		

参考文献

[1] R. Meyer, J. Köhler, A. Homburg, *Explosives*, 7th edn., Wiley-VCH, Weinheim, 2016, p. 16.

[2] M. H. Keshavarz, *Propellants Explosives Pyrotechnics*, 2013, *38*, 754-760.

[3] D. Skinner, D. Olson, A. Block-Bolten, *Propellants Explosives Pyrotechnics*, 1997, *23*, 34-42.

[4] M. -J. Liou, M. -C. Lu, *Journal of Molecular Catalysis A: Chemical*, 2007, *277*, 155-163.

[5] "Hazardous Substances Data Bank" data were obtained from the National Library of Medicine(US).

[6] M. H. Keshavarz, *Propellants, Explosives, Pyrotechnics*, 2012, *37*, 93-99.

[7] M. H. Keshavarz, *Indian Journal of Engineering & Materials Sciences*, 2005, *12*, 158-164.

[8] M. H. Keshavarz, *Indian Journal of Engineering & Materials Sciences*, 2007, *14*, 77-80.

[9] M. J. Kamlet, H. Hurwitz, *Journal of Chemical Physics*, 1968, *48*, 3685-3692.

[10] M. H. Keshavarz, *Propellants, Explosives, Pyrotechnics*, 2008, *33*, 448-453.

[11] *AMC Pamphlet Engineering Design Handbook: Explosive Series Properties of Explosives of Military Interest*, Headquarters, U. S. Army Materiel Command, January 1971. (P. A. indicates Picatinny Arsenal apparatus was used); P. A. abbreviation for Picatinny Arsenal apparatus.

[12] B. M. Dobratz, P. C. Crawford, *LLNL Explosives Handbook-Properties of Chemical Explosives and Explosive Simulants*, Lawrence Livermore National Laboratory, January 31st 1985.

[13] M. L. Hobbs, M. R. Baer, *Proceedings of the 10th International, Detonation Symposium, Office of Naval Research ONR 33395-12*, 1993, 409-418.

[14] M. Jafari, M. Kamalvand, M. H. Keshavarz, A. Zamani, H. Fazeli, *Indian J. Engineering and Mater. Sci.*, 2015, *22*, 701-706.

[15] K. Martmann-Moe, *Acta Cryst.*, 1969, *B25*, 1452-1460.

偶氮三唑酮
(Azotriazolone)

名称 偶氮三唑酮

主要用途 猛(高能)炸药

分子结构式

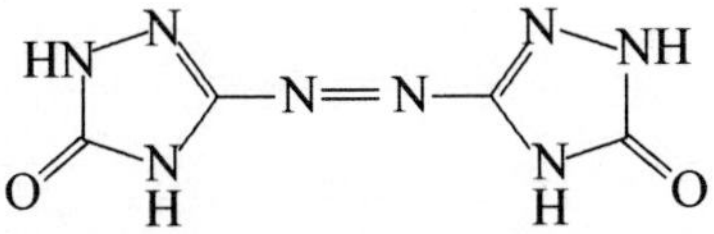

名称	偶氮三唑酮
分子式	$C_4H_4N_8O_2$
$M/(g \cdot mol^{-1})$	196.13
IS/J	15[1]

续表

FS/N	>360[1]	
ESD	0.45J 处点火,不是 0.045J[1]	
N/%	57.1	
$\Omega(CO_2)$/%	-65.3	
$T_{m.p}$/℃	>300(分解)[1]	
T_{dec}/℃	365(峰温,起始温度 302)[1]	
ρ/(g·cm^{-3})	1.91[1](@TMD)	
$\Delta_f H°$/(kJ·mol^{-1}) $\Delta_f H°$/(kJ·kg^{-1})	155(理论值)[1] 790.3(理论值)[1]	
	理论值(CHEETAH 2.0)	实测值
$-\Delta_{ex}U°$/(kJ·kg^{-1})		
T_{ex}/K		
P_{C-J}/kbar	286[1]	
VoD/(m·s^{-1})	8021(@TMD)[1]	
V_0/(L·kg^{-1})		

参考文献

[1] C. J. Underwood, C. Wall, A. Provatas, L. Wallace, *New. J. Chem.*, 2012, *36*, 2613-2617.

氧化偶氮三唑酮
(Azoxytriazolone)

名称 氧化偶氮三唑酮

主要用途 猛(高能)炸药

分子结构式

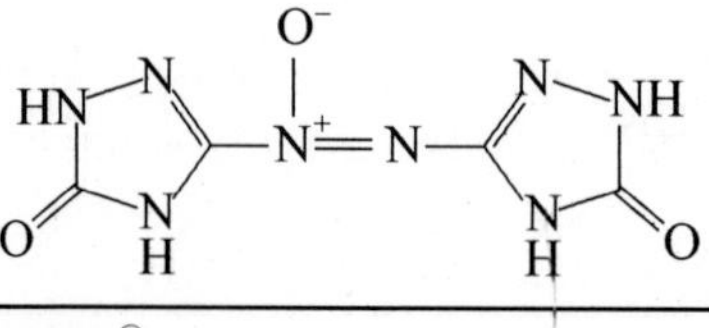

名称	AZTO①
分子式	$C_4H_4N_8O_3$
M/(g·mol^{-1})	212.13
IS/J	9.4②[1]

续表

FS/N	>360[1]		
ESD	4.5J 处点火,不是 0.45J		
N/%	52.8		
$\Omega(CO_2)$/%	-52.8		
$T_{m.p}$/℃	>300(分解)		
T_{dec}/℃	355(峰温,起始温度 267)		
ρ/($g\cdot cm^{-3}$)	1.91[1](@TMD)		
$\Delta_f H°$/($kJ\cdot mol^{-1}$) $\Delta_f H°$/($kJ\cdot kg^{-1}$)	81(理论值)[1] 381.8(理论值)[1]		
	理论值(EXPLO5 6.04)	理论值(CHEETAH 2.0)	实测值
$-\Delta_{ex}U°$/($kJ\cdot kg^{-1}$)	2775		
T_{ex}/K	2299		
P_{C-J}/(kbar)	243.9	297	
VoD/($m\cdot s^{-1}$)	8026(@1.905$g\cdot cm^{-3}$, $\Delta_f H$=11$kJ\cdot mol^{-1}$)	8204(@TMD)	
V_0/($L\cdot kg^{-1}$)	733		

① 样品含 6%的 AzoTO。
② 由 Rotter 冲击感度测试结果(100)换算得到,该方法用参考物质 RDX 的标准感度为 80。

参考文献

[1] C. J. Underwood, C. Wall, A. Provatas, L. Wallace, *New. J. Chem.*, 2012, *36*, 2613-2617.

B

氯 酸 钡

(Barium chlorate)

名称 氯酸钡

主要用途 制备绿色火焰烟火剂的组分[1]

分子结构式

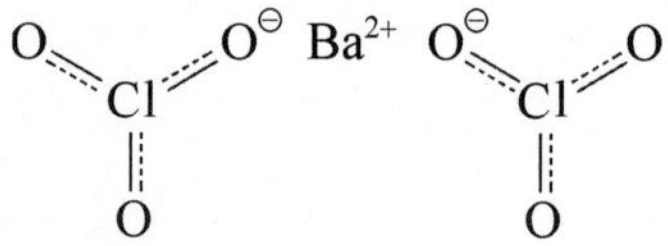

名称	氯酸钡	
分子式	$Ba(ClO_3)_2$	
$M/(g \cdot mol^{-1})$	304.22	
IS/J		
FS/N		
ESD/J		
$N/\%$	0	
$\Omega/\%$	26.3	
$T_{m.p}/℃$	414(分解)[2]	
$T_{dec}/℃$		
$\rho/(g \cdot cm^{-3})$ (@298K)	3.172[2],3.18[1]	
$\Delta_f H°/(kJ \cdot mol^{-1})$ $\Delta_f H°/(kJ \cdot kg^{-1})$	-2536.0[1]	
	理论值(K-J)	实测值
$-\Delta_{ex} U°/(kJ \cdot kg^{-1})$		
T_{ex}/K		
P_{C-J}/GPa		
$VoD/(m \cdot s^{-1})$		
$V_0/(L \cdot kg^{-1})$		

名称	氯酸钡[3]
化学式	$Ba(ClO_3)_2$
$M/(g \cdot mol^{-1})$	304.22
晶系	斜方
空间群	*Fdd*2(no. 43)
a/Å	13.273(1)
b/Å	11.774(1)
c/Å	7.7184(9)
$\alpha/(°)$	90
$\beta/(°)$	90
$\gamma/(°)$	90
V/Å^3	1206.2009
Z	8
$\rho_{calc}/(g \cdot cm^{-3})$	
T/K	

参考文献

[1] R. Meyer, J. Köhler, A. Homburg, *Explosives*, 7th edn., Wiley-VCH, Weinheim, 2016, pp. 25-26.

[2] "Hazardous Substances Data Bank" data were obtained from the National Library of Medicine(US).

[3] H. D. Lutz, W. Buchmeier, M. Jung, T. Kellersohn, *Z. Kristallogr*. 1989, *189*, 131-139.

硝 酸 钡
(Barium nitrate)

名称 硝酸钡

主要用途 绿色烟火药剂或某些点火药、推进剂及炸药的组分

分子结构式

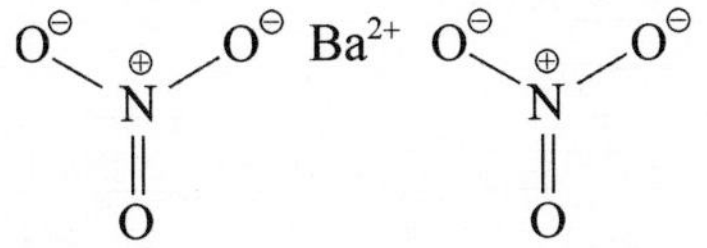

名称	BN
分子式	$Ba(NO_3)_2$
$M/(g \cdot mol^{-1})$	261.34
IS/J	

续表

FS/N		
ESD/J		
N/%	10.72	
Ω/%	30.61(BaO)	
$T_{m.p}$/℃	588[2],592[1]	
T_{dec}/℃ T_{dec}/℃	685(TG/DTA@10℃/min)[2] 588(熔融),605(产生少量气泡),661(少量 NO_2 放出),692(快速放出 N_2O)(DTA@15℃/min)	
ρ/(g·cm^{-3})	3.24(@296.15K)[3] 3.24[1,4]	
$\Delta_f H°$/(kJ·mol^{-1}) $\Delta_f H°$/(kJ·kg^{-1}) $\Delta_f H$(kJ·kg^{-1})	−992.1[1] −3796.1[1] −3794.9[4]	
	理论值(K-J)	实测值
$-\Delta_{ex}U°$/(kJ·kg^{-1})		
T_{ex}/K		
P_{C-J}/GPa		
VoD/(m·s^{-1})		
V_0/(L·kg^{-1})		

	硝酸钡[6]	硝酸钡[7]
化学式	BaN_2O_6	BaN_2O_6
M/(g·mol^{-1})	261.34	261.34
晶系	立方	立方
空间群	$Pa\bar{3}$(no. 205)	$P2_13$(no. 198)
a/Å	8.1184(2)	8.126
b/Å	8.1184(2)	8.126
c/Å	8.1184(2)	8.126
α/(°)	90	90
β/(°)	90	90
γ/(°)	90	90
V/Å^3	533.07	536.58
Z	4	
ρ_{calc}/(g·cm^{-3})	3.24	
T/K		

参考文献

[1] R. Meyer, J. Köhler, A. Homburg, *Explosives*, 7th edn., Wiley-VCH, Weinheim, 2016, p. 26.

[2] S. G. Hosseini, A. Eslami, *Journal of Thermal Analysis and Calorimetry*, 2010, *101*, 1111-1119.

[3] "Hazardous Substances Data Bank" data were obtained from the National Library of Medicine(US).

[4] https://engineering.purdue.edu/~propulsi/propulsion/comb/propellants.html

[5] S. Gordon, C. Campbell, *Analytical Chem.*, 1955, *27*, 1102-1109.

[6] H. Nawotny, G. Heger, *Acta Cryst.*, 1983, *C39*, 952-956.

[7] R. Birnstock, *Z. Kristallogr.*, 1967, *124*, 310-314.

高氯酸钡
(Barium perchlorate)

名称 高氯酸钡

主要用途 烟火药的组分

分子结构式

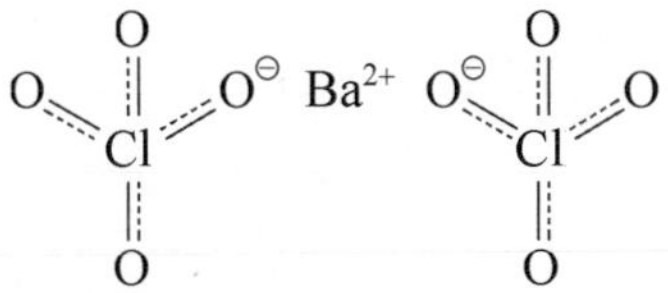

名称	高氯酸钡
分子式	$Ba(ClO_4)_2$
$M/(g \cdot mol^{-1})$	336.22(三水合物)
IS/J	
FS/N	
ESD/J	
$N/\%$	0
$\Omega/\%$	19.0(BaO, HCl), 38.1(三水合物)
$T_{m.p}/℃$	487[2], 295(相变), 378(相变), 485~500(急剧放热)(DTA)[5], 284(α型转变为β型), 360(相变为γ型)[5], 505(伴随分解)[5]; 469(熔融), 504(剧烈分解)(DTA, @ 15℃/min)[4]
$T_{dec}/℃$	507[2], 505[1,5](DSC@ 10℃/min)
$\rho/(g \cdot cm^{-3})$	3.2[1,5], 3.681(@25℃)[5]
$\Delta_f H°/(kJ \cdot mol^{-1})$ $\Delta_f H/(kJ \cdot kg^{-1})$	−796.26 ±1.35[3](理论值) −2368.27 ±4.02[3](理论值)

续表

	理论值(K-J)	实测值
$-\Delta_{ex}U°/(kJ\cdot kg^{-1})$		
T_{ex}/K		
P_{C-J}/GPa		
$VoD/(m\cdot s^{-1})$		
$V_0/(L\cdot kg^{-1})$		

名称	高氯酸钡[6] (α-晶型) (X射线粉末衍射)
化学式	$BaCl_2O_8$
$M/(g\cdot mol^{-1})$	336.22
晶系	斜方
空间群	*Pddd*(no. 70)
a/Å	14.304(9)
b/Å	11.688(7)
c/Å	7.2857(4)
α/(°)	90
β/(°)	90
γ/(°)	90
$V/Å^3$	1218.06
Z	8
$\rho_{calc}/(g\cdot cm^{-3})$	
T/K	

参考文献

[1] R. Meyer, J. Köhler, A. Homburg, *Explosives*, 7th edn., Wiley-VCH, Weinheim, 2016, p. 26.

[2] A. Migdal-Mikuli, J. Hetmanczyk, E. Mikuli, L. Hetmanczyk, *Thermochimica Acta*, 2009, *487*, 43-48.

[3] A. S. Monayenkova, A. F. Vorob'ev, A. A. Popova, L. A. Tiphlova, *Journal of Chemical Thermodynamics*, 2002, *34*, 1777-1785.

[4] S. Gordon, C. Campbell, *Analytical Chem.*, 1955, *27*, 1102-1109.

[5] S. M. Kaye, *Encyclopaedia of Explosives and Related Items*, *Vol.* 8, US Army Research and Development Command, TACOM, Picatinny Arsenal, 1978.

[6] J. H. Lee, J. Kang, H. Ji, S. -C. Lim, S. -T. Hong, *Acta Cryst.*, 2015, *71E*, 588-591.

过氧化苯甲酰
(Benzoyl peroxide)

名称 过氧化苯甲酰

主要用途 聚合反应的催化剂

分子结构式

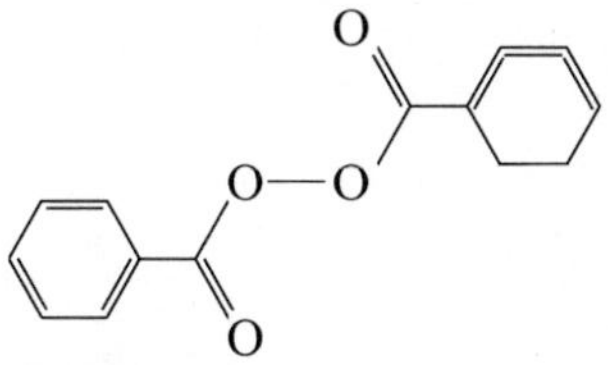

名称	过氧化苯甲酰	
分子式	$C_{14}H_{10}O_4$	
$M/(g \cdot mol^{-1})$	242.23	
IS/J	5[1], h=10cm(砂纸,NOL/ERL 仪器,98.5%过氧化苯甲酰(干燥)[7],10.16cm(2kg 落锤,样品 16mg,P.A. 仪器)[8]	
FS/N	240[1],120 N 活塞载荷[1]	
ESD/J		
N/%	0	
$\Omega(CO_2)$/%	-191.6	
$T_{m.p}$/℃	103~106[2],103.5[9],104~106(分解)[8]	
T_{dec}/℃ T_{dec}/℃	107[3],108[5](DSC@ 20℃·min^{-1}) 91(起始)[6](DSC@ 28℃·min^{-1})	
$\rho/(g \cdot cm^{-3})$	1.334(@ 298.15K)[2] 1.34(晶体@ 298K) 1.33(实测值)[9]	
$\Delta_f H°/(kJ \cdot mol^{-1})$ $\Delta_f H/(kJ \cdot kg^{-1})$	-382.5[4](理论值) -1579.1[4](理论值)	
	理论值(EXPLO5 6.03)	实测值
$-\Delta_{ex}U°/(kJ \cdot kg^{-1})$	1556	
T_{ex}/K	1336	
P_{C-J}/GPa	48.1	
VoD/$(m \cdot s^{-1})$	4272(TMD)	700~1280(@ 0.4g·cm^{-3},不锈钢管,240mm 长,强力起爆) 800(@ 0.57g·cm^{-3},不锈钢管,240mm 长,8 号雷管起爆)
$V_0/(L \cdot kg^{-1})$	44	

名称	过氧化苯甲酰[9]
化学式	$C_{14}H_{10}O_4$
$M/(g\cdot mol^{-1})$	242.23
晶系	斜方
空间群	$P2_12_12_1$(no.19)
a/Å	8.95 ±0.01
b/Å	14.24 ±0.01
c/Å	9.40 ±0.02
$\alpha/(°)$	90
$\beta/(°)$	90
$\gamma/(°)$	90
V/Å^3	1210
Z	4
$\rho_{calc}/(g\cdot cm^{-3})$	1.34(D_m=1.33)
T/K	298

参考文献

[1] R. Meyer,J. Köhler,A. Homburg,*Explosives*,7th edn.,Wiley-VCH,Weinheim,2016,pp. 28-29.

[2] "Hazardous Substances Data Bank" data were obtained from the National Library of Medicine(US).

[3] J. C. Oxley,J. L. Smith,*Journal of Thermal Analysis and Calorimetry*,2010,*102*,597-603.

[4] B. Nazari, M. H. Keshavarz, M. Hamadanian, S. Mosavi, A. R. Ghaedsharafi, H. R. Pouretedal, *Fluid Phase Equilibria*,2016,*408*,248-258.

[5] G. D. Kozak,A. N. Tsvigunov,N. I. Akinin,*Centr. Eur. J. Energet. Mat.*,2011,*8*,249-260.

[6] N. I. Aknin,S. V. Arinina,G. D. Kozak,I. N. Ponomarev,*Final Proceedings for New Trends in Research of Energetic Materials*,S. Zeman(ed.),7th Seminar,20-22 April 2004,Pardubice, 409-417.

[7] C. Boyars,"*An Evaluation of Organic Peroxide Hazard Classification Systems and Test Methods*" NOLTR 72-63,February 1972,Naval Ordnance Laboratory,Maryland.

[8] B. T. Fedoroff,O. E. Sheffield,*Encyclopedia of Explosives and Related Items*,*Vol.* 5,US Army Research and Development Command,TACOM,Picatinny Arsenal,1972.

[9] M. Sax,R. K. McMullan,*Acta Cryst*,1967,*22*,281-288.

1,1′-二硝氨基-5,5′-联四唑二(氨基胍)盐
(Bis(aminoguanidinium)1,1′-dinitramino-5,5′-bitetrazolate)

名称 1,1′-二硝氨基-5,5′-联四唑二(氨基胍)盐

主要用途 猛(高能)炸药

分子结构式

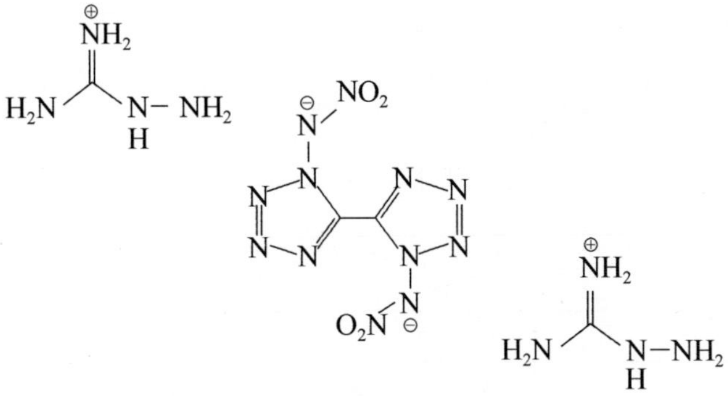

名称	(AG)2DNABT	
分子式	$C_4H_{14}N_{20}O_4$	
$M/(g\cdot mol^{-1})$	406.35	
IS/J	3.9	
FS/N	80	
ESD/J		
$N/\%$	68.9	
$\Omega(CO_2)/\%$	-43.3	
$T_{m.p}/℃$	159.2	
$T_{dec}/℃$	180.0(DSC@5℃·min^{-1})	
$\rho/(g\cdot cm^{-3})$	1.69(@298K)	
$\Delta_f H°/(kJ\cdot mol^{-1})$	880.0	
	理论值	实测值
$-\Delta_{ex}U°/(kJ\cdot kg^{-1})$	4542	
T_{ex}/K		
P_{C-J}/GPa	281	
VoD/(m·s^{-1})	8116(@TMD)	
$V_0/(L\cdot kg^{-1})$		

1,1′-二硝氨基-5,5′-联四唑双(3,4-二氨基-1,2,4-三唑)盐 (Bis(3,4-diamino-1,2,4-triazolium) 1,1′-dinitramino-5,5′-bitetrazolate)

名称 1,1′-二硝氨基-5,5′-联四唑双(3,4-二氨基-1,2,4-三唑)盐

主要用途 猛(高能)炸药

分子结构式

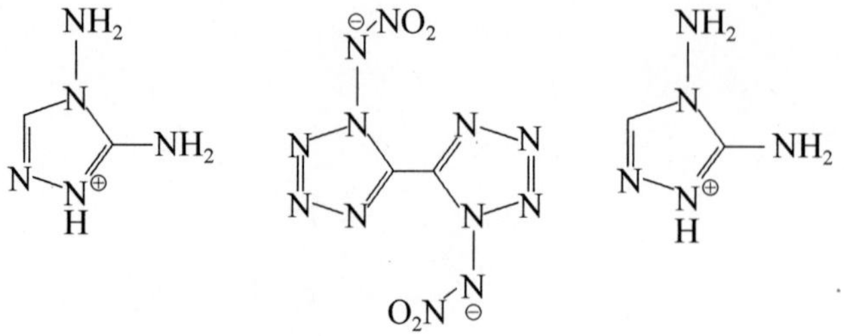

名称	(DATr)2DNABT	
分子式	$C_6H_{12}N_{22}O_4$	
$M/(g \cdot mol^{-1})$	456.38	
IS/J	4.9	
FS/N	96	
ESD/J		
$N/\%$	67.5	
$\Omega(CO_2)/\%$	-49.0	
$T_{m.p}/℃$		
$T_{dec}/℃$	183.1(DSC@5℃·min^{-1})	
$\rho/(g \cdot cm^{-3})$	1.75(@298K)	
$\Delta_f H°/(kJ \cdot mol^{-1})$	1324.3	
	理论值	实测值
$-\Delta_{ex}U°/(kJ \cdot kg^{-1})$	5017	
T_{ex}/K		
P_{C-J}/GPa	292	
VoD/(m·s^{-1})	8182(@TMD)	
$V_0/(L \cdot kg^{-1})$		

双(二氨基脲)1,1′-二硝氨基-5′,5′-联四唑盐
(Bis(diaminouronium)1,1′-dinitramino-5,5′-bitetrazolate)

名称 双(二氨基脲)1,1′-二硝氨基-5′,5′-联四唑盐

主要用途 猛(高能)炸药

分子结构式

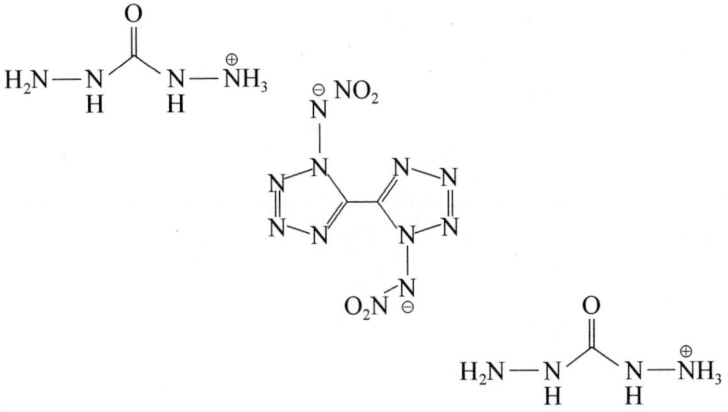

名称	$(CHZ)_2DNABT$	
分子式	$C_4H_{14}N_{20}O_6$	
$M/(g \cdot mol^{-1})$	438.35	
IS/J	2.5	
FS/N	40	
ESD/J		
$N/\%$	63.8	
$\Omega(CO_2)/\%$	-32.8	
$T_{m.p}/℃$		
$T_{dec}/℃$	184.6(DSC@ 5℃ · min^{-1})	
$\rho/(g \cdot cm^{-3})$	1.77(@ 298K)	
$\Delta_f H^\circ/(kJ \cdot mol^{-1})$	773.6	
	理论值	实测值
$-\Delta_{ex}U^\circ/(kJ \cdot kg^{-1})$	5070	
T_{ex}/K		
P_{C-J}/GPa	315	
$VoD/(m \cdot s^{-1})$	8477(@ TMD)	
$V_0/(L \cdot kg^{-1})$		

双(3,5-二硝基-4-氨基吡唑基)甲烷
(Bis(3,5-dinitro-4-aminopyrazolyl)methane)

名称 双(3,5-二硝基-4-氨基吡唑基)甲烷

主要用途 耐热高能炸药

分子结构式

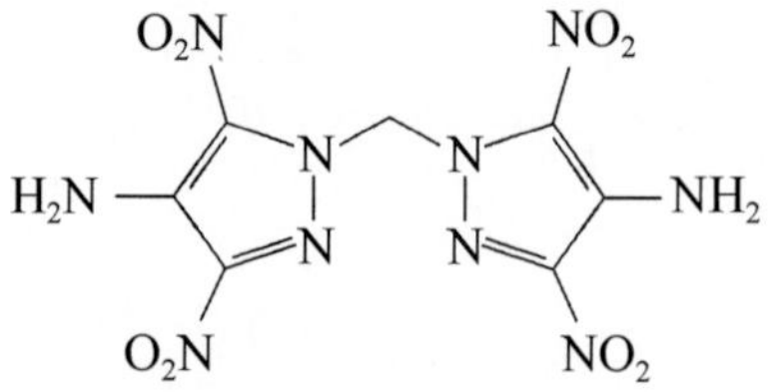

名称	BDNAPM	
分子式	$C_7H_6N_{10}O_8$	
$M/(g\cdot mol^{-1})$	358. 2	
IS/J	11[1]	
FS/N	>360[1]	
ESD/J	>1[1]	
$N/\%$	39. 10	
$\Omega(CO_2)/\%$	-40. 20	
$T_{m.p}/℃$		
$T_{dec}/℃$	310[1](DSC@ 5℃·min^{-1})	
$\rho/(g\cdot cm^{-3})$	1. 802(@ 298K)	
$\Delta_f H°/(kJ\cdot mol^{-1})$ $\Delta_f H°/(kJ\cdot kg^{-1})$	205. 1[1] 655. 8	
	理论值(EXPLO5 6. 04)	实测值(LASEM 法)
$-\Delta_{ex}U°/(kJ\cdot kg^{-1})$	4721	
T_{ex}/K	3448	
P_{C-J}/GPa	277	
$VoD/(m\cdot s^{-1})$	8132(@ 1. 802g·cc^{-1})	8630 ±210[2]
$V_0/(L\cdot kg^{-1})$	709	

名称	BDNAPM[1]
化学式	$C_7H_6N_{10}O_8$
$M/(g\cdot mol^{-1})$	358. 22
晶系	斜方
空间群	*Pbca*(no. 61)
a/Å	12. 2107(8)
b/Å	9. 6010(7)
c/Å	22. 1100(12)
α/(°)	90
β/(°)	90

续表

γ/(°)	90
V/Å^3	1592.1(3)
Z	8
ρ_{calc}/(g·cm^{-3})	1.836
T/K	173

参考文献

[1] D. Fischer, J. L. Gottfried, T. M. Klapötke, K. Karaghiosoff, J. Stierstorfer, T. G. Witkowski, *Angew Chem. Int. Ed.*, 2016, *55*, 16132-16135.

[2] J. L. Gottfried, T. M. Klapötke, T. G. Witkowski, *Propellants, Explosives, Pyrotechnics*, 2017, *42*, 353-359.

双(2,2-二硝基丙基)乙缩醛
(Bis(2,2-dinitropropyl)acetal)

名称 双(2,2-二硝基丙基)乙缩醛

主要用途 硝化纤维素和聚氨酯用增塑剂[1]

分子结构式

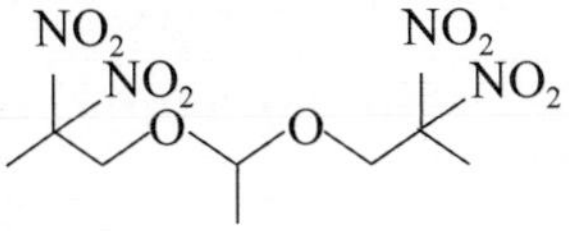

名称	BDNPA
分子式	$C_8H_{14}N_4O_{10}$
M/(g·mol^{-1})	326.22
IS/J	96cm[5]
FS/N	
ESD/J	
N/%	17.18
$\Omega(CO_2)$/%	-63.8
$T_{m.p}$/℃	28~29[1]
T_{dec}/℃	
ρ/(g·cm^{-3})	1.450 ±0.06(@293.15K)[2] 1.342[4]
$\Delta_fH°$/(kJ·mol^{-1}) $\Delta_fH°$/(kJ·kg^{-1}) Δ_fH/(kJ·kg^{-1})	-641.83[3] -1967.46[3] -1966.5[4]

续表

	理论值(EXPLO5 6.04)	实测值
$-\Delta_{ex}U°/(kJ\cdot kg^{-1})$	4170	
T_{ex}/K	2902	
P_{C-J}/GPa	14.6	
$VoD/(m\cdot s^{-1})$	6521(@1.35g·cm^{-3}, $\Delta_f H$ = −652kJ·mol^{-1})	
$V_0/(L\cdot kg^{-1})$	824	

参考文献

[1] H. J. Marcus, DE 1153351, 1963.

[2] Calculated using Advanced Chemistry Development (ACD/Labs) Software V11.02(© 1994–2017 ACD/Labs).

[3] R. Meyer, J. Köhler, A. Homburg, Explosives, 7th edn., Wiley-VCH, Weinheim, 2016, p. 30.

[4] https://engineering.purdue.edu/~propulsi/propulsion/comb/propellants.html

[5] Chemical Rocket Propulsion: A Comprehensive Survey of Energetic Materials, L. DeLuca, T. Shimada, V. P. Sinditskii, M. Calabro (eds.), Springer, 2017.

双(2,2-二硝基丙基)甲缩醛
(Bis(2,2-dinitropropyl)formal)

名称 双(2,2-二硝基丙基)甲缩醛

主要用途 固体火箭燃料之聚氨酯黏合剂用增塑剂[1]

分子结构式

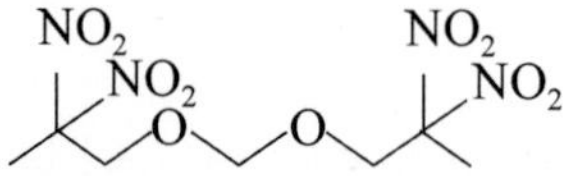

名称	BDNPF
分子式	$C_7H_{12}N_4O_{10}$
$M/(g\cdot mol^{-1})$	312.19
IS/J	
FS/N	
ESD/J	
$N/\%$	17.95
$\Omega(CO_2)/\%$	−51.3
$T_{m.p}/°C$	32.5~33.5[1], 31[3]

续表

T_{dec}/℃			
ρ/(g·cm^{-3})	1.500±0.06(@293.15K)[2] 1.414[4]		
$\Delta_f H°$/(kJ·mol^{-1}) $\Delta_f H°$/(kJ·kg^{-1}) $\Delta_f H$/(kJ·kg^{-1})	−597.06[3] −1912.46[3] −1912.1[4]		
	理论值(EXPLO5 6.04)	理论值(K-J)	实测值
$-\Delta_{ex}U°$/(kJ·kg^{-1})	4428		
T_{ex}/K	3141		
P_{C-J}/GPa	17.2	23.29[5]	
VoD/(m·s^{-1})	6786(@ 1.4g·cm^{-3}, $\Delta_f H$=−597kJ·mol^{-1})	7530(@1.59g·cm^{-3})[5]	
V_0/(L·kg^{-1})	812	196.2cm^3·mol^{-1}[5]	

参考文献

[1] M. H. Gold, H. J. Marcus, US 3291833, 1966.

[2] Calculated using Advanced Chemistry Development(ACD/Labs)Software V11.02(© 1994-2017 ACD/Labs).

[3] R. Meyer, J. Köhler, A. Homburg, Explosives, 7th edn., Wiley-VCH, Weinheim, 2016, p. 31.

[4] https://engineering.purdue.edu/~propulsi/propulsion/comb/propellants.html

[5] R.-Z. Zhang, X.-H. Li, Chinese J. Struct. Chem., 2014, 33, 71-78.

1,1′-二硝氨基-5,5′-联四唑双胍盐
(Bis(guanidinium)1,1′-dinitramino-5,5′-bitetrazolate)

名称 1,1′-二硝氨基-5,5′-联四唑双胍盐

主要用途 猛(高能)炸药

分子结构式

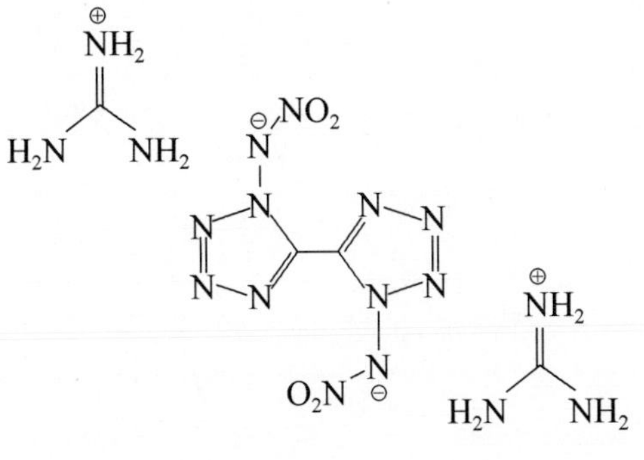

名称	G2DNABT	
分子式	$C_4H_{12}N_{18}O_4$	
$M/(g\cdot mol^{-1})$	376.32	
IS/J	4.9	
FS/N	120	
ESD/J		
$N/\%$	66.9	
$\Omega(CO_2)/\%$	-42.5	
$T_{m.p}/℃$		
$T_{dec}/℃$	210.5(DSC@ 5℃·min^{-1})	
$\rho/(g\cdot cm^{-3})$	1.62(@ 298K)	
$\Delta_f H°/(kJ\cdot mol^{-1})$	671.5	
	理论值	实测值(LASEM 法)
$-\Delta_{ex}U°/(kJ\cdot kg^{-1})$	4351	
T_{ex}/K		
P_{C-J}/GPa	246	
VoD/(m·s^{-1})	7693(@ TMD)	
$V_0/(L\cdot kg^{-1})$		

3,3′-二异噁唑-5,5′-二亚甲基硝酸酯
(Bis-isoxazole-bis-methylene dinitrate)

名称 3,3′-二异噁唑-5,5′-二亚甲基硝酸酯

主要用途 潜在的新型硝酸酯增塑剂和熔铸高能炸药[1]

分子结构式

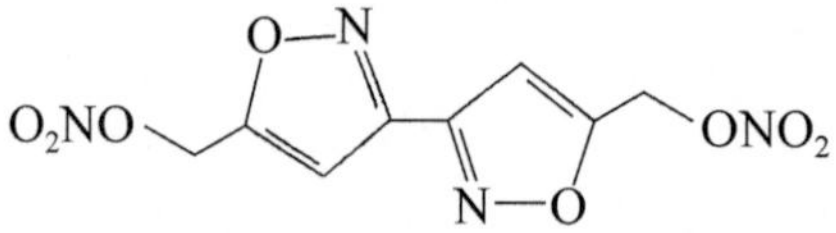

名称	BIDN
分子式	$C_8H_6N_4O_8$
$M/(g\cdot mol^{-1})$	268.17
IS/J	11.2(改进的 P.A. 仪器)[1]

续表

FS/N	> 360(BAM)[1]	
ESD/J	0.250(ABL 仪器)[1]	
N/%	19.58	
$\Omega(CO_2)$/%	−61.5	
$T_{m.p}$(DSC @ 5℃·min^{-1})/℃	92.0(起始温度),95.9(峰温)[1]	
T_{dec}(DSC @ 5℃·min^{-1})/℃	189.2(起始温度),221.2(峰温)[1]	
ρ/($g \cdot cm^{-3}$)	1.585(晶体)[1]	
$\Delta_f H°$/($kJ \cdot mol^{-1}$) $\Delta_f H°$/($kJ \cdot kg^{-1}$)	−139[1]	
	理论值(CHEETAH 7.0)	实测值
$-\Delta_{ex}U°$/($kJ \cdot kg^{-1}$)		
T_{ex}/K		
P_{C-J}/kbar	19.3[1]	
VoD/($m \cdot s^{-1}$)	7060(@ 1.585$g \cdot cm^{-3}$)[1]	
V_0/($L \cdot kg^{-1}$)		

名称	BIDN[2]
化学式	$C_8H_6N_4O_8$
M/($g \cdot mol^{-1}$)	286.17
晶系	单斜
空间群	$P2_1/n$(no. 14)
a/Å	6.1917(5)
b/Å	5.5299(5)
c/Å	17.4769(12)
α/(°)	90
β/(°)	99.233(7)
γ/(°)	90
V/Å^3	590.65(8)
Z	2
ρ_{calc}/($g \cdot cm^{-3}$)	1.609
T/K	296.85

参考文献

[1] L. A. Wingard, P. E. Guzmán, E. C. Johnson, J. J. Sabatini, G. W. Drake, E. F. C. Byrd, ChemPlusChem, 2017, 82, 195-198.

[2] R. C. Sausa, R. A. Pesce - Rodriguez, L. A. Wingard, P. E. Guzman, J. J. Sabatini, Acta Cryst., 2017, E73, 644-646.

3,3′-二异噁唑-4,4′,5,5′-四亚甲基硝酸酯 (Biisoxazoletetrakis(methyl nitrate))

名称 3,3′-二异噁唑-4,4′,5,5′-四亚甲基硝酸酯

主要用途 潜在的新型硝酸酯增塑剂和潜在的针刺底火的成分[1]

分子结构式

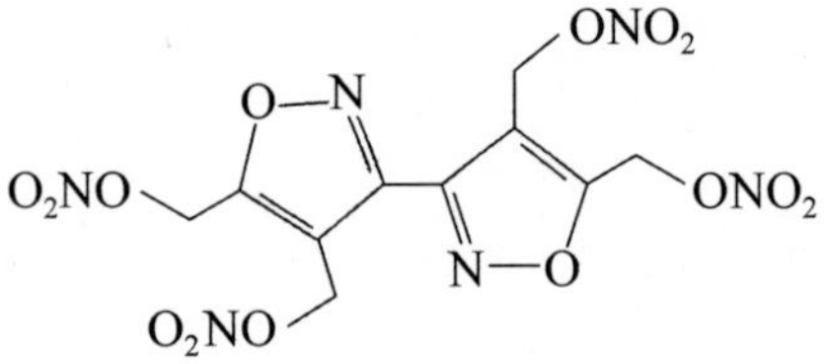

名称	BITN	
分子式	$C_{10}H_8N_6O_{14}$	
$M/(g\cdot mol^{-1})$	436.22	
IS/J	30(改进的 P. A. 仪器)[1]	
FS/N	60(BAM)[1]	
ESD/J	0.0625(ABL 仪器)[1]	
$N/\%$	19.27	
$\Omega(CO_2)/\%$	-36.7	
$T_{m.p}$(DSC @ 5℃·min^{-1})/℃	121.9(起始温度),125.0(峰温)(DSC@ 5℃·min^{-1})[1]	
T_{dec}(DSC @ 5℃·min^{-1})/℃	193.7(起始温度),219.1(峰温)(DSC@ 5℃·min^{-1})[1]	
$\rho/(g\cdot cm^{-3})$	1.786(晶体)[1]	
$\Delta_f H°/(kJ\cdot mol^{-1})$ $\Delta_f H°/(kJ\cdot kg^{-1})$	-395[1]	
	理论值(CHEETAH 7.0)	实测值
$-\Delta_{ex}U°/(kJ\cdot kg^{-1})$		
T_{ex}/K		
P_{C-J}/GPa	27.1[1]	
$VoD/(m\cdot s^{-1})$	7837(@ 1.786g·cm^{-3})	
$V_0/(L\cdot kg^{-1})$		

名称	BITN[1]
化学式	$C_{10}H_8N_6O_{14}$
$M/(g \cdot mol^{-1})$	436.22
晶系	单斜
空间群	$P2_1$(no.4)
a/Å	8.9329(5)
b/Å	8.6103(4)
c/Å	10.8182(4)
α/(°)	90
β/(°)	102.847(5)
γ/(°)	90
V/Å^3	811.25(7)
Z	2
$\rho_{calc}/(g \cdot cm^{-3})$	1.7856
T/K	298

参考文献

[1] L. A. Wingard, E. C. Johnson, P. E. Guzmán, J. J. Sabatini, G. W. Drake, E. F. C. Byrd, R. C. Sausa, *Eur. J. Org. Chem.*, 2017, 1765-1768.

4,6-二硝氨基-1,3,5-三嗪-2(1H)-酮 (Bis(nitramino)triazinone)

名称 4,6-二硝氨基-1,3,5-三嗪-2(1H)-酮

主要用途 推进剂的组分[1]

分子结构式

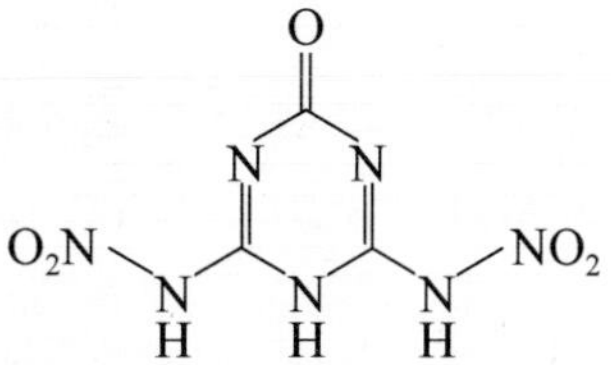

名称	DNAM
分子式	$C_3H_3N_7O_5$
$M/(g \cdot mol^{-1})$	217.10
IS/J	>50.5(BAM)[1] 82.5N·m[2]
FS/N	216[2],>360[1]

续表

ESD/J	0.25[1]	
N/%	45.16	
$\Omega(CO_2)$/%	−18.4	
$T_{m.p}$/℃	228[6];228(分解,没有熔化)[1]	
T_{dec}/℃	228[3]	
$\rho/(g\cdot cm^{-3})$ $\rho/(g\cdot cm^{-3})$	2.58 ±0.1(@293.15K)[4,5] 1.998[6,2],1.949(比重法)[1]	
$\Delta_f H°/(kJ\cdot mol^{-1})$ $\Delta_f H°/(kJ\cdot kg^{-1})$	−111.21[1],−111[2](理论值) −512.25[1](理论值)	
	理论值(K−J)	实测值(LASEM 法)
$-\Delta_{ex}U°/(kJ\cdot kg^{-1})$		6946.61 ±68.13[1]
T_{ex}/K		
P_{C-J}/GPa		
VoD/$(m\cdot s^{-1})$		9200[2]
$V_0/(L\cdot kg^{-1})$		

参考文献

[1] P. Simoes, L. Pedroso, A. Portugal, P. Carvalheira, J. Campos, *Propellants, Explosives, Pyrotechnics*, 2001, *26*, 273−277.

[2] R. Meyer, J. Köhler, A. Homburg, *Explosives*, 7th edn., Wiley−VCH, Weinheim, 2016, pp. 32−33.

[3] E. R. Atkinson, *Journal of the American Chemical Society*, 1951, *73*, 4443−4444.

[4] Calculated using Advanced Chemistry Development (ACD/Labs) Software V11.02 (© 1994−2017 ACD/Labs).

[5] Comment by the authors: This value is highly questionable.

[6] T. M. Klapötke, *Chemistry of High−Energy Materials*, 3rd edn., De Gruyter, Berlin, 2015.

2,2,2−双(三硝基乙基)草酸
(2,2,2−Bis(trinitroethyl)oxalate)

名称 2,2,2−双(三硝基乙基)草酸

主要用途 氧化剂

分子结构式

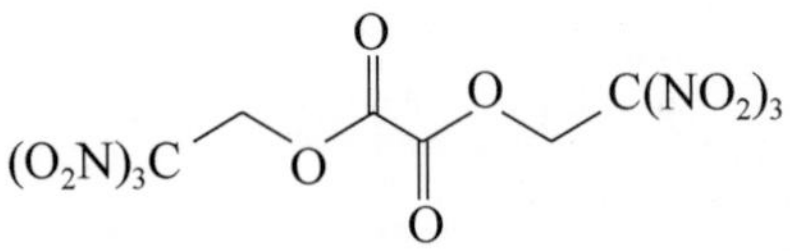

名称	BTOx	
分子式	$C_6H_4N_6O_{16}$	
$M/(g\cdot mol^{-1})$	416.1	
IS/J	10[1]	
FS/N	>360[1]	
ESD/J	0.7[1]	
$N/\%$	20.2	
$\Omega(CO_2)/\%$	+7.7	
$T_{m.p}/℃$	115	
$T_{dec}/℃$	186[1](DSC@5℃·min^{-1})	
$\rho/(g\cdot cm^{-3})$	1.84[1](@298K)	
$\Delta_f H^\circ/(kJ\cdot mol^{-1})$ $\Delta_f H^\circ/(kJ\cdot kg^{-1})$	−688[1] −1576	
	理论值(EXPLO5 6.03)	AP 作氧化剂
I_{sp}(纯物质)①/s	231	
I_{sp}(纯物质)②/s	293	
I_{sp}(纯物质)①,③(71%氧化剂)/s	250	256
I_{sp}(纯物质)②,③(71%氧化剂)/s	319	330

① 70bar,1bar,定压燃烧,喉部平衡且喷管出口处冻结。

② 70bar,1mbar,定压燃烧,喉部平衡且喷管出口处冻结。

③ 15% Al,6%聚丁二烯丙烯酸,6%聚丁二烯丙烯腈,2%双酚 A 醚。

名称	BTOx
化学式	$C_6H_4N_6O_{16}$
$M/(g\cdot mol^{-1})$	416.12
晶系	单斜
空间群	$P2_1/c$(no.14)
a/Å	10.5849(5)
b/Å	21.6214(11)
c/Å	6.5071(3)
α/(°)	90
β/(°)	98.485(5)
γ/(°)	90

续表

$V/Å^3$	1472.92(12)
Z	4
$\rho_{calc}/(g \cdot cm^{-3})$	1.877
T/K	173

参考文献

[1] T. M. Klapötke, B. Krumm, R. Scharf, *Europ. J. Inorg. Chem.*, 2016, 3086-3093.

5,5′-双(2,4,6-三硝基苯)-2,2′-双(1,3,4-噁二唑)
(5,5′-Bis(2,4,6-trinitrophenyl)-2,2′-bi(1,3,4-oxadiazole))

名称 5,5′-双(2,4,6-三硝基苯)-2,2′-双(1,3,4-噁二唑)

主要用途 耐热炸药

分子结构式

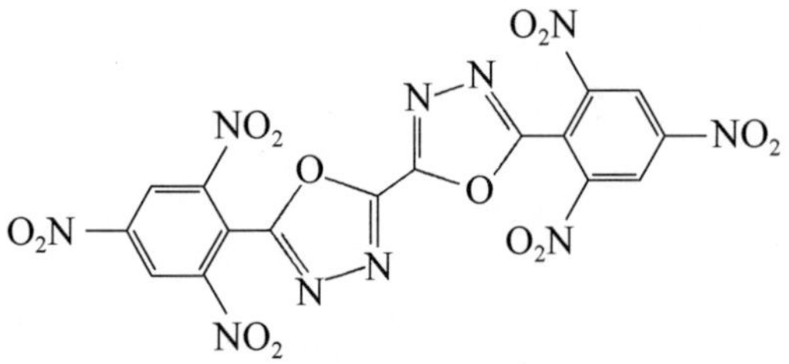

名称	TKX-55
分子式	$C_{16}H_4N_{10}O_{14}$
$M/(g \cdot mol^{-1})$	560.26
IS/J	5[1]
FS/N	>360[1]
ESD/J	1.0[1]
$N/\%$	25.00
$\Omega(CO_2)/\%$	-57.11
$T_{m.p}/℃$	
$T_{dec}/℃$	335(DSC@ 5℃·min^{-1})[1]
$\rho/(g \cdot cm^{-3})$	1.837(@ 298K)[1]
$\Delta_f H°/(kJ \cdot mol^{-1})$ $\Delta_f H°/(kJ \cdot kg^{-1})$	197.6[1] 352.7

续表

	理论值(CHEETAH v8.0)	理论值(EXPLO5 6.03)	实测值
$-\Delta_{ex}U°/(kJ\cdot kg^{-1})$		4577	
T_{ex}/K		3532	
P_{C-J}/GPa		243	
$VoD/(m\cdot s^{-1})$	754g(@1.837g·cm^{-3})[2]	7601(@1.837g·cm^{-3})	8230 ±0.26(@1.837g·cm^{-3})[2]
$V_0/(L\cdot kg^{-1})$		601	

名称	TKX-55·$3C_4H_8O_2$
化学式	$C_{16}H_4N_{10}O_{14}\cdot 3C_4H_8O_2$①
$M/(g\cdot mol^{-1})$	824.58
晶系	三斜
空间群	$P\bar{1}$(no.2)
a/Å	6.6985(8)
b/Å	7.7673(6)
c/Å	16.6519(15)
α/(°)	98.627(7)
β/(°)	99.922(9)
γ/(°)	91.635(8)
V/Å^3	842.46(14)
Z	1
$\rho_{calc}/(g\cdot cm^{-3})$	1.625
T/K	227

① 1,4-二噁烷溶剂。

参考文献

[1] T. M. Klapötke, T. G. Witkowski, ChemPlusChem, 2016, 81, 357-360.

[2] J. L. Gottfried, T. M. Klapötke, T. G. Witkowski, Propellants, Explosives, Pyrotechnics, 2017, 42, 353-359.

双(3,4,5-三硝基吡唑基)甲烷
(Bis(3,4,5-trinitropyrazolyl)methane)

名称 双(3,4,5-三硝基吡唑基)甲烷

主要用途 高能炸药

分子结构式

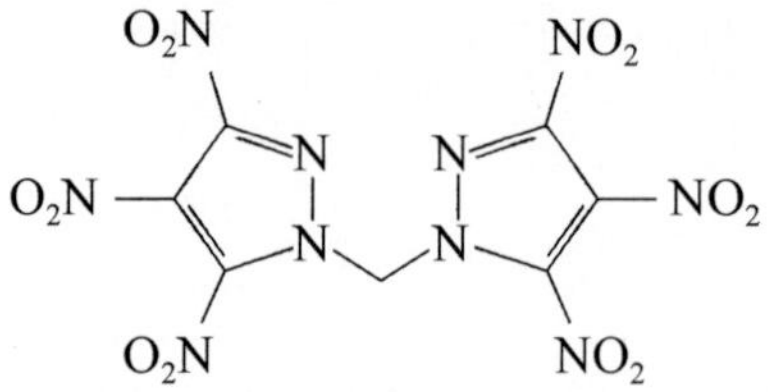

名称	BTNPM		
分子式	$C_7H_2N_{10}O_{12}$		
$M/(g\cdot mol^{-1})$	418.2		
IS/J	4[1]		
FS/N	144[1]		
ESD/J	0.1[1]		
$N/\%$	33.50		
$\Omega(CO_2)/\%$	-11.48		
$T_{m.p}/℃$			
$T_{dec}/℃$	205(DSC@5℃·min^{-1})[1]		
$\rho/(g\cdot cm^{-3})$	1.934(@298K)[1]		
$\Delta_f H°/(kJ\cdot mol^{-1})$ $\Delta_f H°/(kJ\cdot kg^{-1})$	378.6[1] 976.8		
	理论值(CHEETAH v8.0)	理论值(EXPLO5 6.04)	实测值(LASEM 法)
$-\Delta_{ex}U°/(kJ\cdot kg^{-1})$		6191	
T_{ex}/K		4572	
P_{C-J}/GPa		401	
$VoD/(m\cdot s^{-1})$	9276(@TMD)[2]	9293(@1934g·cc^{-1})	9910 ±0.31[2]
$V_0/(L\cdot kg^{-1})$		711	

名称	BTNPM
化学式	$C_7H_2N_{10}O_{12}$
$M/(g\cdot mol^{-1})$	418.2
晶系	单斜
空间群	$P2_1/n$(no.14)
a/Å	8.6118(3)
b/Å	16.5734(5)
c/Å	29.794(1)
α/(°)	90
β/(°)	95.938(1)

续表

$\gamma/(°)$	90
$V/Å^3$	4229.6(2)
Z	12
$\rho_{calc}/(g\cdot cm^{-3})$	1.970
T/K	173

参考文献

[1] D. Fischer, J. L. Gottfried, T. M. Klapötke, K. Karaghiosoff, J. Stierstorfer, T. G. Witkowski, *Angew Chem. Int. Ed.*, 2016, *55*, 16132-16135.

[2] J. L. Gottfried, T. M. Klapötke, T. G. Witkowski, *Propellants*, *Explosives*, *Pyrotechnics*, 2017, *42*, 353-359.

双(三硝基乙基)硝胺
(Bis-trinitroethylnitramine)

名称 双(三硝基乙基)硝胺

主要用途

分子结构式

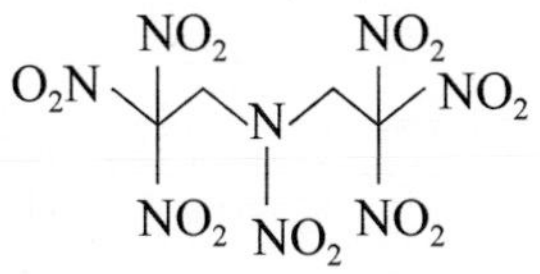

名称	HOX
分子式	$C_4H_4N_8O_{14}$
$M/(g\cdot mol^{-1})$	388.12
IS/J	5cm(2.5kg 落锤)[6], h_{50}=5cm[8], $H_{50\%}$=12~15cm(2kg 落锤)[10], 2.5 (BAM)[11]
FS/N	12kp①(Julius-Peters 仪器)[11]
ESD/J	
$N/\%$	28.87
$\Omega(CO_2)/\%$	16.5
$T_{m.p}/℃$	95[11], 94~96[10]
$T_{dec}/℃$	高于熔点时快速分解[10], 171[11]
$\rho/(g\cdot cm^{-3})$	2.028 ±0.06(@293.15K)[1], 1.91(@20℃)[10] 1.92(晶体)[11]
$\Delta_f H°/(kJ\cdot mol^{-1})$ $\Delta_f H°/(kJ\cdot kg^{-1})$	-27.6[2] -71.2[2], -64[4]

续表

	理论值(K-J)	实测值
$-\Delta_{ex}U°/(kJ \cdot kg^{-1})$	3287	5436(H_2O 液态)[2] 5397[4] 5230(H_2O 气态)[7] 4857[9]
T_{ex}/K	2518	
P_{C-J}/GPa	325	
VoD/($m \cdot s^{-1}$)	8913(@TMD)	7180(@1.5g·cm^{-3})[10] 8520(@ 1.9g·cm^{-3})[10] 8850(@ 1.96g·cm^{-3})[3] 8750(@ 1.960g·cm^{-3})[4]
V_0/($L \cdot kg^{-1}$)	721	693[2],693[5],705[9]

① 1kp≈9.8N。

参考文献

[1] Calculated using Advanced Chemistry Development(ACD/Labs) Software V11.02(© 1994-2017 ACD/Labs).

[2] R. Meyer, J. Köhler, A. Homburg, Explosives, 7th edn., Wiley-VCH, Weinheim, 2016, pp. 33-34.

[3] M. H. Keshavarz, Propellants, Explosives, Pyrotechnics, 2012, 37, 489-497.

[4] A. Smirnov, D. Lempert, T. Pivina, D. Khakimov, Central Eur. J. Energ. Mat., 2011, 8, 223-247.

[5] M. Jafari, M. Kamalvand, M. H. Keshavarz, A. Zamani, H. Fazeli, Indian J. Engineering and Mater. Sci., 22, 2015, 701-706.

[6] M. Pospíšil, P. Vávra, Final Proceedings for New Trends in Research of Energetic Materials, S. Zeman(ed.), 7th Seminar, 20-22 April 2004, Pardubice, 600-605.

[7] A. Smirnov, M. Kuklja, Proceedings of the 20th Seminar on New Trends in Research of Energetic Materials, Pardubice, April 26-28, 2017, pp. 381-392.

[8] C. B. Storm, J. R. Stine, J. F. Kramer, Sensitivity Relationships in Energetic Materials, NATO Advanced Study Institute on Chemistry and Physics of Molecular Processes in Energetic Materials, LA-UR—89-2936.

[9] H. Muthurajan, R. Sivabalan, M. B. Talawar, S. N. Asthana, J. Hazard. Mater., 2004, A112, 17-33.

[10] B. T. Fedoroff, O. E. Sheffield, Encyclopaedia of Explosives and Related Items, Vol. 5, US Army Research and Development, TACOM, Picatinny Arsenal, 1972.

[11] H. Ritter, S. Braun, Propellants, Explosives, Pyrotechnics, 2001, 26, 311-314.

双(三硝基乙基)脲

(Bis(trinitroethyl)urea)

名称 双(三硝基乙基)脲

主要用途 烟火药组分,合成中间体

分子结构式

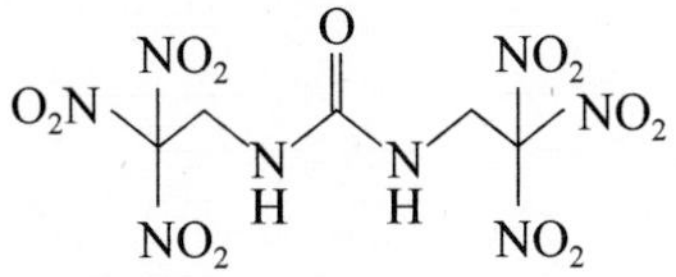

名称	BTNEU
分子式	$C_5H_6N_8O_{13}$
$M/(g \cdot mol^{-1})$	386.15
IS/J	3.92(2.5kg 落锤)[8], 17cm(2.5kg 落锤)[10], $\lg H_{50\%}=1.23$[12], $h_{50}=17cm$[13]
FS/N	ABL 457 磅[8]
ESD/J	0.25(10/10 NF[8])
N/%	29.02
$\Omega(CO_2)/\%$	±0
$T_{m.p}/℃$	185~186[1]
$T_{dec}/℃$	
$\rho/(g \cdot cm^{-3})$	1.906±0.06[2] 1.861[5], 1.85(测试值,浮力法)[15]
$\Delta_f H°/(kJ \cdot mol^{-1})$ $\Delta_f H°/(kJ \cdot kg^{-1})$	-360.8[3] 305.0[7] -189.0[11] -934.4[3], -833.2[5]

	理论值(EXPLO5 6.04)	理论值(K-J)	实测值
$-\Delta_{ex}U°/(kJ \cdot kg^{-1})$	5994	6448[4]	6454(H_2O(液态))[5] 1378kcal·kg^{-1}(H_2O(气态))[11] 6542[14]
T_{ex}/K	4199		
P_{C-J}/GPa	34.3		
$VoD/(m \cdot s^{-1})$	8917(@1.86g·cm^{-3}; $\Delta_f H=313kJ \cdot mol^{-1}$)		9000(@1.98g·cm^{-3})[6] 9010(@1.86g·cm^{-3})[7]
$V_0/(L \cdot kg^{-1})$	756		697[5] 697[9] 768[14]

参考文献

[1] M. Kwasny, M. Syczewski, *Biuletyn Wojskowej Akademii Technicznej imienia Jaroslawa Dabrowskiego*, 1980, *29*, 165-172.

[2] Calculated using Advanced Chemistry Development(ACD/Labs) Software V11.02(© 1994-2017 ACD/Labs).

[3] B. Nazari, M. H. Keshavarz, M. Hamadanian, S. Mosavi, A. R. Ghaedsharafi, H. R. Pouretedal, *Fluid Phase Equilibria*, 2016, *408*, 248-258.

[4] M. H. Keshavarz, *Propellants, Explosives, Pyrotechnics*, 2012, *37*, 93-99.

[5] R. Meyer, J. Köhler, A. Homburg, *Explosives*, 7th edn., Wiley-VCH, Weinheim, 2016, p. 34.

[6] M. H. Keshavarz, *Propellants, Explosives, Pyrotechnics*, 2012, 37, 489-497.

[7] M. Jaidann, D. Nandlall, A. Bouamoul, H. Abou-Rachid, *Defence Research Reports, DRDC-RDDC*-2014-*N*35, 12th March, 2015.

[8] M. L. Chan, A. D. Turner, United States Patent, Patent Nr. 5,120,479, date of patent: June 9th, 1992.

[9] M. Jafari, M. Kamalvand, M. H. Keshavarz, A. Zamani, H. Fazeli, *Indian J. Engineering and Mater. Sci.*, 2015, *22*, 701-706.

[10] M. Pospíšil, P. Vávra, *Final Proceedings for New Trends in Research of Energetic Materials*, S. Zeman(ed.), 7th Seminar, 20-22 April, 2004, Pardubice, pp. 600-605.

[11] A. Smirnov, M. Kuklja, *Proceedings of the 20th Seminar on New Trends in Research of Energetic Materials*, Pardubice, April 26-28, 2017, pp. 381-392.

[12] H. Nefati, J,-M. Cense, J. -J. Legendre, *J. Chem Inf. Comput. Sci.*, 1996, *36*, 804-810.

[13] C. B. Storm, J. R. Stine, J. F. Kramer, *Sensitivity Relationships in Energetic Materials*, NATO Advanced Study Institute on Chemistry and Physics of Molecular Processes in Energetic Materials, LA-UR—89-2936.

[14] H. Muthurajan, R. Sivabalan, M. B. Talawar, S. N. Asthana, *J. Hazard. Mater.*, 2004, *A112*, 17-33.

[15] M. D. Lind, *Acta Cyrst.*, 1970, *B26*, 590-596.

1,3-丁二醇二硝酸酯
(Butanediol dinitrate)

名称 1,3-丁二醇二硝酸酯

主要用途

分子结构式

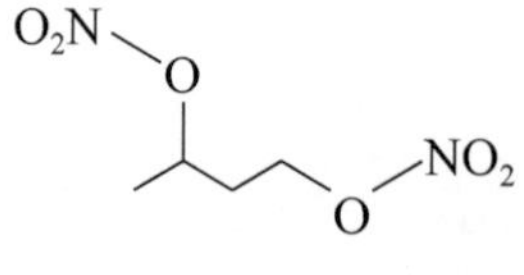

名称	1,3-丁二醇二硝酸酯	
分子式	$C_4H_8N_2O_6$	
$M/(g \cdot mol^{-1})$	180.12	
IS/J		
FS/N		
ESD/J		
$N/\%$	15.55	
$\Omega(CO_2)/\%$	-53.3	
$T_{m.p}/℃$	-20[3]	
$T_{dec}/℃$		
$\rho/(g \cdot cm^{-3})$	1.352 ±0.06(@293.15K)[1] 1.32[3]	
$\Delta_f H°/(kJ \cdot mol^{-1})$ $\Delta_f H°/(kJ \cdot kg^{-1})$	-243.4[2] -1351.3[2]	
	理论值(K-J)	实测值
$-\Delta_{ex}U°/(kJ \cdot kg^{-1})$		
T_{ex}/K		
P_{C-J}/GPa		
$VoD/(m \cdot s^{-1})$		
$V_0/(L \cdot kg^{-1})$		

参考文献

[1] Calculated using Advanced Chemistry Development(ACD/Labs)Software V11.02(© 1994-2017 ACD/Labs).

[2] G. M. Khrapkovskii, T. F. Shamsutdinov, D. V. Chachkov, A. G. Shamov, Journal of Molecular Structure(THEOCHEM), 2004, 686, 185-192.

[3] J. Liu, Liquid Explosives, Springer-Verlag, Heidelberg, 2015.

1,2,4-丁三醇三硝酸酯
(Butanetriol trinitrate)

名称 1,2,4-丁三醇三硝酸酯

主要用途 增塑剂[1],可作为双基推进剂中的纤维素的爆炸性增塑剂,炸药和推进剂中硝化甘油的替代品,也可用作硝化棉的胶凝剂

分子结构式

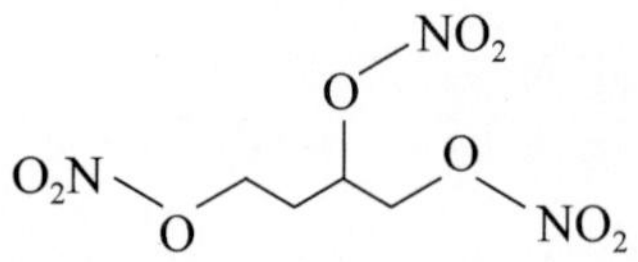

名称	BTTN
分子式	$C_4H_7N_3O_9$
$M/(g\cdot mol^{-1})$	241.11
IS/J	1N·m[2], 11.38[5], <0.5[5], 4.7cm[6], 11.4[8]
FS/N	
ESD/J	
$N/\%$	17.43
$\Omega(CO_2)/\%$	−16.6
$T_{m.p}/℃$	−2.7[8], −5.9(吸热峰起始位置, DSC@ 10℃·min^{-1})[10], −5.8~3.2(熔化过程可见,纯化的)[10], −7.6~2.8(熔化过程可见,未纯化的)[10]
$T_{dec}/℃$	
$\rho/(g\cdot cm^{-3})$	1.52(@298.15K)[3,6]
$\Delta_f H°/(kJ\cdot mol^{-1})$ $\Delta_f H°/(kJ\cdot kg^{-1})$	−406[4] −1683[4]

	理论值(K-J)	实测值
$-\Delta_{ex}U°/(kJ\cdot kg^{-1})$	6022[4]	6096[5] 1457cal·g^{-1}[5] 6025J·g^{-1}(H_2O(气态))[8] 5941J·g^{-1}(H_2O(液态))[8] 6153[9] 6022(H_2O(液态))[2] 5551(H_2O(气态))[2]
T_{ex}/K	3917[4]	
P_{C-J}/GPa	13.9[4]	
$VoD/(m\cdot s^{-1})$		
$V_0/(L\cdot kg^{-1})$		836[2] 840[5] 836[2,7] 865[9]

参考文献

[1] M. −H. Liu, C. −W. Liu, International Journal of Quantum Chemistry, 2017, Ahead of Print.

[2] R. Meyer, J. Köhler, A. Homburg, Explosives, 7th edn., Wiley−VCH, Weinheim, 2016, pp. 46−47.

[3] F. Pristera, M. Halik, A. Castelli, W. Fredericks, Analytical Chemistry, 1960, 32, 495−508.

[4] F. Volk, H. Bathelt, Propellants, Explosives, Pyrotechnics, 2002, 27, 136-141.
[5] AMC Pamphlet Engineering Design Handbook: Explosive Series Properties of Explosives of Military Interest, Headquarters, AMCP 706-177, U. S. Army Materiel Command, January 1971.
[6] Chemical Rocket Propulsion: A Comprehensive Survey of Energetic Materials, L. DeLuca, T. Shimada, V. P. Sinditskii, M. Calabro (eds.), Springer, 2017.
[7] M. Jafari, M. Kamalvand, M. H. Keshavarz, A. Zamani, H. Fazeli, Indian J. Engineering and Mater. Sci., 2015, 22, 701-706.
[8] J. Liu, Liquid Explosives, Springer, -Verlag, Heidelberg, 2015.
[9] H. Muthurajan, R. Sivabalan, M. B. Talawar, S. N. Asthana, J. Hazard. Mater., 2004, A112, 17-33.
[10] E. C. Broak, J. Energet. Mater., 1990, 8, 21-39.

N-丁基-*N*-(2-硝酸酯乙基)硝胺
(*N*-butyl-*N*-(2-nitroxyethyl)nitramine)

名称 *N*-丁基-*N*-(2-硝酸酯乙基)硝胺

主要用途 推进剂的增塑剂

分子结构式

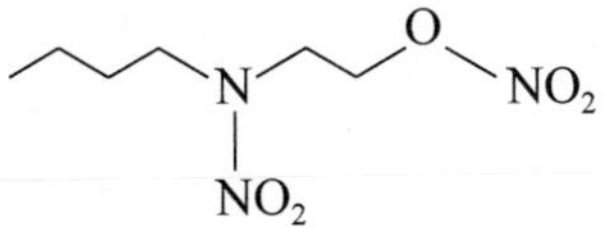

名称	BuNENA
分子式	$C_6H_{13}N_3O_5$
$M/(g\cdot mol^{-1})$	207.19
IS/J	>100cm(5kg 落锤,BAM)[4]
FS/N	
ESD/J	
$N/\%$	20.28
$\Omega(CO_2)/\%$	-104.3
$T_{m.p}/℃$	-9.1[2,4]
$T_{dec}/℃$	153(起始),最大值在 191 处[4](DTA @ 5℃/min)
$\rho/(g\cdot cm^{-3})$	1.242 ± 0.06(@ 293K)[3] 1.22[1,4]
$\Delta_f H°/(kJ\cdot mol^{-1})$ $\Delta_f H°/(kJ\cdot kg^{-1})$	-192.47[1,4] -928.94[1]

续表

	理论值(K-J)	实测值
$-\Delta_{ex}U°/(kJ\cdot kg^{-1})$		
T_{ex}/K		
P_{C-J}/GPa		
$VoD/(m\cdot s^{-1})$		
$V_0/(L\cdot kg^{-1})$		

参考文献

[1] R. Meyer, J. Köhler, A. Homburg, *Explosives*, 7th edn., Wiley-VCH, Weinheim, 2016, p. 47.

[2] A. T. Blomquist, F. T. Fiedorek, US 2485855, 1949.

[3] Calculated using Advanced Chemistry Development(ACD/Labs) Software V11.02(© 1994-2017 ACD/Labs).

[4] K. Dudek, P. Maraček, J. Sklúdal, Z. Jalový, *Final Proceedings for New Trends in Research of Energetic Materials*, S. Zeman (ed.), 7th Seminar, 20-22 April 2004, Pardubice, pp. 451-458.

C

斯蒂芬酸钾钙
(Calcium potassium styphnate)

名称 斯蒂芬酸钾钙

主要用途 小口径弹药起爆混合物中的无重金属起爆药

分子结构式

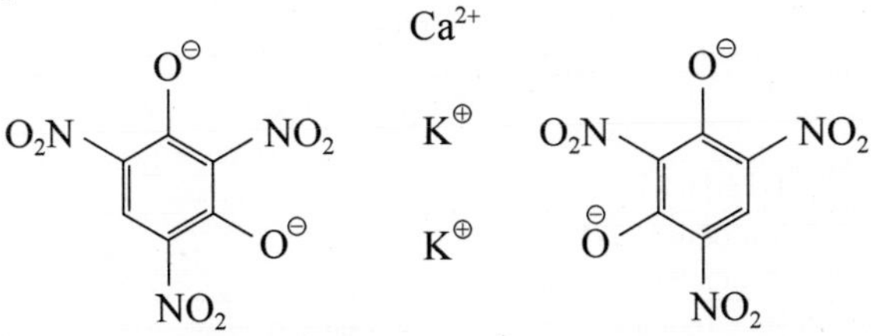

名称	斯蒂芬酸钾钙	
分子式	$C_{12}H_2CaK_2N_6O_{16}$	
$M/(g \cdot mol^{-1})$	604.45	
IS/J	>0.2N·m[1]	
FS/N	>0.5[1]	
ESD/J	>0.0004[1]	
$N/\%$	13.90	
$\Omega(CO_2)/\%$	−29	
$T_{m.p}/℃$		
$T_{dec}/℃$		
$\rho/(g \cdot cm^{-3})$		
$\Delta_f H°/(kJ \cdot mol^{-1})$ $\Delta_f H°/(kJ \cdot kg^{-1})$		
	理论值(K-J)	实测值
$-\Delta_{ex}U°/(kJ \cdot kg^{-1})$		
T_{ex}/K		
P_{C-J}/GPa		
$VoD/(m \cdot s^{-1})$		
$V_0/(L \cdot kg^{-1})$		

参考文献

[1] R. Meyer, J. Köhler, A. Homburg, *Explosives*, 7th edn., Wiley-VCH, Weinheim, **2016**, p. 48

ε-六硝基六氮杂异伍兹烷
(ε-CL-20)

名称 2,4,6,8,10,12-六硝基-2,4,6,8,10,12-六氮杂异伍兹烷

主要用途 猛(高能)炸药

分子结构式

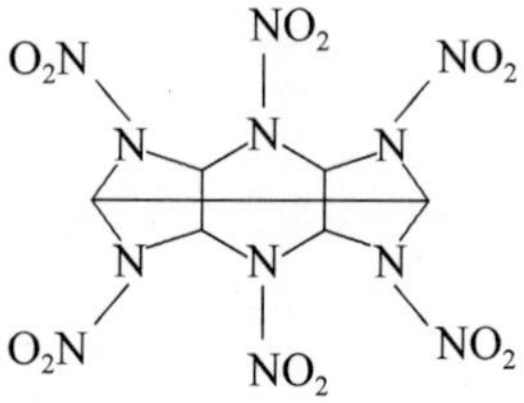

名称	HNIW
分子式	$C_6H_6N_{12}O_{12}$
$M/(g\cdot mol^{-1})$	438.1860
IS/J	3(<100μm),11.90(声音),5.38J(一级反应)[1],4N·m[2],4[4],5.38(一级反应[5],11.90(声音)[5],11.90[7-8]
FS/N	96(<100μm),54[2],28[4],69[6-8]
ESD/J	0.10(<100μm),4.70[1,3],462.0mJ[3]
N/%	38.36
$\Omega(CO_2)$/%	-10.95
$T_{m.p}$/℃	160(晶型转变)
T_{dec}/℃ T_{dec}/K T_{dec}/℃	224(DSC@ 5℃·min^{-1}) 480(DSC@ 5℃·min^{-1})[5] 315[4]
$\rho/(g\cdot cm^{-3})$ $\rho/(g\cdot cm^{-3})$ $\rho/(g\cdot cm^{-3})$(结晶)	2.08(@ 100K) 2.018(气体比重瓶法@ 298K) 2.04[4],1.981(α 晶型,密度梯度法)[11],1.985(β 晶型,密度梯度法)[11],1.916(γ 晶型,密度梯度法)[11],2.044(ε 晶型,密度梯度法)[11],2.044(@ TMD)[11]
$\Delta_f H°/(kJ\cdot mol^{-1})$ $\Delta_f H/(kJ\cdot kg^{-1})$ $\Delta_f U°/(kJ\cdot kg^{-1})$	365 460 919

	理论值(EXPLO5 6.03)	实测值	理论值(K-J)[10]	理论值(K-W)[10]	理论值(修正的 K-W 法)[10]	文献[4]
$-\Delta_{ex}U°/(kJ\cdot kg^{-1})$	6160		6556	5966	5966	6168
T_{ex}/K	4071					
P_{C-J}/kbar	445		441	453	453	444
VoD/$(m\cdot s^{-1})$	9778(@ TMD)	9570(@ TMD)[12],9560(LASEM 法预估)[12]	9620(@ 2.04g·cm^{-3})	9750(@ 2.04g·cm^{-3})	9750(@ 2.04g·cm^{-3})	9730 9380(@ 2.04g·cm^{-3})
$V_0/(L\cdot kg^{-1})$	720					

六硝基六氮杂异伍兹烷(CL-20/HNIW)

名称	γ-CL20[13]	γ-CL20[13]	γ-CL20[13]	γ-CL20[13]	γ-CL20[13]	ε-CL20[13]	ε-CL20[13]	ε-CL20[13]	ε-CL20[13]	ε-CL20[13]	ε-CL20[14]	ζ-CL20 (高压式)[15]
化学式	$C_6H_6N_{12}O_{12}$	$C_6H_6N_{12}O_{12}$	$C_6H_6N_{12}O_{12}$	$C_6H_6N_{12}O_{12}$	$C_6H_6N_{12}O_{12}$	$C_6H_6N_{12}O_{12}$	$C_6H_6N_{12}O_{12}$	$C_6H_6N_{12}O_{12}$	$C_6H_6N_{12}O_{12}$	$C_6H_6N_{12}O_{12}$	$C_6H_6N_{12}O_{12}$	$C_6H_6N_{12}O_{12}$
$M/(g \cdot mol^{-1})$	438.23	438.23	438.23	438.23	438.23	438.23	438.23	438.23	438.23	438.23	438.23	438.23
晶系	单斜	单斜	单斜	单斜	单斜	单斜	单斜	单斜	单斜	单斜	单斜	单斜
空间群	$P2_1/n$	$P2_1/n$	$P2_1/n$	$P2_1/n$	$P2_1/n$	$P2_1/n$	$P2_1/n$	$P2_1/n$	$P2_1/n$	$P2_1/n$	$P2_1/n$	$P2_1/n$
a/Å	13.0342(3)	13.2272(7)	13.1670(3)	13.1156(7)	13.0698(4)	8.8628(11)	8.8408(9)	8.8212(10)	8.8004(10)	8.7910(18)	8.789(1)	12.579(2)
b/Å	8.1773(2)	8.1692(5)	8.1676(1)	8.1713(4)	8.1737(3)	12.5928(16)	12.5622(12)	12.5368(14)	12.4992(14)	12.481(3)	12.474(1)	7.7219(19)
c/Å	14.7465(2)	14.8920(8)	14.8436(1)	14.8059(8)	14.718(5)	13.3947(17)	13.3577(13)	13.3330(15)	13.2985(15)	13.285(3)	13.279(1)	14.1260(15)
α/(°)	90	90	90	90	90	90	90	90	90	90	90	90
β/(°)	108.5660(10)	109.164(1)	109.001(1)	108.841(1)	108.696(1)	106.920(2)	106.820(2)	106.740(2)	106.622(2)	106.55(3)	106.578(1)	111.218(10)
γ/(°)	90	90	90	90	90	90	90	90	90	90	90	90
V/Å^3	1489.95(5)	1520.0(2)	1509.34(4)	1501.75(14)	1494.78(9)	1430.2(3)	1420.0(2)	1412.0(3)	1401.7(3)	1397.2(5)	1395.314(1)	1279.1(4)
Z	4	4	4	4	4	4	4	4	4	4	4	4
$\rho_{calc}/(g \cdot cm^{-3})$	1.954	1.915	1.929	1.938	1.947	2.035	2.050	2.061	2.077	2.083	2.08	2.275
T/K	100	298	250	200	150	298	250	200	150	100	100	293

参考文献

[1] *A Study of Chemical Micro-Mechanisms of Initiation of Organic Polynitro Compounds*, S. Zeman, Ch. 2 in *Energetic Materials, Part 2: Detonation, Combustion*, P. A. Politzer, J. S. Murray(eds.), Theoretical and Computational Chemistry, Vol. 13, 2003, Elsevier, pp. 25-60.

[2] *New Energetic Materials*, H. H. Krause, Ch. 1 in *Energetic Materials*, U. Teipel(ed.), Wiley-VCH Verlag GmbH & Co. KGaA, Weinheim, 2005, pp. 1-26. isbn: 3-527-30240-9.

[3] S. Zeman, V. Pelikán, J. Majzlík, *Central Europ. Energ. Mat.*, 2006, *3*, 27-44.

[4] J. J. Sabatini, K. D. Oyler, *Crystals*, 2016, *6*, 1-22.

[5] S. Zeman, *Proceedings of New Trends in Research of Energetic Materials*, NTREM, April 24-25th 2002.

[6] M. H. Keshavarz, M. Hayati, S. Ghariban-Lavasani, N. Zohari, *ZAAC*, 2016, *642*, 182-188.

[7] M. Jungová, S. Zeman, A. Husárová, *Chinese J. Energetic Mater.*, 2011, *19*, 603-606.

[8] Y. Ou, C. Wang, Z. Pan, *Chinese J. Energetic Mater.*, 1999, *7*, 100.

[9] M. H. Keshavarz, *J. Haz. Mat.*, 2009, *166*, 762-769.

[10] P. Politzer, J. S. Murray, *Centr. Eur. J. Energ. Mater.*, 2014, *11*, 459-474.

[11] D. M. Hoffman, *Propellants, Explosives, Pyrotechnics*, 2003, *28*, 194-200.

[12] J. L. Gottfried, T. M. Klapötke, T. G. Witkowski, *Propellants, Explosives, Pyrotechnics*, 2017, *42*, 353-359.

[13] N. B. Bolotina, M. J. Hardie, R. L. Speer, A. A. Pinkerton, *J. Appl. Cryst.*, 2004, *37*, 808-814.

[14] A. Meents, B. Dittrich, S. K. Johnas, V. Thome, E. Weckert, *Acta Cryst.*, 2008, *B64*, 42-49.

[15] D. I. A. Millar, H. E. Maynard-Casely, A. K. Kleppe, W. G. Marshall, C. R. Pulham, A. S. Cumming, *Cryst. Eng. Comm.*, 2010, *12*, 2524-2527.

5-硝基四唑亚铜
(Copper(Ⅰ)5-nitrotetrazolate)

名称　5-硝基四唑亚铜

主要用途　叠氮化铅的临时替代品

分子结构式

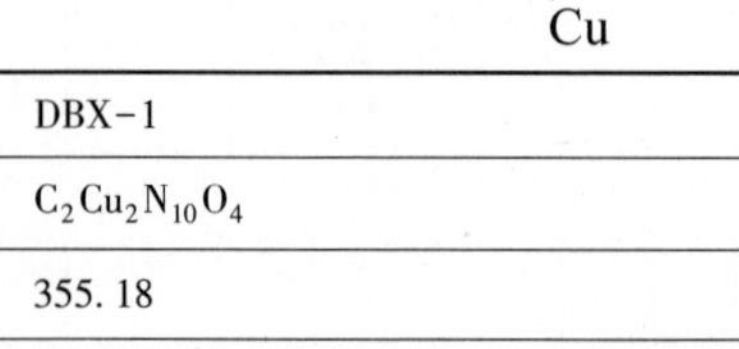

名称	DBX-1
分子式	$C_2Cu_2N_{10}O_4$
$M/(g·mol^{-1})$	355.18

续表

IS/J	0.036±0.012[1],0.036[4],0.04N·m[2]		
FS/N	0.098[1],>0.098[4],0.1[2,5]		
ESD/J	0.000012[1],3.1mJ[3],12μJ[4],3.1mJ[5]		
N/%	39.44		
$\Omega(CO_2)$/%	-9.0[4]		
$T_{m.p}$/℃			
T_{dec}/℃ T_{dec}/℃	337.69(DSC@20℃/min)[1] 325[5],337[4]		
$\rho/(g\cdot cm^{-3})$	2.584(@113K)[1] 约2.58[3]		
$\Delta_f H°/(kJ\cdot mol^{-1})$ $\Delta_f H°/(kJ\cdot mol^{-1})$ $\Delta_f H°/(kJ\cdot kg^{-1})$ $\Delta_f H°/(kJ\cdot kg^{-1})$	99.8[2] 280.9[3-4](理论值)		
	理论值(K-J)	实测值	文献值
$-\Delta_{ex}U°/(kJ\cdot kg^{-1})$		3816.6[1]	3816.6[3]
T_{ex}/K			
P_{C-J}/GPa			
VoD/$(m\cdot s^{-1})$		7000[2](@2.58$g\cdot cm^{-3}$)	
$V_0/(L\cdot kg^{-1})$			

参考文献

[1] J. W. Fronabarger, M. D. Williams, W. B. Sanborn, J. G. Bragg, D. A. Parrish, M. Bichay, *Propellants, Explosives, Pyrotechnics* 2011, *36*, 541-550.

[2] R. Meyer, J. Köhler, A. Homburg, *Explosives*, 7th edn., Wiley-VCH, Weinheim, 2016, p. 65.

[3] M. A. Ilyushin, I. V. Tselinsky, *Centr. Europ. J. Energ. Mat.*, 2012, *9*, 293-327.

[4] J. J. Sabatini, K. D. Oyler, *Crystals*, 2016, *6*, 1-22.

[5] T. M. Klapötke, *Chemistry of High-Energy Materials*, 3rd edn., De Gruyter, Berlin, 2015.

三聚叠氮氰
(Cyanuric triazide)

名称 1,3,5-三叠氮基-2,4,6-三嗪,三聚叠氮氰

主要用途 针刺雷管中叠氮化铅的替代物[1],引发剂混合物中叠氮化铅或斯蒂芬酸铅替代物的候选者

分子结构式

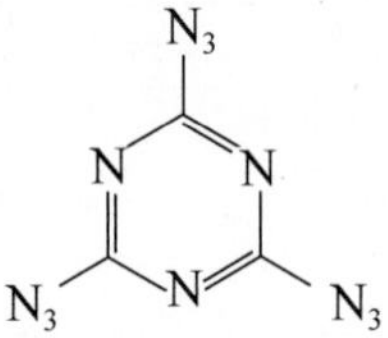

名称	TTA		
分子式	C_3N_{12}		
$M/(g\cdot mol^{-1})$	204.12		
IS/J	0.15[2],1.3[7],0.7(B.M.)[8],0.34(小型撞击机)[10],0.18[10]		
FS/N	0.1N 活塞载荷[1],<0.5[7];非重结晶的:在 10N 时发火[10];重结晶的:在 10N 时不爆炸,在 20N 时爆炸[10]		
ESD/J	1.2mJ[6],非重结晶的:不到 31mJ[10];重结晶的:不到 1.2mJ[10]		
$N/\%$	82.35		
$\Omega(CO_2)/\%$	-47.0		
$T_{m.p}/℃$	94[3,7],(高于 30℃时开始升华[6])		
$T_{dec}/℃$	180[3](DSC) >100[6](点火温度约为 205℃[6]),187[7],>100[8]		
$\rho/(g\cdot cm^{-3})$	1.54(@286.15K)[2] 1.73[6] 1.54[8]		
$\Delta_f H°/(kJ\cdot mol^{-1})$ $\Delta_f H°/(kJ\cdot kg^{-1})$	914.6[4] 4561~4761[8] 4480.7[4],4489.2[1]		
	理论值(EXPLO5 6.04)	实测值	文献值
$-\Delta_{ex}U°/(kJ\cdot kg^{-1})$	4141		
T_{ex}/K	3536		
P_{C-J}/GPa	226.3		228.7 (@1.697$g\cdot cm^{-3}$)[5]
$VoD/(m\cdot s^{-1})$	7866(@1.73$g\cdot cm^{-3}$; $\Delta_f H=9.5kJ\cdot mol^{-1}$)	5600(@1.15$g\cdot cm^{-3}$)[4]; 5550~5600(@1.15$g\cdot cm^{-3}$,装药直径 0.3 英寸)[8]; 5500(@1.02$g\cdot cm^{-3}$,无约束的)[10]; 5440~5650(@1.15$g\cdot cm^{-3}$)[10]	7300(@1.5$g\cdot cm^{-3}$)[6]; 约 6900(@1.5$g\cdot cm^{-3}$)[9]; 5650(@1.15$g\cdot cm^{-3}$)[4]
$V_0/(L\cdot kg^{-1})$	719		

名称	三聚叠氮氰[11]	三聚叠氮氰[12]
化学式	C_3N_{12}	C_3N_{12}
$M/(g\cdot mol^{-1})$	204. 12	204. 12
晶系	六方晶系	六方晶系
空间群	$p6_3$	$p-3$
a/Å	8. 73	8. 7456(2)
b/Å	8. 73	8. 7456(2)
c/Å	5. 96	5. 8945(3)
α/(°)	90	90
β/(°)	90	90
γ/(°)	120	120
$V/Å^3$	393. 374	390. 44(2)
Z	2	2
$\rho_{calc}/(g\cdot cm^{-3})$	1. 72323	1. 736
T/K	295	183

参考文献

[1] R. Meyer, J. Köhler, A. Homburg, *Explosives*, 7th edn. , Wiley-VCH, Weinheim, 2016, p. 68.

[2] E. Ott, E. Ohse, *Berichte der Deutschen Chemischen Gesellschaft*, 1921, *54B*, 179-186.

[3] C. Ye, H. Gao, J. A. Boatz, G. W. Drake, B. Twamley, J. M. Shreeve, *Angewandte Chemie, International Edition* 2006, *45*, 7262-7265.

[4] V. I. Pepekin, *Doklady Physical Chemistry* 2007, *414*, 159-161.

[5] S. Appalakondaiah, G. Vaitheeswaran, S. Lebegue, *Chemical Physics Letters*, 2014, *605-606*, 10-15.

[6] M. A. Ilyushin, I. V. Tselinsky, *Centr. Europ. J. Energ. Mat.* , 2012, *9*, 293-327.

[7] T. M. Klapötke, *Chemistry of High-Energy Materials*, 3rd edn. , De Gruyter, Berlin, 2015.

[8] *AMC Pamphlet Engineering Design Handbook: Explosive Series Properties of Explosives of Military Interest, Headquarters, U. S. Army Materiel Command, January 1971.*

[9] W. C. Lothrop, G. R. Handrick, *Chem. Revs.* , 1949, *44*, 419-445.

[10] R. Matyáš, J. Pachman, *Primary Explosives*, Springer-Verlag, Heidelberg, 2013.

[11] I. E. Knaggs, *Proc. Royal Society London, Series A*, 1935, *150*, 576-602.

[12] E. Kessenich, T. M. Klapötke, J. Knizek, A. Schulz, *Eur. J. Inorg. Chem.* , 1998, 2013-2016.

环三亚甲基三亚硝胺
(Cyclotrimethylene trinitrosamine)

名称 环三亚甲基三亚硝胺,1,3,5-三亚硝基-1,3,5-六氢化三嗪

主要用途 弹丸装药组分

分子结构式

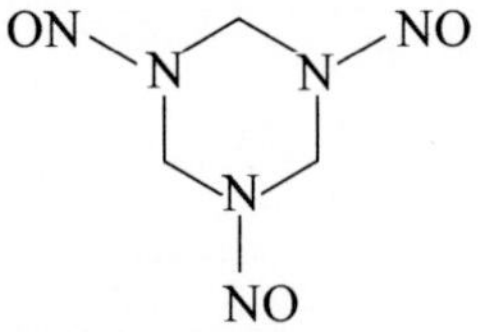

名称	环三亚甲基三亚硝胺
分子式	$C_3H_6N_6O_3$
$M/(g \cdot mol^{-1})$	174.12
IS/J	2.94~4.32(B.M.)[5],8.47~9.97(P.A.)[5]
FS/N	
ESD/J	
$N/\%$	48.27
$\Omega(CO_2)/\%$	-55.1
$T_{m.p}/℃$	105~106[1],105~107[5]
$T_{dec}/℃$	150(起始),170(完全)[5](@5℃·min^{-1})
$\rho/(g \cdot cm^{-3})$	1.91±0.1(@293.15K)[2] 1.508[3]
$\Delta_f H°/(kJ \cdot mol^{-1})$ $\Delta_f H°/(kJ \cdot kg^{-1})$	285.9[3] 1641.7[3]

	理论值(EXPLO5 6.04)	实测值
$-\Delta_{ex}U°/(kJ \cdot kg^{-1})$	5154	4525[H_2O(液态)][3] 4397[H_2O(气态)][3] 3665[5]
T_{ex}/K	3435	
P_{C-J}/GPa	23.9	
$VoD/(m \cdot s^{-1})$	7935(@1.586g·cm^{-3}; $\Delta_f H$=278.88kJ·mol^{-1})	7300(@1.49g·cm^{-3},约束)[3] 7800(@1.57g·cm^{-3})[4] 7000~7300(@1.42g·cm^{-3},装药直径1.2英寸,浇铸,无约束)[5]
$V_0/(L \cdot kg^{-1})$	844	996[3,6]

参考文献

[1] A. T. Nielsen, D. W. Moore, M. D. Ogan, R. L. Atkins, *Journal of Organic Chemistry* 1979, *44*, 1678-1684.

[2] Calculated using Advanced Chemistry Development(ACD/Labs) Software V11.02(© 1994-2017 ACD/Labs).

[3] R. Meyer, J. Köhler, A. Homburg, *Explosives*, 7th edn., Wiley-VCH, Weinheim, 2016, pp. 68-69.

[4] M. H. Keshavarz, *Propellants, Explosives, Pyrotechnics*, 2012, *37*, 489-497.

[5] *AMC Pamphlet Engineering Design Handbook: Explosive Series Properties of Explosives of Military Interest*, Headquarters, U. S. Army Materiel Command, January 1971.

[6] M. Jafari, M. Kamalvand, M. H. Keshavarz, A. Zamani, H. Fazeli, *Indian J. Engineering and Mater. Sci.*, 2015, *22*, 701-706.

D

二过氧化二丙酮
(DADP)

名称　二过氧化二丙酮,3,3,6,6-四甲基-1,2,4,5-四噁烷

主要用途　简易炸药

分子结构式

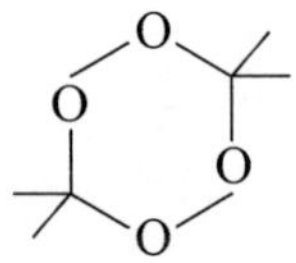

名称	DADP	
分子式	$C_6H_{12}O_4$	
M/(g·mol^{-1})	148. 1580	
IS/J	5(<100μm),1. 4[2]	
FS/N	5(<100μm),1. 75[1],2. 99[2]	
ESD/J	0. 2(<100μm),0. 026[2]	
N/%	0	
$\Omega(CO_2)$/%	-151. 2	
$T_{m.p}$/℃	132~133(Buechi 仪器测得)	
T_{dec}/℃	165[2]	
ρ/(g·cm^{-3}) ρ/(g·cm^{-3}) ρ/(g·cm^{-3})	1. 33[1](理论值) 1. 31(理论值,@298K) 1. 331[2](晶体)	
$\Delta_f H°$/(kJ·mol^{-1})	-435 -355. 1[2]	
$\Delta_f H°$/(kJ·kg^{-1})	-2802	
	理论值(EXPLO5 6. 03)	实测值
$-\Delta_{ex}U°$/(kJ·kg^{-1})	3194	2837[2]
T_{ex}/K	2032	
P_{C-J}/GPa	131	
VoD/(m·s^{-1})	6246	
V_0/(L·kg^{-1})	815	713[2]

名称	DADP[3]	DADP[4]
化学式	$C_6H_{12}O_4$	$C_6H_{12}O_4/C_{12}H_{24}O_8$
$M/(g\cdot mol^{-1})$	148.16	148.16/296.31
晶系	单斜	单斜
空间群	$P2/c$(no. 13)	$P2/c$(no. 13)
a/Å	5.9152(18)	5.8881(8)
b/Å	5.9221(18)	5.8935(8)
c/Å	10.585(3)	10.5238(14)
α/(°)	90	90
β/(°)	94.344(5)	94.380(2)
γ/(°)	90	90
V/Å³	369.72(19)	364.13(9)
Z	2	1
$\rho_{calc}/(g\cdot cm^{-3})$	1.331	1.351
T/K	203	120
	从热甲醇中获得的晶体	

参考文献

[1] R. Matyáš, J. Šelešovský, T. Musil, *J. Hazard. Mater.*, 2012, *213-214*, 236-241.

[2] N. -D. H. Gamage, "*Synthesis, Characterization, And Properties of Peroxo-Based Oxygen-Rich Compounds For Potential Use As Greener High Density Materials*", 2016, Wayne State University Dissertations, Paper 1372.

[3] F. Dubnikova, R. Kosloff, J. Almog, Y. Zeiri, R. Boese, A. Alt, E. Keinan, *J. Am. Chem. Soc.*, 2005, *127*, 1146-1159.

[4] L. Jensen, P. M. Mortensen, R. Trone, P. Harris, R. W. Berg, *Applied Spectroscopy*, 2009, *63*, 92-97.

3,3′-二氨基-4,4′-氧化偶氮呋咱 (3,3′-Diamino-4,4′-azoxyfurazan)

名称 3,3′-二氨基-4,4′-氧化偶氮呋咱

主要用途 猛(高能)炸药

分子结构式

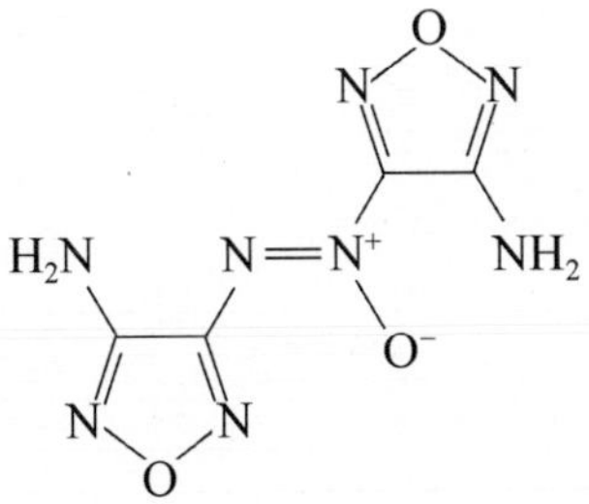

名称	DAAF	
分子式	$C_4H_4N_8O_3$	
M/(g·mol^{-1})	212.13	
IS/J	7,>320N·m[4],落高 t>320cm(2.5kg 落锤,12 型工具法)[5]	
FS/N	>360,>360[4],>36kg(BAM)[5]	
ESD/J	0.0625,>0.36[5]	
N/%	52.82	
$\Omega(CO_2)$/%	-52.8	
$T_{m.p}$/℃	直接分解没有熔化过程[6]	
T_{dec}/℃	229,249[6]	
ρ/(g·cm^{-3})	1.745(@298K),1.75[6],1.764(晶体)[6]	
$\Delta_f H°$/(kJ·mol^{-1})	443	
$\Delta_f H°$/(kJ·kg^{-1})		
	理论值(EXPLO5 6.03)	实测值
$-\Delta_{ex}U°$/(kJ·kg^{-1})	5081	
T_{ex}/K	3589	
P_{C-J}/kbar	275	306(@1.685g·cm^{-3})[4]
VoD/(m·s^{-1})	8316	7930(@1.685g·cm^{-3})[4]; 8110±30; 8050(LASEM 法预估)[7],8110(@TMD,大尺寸爆轰)[7]
V_0/(L·kg^{-1})	758	

名称	DAAF[8]	DAAF[9]
化学式	$C_4H_4N_8O_3$	$C_4H_4N_8O_3$
M/(g·mol^{-1})	212.15	212.15
晶系	单斜	单斜
空间群	$P2_1/c$(no.14)	$P2_1/c$(no.14)
a/Å	4.6466(6)	9.3212(8)
b/Å	9.6326(10)	9.6326(9)
c/Å	9.0243(11)	8.9004(8)
α/(°)	90	90
β/(°)	91.607(9)	91.3434(19)
γ/(°)	90	90
V/Å^3	403.76(8)	798.9(2)
Z	2	4
ρ_{calc}/(g·cm^{-3})	1.745	1.764
T/K	294	233

参考文献

[1] M. Szala, A. Kruzel, L. Szymańczyk, *High-Energetic Materials*, 2012, *4*, 27-35.

[2] E. G. Francois, D. E. Chavez, M. M. Sandstrom, *Propellants, Explosives, Pyrotechnics*, 2010, *35*, 529-534.

[3] E. -C. Koch, *Propellants, Explosives, Pyrotechnics*, 2016, *41*, 526-538.

[4] R. Meyer, J. KÖhler, A. Homburg, *Explosives*, 7th edn., Wiley-VCH, Weinheim, 2016, p. 90.

[5] D. Chavez, L. Hill, M. Hiskey, S. Kinkead, *J. Energet. Mater.*, 2000, *18*, 219-236.

[6] R. W. Beal, T. B. Brill, *Propellants, Explosives, Pyrotechnics*, 2000, *25*, 241-246.

[7] J. L. Gottfried, T. M. KlapÖtke, T. G. Witkowski, *Propellants, Explosives, Pyrotechnics*, 2017, *42*, 353-359.

[8] R. Gilardi, *CSD Communication*, 1999.

[9] R. W. Beal, C. D. Incarvito, B. J. Rhatigan, A. L. Rheingold, T. B. Brill, *Propellants, Explosives, Pyrotechnics*, 2000, *25*, 277-283.

2,6-二氨基-3,5-二硝基吡嗪-1-氧化物
(2,6-Diamino-3,5-dinitropyrazine-1-oxide)

名称 2,6-二氨基-3,5-二硝基吡嗪-1-氧化物

主要用途 可能用于钝感耐热炸药

分子结构式

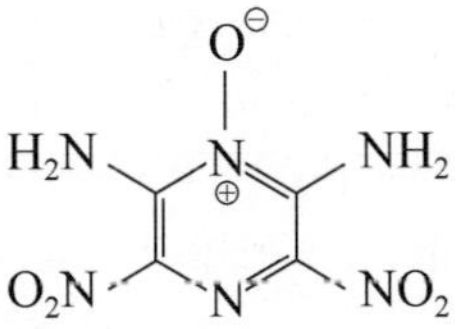

名称	LLM-105
分子式	$C_4H_4N_6O_5$
$M/(g \cdot mol^{-1})$	216.11
IS/J	117[1]; 纯度 99.6%,晶体密度 1.9197g·cm^{-3},H_{50}>112.2cm,撞击感度 0%[6]; 纯度 99.62%,5kg 落锤,晶体密度 1.9152g·cm^{-3},H_{50}=103.9cm,撞击感度 4%[6]; 纯度 99.41%,5kg 落锤,晶体密度 1.9134g·cm^{-3},H_{50}=48.2cm[6]; 纯度 99.41%,5kg 落锤,晶体密度 1.9117g·cm^{-3},H_{50}=44.8cm[6]; 纯度 99.55%,5kg 落锤,晶体密度 1.9065g·cm^{-3},H_{50}>112.2cm[6]; 参阅文献[6]查看晶体表面缺陷,晶体尺寸和晶体完整性对撞击感度的影响

续表

FS/N	钝感[2], $P_{fr.LL}$ = 400MPa[7], $P_{fr.50\%}$ = 480MPa[7]		
ESD/J	钝感[2]		
N/%	38.89		
$\Omega(CO_2)$/%	-37.02		
$T_{m.p}$/℃	342[2]		
T_{dec}/℃	260[3]		
ρ/(g·cm^{-3})	1.911(@296K)[4]		
$\Delta_f H^\circ$/(kJ·mol^{-1}) $\Delta_f H^\circ$/(kJ·kg^{-1})	-12.97[2] -60.02[2]		
	理论值(EXPLO5 6.04)	理论值(K-J)	实测值
$-\Delta_{ex}U^\circ$/(kJ·kg^{-1})	4489	4900[5]	
T_{ex}/K	3200		
P_{C-J}/GPa	312	314.4[4]	359[2]
VoD/(m·s^{-1})	8533(@1.913g·cm^{-3}, $\Delta_f H$=13kJ·mol^{-1})	8529(@1.911g·cm^{-3})[4]	8560 (@ 1.913g·cm^{-3})[4]
V_0/(L·kg^{-1})	701		

参考文献

[1] R. D. Gilardi, R. J. Butcher, *Acta Crystallographica Section E*, 2001, *57*, 657–658.

[2] R. Meyer, J. Köhler, A. Homburg, *Explosives*, 7th edn., Wiley-VCH, Weinheim, 2016, pp. 91–92.

[3] J. C. Gump, C. A. Stoltz, B. P. Mason, B. G. Freedman, J. R. Ball, S. M. Peiris, *Journal of Applied Physics*, 2011, *110*, 073523.

[4] H. -X. Ma, J. -R. Song, F. -Q. Zhao, H. -X. Gao, R. -Z. Hu, *Chinese Journal of Chemistry*, 2008, *26*, 1997–2002.

[5] P. Politzer, J. S. Murray, *Propellants, Explosives, Pyrotechnics*, 2016, *41*, 414–425.

[6] H. Li, X. Zhou, S. Hao, R. Bu, D. Chen, *Proceedings of the 20th Seminar on New Trends in Research of Energetic Materials*, Pardubice, April 26–28, 2017, p. 226–243.

[7] A. Smirnov, O. Voronko, B. Korsunsky, T. Pivina, *Huozhayo Xuebao*, 2015, *38*, 1–8.

二氨基胍-1-氨基四唑 5-酮盐
(Diaminoguanidinium 1-aminotetrazol-5-oneate)

名称 二氨基胍-1-氨基四唑 5-酮盐

主要用途 猛(高能)炸药

分子结构式

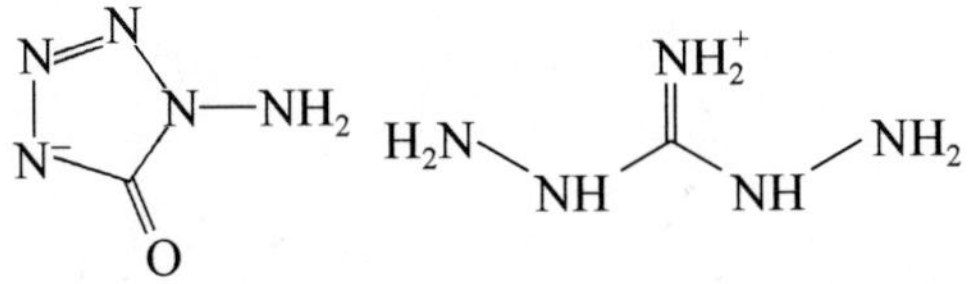

名称	ATO·DAG	
分子式	$C_2H_{10}N_{10}O$	
$M/(g\cdot mol^{-1})$	190. 20	
IS/J	>40[1]	
FS/N		
ESD/J		
N/%	73. 7	
Ω(CO)/%	-50. 52	
$T_{m.p}$/℃	153. 0(DSC-TG@ 10℃·min^{-1})[1]	
T_{dec}/℃	220. 7(DSC-TG@ 10℃·min^{-1})[1]	
$\rho/(g\cdot cm^{-3})$	1. 534(@ 298K)[1]	
$\Delta_fH°/(kJ\cdot mol^{-1})$ $\Delta_fH°/(kJ\cdot kg^{-1})$	608. 36(理论值)[1] 3198. 5(理论值)[1]	
	理论值(K-J)	实测值
$-\Delta_{ex}U°/(kJ\cdot kg^{-1})$		
T_{ex}/K		
P_{C-J}/GPa	284[1]	
VoD/$(m\cdot s^{-1})$	8410(@ TMD)[1]	
$V_0/(L\cdot kg^{-1})$		

参考文献

[1] X. Yin, J. -T. Wu, X. Jin, C. -X. Xu, P. He, T. Li, K. Wang, J. Qin, J. -G. Zhang, *RSC Adv.*, 2015, *5*, 60005-60014.

3,4-二氨基-1,2,4-三唑 1-氨基四唑-5-酮盐 (3,4-Diamino-1,2,4-triazolium 1-aminotetrazol-5-oneate)

名称 3,4-二氨基-1,2,4-三唑 1-氨基四唑-5-酮盐

主要用途 猛(高能)炸药

分子结构式

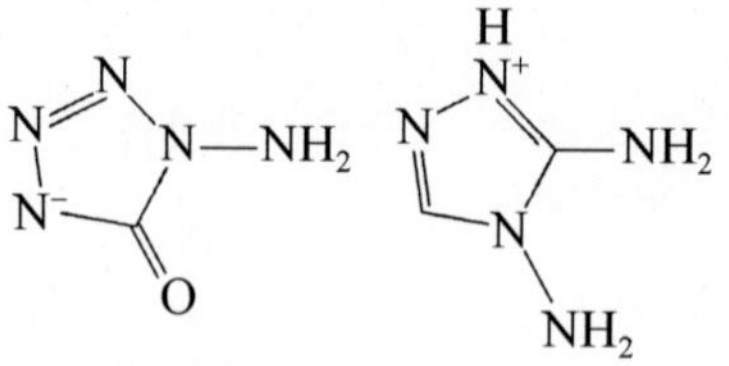

名称	ATO·DATr	
分子式	$C_3H_8N_{10}O$	
$M/(g\cdot mol^{-1})$	200.19	
IS/J	>40[1]	
FS/N		
ESD/J		
$N/\%$	68.98	
$\Omega(CO_2)/\%$	-48.0	
$T_{m.p}/℃$	170.0(DSC-TG@10℃·min^{-1})[1]	
$T_{dec}/℃$	220.5(DSC-TG@10℃·min^{-1})[1]	
$\rho/(g\cdot cm^{-3})$	1.632(@298K)[1]	
$\Delta_f H°/(kJ\cdot mol^{-1})$ $\Delta_f H°/(kJ\cdot kg^{-1})$	494.36[1] 2471.8[1]	
	理论值(K-J)	实测值
$-\Delta_{ex}U°/(kJ\cdot kg^{-1})$		
T_{ex}/K		
P_{C-J}/GPa	236[1]	
$VoD/(m\cdot s^{-1})$	7530[1]	
$V_0/(L\cdot kg^{-1})$		

参考文献

[1] X. Yin, J. -T. Wu, X. Jin, C. -X. Xu, P. He, T. Li, K. Wang, J. Qin, J. -G. Zhang, *RSC Adv.*, 2015, *5*, 60005-60014.

二(1-氨基-1,2,3-三唑)5,5′-联四唑-1,1′-二羟基盐 (Di(1-amino-1,2,3-triazolium)5,5′-bitetrazole-1,1′-diolate)

名称　二(1-氨基-1,2,3-三唑)5,5′-联四唑-1,1′-二羟基盐

主要用途 猛(高能)炸药

分子结构式

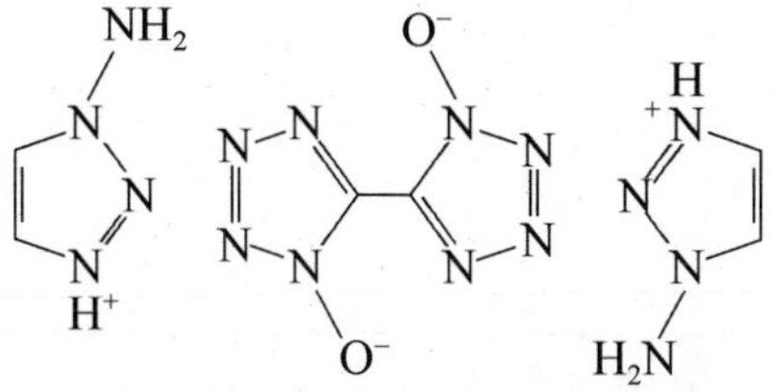

名称	2ATr. BTO	
分子式	$C_6H_{10}N_{16}O_2$,$[C_2H_5N_4]_2^+[C_2N_8O_2]^{2-}$	
$M/(g\cdot mol^{-1})$	345.21	
IS/J	32	
FS/N		
ESD/J		
$N/\%$	66.2	
$\Omega(CO_2)/\%$	-70.9	
$T_{m.p}/℃$		
$T_{dec}/℃$	247(DSC @ 5℃·min^{-1})	
$\rho/(g\cdot cm^{-3})$	1.691(@ 298K)	
$\Delta_f H°/(kJ\cdot mol^{-1})$	1273.6	
	理论值(K-J)	实测值
$-\Delta_{ex}U°/(kJ\cdot kg^{-1})$		
T_{ex}/K		
$P_{C-J}/kbar$	272	
$VoD/(m\cdot s^{-1})$	7957	
$V_0/(L\cdot kg^{-1})$		

3,4-二氨基-1,2,4-三唑-1-羟基 5-氨基-四唑盐
(3,4-Diamino-1,2,4-triazolium 1-hydroxyl-5-amino-tetrazolate)

名称 3,4-二氨基-1,2,4-三唑 1-羟基-5-氨基-四唑盐

主要用途 猛炸药

分子结构式

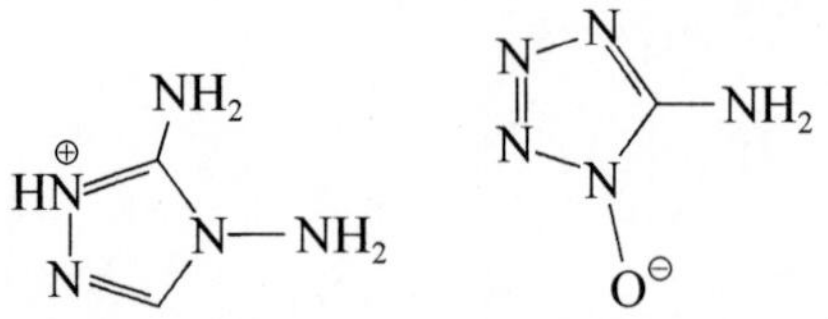

名称	DATr. HATZ	
分子式	$C_3H_8N_{10}O$,$[C_2H_6N_5]^+[CH_2N_5O]^-$	
$M/(g \cdot mol^{-1})$	200.09	
IS/J	38	
FS/N		
ESD/J		
N/%	56.4	
$\Omega(CO_2)$/%	-44.0	
$T_{m.p}$/℃	195	
T_{dec}/℃	225(DSC @ 5℃·min^{-1})	
$\rho/(g \cdot cm^{-3})$	1.692(@ 296K)	
$\Delta_f H°/(kJ \cdot mol^{-1})$	571.9	
	理论值(K-J)	实测值
$-\Delta_{ex}U°/(kJ \cdot kg^{-1})$		
T_{ex}/K		
P_{C-J}/kbar	264	
VoD/$(m \cdot s^{-1})$	7856	
$V_0/(L \cdot kg^{-1})$		

3,4-二氨基-1,2,4-三唑 5-硝氨基-四唑盐 (3,4-Diamino-1,2,4-triazolium 5-nitramino-tetrazolate)

名称 3,4-二氨基-1,2,4-三唑-5-硝基氨基-四唑盐

主要用途 猛炸药

分子结构式

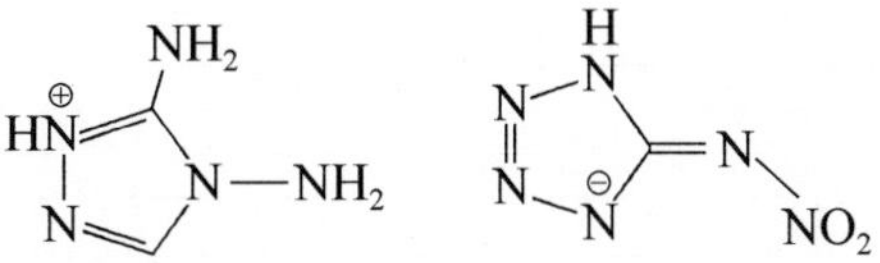

名称	DATr. NATZ	
分子式	$C_3H_7N_{11}O_2$,$[C_2H_6N_5]^+[CHN_6O_2]^-$	
$M/(g\cdot mol^{-1})$	220.08	
IS/J	6.5	
FS/N		
ESD/J		
$N/\%$	67.2	
$\Omega(CO_2)/\%$	-52.4	
$T_{m.p}/℃$	196	
$T_{dec}/℃$	204(DSC @ 5℃·min^{-1})	
$\rho/(g\cdot cm^{-3})$	1.661(@ 296K)	
$\Delta_f H°/(kJ\cdot mol^{-1})$	484	
	理论值(K-J)	实测值
$-\Delta_{ex}U°/(kJ\cdot kg^{-1})$		
T_{ex}/K		
$P_{C-J}/kbar$	256	
$VoD/(m\cdot s^{-1})$	7789	
$V_0/(L\cdot kg^{-1})$		

3,4-二氨基-1,2,4-三唑 5-硝基-四唑盐 (3,4-Diamino-1,2,4-triazolium 5-nitro-tetrazolate)

名称 3,4-二氨基-1,2,4-三唑 5-硝基-四唑盐

主要用途 猛(高能)炸药

分子结构式

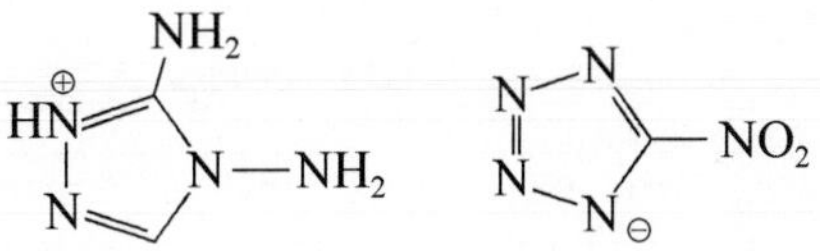

名称	DATr. NTZ	
分子式	$C_3H_6N_{10}O_2$,$[C_2H_6N_5]^+[CN_5O_2]^-$	
$M/(g\cdot mol^{-1})$	214.07	
IS/J	11	
FS/N		
ESD/J		
$N/\%$	65.4	
$\Omega(CO_2)/\%$	-52.3	
$T_{m.p}/℃$	140	
$T_{dec}/℃$	247(DSC @ 5℃·min^{-1})	
$\rho/(g\cdot cm^{-3})$	1.739(@ 298K)	
$\Delta_fH°/(kJ\cdot mol^{-1})$	484	
	理论值(K-J)	实测值
$-\Delta_{ex}U°/(kJ\cdot kg^{-1})$		
T_{ex}/K		
$P_{C-J}/kbar$	271	
VoD/(m·s^{-1})	7892	
$V_0/(L\cdot kg^{-1})$		

二硝基重氮酚
(2-Diazonium-4,6-dinitrophenolate)

名称 二硝基重氮酚,2-重氮-4,6-二硝基苯酚,重氮二硝基苯酚,4,5-二硝基苯-2-重氮-1-氧化物

主要用途 起爆药,商用爆破帽

分子结构式

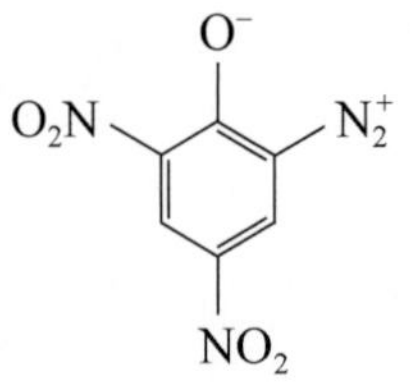

名称	DDNP	
分子式	$C_6H_2N_4O_5$	
$M/(g \cdot mol^{-1})$	210. 10	
IS/J	1(100~500μm),1. 5N·m[2,4],比叠代化铅(LA)或雷汞(MF)钝感[5],$H_{50\%}$=9. 4cm(2kg 落锤,12 型工具法,B. M.)[7]	
FS/N	5(100~500μm),20[2],22[3],与 LA 相当[5],436 磅(ABL,50%装药量,摆锤摩擦试验)[7]	
ESD/J	0. 15(100~500μm),静电放电的最大能量不会引起发火=0. 25[5],0. 09(美国炸药研究实验室(ERL))[7]	
N/%	26. 67	
$\Omega(CO_2)$/%	-60. 92	
$T_{m.p}$/℃	直接分解没有熔化过程	
T_{dec}/℃	163(点火温度约 172℃[1])	
$\rho/(g \cdot cm^{-3})$ $\rho/(g \cdot cm^{-3})$ $\rho/(g \cdot cm^{-3})$	1. 727(@295K) 1. 726(理论值,@298K) 1. 63[2],1. 63~1. 65(晶体@25℃)[5]	
$\Delta_f H°/(kJ \cdot mol^{-1})$ $\Delta_f U°/(kJ \cdot kg^{-1})$ $\Delta_f H°/(kJ \cdot kg^{-1})$	139 731,988. 9[4] 924. 0[4]	
	理论值(EXPLO5 6. 03)	实测值
$-\Delta_{ex}U°/(kJ \cdot kg^{-1})$	4604	820cal/g[5]
T_{ex}/K	3559	
P_{C-J}/kbar	219	
VoD/$(m \cdot s^{-1})$	7331(@TMD)	6900(@1. 58g·cm^{-3})[5] 7100(@1. 63g·cm^{-3})[5] 4100(@0. 9g·cm^{-3})[5] 约 6900(@1. 6g·cm^{-3})[1-2] 6600(@1. 5g· cm^{-3})[4]
$V_0/(L \cdot kg^{-1})$	629	856[5]

名称	DDNP[6]	DDNP[7]
化学式	$C_6H_2N_4O_5$	$C_6H_2N_4O_5$
$M/(g \cdot mol^{-1})$	210. 12	210. 12
晶系	斜方	斜方
空间群	$P2_12_12_1$(no. 19)	$P2_12_12_1$(no. 19)

续表

a/Å	6. 1777(7)	6. 184(2)
b/Å	8. 605(1)	8. 625(3)
c/Å	15. 205(2)	15. 222(4)
α/(°)	90	90
β/(°)	90	90
γ/(°)	90	90
V/Å^3	808. 2	811. 96(41)
Z	4	4
ρ_{calc}/(g·cm^{-3})	1. 727	1. 719
T/K	295	

参考文献

[1] M. A. Ilyushin, I. V. Tselinsky, *Centr. Europ. J. Energ. Mat.*, 2012, *9*, 293-327.

[2] J. Boileau, C. Fauquignon, B. Hueber, H. Meyer, *Explosives*, in *Ullmann's Encylocopedia of Industrial Chemistry*, 2009, Wiley-VCH, Weinheim.

[3] R. Matyáš, J. Šelešovský, T. Musil, *J. Hazard. Mater.*, 2012, 213-214, 236-241.

[4] R. Meyer, J. KÖhler, A. Homburg, *Explosives*, 7th edn., Wiley-VCH, Weinheim, 2016, pp. 92-93.

[5] *Military Explosives*, Department of the Army Technical Manual, TM 9-1300-214, Headquarters, Department of the Army, September 1984.

[6] G. Holl, T. M. KlapÖtke, K. Polborn, C. Reinäcker, *Propellants, Explosives, Pyrotechnics*, 2003, *28*, 153-156.

[7] C. K. Lowe-Ma, R. A. Nissan, W. S. Wilson, "*Diazaphenols - Their Structure and Explosive Properties*", Report No. NWC TP 6810, 1987, Naval Weapons Center, China Lake, CA, USA.

二(3,4-二氨基-1,2,4-三唑)5-二硝甲基-四唑盐 (Di(3,4-diamino-1,2,4-triazolium) 5-dinitromethyl-tetrazolate)

名称 二(3,4-二氨基-1,2,4-三唑)5-二硝基甲基-四唑盐

主要用途 猛炸药

分子结构式

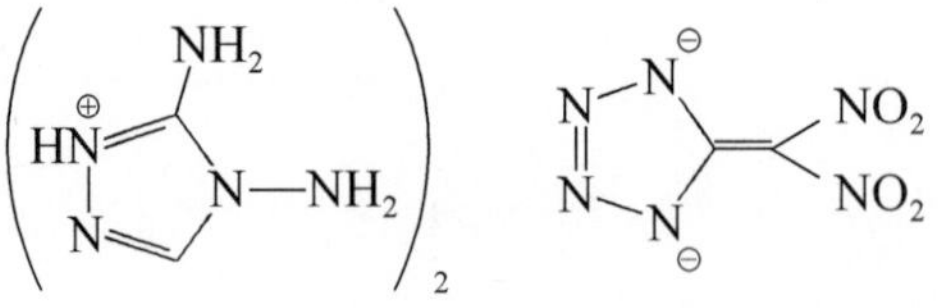

名称	2DATr. DNMZ	
分子式	$C_6H_{12}N_{16}O_4$,$[C_2H_6N_5]_2^+[CN_5O_4]^{2-}$	
$M/(g\cdot mol^{-1})$	372.12	
IS/J	37	
FS/N		
ESD/J		
N/%	60.2	
$\Omega(CO_2)$/%	-60	
$T_{m.p}$/℃	200	
T_{dec}/℃	256	
$\rho/(g\cdot cm^{-3})$	1.629(@296K) 1.629(@298K)	
$\Delta_f H°/(kJ\cdot mol^{-1})$	622.9	
	理论值(K-J)	实测值
$-\Delta_{ex}U°/(kJ\cdot kg^{-1})$		
T_{ex}/K		
P_{C-J}/kbar	228	
VoD/$(m\cdot s^{-1})$	7389(@TMD)	
$V_0/(L\cdot kg^{-1})$		

二(3,4-二氨基-1,2,4-三唑)5-硝氨基-四唑盐 (Di(3,4-diamino-1,2,4-triazolium) 5-nitramino-tetrazolate)

名称 二(3,4-二氨基-1,2,4-三唑)5-硝酰基-四唑盐

主要用途 猛炸药

分子结构式

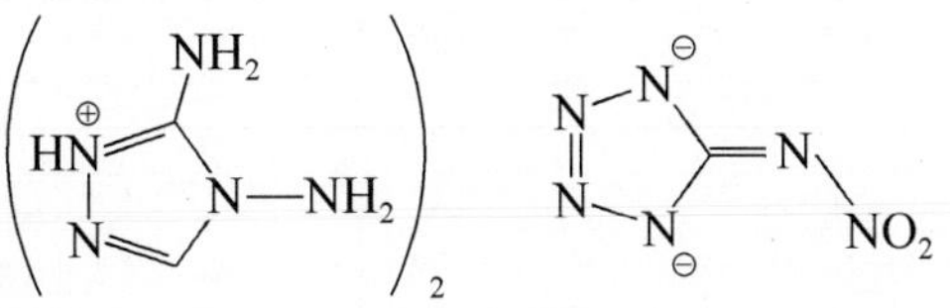

名称	2DATr. NATZ	
分子式	$C_5H_{12}N_{16}O_2$, $[C_2H_6N_5]_2^+[CN_6O_2]^{2-}$	
$M/(g\cdot mol^{-1})$	328.13	
IS/J	25	
FS/N		
ESD/J		
$N/\%$	68.27	
$\Omega(CO_2)/\%$	-68.3	
$T_{m.p}/℃$	157	
$T_{dec}/℃$	227	
$\rho/(g\cdot cm^{-3})$	1.674(@153K) 1.638(@298K)	
$\Delta_f H°/(kJ\cdot mol^{-1})$	386.1	
	理论值(K-J)	实测值
$-\Delta_{ex}U°/(kJ\cdot kg^{-1})$		
T_{ex}/K		
$P_{C-J}/kbar$	253	
$VoD/(m\cdot s^{-1})$	7717(@TMD)	
$V_0/(L\cdot kg^{-1})$		

二乙二醇二硝酸酯
(Diethyleneglycol dinitrate)

名称 二乙二醇二硝酸酯,2,2′-氧代二乙醇二硝酸酯

主要用途 双基推进剂的主要组分[1]

分子结构式

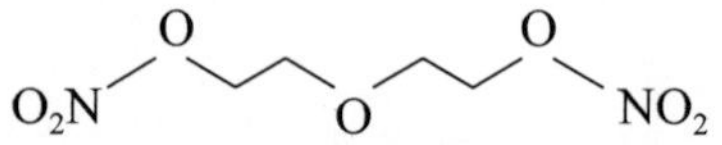

名称	DEGN
分子式	$C_4H_8N_2O_7$
$M/(g\cdot mol^{-1})$	196.12

续表

IS/J	0.1N·m[1], 19.62(B.M.)[8], 4.49(P.A.)[8], 2kg落锤时160cm[12]
FS/N	
ESD/J	
N/%	14.28
$\Omega(CO_2)$/%	-40.8
$T_{m.p}$/℃	稳定改性:2[1-2]; 不稳定改性:-11.3[1,3]; 2.0~3.6(熔化可见,纯的样品)[13]; 1.2~3.5(熔化可见,未处理的样品)[13]; 3.3(吸热起始,DSC@10℃·min^{-1})[13], -10.5(在扫描熔化样品上形成的不稳定晶体,DSC@1010℃·min^{-1})[13]
T_{dec}/℃	
$\rho/(g\cdot cm^{-3})$	1.3890(@289.15K)[4] 1.385[12](液态)(@20℃) 1.39[9](@TMD)
$\Delta_f H°/(kJ\cdot mol^{-1})$ $\Delta_f H°/(kJ\cdot mol^{-1})$ $\Delta_f H°/(kJ\cdot kg^{-1})$	-437[5] -416[9] -2227[1,5]

	理论值(EXPLO5 6.04)	理论值(K-J)	实测值
$-\Delta_{ex}U°/(kJ\cdot kg^{-1})$	4808	4389[6]	4566[H_2O(液态)][1,6] 4141[H_2O(气态)][1] 841cal·g^{-1}[8] 4476.0J·g^{-1}[12]
T_{ex}/K	3338	3083[5]	
P_{C-J}/kbar	181	132[5]	
VoD/$(m\cdot s^{-1})$	6893(@1.39g·cm^{-3}; $\Delta_f H$=-429.96kJ·mol^{-1})		6600(@1.38 g·cm^{-3})[1] 6760(@1.38g·cm^{-3})[7-10]
$V_0/(L\cdot kg^{-1})$	847		991[1] 796[8] 991[11]

参考文献

[1] R. Meyer, J. Köhler, A. Homburg, *Explosives*, 7th edn., Wiley-VCH, Weinheim, 2016, pp. 94-96.

[2] "International Chemical Safety Cards" data were obtained from the National Institute for Occupational Safety and Health (US).

[3] "PhysProp" data were obtained from Syracause Research Corporation of Syracuse, New York (US).
[4] J. Boileau, M. Thomas, *Memorial des Poudres*, 1951, *33*, 155–157.
[5] F. Volk, H. Bathelt, *Propellants, Explosives, Pyrotechnics*, 2002, *27*, 136–141.
[6] S. P. Hernández-Rivera, R. Infante-Castillo, *Computational and Theoretical Chemistry*, 2011, 963, 279–283.
[7] M. H. Keshavarz, *J. Haz. Mat.*, 2009, 166, 762–769.
[8] *AMC Pamphlet Engineering Design Handbook: Explosive Series Properties of Explosives of Military Interest*, Headquarters, U. S. Army Materiel Command, January 1971.
[9] B. M- Dobratz, P. C. Crawford, *LLNL Explosives Handbook – Properties of Chemical Explosives and Explosive Simulants*, Lawrence Livermore National Laboratory, January 31st 1985.
[10] M. L. Hobbs, M. R. Baer, *Proceedings of the 10th International, Detonation Symposium, Office of Naval Research ONR 33395-12*, 1993, 409–418.
[11] M. Jafari, M. Kamalvand, M. H. Keshavarz, A. Zamani, H. Fazeli, *Indian J. Engineering and Mater. Sci.*, 2015, *22*, 701–706.
[12] J. Liu, *Liquid Explosives*, Springer-Verlag, Heidelberg, 2015.
[13] E. C. Broak, *J. Energet. Mater.*, 1990, *8*, 21–39.

二甘油四硝酸酯
(Diglycerol tetranitrate)

名称 二甘油四硝酸酯

主要用途 非冻结炸药的制造[1]

分子结构式

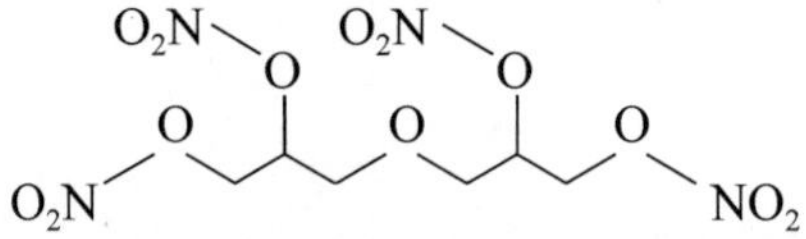

名称	二甘油四硝酸酯
分子式	$C_6H_{10}N_4O_{13}$
$M/(g\cdot mol^{-1})$	346.16
IS/J	1.5N·m[1]
FS/N	
ESD/J	
$N/\%$	16.19
$\Omega(CO_2)/\%$	−18.5

续表

$T_{m.p}$/℃		
T_{dec}/℃		
ρ/(g·cm^{-3})	1.638±0.06(@293.15K)[2] 1.52[1]	
$\Delta_f H°$/(kJ·mol^{-1}) $\Delta_f H°$/(kJ·kg^{-1})		
	理论值(K-J)	实测值
$-\Delta_{ex}U°$/(kJ·kg^{-1})		
T_{ex}/K		
P_{C-J}/kbar		
VoD/(m·s^{-1})		
V_0/(L·kg^{-1})		

参考文献

[1] R. Meyer, J. Köhler, A. Homburg, *Explosives*, 7th edn., Wiley-VCH, Weinheim, 2016, p. 97.

[2] Calculated using Advanced Chemistry Development (ACD/Labs) Software V11.02 (© 1994-2017 ACD/Labs).

5,5′-联四唑-1,1′-二氧二羟胺
(Dihydroxylammonium 5,5′-bitetrazole-1,1′-dioxide)

名称 5,5′-联四唑-1,1′-二氧二羟胺

主要用途 猛(高能)炸药

分子结构式

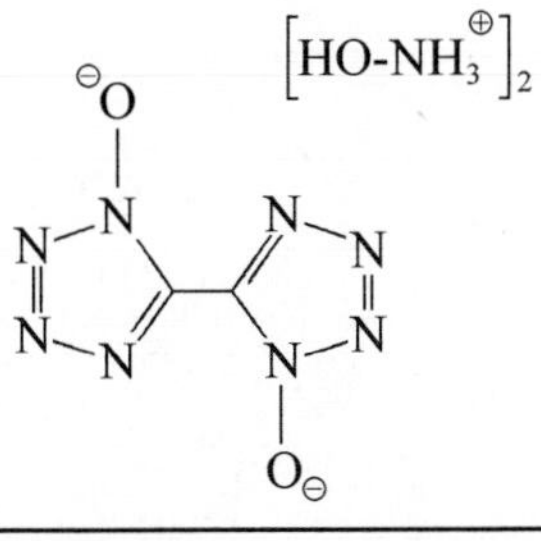

名称	TKX-50
分子式	$C_2H_8N_{10}O_4$, $[H_4NO]_2^+[C_2N_8O_2]^{2-}$
M/(g·mol^{-1})	236.2

续表

IS/J	20[1]		
FS/N	120[1]		
ESD/J	0.1[1]		
N/%	59.3		
$\Omega(CO_2)$/%	-27.1		
$T_{m.p}$/℃			
T_{dec}/℃	221(DSC@5℃·min^{-1})[1]		
ρ/(g·cm^{-3})	1.918(@100K) 1.877(@298K)		
$\Delta_f H°$/(kJ·mol^{-1}) $\Delta_f H°$/(kJ·kg^{-1})	446.6[7] 1890.8		
	理论值(EXPLO5 6.03)	实测值	其他文献值
$-\Delta_{ex}U°$/(kJ·kg^{-1})	5984		6025[7]
T_{ex}/K	3620		
P_{C-J}/kbar	408		424[7]
VoD/(m·s^{-1})	10027(@TMD)	9432(@TMD,大尺寸爆轰试验)[8],9560(LASEM法预估)[8],8950(@1.74g·cm^{-3})	9735(@TMD,CHEETAH v8.0理论计算)[8],9698[7]
V_0/(L·kg^{-1})	923		

名称	TKX-50[1]
化学式	$C_2H_8N_{10}O_4$
M/(g·mol^{-1})	236.18
晶系	单斜
空间群	$P2_1/c$(no.14)
a/Å	5.4408(6)
b/Å	11.7514(13)
c/Å	6.5612(9)
α/(°)	90
β/(°)	95.071(11)
γ/(°)	90

续表

V/Å^3	417.86(9)
Z	2
ρ_{calc}/(g·cm^{-3})	1.877
T/K	298

参考文献

[1] N. Fischer, D. Fischer, T. M. Klapötke, D. G. Piercey, J. Stierstorfer, *J. Mater. Chem.*, 2012, 22, 20418-20422.

[2] T. M. Klapötke, T. G. Witkowski, Z. Wilk, J. Hadzik, *Prop. Explos. Pyrotech.*, 2016, 41, 92-97.

[3] N. Fischer, T. M. Klapötke, A. Matecic Musanic, J. Stierstorfer, M. Sucesca, *New Trends in Research of Energetic Materials*, Part II, Pardubice, Czech Rep., 2013, 574-585.

[4] V. K. Golubev, T. M. Klapötke, *New Trends in Research of Energetic Materials*, Czech Republic, 2014, *Vol. 1*, pp. 220-227.

[5] V. K. Golubev, T. M. Klapötke, *New Trends in Research of Energetic Materials*, Czech Republic, 2014, *Vol. 2*, pp 672-676.

[6] W. -P. Zhang, F. -Q. Bi, Y. -S. Wang, Y. -F. Huang, W. -X. Li, C. -L. Wang, S. -X. Zhao, *Chinese J Expl. Prop.*, 2015, 38, 67-71.

[7] J. J. Sabatini, K. D. Oyler, *Crystals*, 2016, 6, 1-22.

[8] J. L. Gottfried, T. M. Klapötke, T. G. Witkowski, *Propellants, Explosives, Pyrotechnics*, 2017, 42, 353-359.

1,1′-二羟基-3,3′-二硝基-5,5′-联-1,2,4-三唑二羟胺盐 (Dihydroxylammonium-3,3′-dinitro-5,5′-bis(1,2,4-triazolc)-1,1′-diolatc)

名称 1,1′-二羟基-3,3′-二硝基-5,5′-联-1,2,4-三唑二羟胺

主要用途 高能炸药

分子结构式

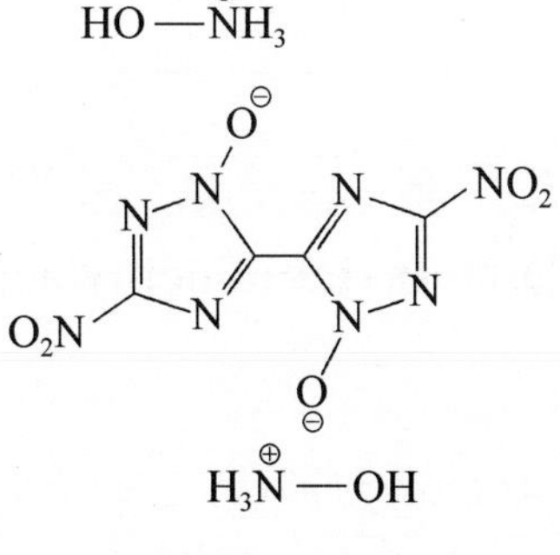

名称	MAD-X1	
分子式	$C_4H_8N_{10}O_8$	
$M/(g\cdot mol^{-1})$	324.17	
IS/J	>40[2]	
FS/N	>360[2]	
ESD/J	0.5[2]	
$N/\%$	43.21	
$\Omega(CO_2)/\%$	-19.74	
$T_{m.p}/℃$		
$T_{dec}/℃$	217[2](DSC@5℃·min^{-1})	
$\rho/(g\cdot cm^{-3})$	1.90(@298.15K)[2]	
$\Delta_f H°/(kJ\cdot mol^{-1})$ $\Delta_f H°/(kJ\cdot kg^{-1})$	213(理论值)[2] 657(理论值)[2]	
	理论值(EXPLO5)	实测值
$-\Delta_{ex}U°/(kJ\cdot kg^{-1})$	5985[2]	
T_{ex}/K	4153[2]	
$P_{C-J}/kbar$	133[3]	336[1]
$VoD/(m\cdot s^{-1})$	9195(@TMD)[4],9267(@TMD,CHEETAH v8.0理论计算)[4]	8860±220(@TMD)[4]; 8853(@1.8g·cm^{-3})[1]
$V_0/(L\cdot kg^{-1})$	734[2]	

参考文献

[1] R. Meyer, J. Köhler, A. Homburg, *Explosives*, 7th edn., Wiley-VCH, Weinheim, 2016, pp. 97-98.

[2] A. A. Dippold, T. M. Klapötke, *Journal of the American Chemical Society*, 2013, *135*, 9931-9938.

[3] T. M. Klapötke, T. G. Witkowski, Z. Wilk, J. Hadzik, *Propellants, Explosives, Pyrotechnics*, 2016, *41*, 92-97.

[4] J. L. Gottfried, T. M. Klapötke, T. G. Witkowski, *Propellants, Explosives, Pyrotechnics*, 2017, *42*, 353-359.

二甲基-2-叠氮乙基胺
(2-Dimethylaminoethylazide)

名称 二甲基-2-叠氮乙基胺

主要用途 可能替代双组元推进剂燃料中的单甲基肼和二甲基肼

分子结构式

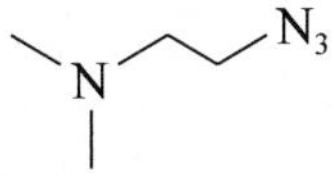

名称	DMAZ	
分子式	$C_4H_{10}N_4$	
$M/(g \cdot mol^{-1})$	114.15	
IS/J	$165\ kg \cdot cm^{-1}$[3]	
FS/N	500psi[3]	
ESD/J	<525mJ[3]	
$N/\%$	49.08	
$\Omega(CO_2)/\%$	-182.2	
$T_{m.p}/℃$	-68.9	
$T_{dec}/℃$		
$\rho/(g \cdot cm^{-3})$	0.933(@298.15K)[2]	
$\Delta_f H°/(kJ \cdot mol^{-1})$ $\Delta_f H°/(kJ \cdot kg^{-1})$	277.0(理论值) 2427(理论值)[3]	
	理论值(EXPLO5 6.03)	实测值
$-\Delta_{ex}U°/(kJ \cdot kg^{-1})$	2616	
T_{ex}/K	2054	
$P_{C-J}/kbar$	75	
$VoD/(m \cdot s^{-1})$	5778(@TMD)	
$V_0/(L \cdot kg^{-1})$	910	

参考文献

[1] R. Meyer, J. Köhler, A. Homburg, *Explosives*, 7th edn., Wiley-VCH, Weinheim, 2016, p. 98.

[2] X. Zhang, L. Shen, R. Jiang, H. Sun, T. Fang, Z. Liu, J. Liu, H. Fan, *Propellants, Explosives, Pyrotechnics*, 2017, *42*, 1-8.

[3] J. Huang, X. Wang, Y. Li, L. Ma, 2016 International Conference on Manufacturing Construction and Energy Engineering (MCEE), p. 259-263.

2,3-二甲基-2,3-二硝基丁烷
(2,3-Dimethyl-2,3-dinitrobutane)

名称 2,3-二甲基-2,3-二硝基丁烷

主要用途 示踪剂

分子结构式

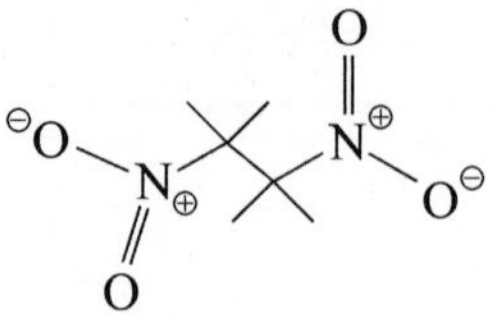

名称	DMDNB	
分子式	$C_6H_{12}N_2O_4$	
$M/(g\cdot mol^{-1})$	176.1720	
IS/J	40(<100μm)	
FS/N	360(<100μm)	
ESD/J	1.5(<100μm)	
$N/\%$	15.90	
$\Omega(CO_2)/\%$	-127.15	
$T_{m.p}/℃$	200(密封玻璃坩埚)	
$T_{dec}/℃$	227(DSC@5℃·min^{-1},密封玻璃坩埚)	
$\rho/(g\cdot cm^{-3})$	1.430(@95K) 1.388(@298K)	
$\Delta_f H°/(kJ\cdot mol^{-1})$ $\Delta_f H°/(kJ\cdot kg^{-1})$	-343,-311(s)[1] -1820	
	理论值(EXPLO5 6.03)	实测值
$-\Delta_{ex}U°/(kJ\cdot kg^{-1})$	3116	
T_{ex}/K	2063	
$P_{C-J}/kbar$	132	
VoD/(m·s^{-1})	6398(@TMD)	
$V_0/(L\cdot kg^{-1})$	820	

参考文献

[1] P. J. Linstrom, W. G. Mallard, *NIST Chemistry WebBook*, NIST Standard Reference Database, National Institute of Standards and Technology, Gaithersburg, USA, webbook. nist. gov.

偏二甲肼
(Unsymmetrical dimethylhydrazine)

名称 偏二甲肼

主要用途 用于液体火箭的燃料[1]

分子结构式

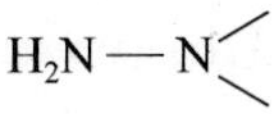

名称	UDMH	
分子式	$C_2H_8N_2$	
$M/(g \cdot mol^{-1})$	60.10	
IS/J		
FS/N		
ESD/J		
$N/\%$	46.61	
$\Omega(CO_2)/\%$	-213.0	
$T_{m.p}/℃$	-57.2[1-2]	
$T_{dec}/℃$		
$\rho/(g \cdot cm^{-3})$	0.786(@298.15K)[3] 0.786[1]	
$\Delta_f H°/(kJ \cdot mol^{-1})$ $\Delta_f H°/(kJ \cdot kg^{-1})$	85.3(理论值)[4] 1419.3(理论值)[4] 828[1]	
	理论值(EXPLO5 6.03)	实测值
$-\Delta_{ex}U°/(kJ \cdot kg^{-1})$	3183	
T_{ex}/K	1713	
P_{C-J}/GPa	7.5	
$VoD/(m \cdot s^{-1})$	6076(@0.827g·cm^{-3}; $\Delta_f H$=53kJ·mol^{-1})	
$V_0/(L \cdot kg^{-1})$	1123	

参考文献

[1] R. Meyer, J. Köhler, A. Homburg, *Explosives*, 7th edn., Wiley-VCH, Weinheim, 2016, pp. 98-99.

[2] P. Rademacher, *Science of Synthesis*, 2008, *40b*, 1133-1210.

[3] K. E. Gutowski, B. Gurkan, E. J. Maginn, *Pure and Applied Chemistry*, 2009, *81*, 1799-1828.

[4] D. Bond, *Journal of Organic Chemistry*, 2007, *72*, 7313-7328.

2,4-二硝基苯甲醚
(2,4-Dinitroanisole)

名称 2,4-二硝基苯甲醚

主要用途 熔铸炸药配方中 TNT 的替代物[1]

分子结构式

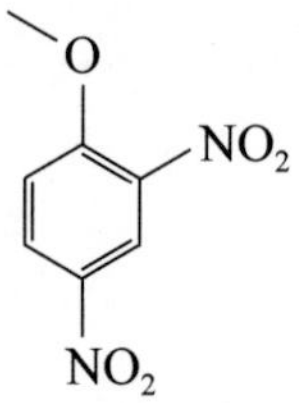

名称	DNAN	
分子式	$C_7H_6N_2O_5$	
$M/(g \cdot mol^{-1})$	198.13	
IS/J	>50[2],(美国罗特公司不敏感指数 FOI>220[7],$H_{50\%}$ =>100cm(美国陆军军械研究发展与工程中心、炸药研究实验室仪器,2.5kg 落锤,12 型工具法)[8]	
FS/N	170[1],>360[2],160(美国聚利时-皮特斯公司、BAM 摩擦实验仪器)[7],128(部分反应,BAM)[8],无反应@ 120(BAM)[8]	
ESD/J	4.5(点火)[7]	
N/%	14.14	
$\Omega(CO_2)/\%$	-96.9	
$T_{m.p}/℃$	94.5[2-3],97.2(DSC)[7],93.92(起始,DSC@ 5℃/min)[8]	
$T_{dec}/℃$	261.93[4],226.13(起始,DSC@ 5℃ min^{-1})[8]	
$\rho/(g \cdot cm^{-3})$	1.444±0.06(@ 293.15K)[5] 1.546[2],1.52[8]	
$\Delta_f H°/(kJ \cdot mol^{-1})$ $\Delta_f H°/(kJ \cdot kg^{-1})$	-186.65[2] -942.03[2]	
	理论值	理论值(EXPLO5 6.04)
$-\Delta_{ex}U°/(kJ \cdot kg^{-1})$		3692
T_{ex}/K		2743
P_{C-J}/GPa	119(K-J)[6]	159

续表

VoD/(m·s^{-1})	5706(@1.341g·cm^{-3}(K-J))[6]	6241(@1.556g·cm^{-3}, $\Delta_f H$=-186.65kJ·mol^{-1})
V_0/(L·kg^{-1})		626

参考文献

[1] P. Ravi, D. M. Badgujar, G. M. Gore, S. P. Tewari, A. K. Sikder, *Porpellants, Explosives, Pyrotechnics*, 2011, *36*, 393-403.

[2] R. Meyer, J. Köhler, A. Homburg, *Explosives*, 7th edn., Wiley-VCH, Weinheim, 2016, pp. 100-101.

[3] "PhysProp" data were obtained from Syracuse Research Corporation of Syracuse, New York (US).

[4] X. Xing, F. Zhao, S. Ma, K. Xu, L. Xiao, H. Gao, T. An, R. Hu, *Propellants, Explosives, Pyrotechnics*, 2012, *37*, 179-182.

[5] Calculated using Advanced Chemistry Development (ACD/Labs) Software V11.02 (© 1994-2017 ACD/Labs).

[6] Z. Yang, Q. Zeng, X. Zhou, Q. Zhang, F. Nie, H. Huang, H. Li, *RSC Adv*, 2014, *4*, 65121-65126.

[7] P. J. Davies, A. Provatos, "*Characterization of 2,4-Dinitroanisole: An Ingredient for use in Low-Sensitivity Melt Cast Formulations*", DSTO-TR-1904.

[8] P. Samuels, Oral presentation, NDIA IM/EM, Las Vegas, USA, May 14-17th 2012.

4,6-二硝基苯并氧化呋咱
(4,6-Dinitrobenzofuroxan)

名称 4,6-二硝基苯并氧化呋咱

主要用途

分子结构式

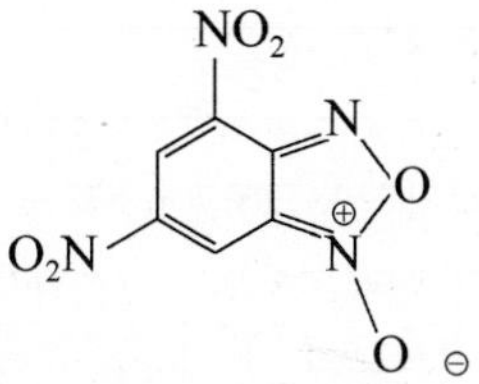

名称	4,6-二硝基苯并氧化呋咱
分子式	$C_6H_2N_4O_6$
M/(g·mol^{-1})	226.10

续表

IS/J	Rotter 美国罗特公司不敏感指数为 89,相对于 RDX 为 80(高度 170cm,100%,高度 90cm,0%,5kg 落锤)[3],$\log H_{50\%}$ = 1.48[5],$h_{50\%}$ = 76cm(B.M.,12 型工具法,2.5kg 落锤,35mg 样品,用石榴石细砂做的砂纸)[7]	
FS/N	在 4.5J 时点火,而不是在 0.45J 时[3]	
ESD/J		
N/%	24.78	
$\Omega(CO_2)$/%	-49.5	
$T_{m.p}$/℃	172[1,3,8],174(DTA,@10K·min^{-1},10mg)[6]	
T_{dec}/℃	约 245(DSC@10℃·min^{-1})[3], 273(DTA,@10K·min^{-1},10mg)[6]	
ρ/(g·cm^{-3})	2.21±0.1(@20℃)[2],1.79[8]	
$\Delta_f H°$/(kJ·mol^{-1}) $\Delta_f H°$/(kJ·kg^{-1})		
	理论值(K-J)	实测值
$-\Delta_{ex}U°$/(kJ·kg^{-1})		1160(H_2O(气态))[4]
T_{ex}/K		
P_{C-J}/GPa		
VoD/(m·s^{-1})		
V_0/(L·kg^{-1})		

参考文献

[1] P. Drost, *Liebigs Ann. Chem.*, 1899, *307*, 49.

[2] Calculated using Advanced Chemistry Development (ACD/Labs) Software V11.02 (© 1994-2017 ACD/Labs).

[3] R. J. Spear, W. P. Norris, R. W. Read, *Department of Defence Materials Research Laboratories, Technical Note, MRL-TN-470.*

[4] A. Smirnov, M. Kuklja, *Proceedings of the 20th Seminar on New Trends in Research of Energetic Materials*, Pardubice, April 26-28, 2017, p. 381-392.

[5] H. Nefati, J.-M. Cense, J.-J. Legendre, *J. Chem Inf. Comput. Sci.*, 1996, *36*, 804-810.

[6] P. D. Shinde, M. R. B. Salunke, J. P. Agarwal, *Propellants, Explosives, Pyrotechnics*, 2003, *28*, 77-82.

[7] D. E. Bliss, S. L. Christian, W. S. Wilson, *J. Energet. Mater.*, 1991, *9*, 319-348.

[8] R. Meyer, J. KÖhler, A. Homburg, *Explosives*, 7th edn., Wiley-VCH, Weinheim, 2007, p. 99.

2,4-二硝基氯苯
(Dinitrochlorobenzene)

名称　2,4-二硝基氯苯

主要用途　合成炸药的中间体

分子结构式

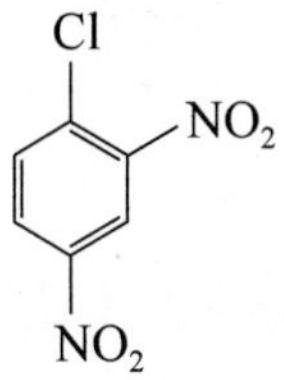

名称	DNCB
分子式	$C_6H_3N_2O_4Cl$
$M/(g\cdot mol^{-1})$	202.55
IS/J	>50N·m[1]
FS/N	>353[1]
ESD/J	
$N/\%$	13.83
$\Omega(CO_2)/\%$	-71.1
$T_{m.p}/℃$	53[2],325K[5],316K(过冷 α 晶型熔化)[5]
$T_{dec}/℃$	
$\rho/(g\cdot cm^{-3})$	1.619±0.06(@20℃)[3] 1.697[1]
$\Delta_f H°/(kJ\cdot mol^{-1})$ $\Delta_f H°/(kJ\cdot kg^{-1})$	-43.1(理论值)[4] -212.8[4],-120[1](理论值)

	理论值(K-J)	实测值
$-\Delta_{ex}U°/(kJ\cdot kg^{-1})$		
T_{ex}/K		
P_{C-J}/GPa		
$VoD/(m\cdot s^{-1})$		
$V_0/(L\cdot kg^{-1})$		

参考文献

[1] R. Meyer, J. Köhler, A. Homburg, *Explosives*, 7th edn., Wiley-VCH, Weinheim, 2016, p. 102.

[2] "PhysProp" data were obtained from Syracuse Research Corporation of Syracuse, New York (US).

[3] Calculated using Advanced Chemistry Development (ACD/Labs) Software V11.02 (© 1994-2017 ACD/Labs).

[4] B. Nazari, M. H. Keshavarz, M. Hamadanian, S. Mosavi, A. R. Ghaedsharafi, H. R. Pouretedal, *Fluid Phase Equilibria*, 2016, *408*, 248-258.

[5] A. Wilkins, R. W. H. Small, J. T. Gleghorn, *Acta Cryst.*, 1990, *B46*, 823-826.

2,4-二硝基-2,4-二氮杂戊烷
(2,4-Dinitro-2,4-diazapentane)

名称 2,4-二硝基-2,4-二氮杂戊烷

主要用途 用作推进剂配方中的高能增塑剂 DNDA-57 中的组分[1]

分子结构式

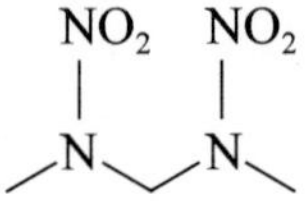

名称	DNDA-5
分子式	$C_3H_8N_4O_4$
$M/(g\cdot mol^{-1})$	164.12
IS/J	10kg,25cm=12%[8],50%起爆要求落锤能量≥29.43(美国聚利时-皮特斯公司仪器,25mg 样品)[7]
FS/N	>500MPa[8]
ESD/J	13.45J[5]
N/%	34.14
$\Omega(CO_2)/\%$	-58.49
$T_{m.p}/℃$	56[2],54[1,8],54.4(起始)[6]
$T_{dec}/℃$	230[8]
$\rho/(g\cdot cm^{-3})$	1.389±0.06(@20℃)[3] 1.389[1]
$\Delta_f H°/(kJ\cdot mol^{-1})$ $\Delta_f H°/(kJ\cdot kg^{-1})$	-51.5[4],-56.4[8](理论值) -313.8[4],-314.33[1](理论值)

续表

	理论值(EXPLO5 6.03)	实测值
$-\Delta_{ex}U^{\circ}/(kJ\cdot kg^{-1})$	4860	
T_{ex}/K	3170	
P_{C-J}/GPa	186	
$VoD/(m\cdot s^{-1})$	7235(@1.389$g\cdot cm^{-3}$)	
$V_0/(L\cdot kg^{-1})$	913	

参考文献

[1] R. Meyer, J. Köhler, A. Homburg, *Explosives*, 7th edn., Wiley-VCH, Weinheim, 2016, p. 103.

[2] R. Vijayalakshmi, N. H. Naik, G. M. Gore, A. K. Sikder, *Journal of Energetic Materials*, 2015, *33*, 1-16.

[3] Calculated using Advanced Chemistry Development (ACD/Labs) Software V11.02 (© 1994-2017 ACD/Labs).

[4] E. A. Miroshnichenko, T. S. Kon'kova, Y. N. Matyushin, Y. A. Inozemtsev, *Russian Chemical Bulletin, International Edition*, 2009, *58*, 2015-2019.

[5] *A Study of Chemical Micro-Mechanisms of Initiation of Organic Polynitro Compounds*, S. Zeman, Ch. 2 in *Energetic Materials*, *Part 2*: *Detonation*, *Combustion*, P. A. Politzer, J. S. Murray (eds.), Theoretical and Computational Chemistry, *Vol. 13*, 2003, Elsevier, p. 25-60.

[6] D. Spitzer, B. Wanders, M. R. Schäfer, R. Welter, *J. Mol. Struct.*, 2003, *644*, 37-48.

[7] S. Zeman, *Propellants*, *Explosives*, *Pyrotechnics*, 2000, *25*, 66-74.

[8] A. Vasileva, D. Dashko, S. Dushenak, A. Kotomin, A. Astrat'ev, S. Aldoshin, T. Goncharov, Z. Aliev, *NTREM 17*, 9-11th April 2014, pp. 434-443.

2,4-二硝基-2,4-二氮杂己烷 (2,4-Dinitro-2,4-diazahexane)

名称 2,4-二硝基-2,4-二氮杂己烷

主要用途 用作推进剂配方中的高能增塑剂 DNDA-57 中的组分[1]

分子结构式

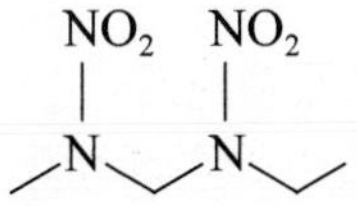

名称	DNDA-6	
分子式	$C_4H_{10}N_4O_4$	
$M/(g\cdot mol^{-1})$	178.15	
IS/J		
FS/N		
ESD/J		
$N/\%$	31.45	
$\Omega(CO_2)/\%$	-80.83	
$T_{m.p}/℃$	31.6[2],33[1]	
$T_{dec}/℃$		
$\rho/(g\cdot cm^{-3})$	1.323±0.06(@293.15K)[3]	
$\Delta_f H°/(kJ\cdot mol^{-1})$ $\Delta_f H°/(kJ\cdot kg^{-1})$	-79.5[1] -446.24[1]	
	理论值(EXPLO5 6.03)	实测值
$-\Delta_{ex}U°/(kJ\cdot kg^{-1})$	4447	
T_{ex}/K	2882	
P_{C-J}/GPa	16.43	
$VoD/(m\cdot s^{-1})$	6840(@1.323g·cm^{-3})	
$V_0/(L\cdot kg^{-1})$	904	

参考文献

[1] R. Meyer, J. Köhler, A. Homburg, *Explosives*, 7th edn., Wiley-VCH, Weinheim, 2016, p. 103.

[2] D. Spitzer, S. Braun, M. R. Schäfer, F. Ciszek, *Propellants, Explosives, Pyrotechnics*, 2003, *28*, 58-64.

[3] Calculated using Advanced Chemistry Development (ACD/Labs) Software V11.02 (© 1994-2017 ACD/Labs).

3,5-二硝基-3,5-二氮杂庚烷
(3,5-Dinitro-3,5-diazaheptane)

名称 3,5-二硝基-3,5-二氮杂庚烷

主要用途 用作推进剂配方中的高能增塑剂 DNDA-57 中的组分[1]

分子结构式

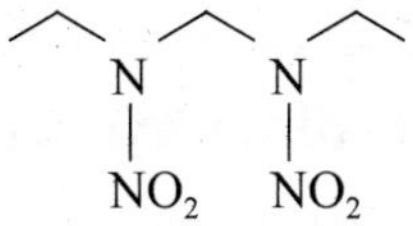

名称	DNDA-7	
分子式	$C_5H_{12}N_4O_4$	
$M/(g\cdot mol^{-1})$	192.18	
IS/J		
FS/N		
ESD/J	12.49[5],225.0mJ[5]	
$N/\%$	29.15	
$\Omega(CO_2)/\%$	-99.91	
$T_{m.p}/℃$	75[1-2]	
$T_{dec}/℃$		
$\rho/(g\cdot cm^{-3})$	1.271±0.06(@20℃)[3]	
$\Delta_f H°/(kJ\cdot mol^{-1})$ $\Delta_f H°/(kJ\cdot kg^{-1})$	-135[4] -702[4],-703.01[1]	
	理论值(EXPLO5 6.03)	实测值
$-\Delta_{ex}U°/(kJ\cdot kg^{-1})$	4081 2130(K-J 理论值)[4]	
T_{ex}/K	2627	1425[4]
P_{C-J}/GPa	15.45	
$VoD/(m\cdot s^{-1})$	6730(@1.271g·cm^{-3})	
$V_0/(L\cdot kg^{-1})$	890	

参考文献

[1] R. Meyer, J. Köhler, A. Homburg, *Explosives*, 7th edn., Wiley-VCH, Weinheim, 2016, p. 103-104.

[2] R. Vijayalakshmi, N. H. Naik, G. M. Gore, A. K. Sikder, *Journal of Energetic Materials*, 2015, *33*, 1-16.

[3] Calculated using Advanced Chemistry Development (ACD/Labs) Software V11.02 (© 1994-2017 ACD/Labs).

[4] V. P. Sinditskii, A. N. Chernyi, S. Y. Yurova, A. A. Vasileva, D. V. Dashko, A. A. Astrat'ev, *RSC Adv.*, 2016, *6*, 81386-81393.

[5] S. Zeman, V. Pelikán, J. Majzlík, *Central Europ. J. Energ. Mat.*, 2006, *3*, 27-44.

二硝基二甲基草酰胺
(Dinitrodimethyloxamide)

名称 N,N′-二硝基-N,N′-二甲基酰胺,二硝基二甲基草酰胺

主要用途

分子结构式

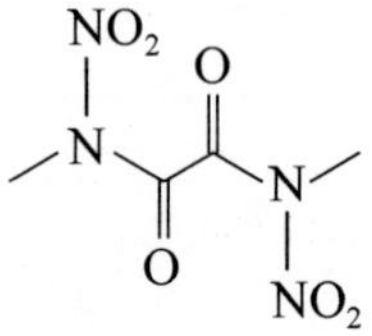

名称	二硝基二甲基酰胺	
分子式	$C_4H_6N_4O_6$	
M/(g·mol^{-1})	206.11	
IS/J	6N·m[1],h_{50}=79cm[6],FI=89% 的 TNT[7],>100cm (5kg 落锤,布鲁斯顿(Bruceton)3 号仪器)[2]	
FS/N		
ESD/J		
N/%	27.18	
$\Omega(CO_2)$/%	-38.8	
$T_{m.p}$/℃	123[7],122~124(分解)[2]	
T_{dec}/℃		
ρ/(g·cm^{-3})	1.599±0.06(@293.15K)[3], 1.523[1],1.52[7]	
$\Delta_f H°$/(kJ·mol^{-1}) $\Delta_f H°$/(kJ·kg^{-1})	-302.6[4],-74.5kcal·mol^{-1}[2] -1468.1[4],-1482.0[1]	
	理论值(EXPLO5)	实测值
$-\Delta_{ex}U°$/(kJ·kg^{-1})	4179	
T_{ex}/K	3129	
P_{C-J}/GPa	184	

续表

VoD/(m·s^{-1})	7025(@TMD)	5050(@1.0g·cm^{-3})[7] 7050(@1.5g·cm^{-3})[2,7] 6760(@密度=1.42g·cm^{-3})[2] 7100(@1.48g·cm^{-3},有约束的)[1] 7100(@1.52g·cm^{-3})[5]
V_0/(L·kg^{-1})	798	

参考文献

[1] R. Meyer, J. Köhler, A. Homburg, *Explosives*, 7th edn., Wiley-VCH, Weinheim, 2016, p. 104.

[2] B. T. Fedoroff, O. E. Sheffield, *Encyclopedia of Explosives and Related Items, Vol. 5*, US Army Research and Development Command, TACOM, Picatinny Arsenal, USA, 1972.

[3] Calculated using Advanced Chemistry Development (ACD/Labs) Software V11.02 (© 1994-2017 ACD/Labs).

[4] B. Nazari, M. H. Keshavarz, M. Hamadanian, S. Mosavi, A. R. Ghaedsharafi, H. R. Pouretedal, *Fluid Phase Equilibria*, 2016, *408*, 248-258.

[5] M. H. Keshavarz, *Propellants, Explosives, Pyrotechnics*, 2012, *37*, 489-497.

[6] C. B. Storm, J. R. Stine, J. F. Kramer, *Sensitivity Relationships in Energetic Materials*, NATO Advanced Study Institute on Chemistry and Physics of Molecular Processes in Energetic Materials, LA-UR—89-2936.

[7] S. M. Kaye, *Encyclopedia of Explosives and Related Items, Vol. 8*, US Army Research and Development Command, TACOM, Picatinny Arsenal, USA, 1978.

二硝基二氧乙基草酰胺二硝酸酯 (Dinitrodioxyethyloxamide dinitrate)

名称 二硝基二氧乙氧基乙酰二硝酸酯,*N*,*N'*-二硝基-*N*,*N'*-二(2-硝基氧基乙基)-草酰胺 *N*,*N'*-二硝基-*N*,*N'*-二(2-乙基)-草酰胺二硝酸酯,二硝基二甲基酰胺

主要用途 爆炸物填料,助推器/雷管中特屈儿的替代品,爆炸装药的组成部分

分子结构式

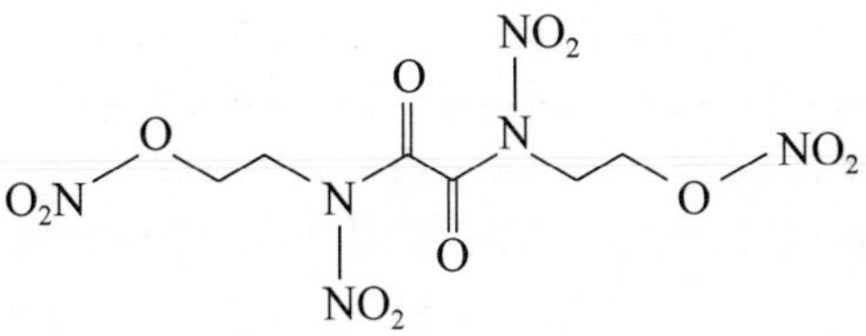

名称	NENO	
分子式	$C_6H_8N_6O_{12}$	
$M/(g\cdot mol^{-1})$	356.16	
IS/J	比 PETN 钝感,与 RDX 和特屈儿相当,比 PA 或 TNT 钝感[6]	
FS/N		
ESD/J		
$N/\%$	23.60	
$\Omega(CO_2)/\%$	−18.0	
$T_{m.p}/℃$	91~92[1],88[5],90~92[6]	
$T_{dec}/℃$	105[6]	
$\rho/(g\cdot cm^{-3})$	1.779±0.06(@293.15K)[2] 1.72[5],0.85~0.95(体积密度)[6],1.60~1.64(铸装密度)[6],1.706(@22℃,α型)[6],1.686(@22℃,β型)[6],1.562(@92.6℃,β型)[6]	
$\Delta_f H°/(kJ\cdot mol^{-1})$ $\Delta_f H°/(kJ\cdot kg^{-1})$	−581.6(理论值)[3] −1633.0[3],−1577.7[5](理论值)	
	理论值(EXPLO5)	实测值
$-\Delta_{ex}U°/(kJ\cdot kg^{-1})$	4965	1211kcal·kg^{-1}[4]
T_{ex}/K	3482	
P_{C-J}/GPa	293	
$VoD/(m\cdot s^{-1})$	8222(@TMD)	7800~7860(@1.60~1.65g·cm^{-3},无约束的装药)[6] 5400(@1.0g·cm^{-3})[6]
$V_0/(L\cdot kg^{-1})$	724	

参考文献

[1] R. S. Stuart, G. F. Wright, *Canadian Journal of Research*, *Section B: Chemical Sciences*, 1948, *26B*, 401−414.

[2] Calculated using Advanced Chemistry Development (ACD/Labs) Software V11.02 (© 1994−2017 ACD/Labs).

[3] B. Nazari, M. H. Keshavarz, M. Hamadanian, S. Mosavi, A. R. Ghaedsharafi, H. R. Pouretedal, *Fluid Phase Equilibria*, 2016, *408*, 248−258.

[4] H. D. Mallory (ed.), *The Development of Impact Sensitivity Tests at the Explosives Research Laboratory Bruceton*, *Pennsylvania During the Years 1941−1945*, 16th March 1965, AD Number AD−116−878, US Naval Ordnance Laboratory, White Oak, Maryland.

[5] R. Meyer, J. KÖhler, A. Homburg, *Explosives*, 7th edn., Wiley−VCH, Weinheim, 2016, pp. 104−105.

[6] B. T. Fedoroff, O. E. Sheffield, *Encyclopedia of Explosives and Related Items*, *Vol. 5*, US Army Research and Development Command, TACOM, Picatinny Arsenal, USA, 1972.

2,2′-二硝基二苯胺
(2,2′-Dinitrodiphenylamine)

名称 2,2′-二硝基二苯胺

主要用途

分子结构式

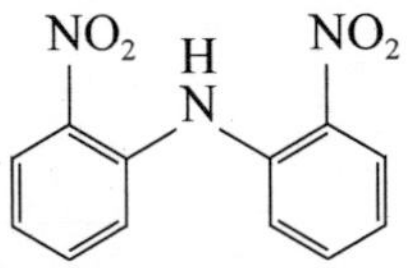

名称	2,2′-二硝基二苯胺	
分子式	$C_{12}H_9N_3O_4$	
$M/(g\cdot mol^{-1})$	259.22	
IS/J		
FS/N		
ESD/J		
$N/\%$	16.21	
$\Omega(CO_2)/\%$	−151.2	
$T_{m.p}/℃$	172.3±0.5[1]	
$T_{dec}/℃$		
$\rho/(g\cdot cm^{-3})$	1.446±0.06(@293.15K)[2]	
$\Delta_f H°/(kJ\cdot mol^{-1})$ $\Delta_f H°/(kJ\cdot kg^{-1})$	29.2(理论值)[3] 112.6(理论值)[3]	
	理论值(K-J)	实测值
$-\Delta_{ex}U°/(kJ\cdot kg^{-1})$		
T_{ex}/K		
$P_{C-J}/kbar$		
$VoD/(m\cdot s^{-1})$		
$V_0/(L\cdot kg^{-1})$		

参考文献

[1] D. Trache, K. Khimeche, A. Dahmani, *International Journal of Thermophysics*, 2013, *34*, 226

-239.

[2] Calculated using Advanced Chemistry Development (ACD/Labs) Software V11.02 (© 1994-2017 ACD/Labs).

[3] B. Nazari, M. H. Keshavarz, M. Hamadanian, S. Mosavi, A. R. Ghaedsharafi, H. R. Pouretedal, *Fluid Phase Equilibria*, 2016, *408*, 248-258.

2,4-二硝基二苯胺
(2,4-Dinitrodiphenylamine)

名称 2,4-二硝基二苯胺

主要用途

分子结构式

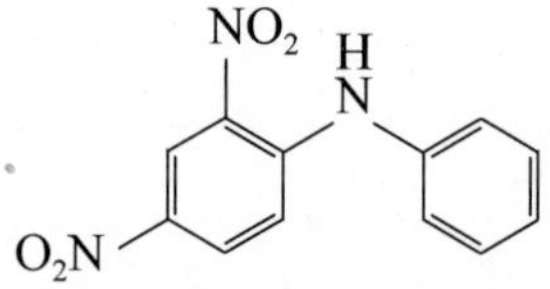

名称	2,4-二硝基二苯胺	
分子式	$C_{12}H_9N_3O_4$	
$M/(g \cdot mol^{-1})$	259.22	
IS/J		
FS/N		
ESD/J		
N/%	16.21	
$\Omega(CO)$/%	-151.2	
$T_{m.p}$/℃	159[1],156(DSC@10℃·min^{-1})[4]	
T_{dec}/℃	200(起始),325(峰温)(DSC@10℃·min^{-1})[4]	
$\rho/(g \cdot cm^{-3})$	1.446±0.06(@293.15K)[2]	
$\Delta_f H°/(kJ \cdot mol^{-1})$ $\Delta_f H°/(kJ \cdot kg^{-1})$	29.2(理论值)[3] 112.6(理论值)[3]	
	理论值(K-J)	实测值
$-\Delta_{ex}U°/(kJ \cdot kg^{-1})$		
T_{ex}/K		
P_{C-J}/kbar		
VoD/$(m \cdot s^{-1})$		
$V_0/(L \cdot kg^{-1})$		

参考文献

[1] "PhysProp" data were obtained from Syracuse Research Corporation of Syracuse, New York (US).

[2] Calculated using Advanced Chemistry Development (ACD/Labs) Software V11.02 (© 1994-2017 ACD/Labs).

[3] B. Nazari, M. H. Keshavarz, M. Hamadanian, S. Mosavi, A. R. Ghaedsharafi, H. R. Pouretedal, Fluid Phase Equilibria, 2016, 408, 248-258.

[4] J. Hernández-Paredes, R. C. Carillo-Torres, O. Hernández-Negrete, R. R. Sotelo-Mundo, D. Glossmann-Mitnik, H. E. Esparza-Ponce, J. Molec. Struct., 2017, 1141, 53-63.

2,4′-二硝基二苯胺
(2,4′-Dinitrodiphenylamine)

名称 2,4′-二硝基二苯胺

主要用途

分子结构式

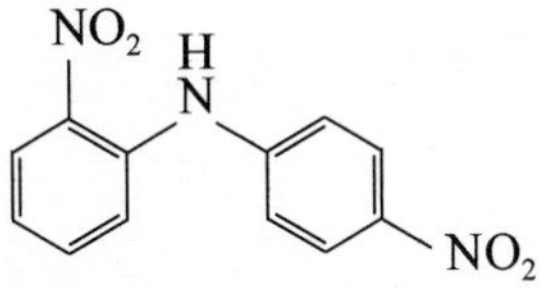

名称	2,4′-二硝基二苯胺	
分子式	$C_{12}H_9N_3O_4$	
$M/(g\cdot mol^{-1})$	259.22	
IS/J		
FS/N		
ESD/J		
$N/\%$	16.21	
$\Omega(CO)/\%$	−151.2	
$T_{m.p}/℃$	219~220[1]	
$T_{dec}/℃$		
$\rho/(g\cdot cm^{-3})$	1.446±0.06(@293.15K)[2]	
$\Delta_f H°/(kJ\cdot mol^{-1})$ $\Delta_f H°/(kJ\cdot kg^{-1})$	29.2(理论值)[3] 112.6(理论值)[3]	
	理论值(K-J)	实测值
$-\Delta_{ex}U°/(kJ\cdot kg^{-1})$		

续表

T_{ex}/K		
P_{C-J}/kbar		
VoD/(m·s^{-1})		
V_0/(L·kg^{-1})		

参考文献

[1] A. R. Katrizky, S. G. P. Plant, *Journal of the Chemical Society*, 1953, 412-416.

[2] Calculated using Advanced Chemistry Development (ACD/Labs) Software V11.02 (© 1994-2017 ACD/Labs).

[3] B. Nazari, M. H. Keshavarz, M. Hamadanian, S. Mosavi, A. R. Ghaedsharafi, H. R. Pouretedal, *Fluid Phase Equilibria*, 2016, *408*, 248-258.

2,6-二硝基二苯胺
(2,6-Dinitrodiphenylamine)

名称 2,6-二硝基二苯胺

主要用途

分子结构式

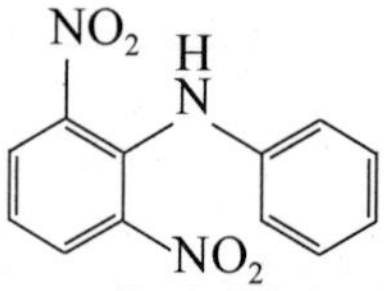

名称	2,6-二硝基二苯胺
分子式	$C_{12}H_9N_3O_4$
M/(g·mol^{-1})	259.22
IS/J	
FS/N	
ESD/J	
N/%	16.21
$\Omega(CO_2)$/%	-151.2
$T_{m.p}$/℃	107~108[1]
T_{dec}/℃	
ρ/(g·cm^{-3})	1.446±0.06(@293.15K)[2]
$\Delta_f H°$/(kJ·mol^{-1}) $\Delta_f H°$/(kJ·kg^{-1})	22.9(理论值)[3] 88.3(理论值)[3]

续表

	理论值(K-J)	实测值
$-\Delta_{ex}U°/(kJ\cdot kg^{-1})$		
T_{ex}/K		
$P_{C-J}/kbar$		
VoD/$(m\cdot s^{-1})$		
$V_0/(L\cdot kg^{-1})$		

参考文献

[1] W. Borsche, D. Rantscheff, *Justus Liebigs Annalen der Chemie*, 1911, *379*, 152-182.

[2] Calculated using Advanced Chemistry Development (ACD/Labs) Software V11.02 (© 1994-2017 ACD/Labs).

[3] R. Meyer, J. Köhler, A. Homburg, *Explosives*, Wiley-VCH, Weinheim, 2016, p. 105.

4,4′-二硝基二苯胺
(4,4′-Dinitrodiphenylamine)

名称 4,4′-二硝基二苯胺

主要用途

分子结构式

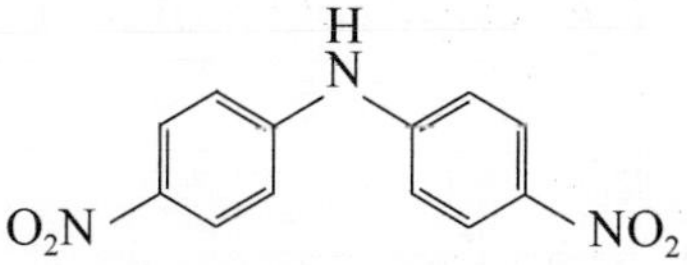

名称	4,4′-二硝基二苯胺
分子式	$C_{12}H_9N_3O_4$
$M/(g\cdot mol^{-1})$	259.22
IS/J	
FS/N	
ESD/J	
$N/\%$	16.21
$\Omega(CO_2)/\%$	-151.2
$T_{m.p}/℃$	216~218[1]
$T_{dec}/℃$	
$\rho/(g\cdot cm^{-3})$	1.446±0.06(@293.15K)[2]

续表

$\Delta_f H°$/(kJ·mol^{-1}) $\Delta_f H°$/(kJ·kg^{-1})	18.2(理论值)[3] 70.2(理论值)[3]	
	理论值(K-J)	实测值
$-\Delta_{ex}U°$/(kJ·kg^{-1})		
T_{ex}/K		
P_{C-J}/kbar		
VoD/(m·s^{-1})		
V_0/(L·kg^{-1})		

参考文献

[1] K. Haga, K. Iwaya, R. Kaneko, Bulletin of the Chemical Society of Japan, 1986, 59, 803-807.

[2] Calculated using Advanced Chemistry Development (ACD/Labs) Software V11.02 (© 1994-2017 ACD/Labs).

[3] B. Nazari, M. H. Keshavarz, M. Hamadanian, S. Mosavi, A. R. Ghaedsharafi, H. R. Pouretedal, Fluid Phase Equilibria, 2016, 408, 248-258.

1,4-二硝基甘脲
(1,4-Dinitroglycolurile)

名称 1,4-二硝基甘脲

主要用途 有望用于自修复炸药[2]

分子结构式

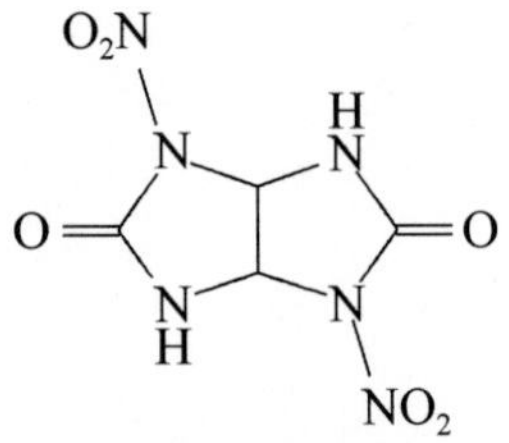

名称	DINGU
分子式	$C_4H_4N_6O_6$
M/(g·mol^{-1})	232.11
IS/J	5.55[1], 5.55(一级反应)[6], 24.61(声)[6], 0.8((无量纲)基于 TNT=1)[8], h_{50}=100cm[9], 5~6N·m[2]

续表

FS/N		$20 \sim 300$[2], $P_{fr. LL} = 300MPa$[10], $P_{fr. 50\%} = 450MPa$[10]	
ESD/J		15.19[3]	
$N/\%$		36.21	
$\Omega(CO_2)/\%$		-27.6	
$T_{m.p}/℃$		260[8]	
$T_{dec}/℃$ T_{dec}/K		130(DSC@ 5℃·min^{-1})[1] 403(DTA@ 5℃·min^{-1})[6]	
$\rho/(g \cdot cm^{-3})$		1.940(@ 298.15K)[4] 1.98(晶体)[8]	
$\Delta_f H°/(kJ \cdot mol^{-1})$ $\Delta_f H°/(kJ \cdot kg^{-1})$		-344(理论值)[5] -1480(理论值)[5]	
	理论值(EXPLO5 6.04)	理论值(K-J)	实测值
$-\Delta_{ex}U°/(kJ \cdot kg^{-1})$	4047		
T_{ex}/K	2983		
$P_{C-J}/kbar$	30.9	30.12[3]	
$VoD/(m \cdot s^{-1})$	8476(@ 1.94g·cm^{-3}; $\Delta_f H = -227kJ \cdot mol^{-1}$)	8140(@ 1.88g·cm^{-3})[3]	8150(@ 1.94g·cm^{-3})[7] 8450(@ 最大密度)[8] 7580(@ 1.75g cm^{-3}, 约束的)[2]
$V_0/(L \cdot kg^{-1})$	696		

参考文献

[1] S. Zeman, Propellants, Explosives, Pyrotechnics, 2003, 28, 308-313.

[2] R. Meyer, J. Kohler, A. Homburg, Explosives, 7th edn., Wiley-VCH, Weinheim, 2016, pp. 99-100.

[3] G. -X. Wang, H. -M. Xiao, X. -J. Xu, X. -H. Ju, Propellants, Explosives, Pyrotechnics, 2006, 31, 102-109.

[4] J. Boileau, E. Wimmer, R. Gilardi, M. M. Stinecipher, R. Gallo, M. Pierrot, Acta Crystallographica, Section C: Crystal Structure Communications, 1988, C44, 696-699.

[5] D. B. Lempert, I. N. Zyuzin, Propellants, Explosives, Pyrotechnics, 2007, 32, 360-364.

[6] S. Zeman, Proceedings of New Trends in Research of Energetic Materials, NTREM, April 24-25th 2002.

[7] M. H. Keshavarz, Propellants, Explosives, Pyrotechnics, 2012, 37, 489-497.

[8] J. Boileau, C. Fauquignon, B. Hueber, H. Meyer, Explosives, in Ullmann's Encylocopedia

of Industrial Chemistry, 2009, Wiley-VCH, Weinheim.
[9] C. B. Storm, J. R. Stine, J. F. Kramer, Sensitivity Relationships in Energetic Materials, NATO Advanced Study Institute on Chemistry and Physics of Molecular Processes in Energetic Materials, LA-UR—89-2936.
[10] A. Smirnov, O. Voronko, B. Korsunsky, T. Pivina, Huozhayo Xuebao, 2015, 38, 1-8.

1,5-二硝基萘
(1,5-Dinitronaphthalene)

名称 1,5-二硝基萘,α-二硝基萘

主要用途 施耐德酸盐中燃料的异构体混合物[1]

分子结构式

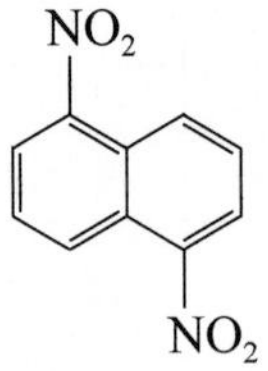

名称	1,5-二硝基萘	
分子式	$C_{10}H_6N_2O_4$	
$M/(g\cdot mol^{-1})$	218.17	
IS/J	11.01[7],11.02(Julius-Peters 公司仪器)[10]	
FS/N		
ESD/J	11.20[5],180.0[5]	
$N/\%$	12.84	
$\Omega(CO_2)/\%$	-139.3	
$T_{m.p}/℃$	216~217[2],219[8],217[9]	
$T_{dec}/℃$		
$\rho/(g\cdot cm^{-3})$	1.481±0.06(@293.15K)[3],1.602(@18℃)[8], 1.578(浮力法)[9]	
$\Delta_f H°/(kJ\cdot mol^{-1})$ $\Delta_f H°/(kJ\cdot kg^{-1})$	18.1(理论值)[4] 83.0[4],140.0[1](理论值)	
	理论值(K-J)	实测值
$-\Delta_{ex}U°/(kJ\cdot kg^{-1})$		3031(H_2O(液态))[1,6]
T_{ex}/K		
$P_{C-J}/kbar$		

续表

VoD/(m·s^{-1})		
V_0/(L·kg^{-1})		488[1]

参考文献

[1] R. Meyer, J. Kohler, A. Homburg, Explosives, 7th edn., Wiley-VCH, Weinheim, 2016, p. 106.

[2] W. C. McCrone, J. H. Andreen, Anal. Chem., 1954, 26, 1390-1391.

[3] Calculated using Advanced Chemistry Development (ACD/Labs) Software V11.02 (c 1994-2017 ACD/Labs).

[4] B. Nazari, M. H. Keshavarz, M. Hamadanian, S. Mosavi, A. R. Ghaedsharafi, H. R. Pouretedal, Fluid Phase Equilibria, 2016, 408, 248-258.

[5] S. Zeman, J. Majzlik, Central Europ. J. Energ. Mat., 2007, 4, 15-24.

[6] M. H. Keshavarz, Propellants, Explosives, Pyrotechnics, 2008, 33, 448-453.

[7] N. Zohari, S. A. Seyed-Sadjadi, S. Marashi-Manesh, Central Eur. J. Energ. Mater., 2016, 13, 427-443.

[8] S. M. Kaye, Encyclopedia of Explosives and Related Items, Vol. 8, US Army Research and Development Command, TACOM, Picatinny Arsenal, USA, 1978.

[9] J. Trotter, Acta Cryst., 1960, 13, 95-99.

[10] S. Zeman, M. Krupka, Propellants, Explosives, Pyrotechnics, 2003, 28, 249-255.

1,8-二硝基萘
(1,8-Dinitronaphthalene)

名称 1,8-二硝基萘,β-二硝基萘

主要用途 施耐德酸盐中燃料的异构体混合物[1]

分子结构式

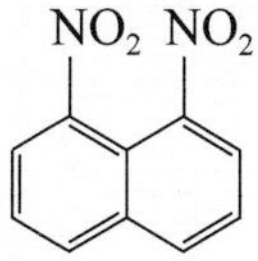

名称	1,8-二硝基萘
分子式	$C_{10}H_6N_2O_4$
M/(g·mol^{-1})	218.17
IS/J	18.37[8], 18.37(Julius-Peters 公司仪器)[9]
FS/N	

续表

ESD/J	13.99[5,8],238.2mJ[5],13.9[6]	
N/%	12.84	
$\Omega(CO_2)/\%$	-139.3	
$T_{m.p}/℃$	171[2],172.5~173[10]	
$T_{dec}/℃$		
$\rho/(g \cdot cm^{-3})$	1.481±0.06(@293.15K)[3] 1.575(@18℃)[10]	
$\Delta_f H°/(kJ \cdot mol^{-1})$ $\Delta_f H°/(kJ \cdot kg^{-1})$	18.1(理论值)[4] 83.0[4],172.6[1](理论值)	
	理论值(K-J)	实测值
$-\Delta_{ex}U°/(kJ \cdot kg^{-1})$		3064(H_2O(液态))[1,7]
T_{ex}/K		
$P_{C-J}/kbar$		
$VoD/(m \cdot s^{-1})$		
$V_0/(L \cdot kg^{-1})$		488[1]

参考文献

[1] R. Meyer, J. Kohler, A. Homburg, Explosives, 7th edn., Wiley-VCH, Weinheim, 2016, p. 106.

[2] T. Bausinger, U. Dehner, J. Preus, Chemosphere, 2004, 57, 821-829.

[3] Calculated using Advanced Chemistry Development (ACD/Labs) Software V11.02 (c 1994-2017 ACD/Labs).

[4] B. Nazari, M. H. Keshavarz, M. Hamadanian, S. Mosavi, A. R. Ghaedsharafi, H. R. Pouretedal, Fluid Phase Equilibria, 2016, 408, 248-258.

[5] S. Zeman, J. Majzlik, Central Europ. J. Energ. Mat., 2007, 4, 15-24.

[6] M. H. Keshavarz, Z. Keshavarz, ZAAC, 2016, 642, 335-342.

[7] M. H. Keshavarz, Propellants, Explosives, Pyrotechnics, 2008, 33, 448-453.

[8] N. Zohari, S. A. Seyed-Sadjadi, S. Marashi-Manesh, Central Eur. J. Energ. Mater., 2016, 13, 427-443.

[9] S. Zeman, M. Krupka, Propellants, Explosives, Pyrotechnics, 2003, 28, 249-255.

[10] S. M. Kaye, Encyclopedia of Explosives and Related Items, Vol. 8, US Army Research and Development Command, TACOM, Picatinny Arsenal, USA, 1978.

二硝基邻甲酚

(Dinitroorthocresol)

名称 二硝基邻甲酚

主要用途 硝化纤维素胶凝剂[1]

分子结构式

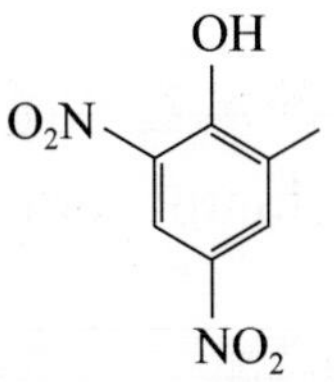

名称	二硝基邻甲酚	
分子式	$C_7H_6N_2O_5$	
$M/(g\cdot mol^{-1})$	198.13	
IS/J	>50[1]	
FS/N	>353[1]	
ESD/J		
N/%	14.14	
$\Omega(CO_2)/\%$	-96.9	
$T_{m.p}/℃$	86[2]	
$T_{dec}/℃$		
$\rho/(g\cdot cm^{-3})$	1.550±0.06(@293.15K)[3] 1.486[1]	
$\Delta_f H°/(kJ\cdot mol^{-1})$ $\Delta_f H°/(kJ\cdot kg^{-1})$	-254.4(理论值)[4] -1284.0[4], -1009.4[1](理论值)	
	理论值(EXPLO5 6.03)	实测值
$-\Delta_{ex}U°/(kJ\cdot kg^{-1})$	3394	3027(H_2O(液态))[1,5]
T_{ex}/K	2606	
$P_{C-J}/kbar$	15.4	
VoD/$(m\cdot s^{-1})$	6144(@TMD)	
$V_0/(L\cdot kg^{-1})$	625	832(理论值或实测值,未标明)[1]

参考文献

[1] R. Meyer, J. Kohler, A. Homburg, Explosives, 7th edn., Wiley-VCH, Weinheim, 2016, pp. 106-107.

[2] G. G. S. Dutton, T. I. Briggs, B. R. Brown, M. E. D. Hillman, Canadian Journal of Chemistry, 1953, 31, 685-687.

[3] Calculated using Advanced Chemistry Development (ACD/Labs) Software V11.02 (c 1994-2017 ACD/Labs).

[4] A. Salmon, D. Dalmazzone, Journal of Physical and Chemical Reference Data, 2007, 36,

19-58.
[5] M. H. Keshavarz, Propellants, Explosives, Pyrotechnics, 2008, 33, 448-453.

二硝基苯氧基乙基硝酸酯
(Dinitrophenoxyethylnitrate)

名称 二硝基苯氧基乙基硝酸酯

主要用途 硝化纤维素胶凝剂[1]

分子结构式

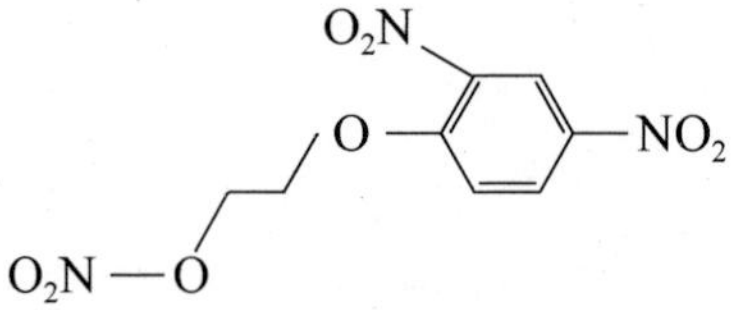

名称	二硝基苯氧基乙基硝酸酯	
分子式	$C_8H_7N_3O_8$	
$M/(g \cdot mol^{-1})$	273.16	
IS/J	20[1]	
FS/N		
ESD/J		
$N/\%$	15.38	
$\Omega(CO_2)/\%$	-67.4	
$T_{m.p}/℃$	69[2]	
$T_{dec}/℃$		
$\rho/(g \cdot cm^{-3})$	1.581±0.06(@293.15K)[3] 1.60[1]	
$\Delta_f H°/(kJ \cdot mol^{-1})$ $\Delta_f H°/(kJ \cdot kg^{-1})$	-287.2(理论值)[4] -1051.4[4], -1072.2[1](理论值)	
	理论值(EXPLO5 6.03)	实测值
$-\Delta_{ex}U°/(kJ \cdot kg^{-1})$	4281	
T_{ex}/K	3152	
$P_{C-J}/kbar$	18.3	
$VoD/(m \cdot s^{-1})$	6717(@TMD)	6800(@1.58g cm^{-3},约束的)[1] 6800(@1.60g·cm^{-3})[5]
$V_0/(L \cdot kg^{-1})$	673	

参考文献

[1] R. Meyer, J. Kohler, A. Homburg, Explosives, 7th edn. , Wiley - VCH, Weinheim, 2016, p. 107.

[2] J. J. Blanksma, P. G. Fohr, Recueil des Travaux Chimiques des Pays-Bas et de la Belgique, 1946, 65, 706-710.

[3] Calculated using Advanced Chemistry Development (ACD/Labs) Software V11. 02 (c 1994 -2017 ACD/Labs).

[4] A. Salmon, D. Dalmazzone, Journal of Physical and Chemical Reference Data, 2007, 36, 19 -58.

[5] M. H. Keshavarz, Propellants, Explosives, Pyrotechnics, 2012, 37, 489-497.

二硝基苯肼
(Dinitrophenylhydrazine)

名称 二硝基苯肼

主要用途 从酮和醛制备二硝基苯腙及其衍生物[1]

分子结构式

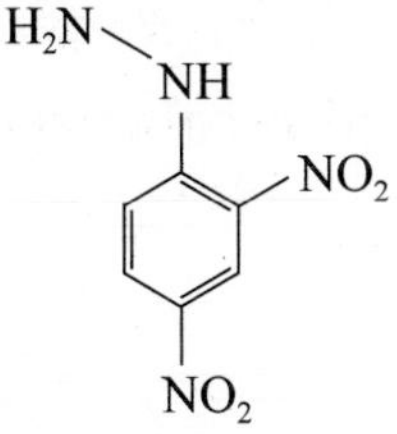

名称	二硝基苯肼
分子式	$C_6H_6N_4O_4$
$M/(g \cdot mol^{-1})$	198. 14
IS/J	
FS/N	
ESD/J	
$N/\%$	28. 28
$\Omega(CO_2)/\%$	-88. 8
$T_{m.p}/℃$	197. 94[2]
$T_{dec}/℃$	202. 25[2]
$\rho/(g \cdot cm^{-3})$	1. 654±0. 06(@ 293. 15K)[3]
$\Delta_f H°/(kJ \cdot mol^{-1})$ $\Delta_f H°/(kJ \cdot kg^{-1})$	46. 7(理论值)[4] 235. 7[4], 252. 1[1](理论值)

续表

	理论值(EXPLO5 6.03)	实测值
$-\Delta_{ex}U°$/(kJ·kg^{-1})	3962	
T_{ex}/K	2813	
P_{C-J}/kbar	17.9	
VoD/(m·s^{-1})	6892(@TMD)	
V_0/(L·kg^{-1})	686	

参考文献

[1] R. Meyer, J. Kohler, A. Homburg, Explosives, 7th edn., Wiley-VCH, Weinheim, 2016, p. 108.

[2] A. M. Musuc, D. Razus, D. Oancea, Analele Universitatii Bucuresti, Chimie, 2002, 11, 147-152.

[3] Calculated using Advanced Chemistry Development (ACD/Labs) Software V11.02 (c 1994-2017 ACD/Labs).

[4] A. Salmon, D. Dalmazzone, Journal of Physical and Chemical Reference Data, 2007, 36, 19-58.

二硝基苯
(Dinitrosobenzene)

名称 二硝基苯

主要用途

分子结构式

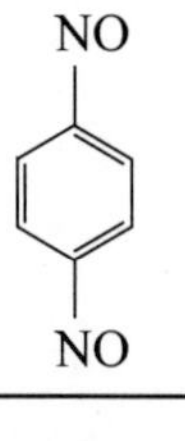

名称	二硝基苯
分子式	$C_6H_4N_2O_2$
M/(g·mol^{-1})	136.11
IS/J	15N·m[1]
FS/N	>353[1]
ESD/J	
N/%	20.58

续表

Ω(CO)/%	-141.1	
$T_{m.p}$/℃	分解[1]	
T_{dec}/℃		
ρ/(g·cm^{-3})	1.30±0.1(@293.15K)[2]	
$\Delta_f H°$/(kJ·mol^{-1}) $\Delta_f H°$/(kJ·kg^{-1})		
	理论值(K-J)	实测值
$-\Delta_{ex}U°$/(kJ·kg^{-1})		
T_{ex}/K		
P_{C-J}/kbar		
VoD/(m·s^{-1})		
V_0/(L·kg^{-1})		

参考文献

[1] R. Meyer, J. Kohler, A. Homburg, Explosives, 7th edn., Wiley-VCH, Weinheim, 2016, p. 108.

[2] Calculated using Advanced Chemistry Development (ACD/Labs) Software V11.02 (c 1994-2017 ACD/Labs).

4,10-二硝基-4,10-二氮杂-2,6,8,12-四氧四环十二烷 (4,10-Dinitro-2,6,8,12-tetraoxa-4,10-diazaisowurtzitane)

名称 4,10-二硝基-4,10-二氮杂-2,6,8,12-四氧四环十二烷

主要用途 特别钝感的高能炸药[1]

分子结构式

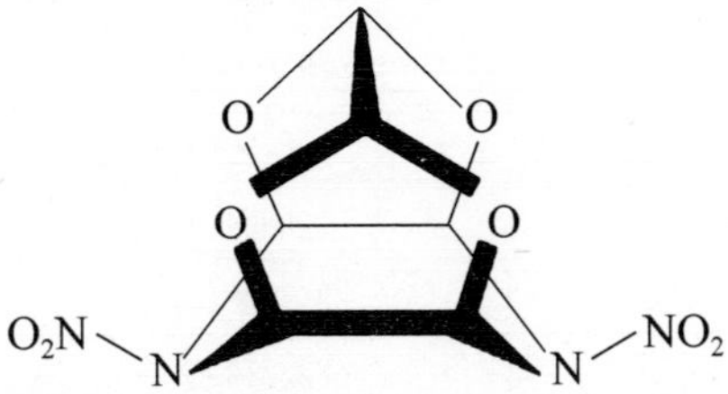

名称	TEX
分子式	$C_6H_6N_4O_8$

续表

$M/(g \cdot mol^{-1})$	262.13	
IS/J	23[2,7-8],5.10(一级反应)[4],24.25(声音)[4], 15~19N·m[1]	
FS/N	>360[1,2],161.3[7,8]	
ESD/J	0.08[1],13.10[5],285.5mJ[5]	
N/%	21.37	
$\Omega(CO_2)$/%	-42.7	
$T_{m.p}$/℃		
T_{dec}/℃	296.3[2]	
$\rho/(g \cdot cm^{-3})$	2.19±0.1(@293.15K)[3] 2.008[1]	
$\Delta_f H°/(kJ \cdot mol^{-1})$ $\Delta_f H°/(kJ \cdot kg^{-1})$	-541[1] -2064[1]	
	理论值(EXPLO5 6.04)	实测值
$-\Delta_{ex} U°/(kJ \cdot kg^{-1})$	3809	
T_{ex}/K	2729	
P_{C-J}/GPa	29.6	29.2[2],29.4[1]
$VoD/(m \cdot s^{-1})$	8182(@1.99g·cm⁻³)	8180(@1.9g·cm⁻³)[1] 7446(@1.815· cm⁻³)[2]
$V_0/(L \cdot kg^{-1})$	631	

名称	TEX[9]
化学式	$C_6H_6N_4O_8$
$M/(g \cdot mol^{-1})$	262.15
晶系	三斜
空间群	P-1(no.2)
a/Å	6.8360(12)
b/Å	7.6404(14)
c/Å	8.7765(16)
α/(°)	82.37(2)
β/(°)	75.05(2)
γ/(°)	79.46(2)

续表

$V/Å^3$	433.64(14)
Z	2
$\rho_{calc}/(g\cdot cm^{-3})$	2.0076(6)
T/K	200

参考文献

[1] R. Meyer, J. Kohler, A. Homburg, Explosives, 7th edn., Wiley-VCH, Weinheim, 2016, p. 109.

[2] P. Maksimowski, T. Golofit, Journal of Energetic Materials, 2013, 31, 224-237.

[3] Calculated using Advanced Chemistry Development (ACD/Labs) Software V11.02 (c 1994-2017 ACD/Labs).

[4] A Study of Chemical Micro-Mechanisms of Initiation of Organic Polynitro Compounds, S. Zeman, Ch. 2 in Energetic Materials, Part 2: Detonation, Combustion, P. A. Politzer, J. S. Murray (eds.), Theoretical and Computational Chemistry, Vol. 13, 2003, Elsevier, p. 25-60.

[5] S. Zeman, V. Pelikan, J. Majzlik, Central Europ. Energ. Mat., 2006, 3, 27-44.

[6] M. H. Keshavarz, M. Hayati, S. Ghariban-Lavasani, N. Zohari, ZAAC, 2016, 642, 182-188.

[7] M. Jungova, S. Zeman, A. Husarova, Chinese J. Energ. Mater., 2011, 19, 603-606.

[8] J. Vagenknecht, P. Mareček, W. Trzciński, J. Energ. Mat., 2000, 20, 245.

[9] K. Karaghiosoff, T. M. KlapOtke, A. Michailovski, G. Holl, Acta Cryst., 2002, C58, 0580.

2,4-二硝基甲苯
(2,4-Dinitrotoluene)

名称 1-甲基-2,4-二硝基苯,2,4-二硝基甲苯

主要用途 TNT前驱体,塑料炸药和甘油炸药的组分

分子结构式

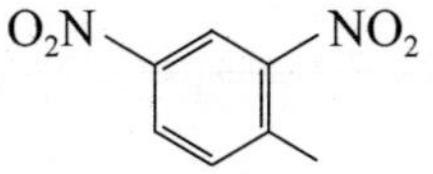

名称	2,4-DNT
分子式	$C_7H_6N_2O_4$
$M/(g\cdot mol^{-1})$	182.14
IS/J	>40(<100μm),3.9(B.M.)[2],$H_{50\%}$=70cm (2kg落锤)[5]

续表

FS/N	>360(<100μm)	
ESD/J	>1.5(<100μm)	
N/%	15.38	
$\Omega(CO_2)$/%	-114.20	
$T_{m.p}$/℃	67,71[2],70.5[4],71[5]	
T_{dec}/℃		
$\rho/(g\cdot cm^{-3})$	1.559(@173K) 1.513(@298K)) 1.521[2,4-5]	
$\Delta_f H°/(kJ\cdot mol^{-1})$ $\Delta_f U°/(kJ\cdot kg^{-1})$ $\Delta_f H°/(kJ\cdot kg^{-1})$	-72 -311,-292.8[4] -374.7[4]	
	理论值(EXPLO5 6.03)	实测值
$-\Delta_{ex}U°/(kJ\cdot kg^{-1})$	3613	3192(H_2O(液态))[1,4] 3050(H_2O(气态))[4] 1056kcal·kg^{-1}[5]
T_{ex}/K	2707	
P_{C-J}/kbar	158	
VoD/$(m\cdot s^{-1})$	6098(@TMD)	3850(@1.0g·cc^{-1},钢管直径28~30mm)[5]; 5900(@1.52g·cc^{-1},60mm管)[5]
$V_0/(L\cdot kg^{-1})$	615	807[3-4],602[5]

参考文献

[1] M. H. Keshavarz, Propellants, Explosives, Pyrotechnics, 2008, 33, 448-453.

[2] AMC Pamphlet Engineering Design Handbook: Explosive Series Properties of Explosives of Military Interest, Headquarters, U. S. Army Materiel Command, January 1971.

[3] M. Jafari, M. Kamalvand, M. H. Keshavarz, A. Zamani, H. Fazeli, Indian J. Engineering and Mater. Sci., 2015, 22, 701-706.

[4] R. Meyer, J. KOhler, A. Homburg, Explosives, 7th edn., Wiley-VCH, Weinheim, 2016, pp. 109-110.

[5] S. M. Kaye, Encyclopedia of Explosives and Related Items, Vol. 9, US Army Research and Development Command, TACOM, Picatinny Arsenal, USA, 1980.

2,6-二硝基甲苯
(2,6-Dinitrotoluene)

名称 2-甲基-1,3-二硝基苯,2,6-二硝基甲苯

主要用途 TNT 前驱体

分子结构式

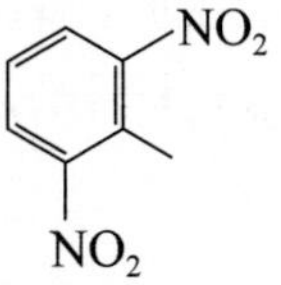

名称	2,6-DNT	
分子式	$C_7H_6N_2O_4$	
$M/(g \cdot mol^{-1})$	182.1350	
IS/J	>40(<100μm)	
FS/N	>360(<100μm)	
ESD/J	>1.5(<100μm)	
$N/\%$	15.38	
$\Omega(CO_2)/\%$	-114.20	
$T_{m.p}/℃$	56	
$T_{dec}/℃$		
$\rho/(g \cdot cm^{-3})$	1.548(@293K),1.538[3], 1.515(气体比重瓶法)	
$\Delta_f H°/(kJ \cdot mol^{-1})$ $\Delta_f U°/(kJ \cdot kg^{-1})$ $\Delta_f H°/(kJ \cdot kg^{-1})$	-54 -214,-159.5[3] -241.2[3]	
	理论值(EXPLO5 6.03)	实测值
$-\Delta_{ex} U°/(kJ \cdot kg^{-1})$	3697	3325(H_2O(液态))[1,3] 3183(H_2O(气态))[3]
T_{ex}/K	2747	
$P_{C-J}/kbar$	159	
$VoD/(m \cdot s^{-1})$	6125(@TMD)	
$V_0/(L \cdot kg^{-1})$	1716	807[2-3]

参考文献

[1] M. H. Keshavarz, Propellants, Explosives, Pyrotechnics, 2008, 33, 448-453.

[2] M. Jafari, M. Kamalvand, M. H. Keshavarz, A. Zamani, H. Fazeli, Indian J. Engineering and Mater. Sci., 2015, 22, 701-706.

[3] R. Meyer, J. KOhler, A. Homburg, Explosives, 7th edn., Wiley-VCH, Weinheim, 2016, pp. 109-110.

己二酸二辛酯
(Dioctyl adipate)

名称 己二酸二辛酯

主要用途 发射药用惰性增塑剂[1]

分子结构式

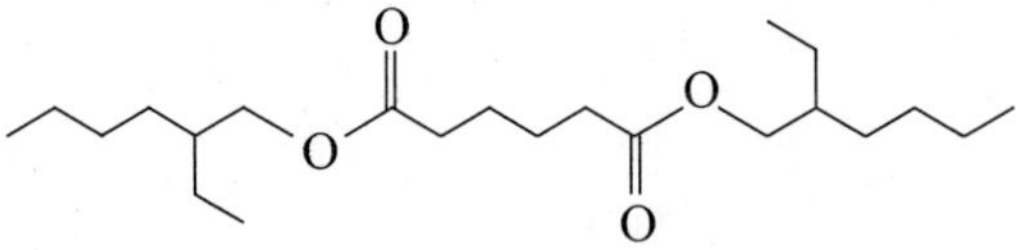

名称	DOA	
分子式	$C_{22}H_{42}O_4$	
$M/(g \cdot mol^{-1})$	370.57	
IS/J		
FS/N		
ESD/J		
$N/\%$		
$\Omega(CO_2)/\%$	-263.38	
$T_{m.p}/℃$	-67.8[1-2], -70[5]	
$T_{dec}/℃$		
$\rho/(g \cdot cm^{-3})$	0.9254(@293.15K)[3], 0.919[4], 0.925[1], 0.9268(@20℃)[5]	
$\Delta_f H°/(kJ \cdot mol^{-1})$ $\Delta_f U°/(kJ \cdot kg^{-1})$ $\Delta_f H°/(kJ \cdot kg^{-1})$	-1215.03[1] -3278.8[1] -3066.9[4]	
	理论值(EXPLO5 6.03)	实测值
$-\Delta_{ex}U°/(kJ \cdot kg^{-1})$	472	
T_{ex}/K	698	
P_{C-J}/GPa	2.73	

续表

VoD/(m·s^{-1})	3891(@0.925g·cm^{-3}; $\Delta_f H$=−1214.983kJ·mol^{-1})	
V_0/(L·kg^{-1})	811	

参考文献

[1] R. Meyer, J. Kohler, A. Homburg, Explosives, 7th edn., Wiley-VCH, Weinheim, 2016, p. 111.

[2] "PhysProp" data were obtained from Syracuse Rsearch Corporation of Syracuse, New York (US).

[3] J. C. F. Diogo, H. M. N. T. Avelino, F. J. P. Caetano, J. M. N. A. Fareleira, Fluid Phase Equilibria, 2014, 374, 9-19.

[4] https://engineering.purdue.edu/~propulsi/propulsion/comb/propellants.html.

[5] B. T. Fedoroff, O. E. Sheffield, Encyclopedia of Explosives and Related Items, Vol. 5, US Army Research and Development Command, TACOM, Picatinny Arsenal, USA, 1972.

吉　纳
(Dioxyethylnitramine dinitrate)

名称　二硝基乙基硝胺硝酸盐,双(硝基乙基)-硝胺,2,2′-二硝基氧基二乙基硝胺,二乙醇硝胺二硝酸盐,二(2-硝基氧乙基)硝胺,N,N-双(β-硝酰氧基乙基)-硝胺,2,2′-(硝基亚氨基)-二硝酸二乙酯

主要用途　炸药,硝化纤维素的胶凝剂,双基推进剂的组分[1]

分子结构式

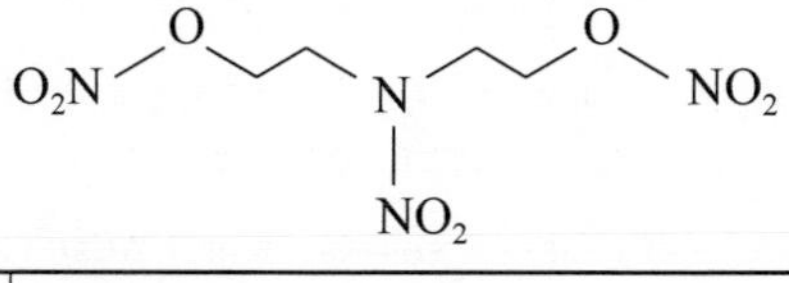

名称	DINA
分子式	$C_4H_8N_4O_8$
M/(g·mol^{-1})	240.13
IS/J	6N·m[1], 2.5kg 落锤时 23cm [7], 7~12 英寸(2kg 落锤, P.A.)[9], 31cm(B.M.)[9]
FS/N	$P_{fr.LL}$=210MPa[8], $P_{fr.50\%}$=410MPa[8]
ESD/J	
N/%	23.33
$\Omega(CO_2)$/%	−26.7

续表

$T_{m.p}$/℃	50~51[2],52.5(晶体)[9]	
T_{dec}/℃	165[9]	
ρ/(g·cm^{-3})	1.570±0.06(@293.15K)[3],1.67(@25℃)[9] 1.488[1]	
$\Delta_f H°$/(kJ·mol^{-1}) $\Delta_f H°$/(kJ·kg^{-1})	−289.19(理论值)[4] −1203.9[4],−1148.2[1](理论值)	
	理论值(EXPLO5 6.04)	实测值
$-\Delta_{ex} U°$/(kJ·kg^{-1})	5134	5458(H_2O(液态))[1] 5025(H_2O(气态))[1]
T_{ex}/K	3609	
P_{C-J}/GPa	22.0	
VoD/(m·s^{-1})	7426(@1.488g·cm^{-3}; $\Delta_f H°$=−329kJ·mol^{-1})	7.80mm·μs^{-1}(@1.64g·cm^{-3})[10]; 7.72mm/μs(@1.60g·cm^{-3})[10]; 7.73mm/μs(@1.60g·cm^{-3})[10]; 7.58(@1.55g·cm^{-3})[10]; 7.40mm/μs(@1.48g·cm^{-3})[10]; 7.00mm/μs(@1.36g·cm^{-3})[10]; 5.80mm/μs(@0.95g·cm^{-3})[10]; 7580(@1.47g·cm^{-3},约束的)[1]; 8000(@1.67g·cm^{-3})[5,10]
V_0/(L·kg^{-1})	833	924[1,6]

参考文献

[1] R. Meyer, J. Kohler, A. Homburg, Explosives, 7th edn., Wiley-VCH, Weinheim, 2016, p. 112.

[2] I. V. Kuchurov, I. V. Fomenkov, S. G. Zlotin, Russian Chemical Bulletin, 2009, 58, 2058-2062.

[3] Calculated using Advanced Chemistry Development (ACD/Labs) Software V11.02 (© 1994-2017 ACD/Labs).

[4] B. Nazari, M. H. Keshavarz, M. Hamadanian, S. Mosavi, A. R. Ghaedsharafi, H. R. Pouretedal, Fluid Phase Equilibria, 2016, 408, 248-258.

[5] M. H. Keshavarz, Propellants, Explosives, Pyrotechnics, 2012, 37, 489-497.

[6] M. Jafari, M. Kamalvand, M. H. Keshavarz, A. Zamani, H. Fazeli, Indian J. Engineering and Mater. Sci., 2015, 22, 701-706.

[7] M. Pospišil, P. Vavra, Final Proceedings for New Trends in Research of Energetic Materials, S. Zeman (ed.), 7th Seminar, 20-22 April 2004, Pardubice, 600-605.

[8] A. Smirnov, O. Voronko, B. Korsunsky, T. Pivina, Huozhayo Xuebao, 2015, 38, 1-8.

[9] B. T. Fedoroff, O. E. Sheffield, Encyclopedia of Explosives and Related Items, Vol. 5, US Army Research and Development Command, TACOM, Picatinny Arsenal, USA, 1972.

[10] D. Price, "The Detonation Velocity – Loading Density Relation for Selected Explosives and Mixtures of Explosives", NSWC TR 82-298, 23 August 1982.

二季戊四醇六硝酸酯
(Dipentaerythritol hexanitrate)

名称 二季戊四醇六硝酸酯

主要用途

分子结构式

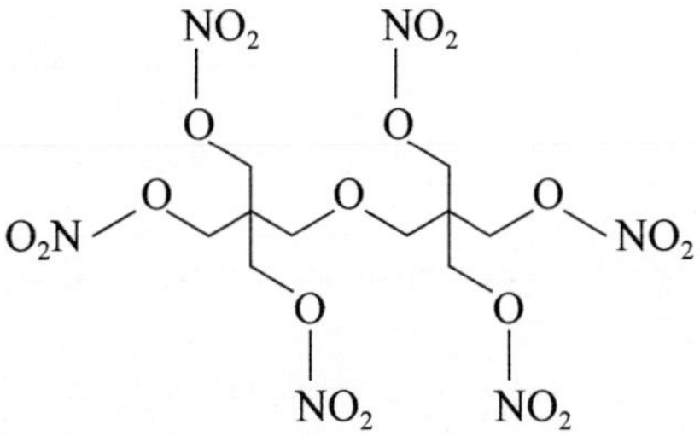

名称	DIPEHN
分子式	$C_{10}H_{16}N_6O_{19}$
$M/(g \cdot mol^{-1})$	524.26
IS/J	4N·m[1], 2.75(B. M.)[8], 1.99(P. A.)[8]a, 14cm(2kg, B. M.)[11], 4英寸(2kg 落锤, 样品 10mg, P. A.)[11], $H_{50\%}$ = 37cm(Bruceton 3 号仪器)[11], $^0/_6$撞击@ 20cm, $^1/_6$撞击@ 22cm(Kast 仪器)[11]
FS/N	
ESD/J	
$N/\%$	16.03
$\Omega(CO_2)/\%$	-27.5
$T_{m.p}/℃$	晶型 I:75;晶型 II:72.5[2], 73.5[8], 73.7~75[11]
$T_{dec}/℃$	191.6[3], (爆炸>250[11])
$\rho/(g \cdot cm^{-3})$	1.664±0.06(@ 293.15K)[4], 1.613(@ 15℃, 浇铸)[11], 1.63[8]
$\Delta_f H°/(kJ \cdot mol^{-1})$ $\Delta_f H°/(kJ \cdot kg^{-1})$	-975.3(理论值)[5] -1860.3[5], -1867[1](理论值)

续表

	理论值(K-J)	实测值
$-\Delta_{ex}U°/(kJ\cdot kg^{-1})$	5149[6]	5143(H_2O(液态))[1] 4740(H_2O(气态))[1] 5143[6] 5208[10]
T_{ex}/K		3240[11]
P_{C-J}/GPa		
VoD/$(m\cdot s^{-1})$	7930(@1.488$g\cdot cm^{-3}$)[3]	7400(@1.6$g\cdot cm^{-3}$,约束)[1] 7530(@1.63$g\cdot cm^{-3}$)[7] 7410(@1.59$g\cdot cm^{-3}$,装药直径0.39英寸,压实的,密闭铜管)[8]
$V_0/(L\cdot kg^{-1})$		878[1,9] 907[10]

参考文献

[1] R. Meyer, J. Kohler, A. Homburg, Explosives, 7th edn., Wiley-VCH, Weinheim, 2016, pp. 112-113.

[2] B. D. Faubion, Analytical Chemistry, 1971, 43, 241-247.

[3] Q. -L. Yan, M. Kunzel, S. Zeman, R. Svoboda, M. Bartoskova, Thermochimica Acta, 2013, 566, 137-148.

[4] Calculated using Advanced Chemistry Development (ACD/Labs) Software V11.02 (© 1994-2017 ACD/Labs).

[5] B. Nazari, M. H. Keshavarz, M. Hamadanian, S. Mosavi, A. R. Ghaedsharafi, H. R. Pouretedal, Fluid Phase Equilibria, 2016, 408, 248-258.

[6] M. H. Keshavarz, Propellants, Explosives, Pyrotechnics, 2012, 37, 93-99.

[7] M. H. Keshavarz, Propellants, Explosives, Pyrotechnics, 2012, 37, 489-497.

[8] AMC Pamphlet Engineering Design Handbook: Explosive Series Properties of Explosives of Military Interest, Headquarters, U. S. Army Materiel Command, January 1971.

[9] M. Jafari, M. Kamalvand, M. H. Keshavarz, A. Zamani, H. Fazeli, Indian J. Engineering and Mater. Sci., 2015, 22, 701-706.

[10] H. Muthurajan, R. Sivabalan, M. B. Talawar, S. N. Asthana, J. Hazard. Mater., 2004, A112, 17-33.

[11] B. T. Fedoroff, O. E. Sheffield, Encyclopedia of Explosives and Related Items, Vol. 5, US Army Department of Research and Development, TACOM, Picatinny Arsenal, USA, 1972.

二苯氨甲酸乙酯
(Diphenylurethane)

名称 二苯氨甲酸乙酯

主要用途 火药稳定剂,胶凝剂[1]

分子结构式

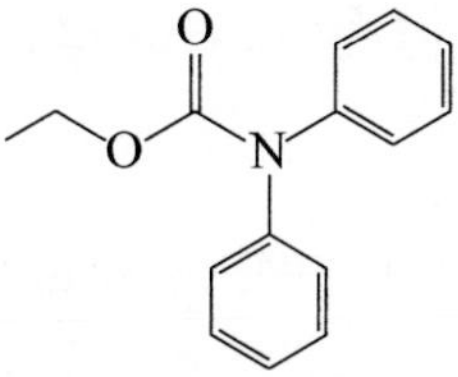

名称	二苯氨甲酸乙酯	
分子式	$C_{15}H_{15}NO_2$	
$M/(g \cdot mol^{-1})$	241. 29	
IS/J		
FS/N		
ESD/J		
$N/\%$	5. 81	
$\Omega(CO_2)/\%$	-235. 4	
$T_{m.p}/℃$	72[1-2]	
$T_{dec}/℃$		
$\rho/(g \cdot cm^{-3})$	1. 146±0. 06(@ 293. 15K)[3]	
$\Delta_f H°/(kJ \cdot mol^{-1})$ $\Delta_f H°/(kJ \cdot kg^{-1})$	-280. 7[1] -1163. 5[1]	
	理论值(K-J)	实测值
$-\Delta_{ex} U°/(kJ \cdot kg^{-1})$		
T_{ex}/K		
P_{C-J}/GPa		
$VoD/(m \cdot s^{-1})$		
$V_0/(L \cdot kg^{-1})$		

参考文献

[1] R. Meyer, J. Kohler, A. Homburg, Explosives, 7th edn. , Wiley-VCH, Weinheim, 2016, p. 114.

[2] M. Michman, S. Patai, Y. Wiesel, Journal of the Chemical Society, Perkin Transactions 1, 1977, 1705-1710.

[3] Calculated using Advanced Chemistry Development (ACD/Labs) Software V11. 02 (© 1994-2017 ACD/Labs).

二苦基脲
(Dipicrylurea)

名称 六硝基二苯基脲

主要用途 高能炸药,可能用在助推器和起爆雷管中

分子结构式

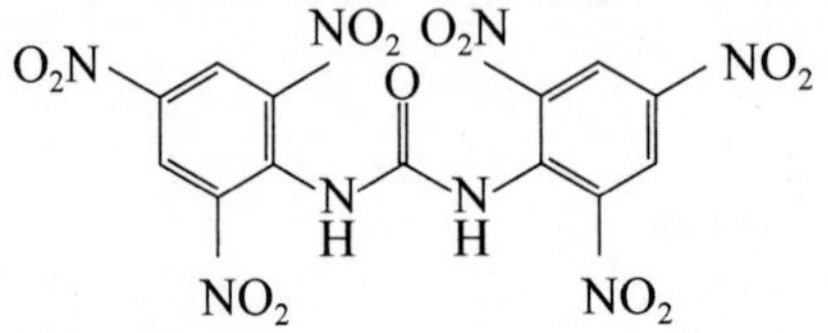

名称	二苦基脲
分子式	$C_{13}H_6N_8O_{13}$
$M/(g\cdot mol^{-1})$	482.23
IS/J	与特屈儿相当[3]
FS/N	
ESD/J	
N/%	23.24
$\Omega(CO_2)$/%	-53.1
$T_{m.p}$/℃	203[1],208~209(伴随分解)[3]
T_{dec}/℃	
$\rho/(g\cdot cm^{-3})$	2.001±0.06(@293.15K)[2]
$\Delta_f H°/(kJ\cdot mol^{-1})$ $\Delta_f H°/(kJ\cdot kg^{-1})$	

	理论值(K-J)	实测值
$-\Delta_{ex}U°/(kJ\cdot kg^{-1})$		
T_{ex}/K		
P_{C-J}/GPa		
VoD/$(m\cdot s^{-1})$		
$V_0/(L\cdot kg^{-1})$		

参考文献

[1] A. G. Perkin, Journal of the Chemical Society, Transactions, 1893, 63, 1063-1069.

[2] Calculated using Advanced Chemistry Development (ACD/Labs) Software V11.02 (©

1994-2017 ACD/Labs).

[3] T. Urbanski, Nitro Derivatives of Aniline, Ch. 17 in Chemistry and Technology of Explosives, Vol. 1, Pergamon Press, 1964.

1,1′-二羟基-5,5′-联四唑-二(氨基脲)盐 (Di(semicarbazide)5,5′-bitetrazole-1,1′-diolate)

名称 二(氨基脲)5,5′-四唑-1,1′-二醇胺

主要用途 猛(高能)炸药

分子结构式

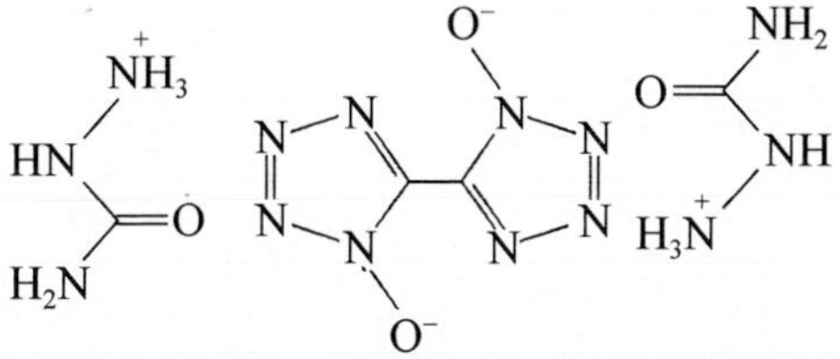

名称	2SCZ. BTO	
分子式	$C_4H_{12}N_{14}O_4$, $[CH_6N_3O]_2^+[C_2N_8O_2]^{2-}$	
$M/(g\cdot mol^{-1})$	320.28	
IS/J	25	
FS/N		
ESD/J		
N/%	61.32	
$\Omega(CO_2)$/%	-49.9	
$T_{m.p}$/℃		
T_{dec}/℃	239(DSC@5℃·min^{-1})	
$\rho/(g\cdot cm^{-3})$	1.685(@298K)	
$\Delta_f H°/(kJ\cdot mol^{-1})$	158.1	
	理论值(K-J)	实测值
$-\Delta_{ex}U°/(kJ\cdot kg^{-1})$		
T_{ex}/K		
P_{C-J}/kbar	235	
VoD/$(m\cdot s^{-1})$	7433(@TMD)	
$V_0/(L\cdot kg^{-1})$		

E

赤藓醇四硝酸酯
(Erythritol tetranitrate)

名称 赤藓醇四硝基酯丁烷-1,2,3,4-四硝酸四硝酸酯,内消旋赤藓糖醇四硝酸酯,赤藓四硝酸酯,四硝基赤藓,硝基异赤晶,1,2,3,4-丁烷四硝酸酯

主要用途 简易炸药

分子结构式

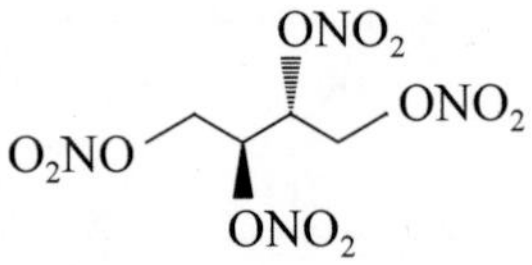

名称	ETN
分子式	$C_4H_6N_4O_{12}$
$M/(g\cdot mol^{-1})$	302.11
IS/J	3(100~500μm),24.0cm(4kg 落锤,LLNL-仪器,布鲁斯顿法)[2],20cm(2kg 落锤,B. M.)[5],3.28(爆轰可能性为50%的撞击能,Kast 仪器,ETN 晶体)[9],3.79(爆轰可能性为50%的撞击能,Kast 仪器,熔铸 ETN)[9]; DH_{50}(ERL 仪器,12 型工具法,2.5kg 落锤,150 目砂纸):6.4±2cm(从甲醇溶液中获得的晶体)[7],6.3±2cm(由丙酮/酒精溶液中获得的小晶体)[7],6.2±2cm(固体沉淀)[7],6.4±2cm(片状晶体)[7]
FS/N	60(100~500μm),38.9(爆轰可能性为50%的摩擦力,ETN 晶体)[9],47.7(爆轰可能性为50%的摩擦力,熔铸 ETN)[9]; F_{50}(BAM 仪器,样品 2~5mg):57±11(从甲醇溶液中获得的晶体)[7],52±15(由丙酮/酒精溶液中获得的小晶体)[7],54±15(固体沉淀)[7],48±11(片状晶体)[7],67±7(碰撞沉淀)[7]
ESD/J	0.15 起爆阈值水平(SMS ABL 仪器):0.0625(从甲醇溶液中获得的晶体)[7],0.0625(由丙酮/酒精溶液中获得的小晶体)[7],0.0625(固体沉淀)[7],0.125(片状晶体)[7],0.0625(碰撞沉淀)[7]
N/%	18.55
$\Omega(CO_2)$/%	5.30

续表

$T_{m.p}$/℃	59,61[5]	
T_{dec}/℃	170	
ρ/(g·cm^{-3})	1.840(@100K),1.759(@291K),1.774(@298K,气体比重瓶),1.7219[2]	
$\Delta_f H°$/(kJ·mol^{-1}) $\Delta_f H°$/(kJ·kg^{-1})	-433.1 -1433.8	
	理论值(K-J)	实测值
$-\Delta_{ex}U°$/(kJ·kg^{-1})	6105	6025(H_2O(汽态))[3] Q_e^P = 1467.7kcal·kg^{-1} [6] Q_e^V = 1486.0kcal·kg^{-1} [6]
T_{ex}/K	4225	T_e^P = 4729.8℃[6] T_e^V = 4759.0℃[6]
P_{C-J}/kbar	301	
VoD/(m·s^{-1})	8540	8100(@1.6g·cm^{-3})[4] 4240(@0.83g·cm^{-3},手压实,晶体颗粒,电离探头和数字示波器)[9] 4630(@0.86g·cm^{-3})[9] 7940(@1.65g·cm^{-3},熔铸)[9] 8030(@1.70g·cm^{-3},熔铸)[9]
V_0/(L·kg^{-1})	767	704(@1.7g·cm^{-3})[1], 704.8[6],705[15]

	赤藓醇四硝酸酯[7]	赤藓醇四硝酸酯[7]	赤藓醇四硝酸酯[8]
化学式	$C_4H_6N_4O_{12}$	$C_4H_6N_4O_{12}$	$C_4H_6N_4O_{12}$
M/(g·mol^{-1})	302.13	302.13	302.13
晶系	单斜	单斜	单斜
空间群	$P2_1/c$(no.14)	$P2_1/c$(no.14)	$P2_1/c$(no.14)
a/Å	16.132(6)	15.893(6)	15.9681(10)
b/Å	5.314(2)	5.1595(19)	5.1940(4)
c/Å	14.789(6)	14.731(5)	14.7609(12)
α/(°)	90	90	90
β/(°)	116.78(4)	116.161(3)	116.238(6)
γ/(°)	90	90	90
V/Å^3	1132(1)	1084.2(7)	1098.10(15)

续表

Z		4	4
$\rho_{calc}/(g \cdot cm^{-3})$	1.773	1.851	1.827
T/K	RT	140	−123℃

参考文献

[1] M. Jafari, M. Kamalvand, M. H. Keshavarz, A. Zamani, H. Fazeli, Indian J. Engineering and Mater. Sci., 2015, 22, 701-706.

[2] J. C. Oxley, J. L Smith, J. E. Brady, A. C. Brown, Propellants, Explosives and Pyrotechnics, 2012, 37, 24-39.

[3] W. C. Lothrop, G. R. Handrick, Chem. Revs., 1949, 44, 419-445.

[4] P. W. Cooper, Explosives Engineering, Wiley-VCH, New York, 1996.

[5] B. T. Fedoroff, O. E. Sheffield, Encyclopedia of Explosives and Related Items, Vol. 5, US Army Research and Development Command, TACOM, Picatinny Arsenal, USA, 1972.

[6] B. T. Fedoroff, H. A. Aaronson, E. F. Reese, O. E. Sheffield, G. D. Clift, Encyclopedia of Explosives and Related Items, Vol. 1, US Army Research and Development Command, TACOM, Picatinny Arsenal, USA, 1960.

[7] V. W. Manner, B. C. Tappan, B. L. Scott, D. N. Preston, G. W. Brown, Crystal Growth and Design, 2014, 14, 6154-6160.

[8] R. Matyaš, M. Kunzel, A. Růžička, P. Knotek, O. Vodochodsky, Propellants, Explosives, Pyrotechnics, 2015, 40, 185-188.

[9] M. Kunzel, R. Matyaš, O. Vodochodsky, J. Pachman, Centr. Eur. J. Energet. Mater., 2017, 14, 418-429.

乙酸乙醇胺
(Ethanolamine dinitrate)

名称 乙酸乙醇胺,2-硝基乙基硝酸铵

主要用途

分子结构式

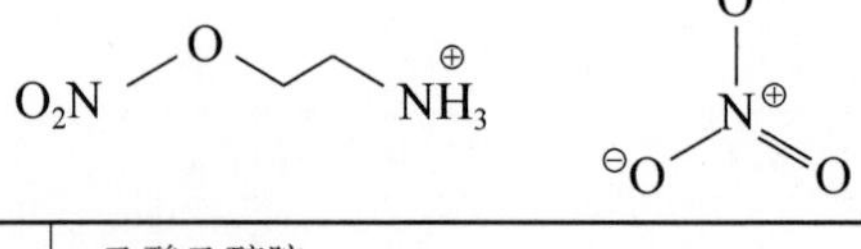

名称	乙酸乙醇胺
分子式	$C_2H_7N_3O_6$
$M/(g \cdot mol^{-1})$	169.09

续表

IS/J		
FS/N		
ESD/J		
N/%	24.85	
$\Omega(CO_2)$/%	−14.2	
$T_{m.p}$/℃	103[1]	
T_{dec}/℃		
ρ/($g\cdot cm^{-3}$)	1.53[1]	
$\Delta_f H°$/($kJ\cdot mol^{-1}$) $\Delta_f H°$/($kJ\cdot kg^{-1}$)	−2751[1]	
	理论值(K−J)	实测值
$-\Delta_{ex}U°$/($kJ\cdot kg^{-1}$)		5247(H_2O(液态))[1] 4557(H_2O(气态))[1]
T_{ex}/K		
P_{C-J}/kbar		
VoD/($m\cdot s^{-1}$)		
V_0/($L\cdot kg^{-1}$)		927[1-2]

参考文献

[1] R. Meyer, J. Kohler, A. Homburg, Explosives, 7th edn., Wiley−VCH, Weinheim, 2016, p. 125.

[2] M. Jafari, M. Kamalvand, M. H. Keshavarz, A. Zamani, H. Fazeli, Indian J. Engineering and Mater. Sci., 2015, 22, 701−706.

三羟甲基丙烷三硝酸酯
(Ethriol trinitrate)

名称 三羟甲基丙烷三硝酸酯,三硝酸雌三醇

主要用途

分子结构式

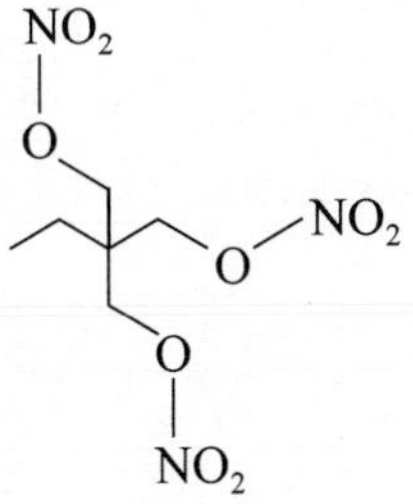

名称	三羟甲基丙烷三硝酸酯		
分子式	$C_6H_{11}N_3O_9$		
$M/(g\cdot mol^{-1})$	269. 17		
IS/J			
FS/N			
ESD/J			
$N/\%$	15. 61		
$\Omega(CO_2)/\%$	-50. 5		
$T_{m.p}/℃$	50. 3[1],51[3]		
$T_{dec}/℃$	181. 9 (DSC@ 10℃ ·min^{-1})[1]		
$\rho/(g\cdot cm^{-3})$	1. 454±0. 06(@ 293. 15K)[2], 1. 5[3]		
$\Delta_f H°/(kJ\cdot mol^{-1})$ $\Delta_f H°/(kJ\cdot kg^{-1})$	-480[3] -1783[3]		
	理论值(EXPLO5 6. 04)	理论值(K-J)	实测值
$-\Delta_{ex}U°/(kJ\cdot kg^{-1})$	4834	1449. 9[4]	4244(H_2O(液态))[3] 3916(H_2O(气态))[3]
T_{ex}/K	3237		
P_{C-J}/GPa	19. 6	26. 65[4]	
$VoD/(m\cdot s^{-1})$	7097 (@ 1. 5g · cm^{-3} $\Delta_f H$=-480kJ·mol^{-1})	7490(@ 1. 5g·cm^{-3})[1]	6440(@ 1. 48g·cm^{-3},约束的)[3]
$V_0/(L\cdot kg^{-1})$	804		1009[3]

参考文献

[1] Q. -L. Yan, M. Kunzel, S. Zeman, R. Svoboda, M. Bartoskova, Thermochimica Acta, 2013, 66, 137-148.

[2] Calculated using Advanced Chemistry Development (ACD/Labs) Software V11. 02(© 1994-2017 ACD/Labs).

[3] R. Meyer, J. Kohler, A. Homburg, Explosives, 7th edn., Wiley-VCH, Weinheim, 2016, p. 126.

[4] M. -M. Li, G. -X. Wang, X. -D. Guo, Z. -W. Wu, H. -C. Song, Journal of Molecular Structure: THEOCHEM, 2009, 900, 90-95.

乙二胺二硝酸盐
(Ethylenediamine dinitrate)

名称 乙二胺二硝酸盐

主要用途

分子结构式

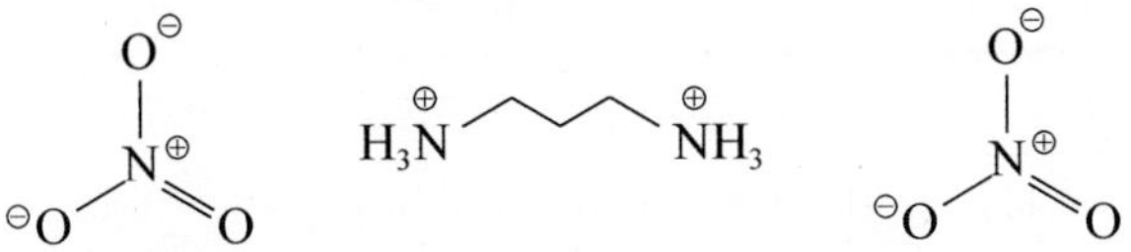

名称	EDD	
分子式	$C_2H_{10}N_4O_6$	
$M/(g\cdot mol^{-1})$	186.12	
IS/J	10N·m[1],75cm(B. M.)[10],9 英寸(P. A.)[10],F_1=120% PA[11], $H_{50\%}$=2.50m(10kg 落锤,木桐,French 测试)[11]	
FS/N	>353[1]	
ESD/J		
N/%	30.10	
$\Omega(CO_2)$/%	-25.8	
$T_{m.p}$/℃	188.6[2],185~187[11]	
T_{dec}/℃	275[3]	
$\rho/(g\cdot cm^{-3})$	1.595[4] 1.577[1]	
$\Delta_f H^\circ/(kJ\cdot mol^{-1})$ $\Delta_f H^\circ/(kJ\cdot kg^{-1})$	-653.5(理论值)[4] -3511.2(理论值)[1,4] $-839kcal\cdot kg^{-1}$[1,9]	
	理论值(K-J)	实测值
$-\Delta_{ex}U^\circ/(kJ\cdot kg^{-1})$	3447[5]	3814(H_2O(液态))[1,5] 3091(H_2O(气态))[1] $890kcal\cdot kg^{-1}$(H_2O(气态))[9]
T_{ex}/K	1670[6]	
P_{C-J}/GPa	24.233[4]	

续表

VoD/(m·s^{-1})	7930(@1.55g·cm^{-3})[6]	6800(@1.53g·cm^{-3},约束)[1] 7550[6] 7690(@1.60g·cm^{-3})[7] 4650(@密度=1.0g·cm^{-3},德国 Dautrische 测试法)[10,11] 6270(@密度=1.33g·cm^{-3},Dautrische 法)[10-11] 6915(@密度=1.50g·cm^{-3},Dautrische 法)[10-11]
V_0/(L·kg^{-1})		1071[1,8]

参考文献

[1] R. Meyer, J. Kohler, A. Homburg, Explosives, 7th edn., Wiley-VCH, Weinheim, 2016, pp. 126-127.

[2] Y.-H. Kong, Z.-R. Liu, Y.-H. Shao, C.-M. Yin, W. He, Thermochimica Acta, 1997, 297, 161-168.

[3] T. P. Russell, T. B. Brill, A. L. Rheingold, B. S. Haggerty, Propellants, Explosives, Pyrotechnics, 1990, 15, 81-86.

[4] J. Lee, A. Block-Bolten, Propellants, Explosives, Pyrotechnics, 1993, 18, 161-167.

[5] M. H. Keshavarz, Propellants, Explosives, Pyrotechnics, 2012, 37, 93-99.

[6] T.-Z. Wang, G.-G. Xu, J.-P. Xu, Y.-J. Liu, Journal of Beijing Institute of Technology, 2000, 9, 341-346.

[7] M. H. Keshavarz, Propellants, Explosives, Pyrotechnics, 2012, 37, 489-497.

[8] M. Jafari, M. Kamalvand, M. H. Keshavarz, A. Zamani, H. Fazeli, Indian J. Engineering and Mater. Sci., 2015, 22, 701-706.

[9] A. Smirnov, M. Kuklja, Proceedings of the 20th Seminar on New Trends in Research of Energetic Materials, Pardubice, April 26-28, 2017, pp. 381-392.

[10] Military Explosives, Department of the Army Technical Manual TM 9-1300-214, Headquarters, Department of the Army, September 1984.

[11] B. T. Fedoroff, O. E. Sheffield, Encyclopedia of Explosives and Related Items, Vol. 6, US Army Department of Research and Development, TACOM, Picatinny Arsenal, USA, 1974.

乙烯二硝胺
(Ethylene dinitramine)

名称 1,4-二硝基-1,4-二氮杂丁烷,乙烯二硝胺,N,N'-二硝基乙二胺

主要用途 爱特纳托儿[1]和助推器的组分

分子结构式

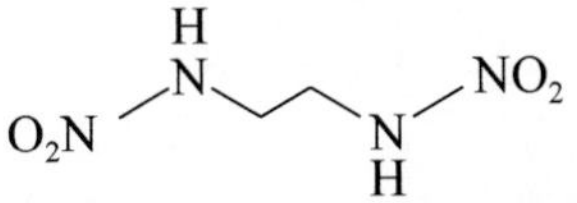

名称	EDNA
分子式	$C_2H_6N_4O_4$
$M/(g\cdot mol^{-1})$	150.09
IS/J	8N·m[1],8.33[5,8-9],9.42(B.M.)[11-13],6.98(P.A.)[11-13],$\lg H_{50\%}$=1.53[18],$H_{50\%}$=34cm(US-NOL)[19],14英寸(2kg落锤,样品17mg,P.A.)[20],48cm(20mg样品,B.M.)[20-21],$H_{38\%}$=1.5m(5kg样品,French测试)[21]
FS/N	47.4[7-9]
ESD/J	
N/%	37.33
$\Omega(CO_2)$/%	-32.0
$T_{m.p}$/℃	180[2],175以上分解[13],174~178(分解)[20]
T_{dec}/℃ T_{dec}/℃	186(DSC@5℃·min^{-1})[2] 分解>175[13]
$\rho/(g\cdot cm^{-3})$	1.65(@298.15K)[2], 1.749[6],1.75(@20℃)[20], 1.71(@TMD)[13]
$\Delta_f H°/(kJ\cdot mol^{-1})$ $\Delta_f H°/(kJ\cdot kg^{-1})$ $\Delta_f H/(kJ\cdot kg^{-1})$ $\Delta_f H/(kcal\cdot kg^{-1})$	-103.8(理论值)[3] 134cal·g^{-1}(理论值)[13] -691.6[1,3] -661.1[6] -169.0[17]

	理论值(EXPLO5 6.04)	理论值(K-J)	实测值
$-\Delta_{ex}U°/(kJ\cdot kg^{-1})$	4995	4648[4]	4699(H_2O(液态))[1] 4278(H_2O(气态))[1] 1276cal·g^{-1}[13] 981kcal·kg^{-1}[16] 1100kcal·kg^{-1}(H_2O(气态))[17]
T_{ex}/K	3187		
P_{C-J}/GPa	29.97	26.72[2]	273[9]

续表

VoD/(m·s^{-1})	8336 (@1.75g cm^{-3}; $\Delta_f H$=-103.834 kJ mol^{-1})	7890(@1.65g·cm^{-3})[2]	7639(@1.532g·cm^{-3},压实的)[19] 7570(@1.65g·cm^{-3})[1,15] 8230(@1.71g·cm^{-3})[10] 7570(@1.49g·cm^{-3},装药直径1.0英寸,压实的,非约束的)[13,20]
V_0/(L·kg^{-1})	860		1017[1] 908[13,20-21] 1017[14]

参考文献

[1] R. Meyer, J. Kohler, A. Homburg, Explosives, 7th edn., Wiley-VCH, Weinheim, 2016, pp. 127-128.

[2] C. B. Aakeroy, T. K. Wijethunga, J. Desper, Chemistry A European Journal, 2015, 21, 11029-11037.

[3] A. Salmon, D. Dalmazzone, Journal of Physical and Chemical Reference Data, 2007, 36, 19-58.

[4] M. H. Keshavarz, M. Ghorbanifaraz, H. Rahimi, M. Rahmani, Propellants, Explosives, Pyrotechnics, 2011, 36, 424-429.

[5] A Study of Chemical Micro-Mechanisms of Initiation of Organic Polynitro Compounds, S. Zeman, Ch. 2 in Energetic Materials, Part 2: Detonation, Combustion, P. A. Politzer, J. S. Murray (eds.), Theoretical and Computational Chemistry, Vol. 13, 2003, Elsevier, pp. 25-60.

[6] https://engineering.purdue.edu/~propulsi/propulsion/comb/propellants.html.

[7] M. H. Keshavarz, M. Hayati, S. Ghariban-Lavasani, N. Zohari, ZAAC, 2016, 642, 182-188.

[8] M. Jungova, S. Zeman, A. Husarova, Chinese J. Energetic Mater., 2011, 19, 603-606.

[9] C. B. Storm, J. R. Stine, J. F. Kramer, Sensitivity Relationships in Energetic Materials, in S. N. Bulusu (ed.), Chemistry and Physics of Energetic Materials, Kluwer Academic Publishers, Dordrecht, 1999, 605.

[10] M. H. Keshavarz, Propellants, Explosives, Pyrotechnics, 2012, 37, 489-497.

[11] Ordnance Technical Intelligence Agency, Encyclopedia of Explosives: A Compilation of Principal Explosives, Their Characteristics, Processes of Manufacture and Uses, Ordnance Liaison Group-Durham, Durham, North Carolina, 1960.

[12] B. M. abbreviation for Bureau of Mines apparatus; P. A. abbreviation for Picatinny Arsenal apparatus.

[13] AMC Pamphlet Engineering Design Handbook: Explosive Series Properties of Explosives of Military Interest, Headquarters, U. S. Army Materiel Command, January 1971.

[14] M. Jafari, M. Kamalvand, M. H. Keshavarz, A. Zamani, H. Fazeli, Indian J. Engineering

and Mater. Sci. ,2015,22,701-706.
[15] P. W. Cooper, Explosives Engineering, Wiley-VCH, New York, 1996.
[16] H. D. Mallory (ed.), The Development of Impact Sensitivity Tests at the Explosives Research Laboratory Bruceton, Pennsylvania During the Years 1941-1945, 16th March 1965, AD Number AD-116-878, US Naval Ordnance Laboratory, White Oak, Maryland.
[17] A. Smirnov, M. Kuklja, Proceedings of the 20th Seminar on New Trends in Research of Energetic Materials, Pardubice, April 26-28, 2017, pp. 381-392.
[18] H. Nefati, J. -M. Cense, J. -J. Legendre, J. Chem Inf. Comput. Sci. ,1996,36,804-810.
[19] B. T. Fedoroff, O. E. Sheffield, Encyclopedia of Explosives and Related Items, Vol. 4, US Army Department of Research and Development, TACOM, Picatinny Arsenal, USA, 1969.
[20] B. T. Fedoroff, O. E. Sheffield, Encyclopedia of Explosives and Related Items, Vol. 5, US Army Department of Research and Development, TACOM, Picatinny Arsenal, USA, 1972.
[21] B. T. Fedoroff, O. E. Sheffield, Encyclopedia of Explosives and Related Items, Vol. 6, US Army Department of Research and Development, TACOM, Picatinny Arsenal, USA, 1974.

乙二醇二硝酸酯
(Ethylene glycol dinitrate)

名称 乙二醇二硝酸酯

主要用途 猛(高能)炸药,吡啶剂,非冻结炸药的成分

分子结构式

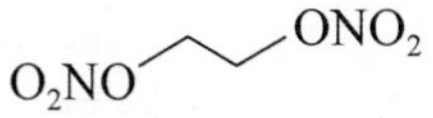

名称	EGDN
分子式	$C_2H_4N_2O_6$
$M/(g\cdot mol^{-1})$	152.06
IS/J	1,20~25cm(2kg 落锤)[4]
FS/N	>360
ESD/J	
$N/\%$	18.42
$\Omega(CO_2)/\%$	0.00
$T_{m.p}/℃$	-22
$T_{dec}/℃$	184.51(起始),189.36(峰值)(DSC@1℃·min^{-1})[7], 191.93(起始),202.73(峰值)(DSC@3℃·min^{-1})[7], 199.88(起始),208.8(峰值)(DSC@5℃·min^{-1})[7], 201.01(起始),214.12(峰值)(DSC@8℃·min^{-1})[7]

续表

$\rho/(g\cdot cm^{-3})$	1.489(@2℃)[4] 1.481(@298K)[2]	
$\Delta_f H°/(kJ\cdot mol^{-1})$ $\Delta_f H°/(kJ\cdot kg^{-1})$	-219 -1341	
	理论值(EXPLO5 6.03)	实测值
$-\Delta_{ex}U°/(kJ\cdot kg^{-1})$	6563	1620kcal·kg^{-1}(H_2O(气态))[3] 6610.72J·g^{-1}(H_2O(气态))[4] 7133.72J·g^{-1}(H_2O(气态))[4] 1578kcal·kg^{-1}(H_2O(气态))[5]
T_{ex}/K	4541	4400[8]
$P_{C-J}/kbar$	212	
$VoD/(m\cdot s^{-1})$	7576(@TMD)	7300(@1.48g·cm^{-3})[1] 7360(@1.50g·cm^{-3})[3] 7780(装药直径0.36英寸,钢管壁厚2.5mm,8号雷管直接起爆)[4] 7960(装药直径0.38英寸,钢管壁厚2.5mm,80g扁桃酸助推装药,8号雷管直接起爆)[4] 8100(装药直径0.45英寸,80g扁桃酸助推装药,8号雷管直接起爆)[4] 1830(装药直径0.60英寸,开口,8号雷管直接起爆)[4] 7980(装药直径0.60英寸,冷却到-70℃,8号雷管直接起爆)[4] 7400(@1.5g·cm^{-3})[8] 7390[6]
$V_0/(L\cdot kg^{-1})$	811	

参考文献

[1] M. H. Keshavarz, Propellants, Explosives, Pyrotechnics, 2012, 37, 489-497.

[2] AMC Pamphlet Engineering Design Handbook: Explosive Series Properties of Explosives of Military Interest, Headquarters, U. S. Army Materiel Command, January 1971.

[3] W. C. Lothrop, G. R. Handrick, Chem. Revs., 1949, 44, 419-445.

[4] J. Liu, Liquid Explosives, Springer-Verlag, Heidelberg, 2015.

[5] A. Smirnov, M. Kuklja, Proceedings of the 20th Seminar on New Trends in Research of Energetic Materials, Pardubice, April 26-28, 2017, pp. 381-392.

[6] H. Muthurajan, R. Sivabalan, M. B. Talawar, S. N. Asthana, J. Hazard. Mater., 2004, A112, 17-33.

[7] H. Fettaka, M. Lefebvre, NTREM 17, 9-11th April 2014, pp. 195-208.

[8] B. T. Fedoroff, O. E. Sheffield, Encyclopedia of Explosives and Related Items, Vol. 4, US Army Department of Research and Development, TACOM, Picatinny Arsenal, USA, 1969.

硝 酸 乙 酯
(Ethyl nitrate)

名称 硝酸乙酯

主要用途 简易炸药,火箭推进剂

分子结构式

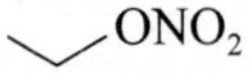

名称	硝酸乙酯
分子式	$C_2H_5NO_3$
$M/(g\cdot mol^{-1})$	91.07
IS/J	2kg(@500mm)[4]
FS/N	>360
ESD/J	
$N/\%$	15.38
$\Omega(CO_2)/\%$	-61.49
$T_{m.p}/℃$	-95[3],-102[5]
$T_{dec}/℃$	
$\rho/(g\cdot cm^{-3})$	1.11(@293K),1.12[4],1.10[5]
$\Delta_f H°/(kJ\cdot mol^{-1})$ $\Delta_f H(g)/(kJ\cdot mol^{-1})$ $\Delta_f U°/(kJ\cdot mol^{-1})$ $\Delta_f H°/(kJ\cdot kg^{-1})$	-174 -154.5[1] -1792 -2091[5]

	理论值(EXPLO5 6.03)	实测值
$-\Delta_{ex}U°/(kJ\cdot kg^{-1})$	4712	4154(H_2O(液态))[5] 3431~3473(H_2O(气态))[3]
T_{ex}/K	3130	
$P_{C-J}/kbar$	123	
$VoD/(m\cdot s^{-1})$	6321(@TMD)	6000~7000(宽管)[4] 5800(@1.1g·cm^{-3},约束的)[5] 5800(钢管,直径27mm)[4] 6020(钢管,直径60mm)[4] 在直径10mm的钢管中未察觉到爆轰[4]
$V_0/(L\cdot kg^{-1})$	976	1101[2,5]

参考文献

[1] M. Jaidann, D. Nandlall, A. Bouamoul, H. Abou-Rachid, Defence Research Reports, DRDC-RDDC-2014-N35, 12th March 2015.

[2] M. Jafari, M. Kamalvand, M. H. Keshavarz, A. Zamani, H. Fazeli, Indian J. Engineering and Mater. Sci., 2015, 22, 701-706.

[3] W. C. Lothrop, G. R. Handrick, Chem. Revs., 1949, 44, 419-445.

[4] J. Liu, Liquid Explosives, Springer-Verlag, Heidelberg, 2015.

[5] R. Meyer, J. Kohler, A. Homburg, Explosives, 7th edn., Wiley-VCH, Weinheim, 2016, p. 128.

N-乙基-*N*-(2-硝氧乙基)硝胺 (*N*-ethyl-*N*-(2-nitroxyethyl) nitramine)

名称 *N*-乙基-*N*-(2-硝酰氧基乙基)硝胺,1-(*N*-乙基)-硝基氨基-2-乙醇硝酸盐,*N*-(β-硝基乙基)-乙基硝胺,*N*-(2-硝基乙基)-乙基硝胺

主要用途 用于推进剂的增塑剂[1]

分子结构式

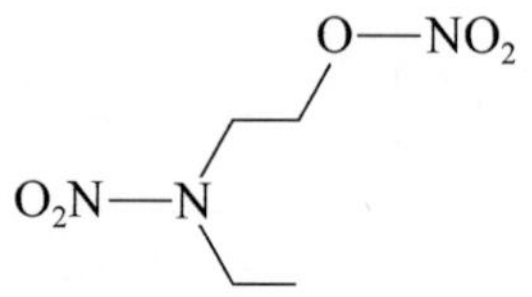

名称	EtNENA
分子式	$C_4H_9N_3O_5$
$M/(g \cdot mol^{-1})$	179.13
IS/J	
FS/N	
ESD/J	
$N/\%$	23.46
$\Omega(CO_2)/\%$	-67.0
$T_{m.p}/℃$	4~5.5[2],5[1]
$T_{dec}/℃$	
$\rho/(g \cdot cm^{-3})$	1.32(@298.15K)[2]
$\Delta_f H^\circ/(kJ \cdot mol^{-1})$ $\Delta_f H^\circ/(kJ \cdot kg^{-1})$	-177.9[1] -993.14[1]

续表

	理论值(EXPLO5)	实测值
$-\Delta_{ex}U°$/(kJ·kg^{-1})	4858	
T_{ex}/K	3180	
P_{C-J}/kbar	17.5	
VoD/(m·s^{-1})	6954(@TMD)	
V_0/(L·kg^{-1})	883	

参考文献

[1] R. Meyer, J. Kohler, A. Homburg, Explosives, 7th edn., Wiley-VCH, Weinheim, 2016, pp. 128-129.

[2] A. T. Blomquist, F. T. Fiedorek, US 2485855, 1949.

乙基苦味酸
(Ethyl picrate)

名称 乙基苦味酸,2-乙氧基-1,3,5-三硝基苯,2,4,6-三硝基苯乙醚

主要用途

分子结构式

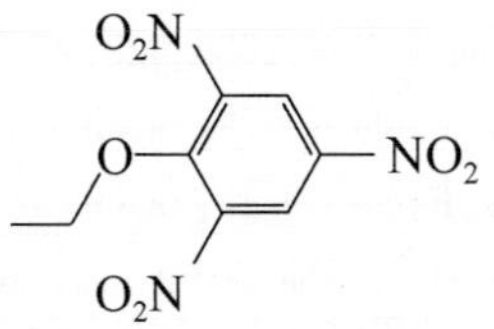

名称	乙基苦味酸
分子式	$C_8H_7N_3O_7$
M/(g·mol^{-1})	257.16
IS/J	
FS/N	
ESD/J	
N/%	16.34
$\Omega(CO_2)$/%	-77.8
$T_{m.p}$(℃)	78[1]
T_{dec}/℃	

续表

$\rho/(g \cdot cm^{-3})$	1.554 ± 0.06(@ 293.15K)[2] 1.52[3]	
$\Delta_f H°/(kJ \cdot mol^{-1})$ $\Delta_f H°/(kJ \cdot kg^{-1})$	-781[3]	
	理论值(EXPLO5 6.03)	实测值
$-\Delta_{ex} U°/(kJ \cdot kg^{-1})$	3420(K-J 法计算)[4]	3515(H_2O(液态))[3,6] 3369(H_2O(气态))[3]
T_{ex}/K		
$P_{C-J}/kbar$	16.9	
$VoD/(m \cdot s^{-1})$	6844(@ TMD)	6500(@ 1.55g·cm^{-3},约束的)[3] 6800(@ 1.60g·cm^{-3})[5]
$V_0/(L \cdot kg^{-1})$	668	859[3,7]

参考文献

[1] R. C. Farmer, Journal of the Chemical Society, 1959, 3430-3433.

[2] Calculated using Advanced Chemistry Development (ACD/Labs) Software V11.02(© 1994-2017 ACD/Labs).

[3] R. Meyer, J. Kohler, A. Homburg, Explosives, 7th edn., Wiley-VCH, Weinheim, 2016, pp. 129-130.

[4] M. H. Keshavarz, Thermochimica Acta, 2005, 428, 95-99.

[5] M. H. Keshavarz, Propellants, Explosives, Pyrotechnics, 2012, 37, 489-497.

[6] M. H. Keshavarz, Propellants, Explosives, Pyrotechnics, 2008, 33, 448-453.

[7] M. Jafari, M. Kamalvand, M. H. Keshavarz, A. Zamani, H. Fazeli, Indian J. Engineering and Mater. Sci., 2015, 22, 701-706.

2,4,6-三硝基苯基乙基硝胺
(Ethyltetryl)

名称 N-乙基-N,2,4,6-四硝基苯胺,乙基酯,2,4,6-三硝基苯乙基硝胺

主要用途 含能浇注化合物的组分[1]

分子结构式

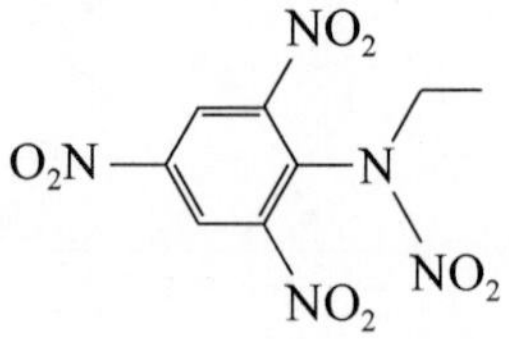

名称	乙基酯	
分子式	$C_8H_7N_5O_8$	
$M/(g\cdot mol^{-1})$	301.17	
IS/J	5N·m[1],FI=92%PA[6],2kg 落锤落高为 2.5m 时,爆炸分数为 48%[6]	
FS/N	>353[1]	
ESD/J		
$N/\%$	23.25	
$\Omega(CO_2)/\%$	-61.1	
$T_{m.p}/℃$	95.8[1-2],95~96[6]	
$T_{dec}/℃$		
$\rho/(g\cdot cm^{-3})$	1.713±0.06(@293.15K)[3] 1.63[1]	
$\Delta_f H°/(kJ\cdot mol^{-1})$ $\Delta_f H°/(kJ\cdot kg^{-1})$	0±7[2] 0±23[2],-59.8[1]	
	理论值(EXPLO5 6.03)	实测值
$-\Delta_{ex}U°/(kJ\cdot kg^{-1})$	4132(K-J 法计算)[4]	4058(H_2O(液态))[1] 3930(H_2O(气态))[1]
T_{ex}/K		
$P_{C-J}/kbar$	22.9	
$VoD/(m\cdot s^{-1})$	7482(@TMD)	6200 (@密度=1.10g·cm^{-3})[6]
$V_0/(L\cdot kg^{-1})$	674	874[1,5]

参考文献

[1] R. Meyer, J. Kohler, A. Homburg, Explosives, 7th edn., Wiley-VCH, Weinheim, 2016, pp. 130-131.

[2] G. Krien, H. H. Licht, J. Zierath, Thermochimica Acta, 1973, 6, 465-472.

[3] Calculated using Advanced Chemistry Development (ACD/Labs) Software V11.02 (© 1994-2017 ACD/Labs).

[4] M. H. Keshavarz, M. Ghorbanifaraz, H. Rahimi, M. Rahmani, Propellants Explosives Pyrotechnics, 2011, 36, 424-429.

[5] M. Jafari, M. Kamalvand, M. H. Keshavarz, A. Zamani, H. Fazeli, Indian J. Engineering and Mater. Sci., 2015, 22, 701-706.

[6] B. T. Fedoroff, O. E. Sheffield, Encyclopedia of Explosives and Related Items, Vol. 6, US Army Department of Research and Development, TACOM, Picatinny Arsenal, USA, 1974.

F

1,1-二氨基-2,2-二硝基乙烯 (FOX-7)

名称 1,1-二氨基-2,2-二硝基乙烯,2,2-二硝基乙烯-1,1-二胺

主要用途 猛(高能)炸药

分子结构式

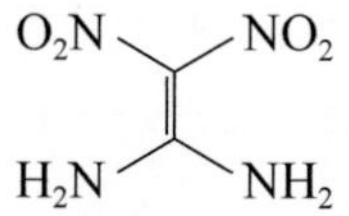

名称	FOX-7
分子式	$C_2H_4N_4O_4$
$M/(g \cdot mol^{-1})$	148.08
IS/J	25(<100μm),15~40N·m[1] 25[2],2.5kg 落锤时 120cm[6],>25N·m[9]
FS/N	>360(<100μm),216[1],>350[2],>360[9]
ESD/J	1.0(<100μm),约 4.5[2]
$N/\%$	37.84
$\Omega(CO_2)/\%$	-21.61
$T_{m.p}/℃$	240℃以上爆燃[1]
$T_{dec}/℃$	219,113(起始,吸热峰,相变),178(起始,吸热峰,相变),207(起始,放热峰,热分解阶段 1),277(起始,放热峰,热分解阶段 2)[10]
$\rho/(g \cdot cm^{-3})$ ρ(@298K)$/(g \cdot cm^{-3})$	1.8934(@298K) 1.850(气体比重瓶) 1.89(α-型)[9] 1.80(β-型)[9]
$\Delta_f H^\circ/(kJ \cdot mol^{-1})$ $\Delta_f H/(kJ \cdot mol^{-1})$ $\Delta_f H/(kJ \cdot mol^{-1})$ $\Delta_f H^\circ/(kJ \cdot kg^{-1})$	-79 -134[4] -119[1] -435

续表

	理论值 (EXPLO5 6.03)	实测值	理论值 (K-J)	理论值 (K-W)	理论值(修正的 K-W)	理论值 (CHEETAH 2.0)[3]
$-\Delta_{ex}U°$ /(kJ·kg^{-1})	4958	4442J·g^{-1} [H_2O(液态)][9] 4091J·g^{-1} [H_2O(气态)][9] 1090kcal·kg^{-1} [H_2O(气态)][8]	1200 cal/g[4]	921.1cal/g[4]	921.1cal/g[4]	
T_{ex}/K	3318					
P_{C-J}/kbar	335		340	340	340	371(@ 1.885g·cm^{-3})
VoD/(m·s^{-1})	8877 (@TMD)	8869 (@1.89g·cm^{-3})[4] 8335 (@1.76g·cm^{-3})[7]	8630 (@1.89g·cm^{-3})[4]	8630 (@1.89g·cm^{-3})[4]	8630 (@1.89g·cm^{-3})[4]	9126 (@1.885 g·cm^{-3})
V_0/(L·kg^{-1})	781	779[5]				

名称	FOX-7[11]
化学式	$C_2H_4N_4O_4$
M/(g·mol^{-1})	148.09
晶系	单斜
空间群	$P2_1/n$
a/Å	6.922(1)
b/Å	6.501(1)
c/Å	11.262(1)
α/(°)	90
β/(°)	90.485(1)
γ/(°)	90
V/Å^3	506.77
Z	4
ρ_{calc}/(g·cm^{-3})	1.941
T/K	100

参考文献

[1] New Energetic Materials, H. H. Krause, Ch. 1 in Energetic Materials, U. Teipel (ed.), Wiley-VCH Verlag GmbH & Co. KGaA, Weinheim, 2005, p. 1-26. isbn: 3-527-30240-9.

[2] T. M. Klapotke, Chemistry of High-Energy Materials, 3rd edn., De Gruyter, Berlin, 2015.

[3] J. P. Lu, Evaluation of the Thermochemical Code - CHEETAH 2.0 for Modelling Explosives Performance, DSTO Aeronautical and Maritime Research Laboratory, August 2011, AR-011-997.

[4] P. Politzer, J. S. Murray, Centr. Eur. J. Energ. Mater, 2014, 11, 459-474.

[5] M. Jafari, M. Kamalvand, M. H. Keshavarz, A. Zamani, H. Fazeli, Indian J. Engineering and Mater. Sci., 2015, 22, 701-706.

[6] M. Pospišil, P. Vavra, Final Proceedings for New Trends in Research of Energetic Materials, S. Zeman (ed.), 7th Seminar, 20-22 April 2004, Pardubice, pp. 600-605.

[7] P. W. Cooper, Explosives Engineering, Wiley-VCH, New York, 1996.

[8] A. Smirnov, M. Kuklja, Proceedings of the 20th Seminar on New Trends in Research of Energetic Materials, Pardubice, April 26-28, 2017, pp. 381-392.

[9] R. Meyer, J. Kohler, A. Homburg, Explosives, 7th edn., Wiley-VCH, Weinheim, 2016, p. 91.

[10] N. V. Garmasheva, I. V. Chemagina, V. P. Filin, M. B. Kazakova, B. G. Loboiko, NTREM 7, April 20-22 2004, pp. 115-121.

[11] A. Meents, B. Dittrich, S. K. Johnas, V. Thome, E. F. Weckert, Acta Cryst., 2008, B64, 42-49.

N-脒基脲二硝酰胺盐
(FOX-12)

名称 *N*-脒基脲二硝酰胺盐

主要用途 猛(高能)炸药,气囊气体发生器

分子结构式

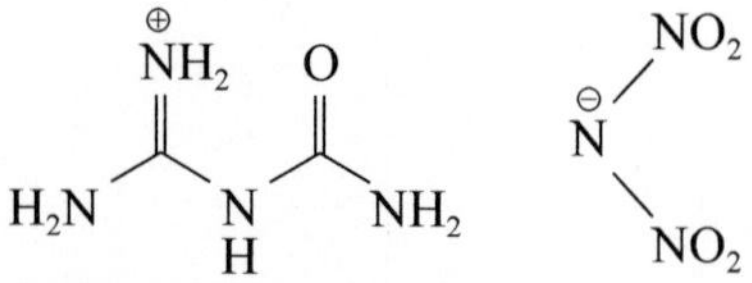

名称	FOX-12
分子式	$C_2H_7N_7O_5$
$M/(g\cdot mol^{-1})$	209.12
IS/J	31N·m[6],>90[1],落高>159cm(BAM 仪器,2kg 落锤)[3-4]
FS/N	>360[6],>352[1],>350(Julius-Petri 仪器)[3-4]

续表

ESD/J	理论值 4.5,>3[1]	
N/%	46.86	
$\Omega(CO_2)$/%	−19.13	
$T_{m.p}$/℃	215[6]	
T_{dec}/℃	214.8(起始)[3-4]	
$\rho/(g\cdot cm^{-3})$	1.75[6],1.7545(XRD 测得的晶体体积密度)[3-4]	
$\Delta_f H°/(kJ\cdot mol^{-1})$ $\Delta_f H°/(kJ\cdot kg^{-1})$	−356,−355(氧弹量热法)[3-4],−332[6] −1702	
	理论值(EXPLO5 6.03)	实测值
$-\Delta_{ex}U°/(kJ\cdot kg^{-1})$	2998(H_2O(液态))(ICT 代码)[6] 3441(H_2O(气态))(ICT 代码)[6] 3512	
T_{ex}/K	2600	
P_{C-J}/kbar	267	260
VoD/$(m\cdot s^{-1})$	8380	7900
$V_0/(L\cdot kg^{-1})$	880	910[2],785[6]

名称	FOX-12[5]
化学式	$C_2H_7N_7O_5$
$M/(g\cdot mol^{-1})$	209.12
晶系	斜方
空间群	$Pna2_1$(no.33)
a/Å	13.660(10)
b/Å	9.3320(10)
c/Å	6.1360(10)
α/(°)	90
β/(°)	90
γ/(°)	90
V/Å^3	782.53(16)
Z	4
$\rho_{calc}/(g\cdot cm^{-3})$	1.775
T/K	173

参考文献

[1] T. M. Klapotke, Chemistry of High-Energy Materials, 4th edn., De Gruyter, Berlin, 2017.

[2] M. Jafari, M. Kamalvand, M. H. Keshavarz, A. Zamani, H. Fazeli, Indian J. Engineering and Mater. Sci., 2015, 22, 701-706.

[3] H. Ostmark, A. Helte, T. Carlsson, "N-Guanyl-Dinitramide (Fox-12)-A New Extremely Insensitive Energetic Material for Explosives Applications", Proc. 13th Deton. Symp., Norfolk-Virginia, USA, 2006.

[4] H. Ostmark, U. Bemm, H. Bergman, A. Langlet, Thermochim. Acta, 2002, 384, 253-259.

[5] U. Bemm, CSD Communication, 2000.

[6] R. Meyer, J. Kohler, A. Homburg, Explosives, 7th edn., Wiley-VCH, 2016, pp. 158-159.

G

甘油乙酸酯二硝酸酯
(Glycerol acetate dinitrate)

名称 甘油乙酸酯二硝酸酯

主要用途 硝化甘油的添加剂,以降低其凝固点[1]

分子结构式

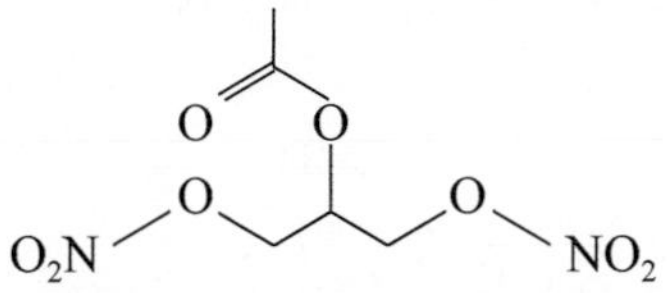

名称	甘油乙酸酯二硝酸酯	
分子式	$C_5H_8N_2O_8$	
$M/(g \cdot mol^{-1})$	224. 13	
IS/J		
FS/N		
ESD/J		
$N/\%$	12. 50	
$\Omega(CO_2)/\%$	-42. 83	
$T_{m.p}/℃$	147(15mm Hg,异构体的商业混合物)[3]	
$T_{dec}/℃$	160(起始)[3]	
$\rho/(g \cdot cm^{-3})$	1. 462±0. 06(@ 293. 15K)[2] 1. 42(@ 15℃)[3],1. 412[1]	
$\Delta_f H°/(kJ \cdot mol^{-1})$ $\Delta_f H°/(kJ \cdot kg^{-1})$		
	理论值(K-J)	实测值
$-\Delta_{ex}U°/(kJ \cdot kg^{-1})$		
T_{ex}/K		2761. 4J·g^{-1}[3]
$P_{C-J}/kbar$		
$VoD/(m \cdot s^{-1})$		
$V_0/(L \cdot kg^{-1})$		

参考文献

[1] R. Meyer, J. Kohler, A. Homburg, Explosives, 7th edn., Wiley - VCH, Weinheim, 2016, p. 152.

[2] Calculated using Advanced Chemistry Development (ACD/Labs) Software V11.02 (© 1994-2017 ACD/Labs).

[3] J. Liu, Liquid Explosives, Springer-Verlag, Heidelberg, 2015.

甘油 1,3-二硝酸酯
(Glycerol 1,3-dinitrate)

名称 甘油 1,3-二硝酸甘油酯,甘油二硝酸酯

主要用途 某些类型硝化纤维素的胶凝剂[1]

分子结构式

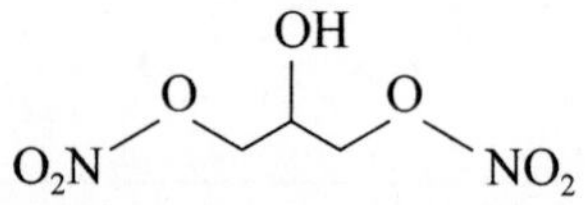

名称	甘油 1,3-二硝酸酯	
分子式	$C_3H_6N_2O_7$	
$M/(g \cdot mol^{-1})$	182.09	
IS/J	1.5N·m[1],2kg 落锤时为 90~100cm(α-异构体,水合物晶体)[5],2kg 落锤时 30~40cm (β-异构体,液态)[5]	
FS/N		
ESD/J		
N/%	15.38	
$\Omega(CO_2)$/%	-17.6	
$T_{m.p}$/℃	26[2]	
T_{dec}/℃		
$\rho/(g \cdot cm^{-3})$	1.594±0.06(@293.15K)[3] 1.47(@20℃)[5],1.51[1]	
$\Delta_f H°/(kJ \cdot mol^{-1})$ $\Delta_f H°/(kJ \cdot kg^{-1})$	-351.7(理论值)[4] -1931.5(理论值)[4]	
	理论值(EXPLO5 6.03)	实测值
$-\Delta_{ex}U°/(kJ \cdot kg^{-1})$	5695	
T_{ex}/K	3800	
P_{C-J}/kbar	26.1	
VoD/$(m \cdot s^{-1})$	7886(@TMD)	
$V_0/(L \cdot kg^{-1})$	795	

参考文献

[1] R. Meyer, J. Kohler, A. Homburg, Explosives, 7th edn., Wiley - VCH, Weinheim, 2016, pp. 152-153.

[2] "PhysProp" data were obtained from Syracuse Research Corporation of Syracuse, New York (US).

[3] Calculated using Advanced Chemistry Development (ACD/Labs) Software V11.02 (© 1994-2017 ACD/Labs).

[4] G. M. Khrapkovskii, T. F. Shamsutdinov, D. V. Chachkov, A. G. Shamov, Journal of Molecular Structure (Theochem), 2004, 686, 185-192.

[5] J. Liu, Liquid Explosives, Springer-Verlag, Heidelberg, 2015.

甘油 1,2-二硝酸酯
(Glycerol 1,2-dinitrate)

名称　甘油 1,2-二硝酸酯

主要用途　某些类型硝化纤维素的胶凝剂[1]

分子结构式

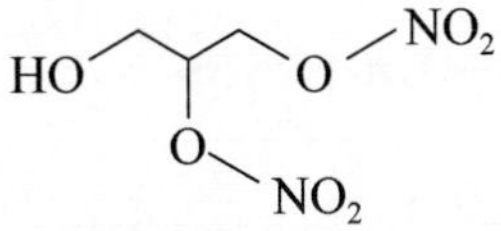

名称	甘油 1,2-二硝酸酯
分子式	$C_3H_6N_2O_7$
$M/(g \cdot mol^{-1})$	182.09
IS/J	1.5N·m[1]
FS/N	
ESD/J	
$N/\%$	15.38
$\Omega(CO_2)/\%$	-17.6
$T_{m.p}/℃$	
$T_{dec}/℃$	
$\rho/(g \cdot cm^{-3})$	1.594±0.06(@293.15K)[2] 1.51[1]
$\Delta_f H°/(kJ \cdot mol^{-1})$ $\Delta_f H°/(kJ \cdot kg^{-1})$	-350.6(理论值)[3] -1925.4(理论值)[4]

续表

	理论值(EXPLO5 6.03)	实测值
$-\Delta_{ex}U°$/(kJ·kg^{-1})	5702	
T_{ex}/K	3803	
P_{C-J}/kbar	26.1	
VoD/(m·s^{-1})	7888(@TMD)	
V_0/(L·kg^{-1})	795	

参考文献

[1] R. Meyer, J. Kohler, A. Homburg, Explosives, 7th edn., Wiley-VCH, Weinheim, 2016, pp. 152-153.

[2] Calculated using Advanced Chemistry Development(ACD/Labs) Software V11.02(© 1994-2017 ACD/Labs).

[3] G. M. Khrapkovskii, T. F. Shamsutdinov, D. V. Chachkov, A. G. Shamov, Journal of Molecular Structure(Theochem), 2004, 686, 185-192.

甘油-2,4-二硝基苯基醚二硝酸酯
(Glycerol-2,4-dinitrophenyl ether dinitrate)

名称 甘油-2,4-二硝基苯基醚二硝酸酯(二硝酰)

主要用途 硝化纤维素的胶凝剂[1]

分子结构式

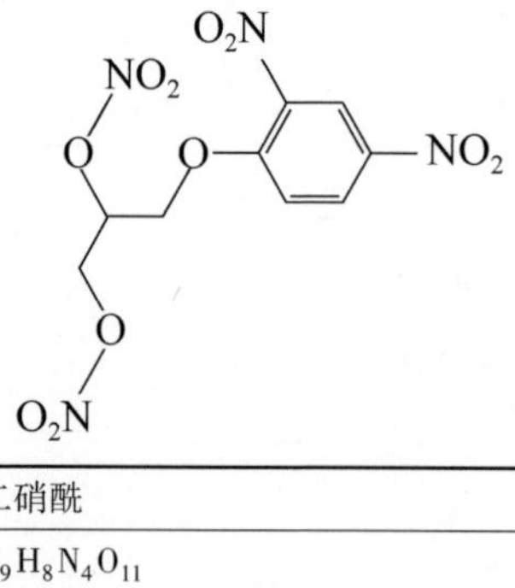

名称	二硝酰
分子式	$C_9H_8N_4O_{11}$
M/(g·mol^{-1})	348.18
IS/J	8N·m[1]
FS/N	
ESD/J	
N/%	16.09

续表

$\Omega(CO_2)/\%$	-50.5	
$T_{m.p}/℃$	124[1]	
$T_{dec}/℃$		
$\rho/(g\cdot cm^{-3})$	1.667±0.06(@293.15K)[2]	
$\Delta_f H°/(kJ\cdot mol^{-1})$ $\Delta_f H°/(kJ\cdot kg^{-1})$		
	理论值(K-J)	实测值
$-\Delta_{ex}U°/(kJ\cdot kg^{-1})$		
T_{ex}/K		
$P_{C-J}/kbar$		
$VoD/(m\cdot s^{-1})$		
$V_0/(L\cdot kg^{-1})$		

参考文献

[1] R. Meyer, J. Kohler, A. Homburg, Explosives, 7th edn., Wiley - VCH, Weinheim, 2016, p. 153.

[2] Calculated using Advanced Chemistry Development(ACD/Labs) Software V11.02(© 1994-2017 ACD/Labs).

甘油硝基乳酸酯二硝酸酯
(Glycerol nitrolactate dinitrate)

名称 甘油硝基乳酸二硝酸酯

主要用途 硝化纤维素的胶凝剂[1]

分子结构式

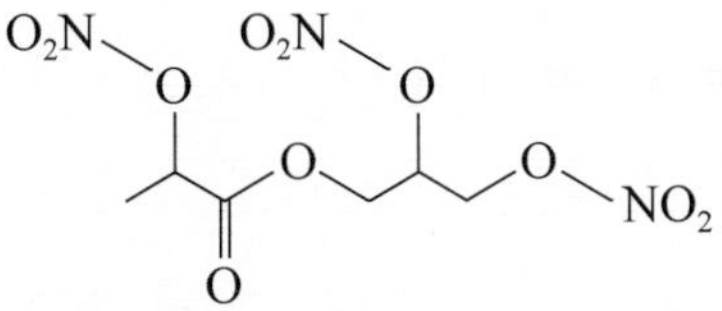

名称	甘油硝基乳酸二硝酸酯
分子式	$C_6H_9N_3O_{11}$
$M/(g\cdot mol^{-1})$	299.15
IS/J	
FS/N	

续表

ESD/J		
N/%	14.05	
$\Omega(CO_2)$/%	-29.4	
$T_{m.p}$/℃		
T_{dec}/℃		
ρ(g·cm^{-3})	1.580±0.06(@293.15K)[2] 1.47[1,3]	
$\Delta_f H°$/(kJ·mol^{-1}) $\Delta_f H°$/(kJ·kg^{-1})		
	理论值(K-J)	实测值
$-\Delta_{ex}U°$/(kJ·kg^{-1})		4837(H_2O(液态))[3] 4455(H_2O(气态))[3]
T_{ex}/K		
P_{C-J}/kbar		
VoD/(m·s^{-1})		
V_0/(L·kg^{-1})		905[3]

参考文献

[1] R. Meyer, J. Kohler, A. Homburg, Explosives, 7th edn., Wiley - VCH, Weinheim, 2016, pp. 153-154.

[2] Calculated using Advanced Chemistry Development(ACD/Labs) Software V11.02(© 1994-2017ACD/Labs).

[3] J. Kohler, R. Meyer, A. Homburg, Explosivstoffe, 10th edn., Wiley - VCH, Weinheim, 2008, p. 150.

甘油三硝基苯醚二硝酸酯
(Glycerol trinitrophenyl ether dinitrate)

名称 甘油三硝基苯醚二硝酸酯

主要用途

分子结构式

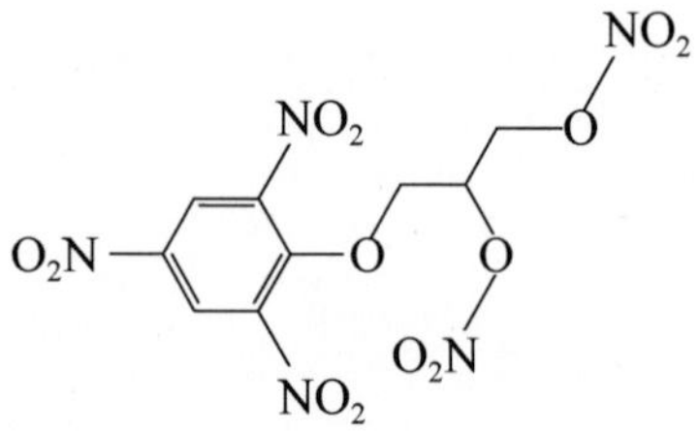

名称	甘油三硝基苯醚二硝酸酯	
分子式	$C_9H_7N_5O_{13}$	
$M/(g \cdot mol^{-1})$	393.18	
IS/J	4N·m[1]	
FS/N		
ESD/J		
$N/\%$	17.81	
$\Omega(CO_2)/\%$	-34.6	
$T_{m.p}/℃$	124[2]	
$T_{dec}/℃$	150[2]	
$\rho/(g \cdot cm^{-3})$	1.782±0.06(@293.15K)[3]	
$\Delta_f H°/(kJ \cdot mol^{-1})$ $\Delta_f H°/(kJ \cdot kg^{-1})$		
	理论值(K-J)	实测值
$-\Delta_{ex}U°/(kJ \cdot kg^{-1})$		
T_{ex}/K		
$P_{C-J}/kbar$		
$VoD/(m \cdot s^{-1})$		
$V_0/(L \cdot kg^{-1})$		

参考文献

[1] R. Meyer, J. Kohler, A. Homburg, Explosives, 7th edn., Wiley - VCH, Weinheim, 2016, p. 154.

[2] J. J. Blanksma, P. G. Fohr, Recueil des Travaux Chimiques des Pays-Bas et de la Belgique, 1946, 65, 711-721.

[3] Calculated using Advanced Chemistry Development(ACD/Labs) Software V11.02(© 1994-2017 ACD/Labs).

聚叠氮缩水甘油醚
(Glycidyl azide polymer)

名称 聚叠氮缩水甘油醚

主要用途 复合推进剂的含能增塑剂[1]

分子结构式

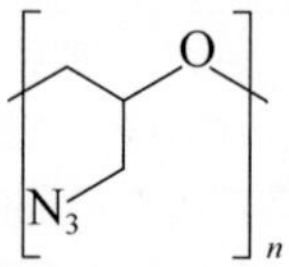

名称	GAP
分子式	结构单元：$C_3H_5N_3O$
$M/(g\cdot mol^{-1})$	结构单元：99.09；平均：2000[2]
IS/J	7.9N·m[1]，>170cm[4]，200kg·cm^{-1}[6]，300kg·cm^{-1}[7]
FS/N	>360[1]，32.4kg[6]
ESD/J	6.25[2,6]
N/%	42.41
$\Omega(CO_2)$/%	−121.1
$T_{m.p}$/℃	
T_{dec}/℃	253.53[3] 250[6] 255[6] 217~218（ARC-DSC 联用）[7]，240（分解第一阶段），260~500（分解的第二阶段）[7]， 215（常压下）[7]
$\rho/(g\cdot cm^{-3})$	1.30[2,7] 1.29[1]
$\Delta_fH°/(kJ\cdot mol^{-1})$ $\Delta_fH°/(kJ\cdot kg^{-1})$	114[1] 1150[1]

	理论值（EXPLO5 6.03）	实测值
$-\Delta_{ex}U°/(kJ\cdot kg^{-1})$	3824	3429（H_2O（液态））[1]
T_{ex}/K	2469	
P_{C-J}/kbar	12.9	
VoD/$(m\cdot s^{-1})$	6597（@1.293g·cm^{-3}）	
$V_0/(L\cdot kg^{-1})$	793	946[1,5]

参考文献

[1] R. Meyer, J. Kohler, A. Homburg, Explosives, 7th edn., Wiley-VCH, Weinheim, 2016, p. 154.

[2] M. B. Frankel, L. R. Grant, J. E. Flanagan, Journal of Propulsion and Power 1992, 8, 560-563.

[3] R. R. Soman, J. Athar, N. T. Agawane, S. Shee, G. M. Gore, A. K. Sikder, Polymer Bulletin, 2016, 73, 449-461.

[4] Chemical Rocket Propulsion: A Comprehensive Survey of Energetic Materials, L. DeLuca, T. Shimada, V. P. Sinditskii, M. Calabro (eds.), Springer, 2017.

[5] M. Jafari, M. Kamalvand, M. H. Keshavarz, A. Zamani, H. Fazeli, Indian J. Engineering and

Mater. Sci. ,2015,22,701-706.
[6] K. Kishore, K. Sridhara, Solid Propellant Chemistry: Condensed Phase Behavior of Ammonium Perchlorate-Based Solid Propellants, Defence Research and Development Organisation, Ministry of Defence, New Delhi, India, 1999.
[7] A. N. Nazare, S. N. Asthana, H. Singh, J. Energet. Mater. ,1992,10,43-63.

1-氨基四唑-5-酮胍盐
(Guanidinium 1-aminotetrazol-5-oneate)

名称 1-氨基四唑-5-酮胍盐

主要用途 猛(高能)炸药

分子结构式

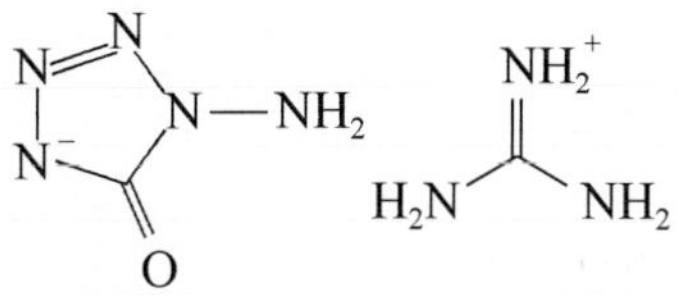

名称	ATO·G		
分子式	$C_2H_8N_8O$		
$M/(g\cdot mol^{-1})$	160.16		
IS/J	>40[1]		
FS/N			
ESD/J			
$N/\%$	69.97		
$\Omega(CO_2)/\%$	-74.0		
$T_{m.p}/℃$	184.5[1]		
$T_{dec}/℃$	224.8[1]		
$\rho/(g\cdot cm^{-3})$	1.569(@298K)[1]		
$\Delta_f H°/(kJ\cdot mol^{-1})$ $\Delta_f H°/(kJ\cdot kg^{-1})$	286.5[1] 1790.6[1]		
	理论值(EXPLO5_6.04)	理论值(K-J)	实测值
$-\Delta_{ex}U°/(kJ\cdot kg^{-1})$	3691		
T_{ex}/K	2436		
P_{C-J}/GPa	25.4	25.0[1]	
$VoD/(m\cdot s^{-1})$	8614(@1.569g·cm^{-3}, $\Delta_f H$=286.5kJ·mol^{-1})	7830[1]	
$V_0/(L\cdot kg^{-1})$	938		

参考文献

[1] X. Yin, J. -T. Wu, X. Jin, C. -X. Xu, P. He, T. Li, K. Wang, J. Qin, J. -G. Zhang, RSC Adv., 2015, 5, 60005-60014.

硝 酸 胍
(Guanidinium nitrate)

名称 硝酸胍

主要用途 合成亚硝基胍的前驱体[1],某些爆破炸药的成分

分子结构式

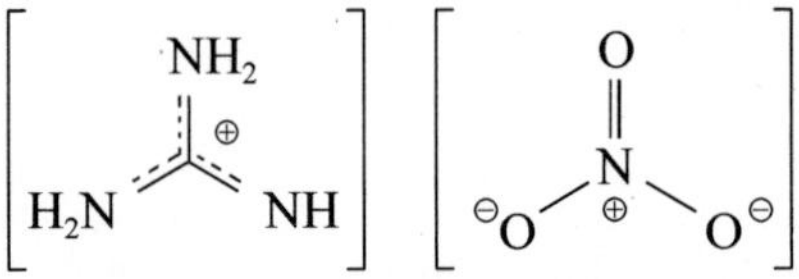

名称	硝酸胍	
分子式	$CH_6N_4O_3$	
$M/(g\cdot mol^{-1})$	122.08	
IS/J	>50N·m[1]	
FS/N	>353[1]	
ESD/J		
N/%	45.89	
$\Omega(CO_2)$/%	-26.2	
$T_{m.p}$/℃	213[2],215[1]	
T_{dec}/℃	302[2]	
$\rho/(g\cdot cm^{-3})$	1.44[3],1.436[1]	
$\Delta_fH°/(kJ\cdot mol^{-1})$ $\Delta_fH°/(kJ\cdot kg^{-1})$	-407.2[4] -3335.5[4],-3170.1[1]	
	理论值(EXPLO5 6.04)	实测值
$-\Delta_{ex}U°/(kJ\cdot kg^{-1})$	5216	2455(H_2O(液态))[1] 1871(H_2O(气态))[1]
T_{ex}/K	3370	
P_{C-J}/kbar	23.1	
VoD/$(m\cdot s^{-1})$	7975(@1.43$g\cdot cm^{-3}$; $\Delta_fH=-390kJ\cdot mol^{-1}$)	
$V_0/(L\cdot kg^{-1})$	1002	1083[1]

名　称	GuN[5]	GuN[6]	GuN[6]	GuN[6]	GuN[6]	GuN[6]	GuN[7]（金刚石对顶砧，压强0.36GPa）	GuN[7]（金刚石对顶砧，压强0.68GPa）	GuN[7]	GuN[7]（压强1.51GPa）
化学式	$CH_6N_4O_3$	$CH_6N_4O_3$	$CH_6N_4O_3$	$CH_6N_4O_3$	$CH_6N_4O_3$	$CH_6N_4O_3$	$CH_6N_4O_3$	$CH_6N_4O_3$	$CH_6N_4O_3$	$CH_6N_4O_3$
$M/(g\cdot mol^{-1})$	122.10	122.10	122.10	122.10	122.10	122.10	122.10	122.10	122.10	122.10
晶系	单斜	单斜	单斜	单斜	单斜	单斜	单斜	单斜	单斜	单斜
空间群	*Cm*(no.8)	*Cm*(no.8)	*C2/m*(no.12)	*Cm*(no.8)	*Cm*(no.8)	*Cm*(no.8)	*C2/m*	*Pc*(no.7)	*Cm*(no.8)	*Pc*(no.7)
a/Å	12.686(3)	12.545(5)	12.616(33)	12.714(5)	12.706(7)	12.710(6)	12.340(3)	4.8990(10)	12.686(8)	4.8670(10)
b/Å	7.274(2)	7.303(4)	7.283(5)	7.273(3)	7.260(4)	7.268(4)	7.2110(14)	4.9170(10)	7.272(4)	4.8450(10)
c/Å	3.629(1)	7.476(4)	7.592(20)	3.5356(9)	3.6077(9)	3.5561(4)	7.3900(15)	10.350(2)	3.6291(18)	10.140(2)
α/(°)	90	90	90	90	90	90	90	90	90	90
β/(°)	120.85(2)	124.93(5)	123.88(29)	121.28(3)	121.01(4)	121.18(4)	125.00(3)	100.80(3)	120.85(6)	102.91(3)
γ/(°)	90	90	90	90	90	90	90	90	90	90
V/Å^3	287.5	561.535	579.128	279.41	285.23	281.046	538.67(19)	244.90(9)	287.425	233.06(8)
Z	2	4	4	2	2	2	4	2	2	2
$\rho_{calc}/(g\cdot cm^{-3})$		1.444	1.4	1.451	1.421	1.443	1.506	1.656	1.411	1.740
T/K		295	391	153	257	185	295	295	295	295

参考文献

[1] R. Meyer, J. Kohler, A. Homburg, Explosives, 7th edn., Wiley-VCH, Weinheim, 2016, pp. 156-157.
[2] X. Mei, Y. Cheng, Y. Li, X. Zhu, S. Yan, X. Li, Journal of Thermal Analysis and Calorimetry, 2013, 114, 131-135.
[3] H. Gao, C. Ye, C. M. Piekarski, J. M. Shreeve, Journal of Physical Chemistry C, 2007, 111, 10718-10731.
[4] B. Nazari, M. H. Keshavarz, M. Hamadanian, S. Mosavi, A. R. Ghaedsharafi, H. R. Pouretedal, Fluid Phase Equilibria, 2016, 408, 248-258.
[5] A. Katrusiak, M. Szafranski, Acta Cryst., 1994, C50, 1161-1163.
[6] A. Katrusiak, M. Szafranski, J. Molec Struct., 1996, 378, 205-223.
[7] A. Katrusiak, M. Szafranski, M. Podsiadlo, Chem. Comm., 2011, 2107-2109.

高 氯 酸 胍
(Guanidinium perchlorate)

名称 高氯酸胍

主要用途 建议作为爆炸性混合物的成分

分子结构式 $(H_2N)_3C^+ \quad ClO_4^-$

名称	高氯酸胍	
分子式	$CH_6N_3O_4Cl$	
$M/(g \cdot mol^{-1})$	159.53	
IS/J	50cm(2kg 落锤,B.M.)[5]	
FS/N		
ESD/J		
$N/\%$	26.34	
$\Omega(CO_2)/\%$	-5.0	
$T_{m.p}/℃$	248±2[1],240[4]	
$T_{dec}/℃$	337[2],(约 367 爆轰)(TG-DTA@ 20℃·min^{-1})[5]	
$\rho/(g \cdot cm^{-3})$	1.1398(@298.15K)[3] 1.82[4]	
$\Delta_f H°/(kJ \cdot mol^{-1})$ $\Delta_f H°/(kJ \cdot kg^{-1})$	-311.1[4] -1950.0[4]	
	理论值(EXPLO5 6.04)	实测值
$-\Delta_{ex}U°/(kJ \cdot kg^{-1})$	4091	
T_{ex}/K	3499	
$P_{C-J}/kbar$	9.5	
$VoD/(m \cdot s^{-1})$	5632(@TMD)	6000(@密度=1.15g·cm^{-3})[5] 7150(@密度=1.67g·cm^{-3})[5]
$V_0/(L \cdot kg^{-1})$	914	

名称	高氯酸胍[6,7]	高氯酸胍[8]	高氯酸胍[8]	高氯酸胍[8]	高氯酸胍[8]	高氯酸胍[8]	高氯酸胍[8]	高氯酸胍[8]	高氯酸胍[8]	高氯酸胍[8]
化学式	$CH_6N_3O_4Cl$	$CH_6N_3O_4Cl$	$CH_6N_3O_4Cl$	$CH_6N_3O_4Cl$	$CH_6N_3O_4Cl$	$CH_6N_3O_4Cl$	$CH_6N_3O_4Cl$	$CH_6N_3O_4Cl$	$CH_6N_3O_4Cl$	$CH_6N_3O_4Cl$
$M/(g \cdot mol^{-1})$	159. 54	159. 54	159. 54	159. 54	159. 54	159. 54	159. 54	159. 54	159. 54	159. 54
晶系	三方	六方	六方	六方	六方	六方	六方	六方	六方	六方
空间群	$R3$(no. 146)	$R3m$(no. 160)	$R3m$(no. 160)	$R3m$(no. 160)	$R3m$(no. 160)	$R3m$(no. 160)	$R3m$(no. 160)	$R3m$(no. 160)	$R3m$(no. 160)	$R3m$(no. 160)
a/Å	7. 606(2)	7. 5826(3)	7. 56586(15)	7. 5940(6)	7. 57142(15)	7. 5566(2)	7. 5590(2)	7. 5643(3)	7. 58491(19)	7. 6045(3)
b/Å	7. 606(2)	7. 5826(3)	7. 56586(15)	7. 5928(5)	7. 57142(15)	7. 5566(2)	7. 5590(2)	7. 5643(3)	7. 58491(19)	7. 6045(3)
c/Å	9. 121(2)	9. 0356(4)	8. 8972(3)	9. 1179(7)	8. 9748(2)	8. 8263(3)	8. 8537(3)	8. 9165(4)	9. 0692(3)	9. 1725(59)
α/(°)	90	90	90	90	90	90	90	90	90	90
β/(°)	90	90	90	90	90	90	90	90	90	90
γ/(°)	120	120	120	120	120	120	120	120	120	120
V/Å^3	456. 968	449. 91(3)	441. 065(18)	455. 30(6)	445. 565(17)	436. 47(2)	438. 11(2)	441. 84(3)	451. 86(2)	459. 37(4)
Z	3	3	3	3	3	3	3	3	3	3
$\rho_{calc}/(g \cdot cm^{-3})$	1. 739	1. 766	1. 802	1. 746	1. 784	1. 821	1. 814	1. 799	1. 759	1. 730
T/K	295	250	150	300	210	100	125	175	270	325

名　称	高氯酸胍[8]	高氯酸胍[8]	高氯酸胍[9]（金刚石对顶砧，压强0.38GPa）	高氯酸胍[9]（金刚石对顶砧，压强0.57GPa）	高氯酸胍[9]（金刚石对顶砧，压强1.03GPa）	高氯酸胍[9]（金刚石对顶砧，压强1.35GPa）	高氯酸胍[9]（金刚石对顶砧，压强1.73GPa）
化学式	$CH_6N_3O_4Cl$	$CH_6N_3O_4Cl$	$CH_6N_3O_4Cl$	$CH_6N_3O_4Cl$	$CH_6N_3O_4Cl$	$CH_6N_3O_4Cl$	$CH_6N_3O_4Cl$
$M/(g \cdot mol^{-1})$	159.54	159.54	159.54	159.54	159.54	159.54	159.54
晶系	六方晶型	六方晶型	六方晶型	六方晶型	六方晶型	六方晶型	六方晶型
空间群	*R*3*m*(no. 160)	*R*3*m*(no. 160)	*R*3*m*(no. 160)	*R*3*m*(no. 160)	*R*3*m*(no. 160)	*R*3*m*(no. 160)	*R*3*m*(no. 160)
a/Å	7.6180(4)	7.6428(15)	7.5595(6)	7.5534(4)	7.5310(4)	7.5123(4)	7.4965(3)
b/Å	7.6180(4)	7.6428(15)	7.5595(6)	7.5534(4)	7.5310(4)	7.5123(4)	7.4965(3)
c/Å	9.2280(7)	9.277(4)	8.7694(10)	8.6935(17)	8.4767(18)	8.3522(7)	8.2508(6)
α/(°)	90	90	90	90	90	90	90
β/(°)	90	90	90	90	90	90	90
γ/(°)	120	120	120	120	120	120	120
V/Å^3	463.83(5)	469.3(2)	434.00(7)	429.55(9)	416.36(9)	408.21(5)	401.55(4)
Z	3	3	3	3	3	3	3
$\rho_{calc}/(g \cdot cm^{-3})$	1.713	1.693	1.831	1.850	1.909	1.947	1.979
T/K	350	375	295	295	295	295	295

参考文献

[1] K. V. Titova, V. Y. Rosolovskii, Zhurnal Neorganicheskoi Khimii, 1965, 10, 446–450.

[2] V. Sivashankar, R. Siddheswaran, P. Murugakoothan, Materials Chemistry and Physics, 2011, 130, 323–326.

[3] A. Kumar, Journal of Solution Chemistry, 2001, 30, 281–290.

[4] R. Meyer, J. Kohler, A. Homburg, Explosives, 7th edn., Wiley – VCH, Weinheim, 2016, pp. 157–158.

[5] B. T. Fedoroff, O. E. Sheffield, Encyclopedia of Explosives and Related Items, Vol. 6, US Army Department of Research and Development, TACOM, Picatinny Arsenal, USA, 1974.

[6] Z. Pajak, M. Grottel, A. E. Koziol, J. Chem. Soc. Faraday Trans. 2, 1982, 78, 1529–1538.

[7] A. E. Koziol, Z. Kristallographie, 1984, 168, 313–315.

[8] M. Szafranski, J. Phys. Chem. B, 2011, 115, 8755–8762.

[9] M. Szafranski, Cryst. Eng. Comm., 2014, 16, 6250–6256.

苦味酸胍
(Guanidinium picrate)

名称 苦味酸胍

主要用途 可用作穿甲弹的填充物

分子结构式

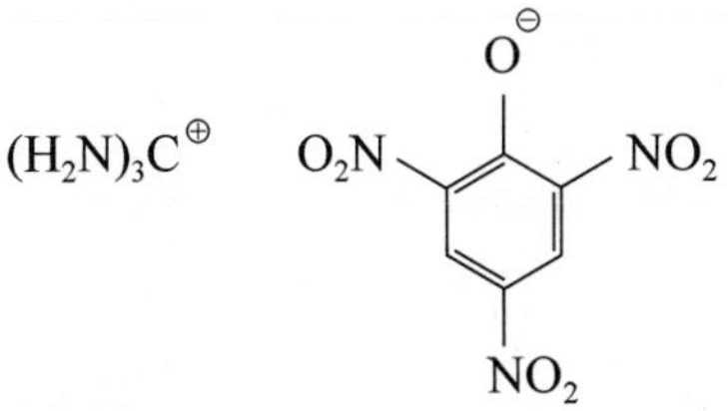

名称	苦味酸胍
分子式	$C_7H_8N_6O_7$
$M/(g\cdot mol^{-1})$	288.18
IS/J	
FS/N	
ESD/J	
$N/\%$	29.16
$\Omega(CO_2)/\%$	−61.1
$T_{m.p}/℃$	>300[1]
$T_{dec}/℃$	325[2]

续表

$\rho/(g \cdot cm^{-3})$		
$\Delta_f H°/(kJ \cdot mol^{-1})$ $\Delta_f H°/(kJ \cdot kg^{-1})$	-396. 60±2. 47[3] -1376. 22±8. 57[3]	
	理论值(K-J)	实测值
$-\Delta_{ex} U°/(kJ \cdot kg^{-1})$		12204. 7±8. 4[3]
T_{ex}/K		
P_{C-J}/GPa		
$VoD/(m \cdot s^{-1})$		
$V_0/(L \cdot kg^{-1})$		

参考文献

[1] J. P. Horwitz, C. C. Rila, Journal of the American Chemical Society, 1958, 80, 431-437.

[2] C. Boyars, M. J. Kamlet, US 4094710 A, 1978.

[3] T. S. Kon'kova, Y. N. Matyushin, Russian Chemical Bulletin, 1998, 47, 2387-2390.

H

N-(2,4,6 三硝基苯基-*N*-硝氨基)-三羟甲基甲烷三硝酸酯 (Heptryl)

名称 *N*-(2,4,6 三硝基苯基-N-硝基氨基)-三羟甲基甲烷三硝酸酯,*N*-(2,4,6-三硝基苯基)-(三-硝基氧基甲基-甲基)-硝胺,*N*-硝基-Npicryl-三羟甲基甲基-胺三硝酸盐

主要用途

分子结构式

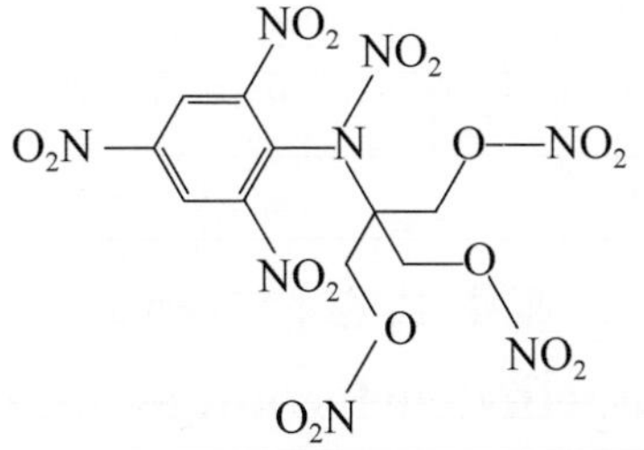

名称	*N*-(2,4,6 三硝基苯基-*N*-硝基氨基)-三羟甲基甲烷三硝酸酯
分子式	$C_{10}H_8N_8O_{17}$
$M/(g \cdot mol^{-1})$	512.21
IS/J	使用铁砧时,用锤子敲击锡纸中的样品爆炸,但如果使用混凝土砧则不会爆炸[4]
FS/N	
ESD/J	
$N/\%$	21.88
$\Omega(CO_2)/\%$	-21.9
$T_{m.p}/℃$	154~157(分解)[4]
$T_{dec}/℃$	154~157(分解)[4],点火温度 180[4],爆炸温度 360[4]
$\rho/(g \cdot cm^{-3})$	1.924±0.06(@293.15K)[1]
$\Delta_f U/(kJ \cdot kg^{-1})$ $\Delta_f H°/(kJ \cdot mol^{-1})$ $\Delta_f H°/(kJ \cdot kg^{-1})$	-405.0[2] 57.3kcal·mol^{-1}[4]

续表

	理论值(K-J)	实测值
$-\Delta_{ex}U°$/(kJ·kg^{-1})		9480.5[2]
T_{ex}/K		
P_{C-J}/GPa		
VoD/(m·s^{-1})		
V_0/(L·kg^{-1})		787[2-3]

参考文献

[1] Calculated using Advanced Chemistry Development(ACD/Labs) Software V11.02(© 1994-2017 ACD/Labs).

[2] R. Meyer, J. Köhler, A. Homburg, Explosives, 7th edn., Wiley-VCH, Weinheim, 2016, p. 168.

[3] M. Jafari, M. Kamalvand, M. H. Keshavarz, A. Zamani, H. Fazeli, Indian J. Engineering and Mater. Sci., 2015, 22, 701-706.

[4] B. T. Fedoroff, H. A. Aaronson, E. F. Reese, O. E. Sheffield, G. D. Clift, Encyclopedia of Explosives and Related Items, Vol. 1, US Army Research and Development Command, TACOM, Picatinny Arsenal, USA, 1960.

六亚甲基四胺二硝酸盐
(Hexamethylenetetramine dinitrate)

名称 六亚甲基四胺二硝酸盐

主要用途 Bachmann 流程制备己糖的前驱体[1]

分子结构式

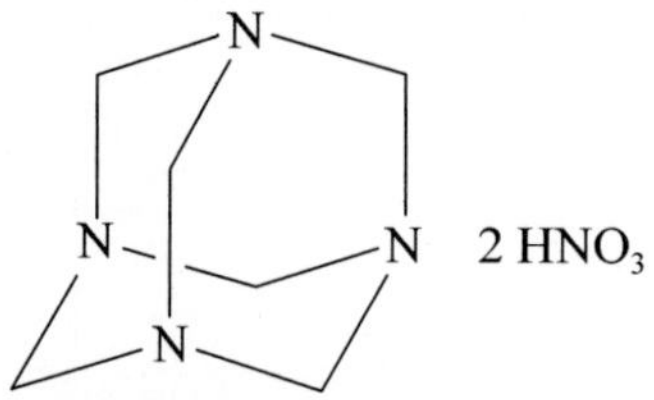

名称	六亚甲基四胺二硝酸酯
分子式	$C_6H_{14}N_6O_6$
M/(g·mol^{-1})	266.21
IS/J	15N·m[2]
FS/N	240[2]
ESD/J	

续表

N/%	31.57	
$\Omega(CO_2)$/%	-78.1	
$T_{m.p}$/℃	170.5[3],158[2]	
T_{dec}/℃	174.0[3]	
ρ/($g \cdot cm^{-3}$)	1.57[2]	
$\Delta_f H°$/($kJ \cdot mol^{-1}$) $\Delta_f H°$/($kJ \cdot kg^{-1}$)	-382.9(理论值)[4] -1438.3[4],-1417.7[2](理论值)	
	理论值(EXPLO5 6.03)	实测值
$-\Delta_{ex} U°$/($kJ \cdot kg^{-1}$)	3528	2642(H_2O(液态))[2] 2434(H_2O(气态))[2]
T_{ex}/K	2407	
P_{C-J}/GPa	19.1	
VoD/($m \cdot s^{-1}$)	7375(@TMD)	
V_0/($L \cdot kg^{-1}$)	863	1081[2]

参考文献

[1] W. E. Bachmann, J. C. Sheehan, Journal of the American Chemical Society, 1949, 71, 1842-1845.

[2] R. Meyer, J. Köhler, A. Homburg, Explosives, 7th edn., Wiley-VCH, Weinheim, 2016, pp. 169-170.

[3] H. Turhan, T. Atalar, N. Erdem, C. Özden, B. Din, N. Gül, E. Yildiz, L. Türker, Propellants, Explosives, Pyrotechnics, 2013, 38, 651-657.

[4] A. Salmon, D. Dalmazzone, Journal of Physical and Chemical Reference Data, 2007, 36, 19-58.

六硝基偶氮苯
(Hexanitroazobenzene)

名称 2,2′,4,4′,6,6′-六硝基偶氮苯,双(2,4,6)-三硝基苯二嗪,六硝基偶氮苯

主要用途

分子结构式

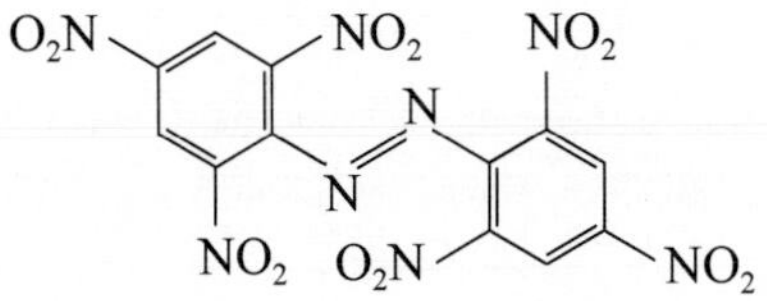

名称	六硝基偶氮苯		
分子式	$C_{12}H_4N_8O_{12}$		
$M/(g\cdot mol^{-1})$	452.21		
IS/J	9.07(12 型工具法,2.5kg)[4],7.85(12B 型工具法,2.5kg)[4],$lgH_{50\%}$ = 1.57[5],8.57[6]		
FS/N			
ESD/J	8.20[6]		
N/%	24.78		
$\Omega(CO_2)/\%$	-49.5		
$T_{m.p}/℃$	215~216[1],220[4]		
$T_{dec}/℃$			
$\rho/(g\cdot cm^{-3})$	2.15±0.1(@293.15K)[2] 1.799(相Ⅰ)[4],1.750(相Ⅱ)[4]		
$\Delta_fH°/(kJ\cdot mol^{-1})$ $\Delta_fH°/(kJ\cdot kg^{-1})$	279(EXPLO5 6.04 数据库,理论值) 535(理论值)[8]		
	理论值 (EXPLO5 6.04)	理论值(K-J)	实测值
$-\Delta_{ex}U°/(kJ\cdot kg^{-1})$	5150		$1.47kcal\cdot g^{-1}(H_2O$(液态))[7] $1.42kcal\cdot g^{-1}(H_2O$(气态))[7]
T_{ex}/K	3875		
$P_{C-J}/kbar$	263		205[4]
$VoD/(m\cdot s^{-1})$	7838 (@1.799$g\cdot cm^{-3}$, Δ_fH=279$kJ\cdot mol^{-1}$)		7600~7700(在直径为 0.1~0.3 英寸的柱子内)[8] 7250(@1.77$g\cdot cm^{-3}$)[7] 7311(@1.60$g\cdot cm^{-3}$)[4] 7310(@1.6$g\cdot cm^{-3}$)[3]
$V_0/(L\cdot kg^{-1})$	636		

参考文献

[1] H. Leemann, E. Grandmougin, Berichte der Deutschen Chemischen Gesellschaft, 1908, 41, 1295-1305.

[2] Calculated using Advanced Chemistry Development(ACD/Labs) Software V11.02(© 1994-2017 ACD/Labs).

[3] M. H. Keshavarz, Propellants, Explosives, Pyrotechnics, 2008, 33, 448-453.

[4] B. M. Dobratz, P. C. Crawford, LLNL Explosives Handbook - Properties of Chemical Explosives and Explosive Simulants, Lawrence Livermore National Laboratory, January 31st 1985.

[5] H. Nefati, J. -M. Cense, J. -J. Legendre, J. Chem Inf. Comput. Sci., 1996, 36, 804-810.

[6] N. Zohari, S. A. Seyed-Sadjadi, S. Marashi-Manesh, Central Eur. J. Energ. Mater., 2016, 13, 427-443.

[7] Military Explosives, Department of the Army Technical Manual TM 9-1300-214, Headquarters, Department of the Army, September 1984.

[8] B. M. Dobratz, "Properties of Explosives and Explosive Simulants", UCRL - -5319, LLNL, December 15 1972.

2,4,6,2′,4′,6′-六硝基联苯 (2,4,6,2′,4′,6′-Hexanitrobiphenyl)

名称 2,4,6,2′,4′,6′-六硝基联苯

主要用途 爆轰混合物的组分

分子结构式

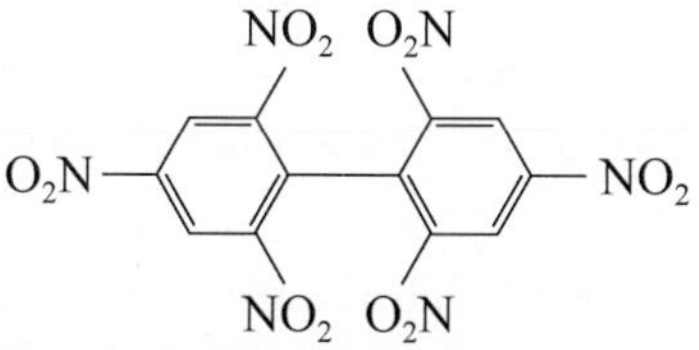

名称	2,4,6,2′,4′,6′-六硝基联苯	
分子式	$C_{12}H_4N_6O_{12}$	
$M/(g \cdot mol^{-1})$	424.19	
IS/J	18.64[3], 2.70(一级反应)[6], 20.92(声音)[6], $\lg H_{50\%}$ = 1.93[7], 2.79(Julius-Peters 仪器)[8], $h_{50\%}$ = 85cm[9], $h_{50\%}$ = 70cm(B. M., 12 型工具法, 2.5kg 落锤, 35mg 样品, 用石榴石细砂做的砂纸)[10]	
FS/N		
ESD/J	5.03[3-5], 286.7mJ[4]	
N/%	19.81	
$\Omega(CO_2)$/%	-52.8	
$T_{m.p}$/℃	263[1], 239.3~240.8[11]	
T_{dec}/K	534[6](DTA@5℃·min⁻¹)	
$\rho/(g \cdot cm^{-3})$	1.878±0.06(@293.15K)[2], 1.6[1]	
$\Delta_f H°/(kJ \cdot mol^{-1})$ $\Delta_f H°/(kJ \cdot kg^{-1})$		
	理论值(K-J)	实测值
$-\Delta_{ex}U°/(kJ \cdot kg^{-1})$		

续表

T_{ex}/K		
P_{C-J}/GPa		
VoD/(m·s^{-1})		
V_0/(L·kg^{-1})		

参考文献

[1] R. Meyer, J. Köhler, A. Homburg, Explosives, 7th edn., Wiley - VCH, Weinheim, 2016, p. 171.

[2] Calculated using Advanced Chemistry Development(ACD/Labs) Software V11.02(© 1994-2017 ACD/Labs).

[3] A Study of Chemical Micro-Mechanisms of Initiation of Organic Polynitro Compounds, S. Zeman, Ch. 2 in Energetic Materials, Part 2: Detonation, Combustion, P. A. Politzer, J. S. Murray(eds.), Theoretical and Computational Chemistry, Vol. 13, 2003, Elsevier, pp. 25-60.

[4] S. Zeman, J. Majzlík, Central Europ. J. Energ. Mat., 2007, 4, 15-24.

[5] M. H. Keshavarz, Z. Keshavarz, ZAAC, 2016, 642, 335-342.

[6] S. Zeman, Proceedings of New Trends in Research of Energetic Materials, NTREM, April 24-25th 2002.

[7] H. Nefati, J.-M. Cense, J.-J. Legendre, J. Chem Inf. Comput. Sci., 1996, 36, 804-810.

[8] S. Zeman, M. Krupka, Propellants, Explosives, Pyrotechnics, 2003, 28, 249-255.

[9] M. J. Kamlet, H. G. Adolph, Propellants and Explosives, 1979, 4, 30-34.

[10] D. E. Bliss, S. L. Christian, W. S. Wilson, J. Energet. Mater., 1991, 9, 319-348.

[11] E. G. Kayser, J. Energet. Mater., 1983, 1:3, 251-273.

2,4,6,2′,4′,6′-六硝基二苯胺
(2,4,6,2′,4′,6′-Hexanitrodiphenylamine)

名称 双(2,4,6-三硝基苯基)胺,2,2′,4,4′,6,6′-六硝基二苯胺,六硝基二苯胺,二丙烯胺

主要用途 水下炸药的组分[1]

分子结构式

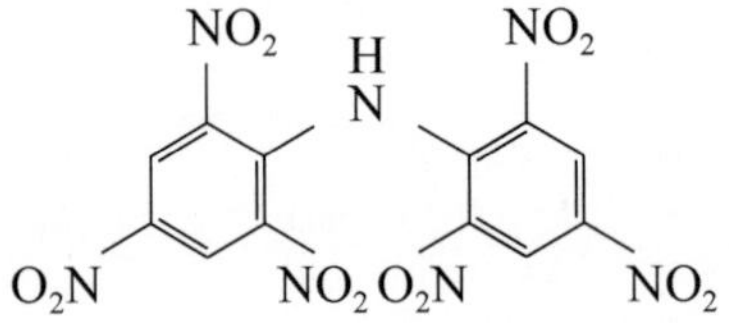

名称	HNDP	
分子式	$C_{12}H_5N_7O_{12}$	
$M/(g \cdot mol^{-1})$	439.21	
IS/J	7.5N·m[1], 11.77[5], 10.16(一级反应)[7], 11.81(声音)[7], h_{50} =48cm[12]	
FS/N	>353[1]	
ESD/J	5.02[5-6]	
N/%	22.32	
$\Omega(CO_2)/\%$	−52.8	
$T_{m.p}$/℃	233~235[2],240~241[1]	
T_{dec}/K	513(DTA@5℃·min^{-1})[7]	
$\rho/(g \cdot cm^{-3})$	1.938±0.06(@293.15K)[3] 1.64[1]	
$\Delta_f H°/(kJ \cdot mol^{-1})$ $\Delta_f H°/(kJ \cdot kg^{-1})$	50.9(理论值)[4] 115.9[4],94.3[1](理论值)	
	理论值(EXPLO5 6.03)	实测值
$-\Delta_{ex}U°/(kJ \cdot kg^{-1})$	4995	4075(H_2O(液态))[1,9] 4004(H_2O(气态))[1] 1080kcal·kg^{-1}(H_2O(气态))[11]
T_{ex}/K	3574	
P_{C-J}/GPa	29.6	
VoD/$(m \cdot s^{-1})$	8207(@TMD)	7200(@1.60g·cm^{-3},约束的)[1] 7200(@1.64g·cm^{-3})[8]
$V_0/(L \cdot kg^{-1})$	595	791[1,10]

参考文献

[1] R. Meyer, J. Köhler, A. Homburg, Explosives, 7th edn., Wiley-VCH, Weinheim, 2016, pp. 172-173.

[2] V. L. Zbarskii, G. M. Shutov, V. F. Zhilin, E. Y. Orlova, Zhurnal Organicheskoi Khimii, 1965, 1, 1237-1239.

[3] Calculated using Advanced Chemistry Development (ACD/Labs) Software V11.02 (© 1994-2017 ACD/Labs).

[4] B. Nazari, M. H. Keshavarz, M. Hamadanian, S. Mosavi, A. R. Ghaedsharafi, H. R. Pouretedal, Fluid Phase Equilibria, 2016, 408, 248-258.

[5] A Study of Chemical Micro-Mechanisms of Initiation of Organic Polynitro Compounds, S. Zeman, Ch. 2 in Energetic Materials, Part 2: Detonation, Combustion, P. A. Politzer, J. S. Murray (eds.), Theoretical and Computational Chemistry, Vol. 13, 2003, Elsevier, pp. 25-60.

[6] M. H. Keshavarz, Z. Keshavarz, ZAAC, 2016, 642, 335-342.
[7] S. Zeman, Proceedings of New Trends in Research of Energetic Materials, NTREM, April 24-25th 2002.
[8] M. H. Keshavarz, Propellants, Explosives, Pyrotechnics, 2012, 37, 489-497.
[9] M. H. Keshavarz, Propellants, Explosives, Pyrotechnics, 2008, 33, 448-453.
[10] M. Jafari, M. Kamalvand, M. H. Keshavarz, A. Zamani, H. Fazeli, Indian J. Engineering and Mater. Sci., 2015, 22, 701-706.
[11] A. Smirnov, M. Kuklja, Proceedings of the 20th Seminar on New Trends in Research of Energetic Materials, Pardubice, April 26-28, 2017, pp. 381-392.
[12] C. B. Storm, J. R. Stine, J. F. Kramer, Sensitivity Relationships in Energetic Materials, NATO Advanced Study Institute on Chemistry and Physics of Molecular Processes in Energetic Materials, LA-UR89-2936.

六硝基二苯基氨基乙基硝酸酯
(Hexanitrodiphenylaminoethyl nitrate)

名称 六硝基二苯基氨基乙基硝酸酯

主要用途

分子结构式

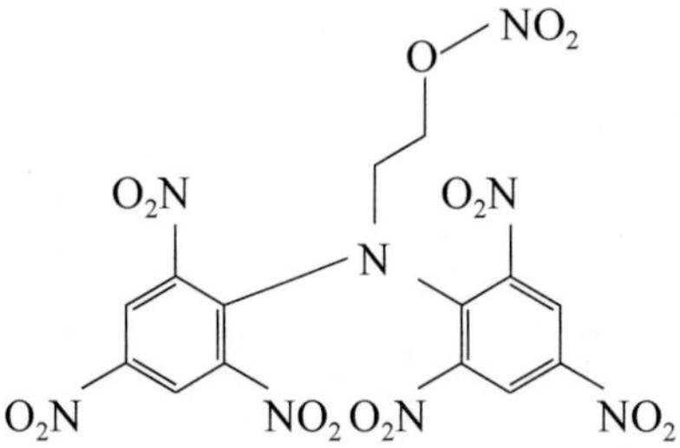

名称	六硝基二苯基氨基乙基硝酸酯
分子式	$C_{14}H_8N_8O_{15}$
$M/(g \cdot mol^{-1})$	528.26
IS/J	
FS/N	
ESD/J	
$N/\%$	21.21
$\Omega(CO_2)/\%$	-51.5
$T_{m.p}/℃$	184[1]

续表

T_{dec}/K		
ρ/(g·cm^{-3})	1.881±0.06(@293.15K)[2]	
$\Delta_f H°$/(kJ·mol^{-1}) $\Delta_f H°$/(kJ·kg^{-1})		
	理论值(K-J)	实测值
$-\Delta_{ex} U°$/(kJ·kg^{-1})		
T_{ex}/K		
P_{C-J}/GPa		
VoD/(m·s^{-1})		
V_0/(L·kg^{-1})		

参考文献

[1] R. Meyer, J. Köhler, A. Homburg, Explosives, 7th edn., Wiley-VCH, Weinheim, 2016, p. 173.

[2] Calculated using Advanced Chemistry Development (ACD/Labs) Software V11.02 (© 1994-2017 ACD/Labs).

六硝基二苯基甘油单硝酸酯
(Hexanitrodiphenylglycerol mononitrate)

名称 六硝基二苯基甘油单硝酸酯

主要用途

分子结构式

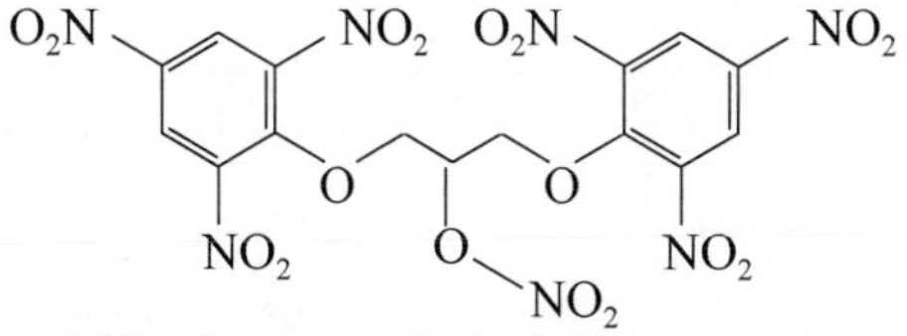

名称	六硝基二苯基甘油单硝酸酯
分子式	$C_{15}H_9N_7O_{17}$
M/(g·mol^{-1})	559.27
IS/J	23N·m[1]
FS/N	
ESD/J	
N/%	17.22

续表

$\Omega(CO_2)/\%$	-50.1	
$T_{m.p}$/℃	160~175[1]	
T_{dec}/K		
$\rho/(g\cdot cm^{-3})$		
$\Delta_f H°/(kJ\cdot mol^{-1})$ $\Delta_f H°/(kJ\cdot kg^{-1})$		
	理论值(K-J)	实测值
$-\Delta_{ex}U°/(kJ\cdot kg^{-1})$		
T_{ex}/K		
P_{C-J}/GPa		
$VoD/(m\cdot s^{-1})$		
$V_0/(L\cdot kg^{-1})$		

参考文献

[1] R. Meyer, J. Köhler, A. Homburg, Explosives, 7th edn., Wiley - VCH, Weinheim, 2016, pp. 173-174.

2,4,6,2′,4′,6′-六硝基苯基醚 (2,4,6,2′,4′,6′-Hexanitrodiphenyl oxide)

名称 2,4,6,2′,4′,6′-六硝基苯基醚

主要用途 起爆剂组分

分子结构式

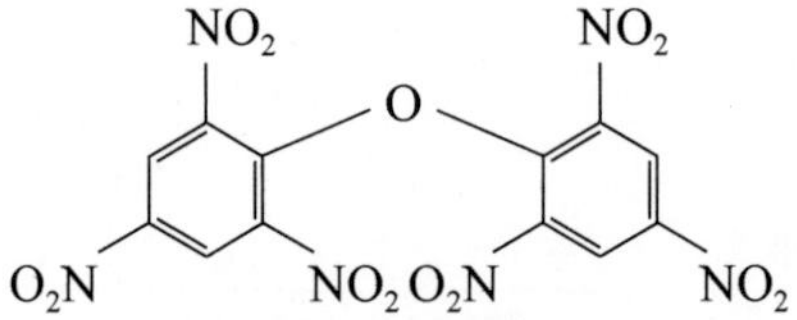

名称	2,4,6,2′,4′,6′-六硝基苯基醚
分子式	$C_{12}H_4N_6O_{13}$
$M/(g\cdot mol^{-1})$	440.19
IS/J	8N·m[1]
FS/N	
ESD/J	

续表

N/%	19.09	
$\Omega(CO_2)$/%	-47.3	
$T_{m.p}$/℃	269[1]	
T_{dec}/K		
ρ/(g·cm^{-3})	1.905±0.06(@293.15K,理论值)[2] 1.70(理论值)[1]	
$\Delta_f H^\circ$/(kJ·mol^{-1}) $\Delta_f H^\circ$/(kJ·kg^{-1})		
	理论值(K-J)	实测值
$-\Delta_{ex}U^\circ$/(kJ·kg^{-1})		
T_{ex}/K		
P_{C-J}/GPa		
VoD/(m·s^{-1})		7180(@1.65g·cm^{-3},约束的)[1] 7180(@1.70g·cm^{-3})[3]
V_0/(L·kg^{-1})		

参考文献

[1] R. Meyer, J. Köhler, A. Homburg, Explosives, 7th edn., Wiley - VCH, Weinheim, 2016, p. 174.

[2] Calculated using Advanced Chemistry Development(ACD/Labs) Software V11.02(© 1994-2017 ACD/Labs).

[3] M. H. Keshavarz, Propellants, Explosives, Pyrotechnics, 2012, 37, 489-497.

2,4,6,2′,4′,6′-六硝基二苯基硫醚 (2,4,6,2′,4′,6′-Hexanitrodiphenylsulfide)

名称 2,4,6,2′,4′,6′-六硝基二苯基硫醚

主要用途 在第一次世界大战和第二次世界大战的炸弹中作为爆炸性混合物[9],某些爆炸装药中的成分

分子结构式

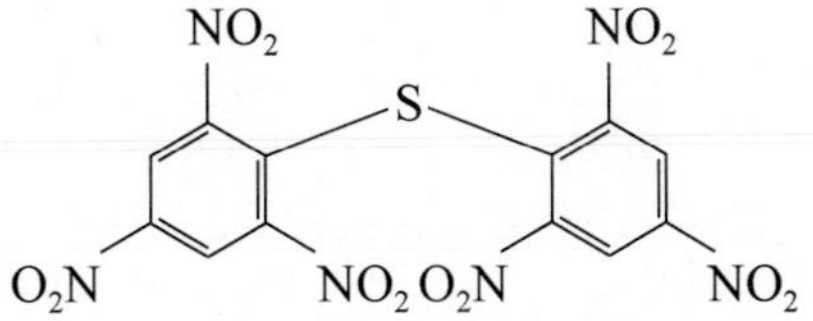

名称	2,4,6,2′,4′,6′-六硝基二苯基硫醚	
分子式	$C_{12}H_4N_6O_{12}S$	
$M/(g\cdot mol^{-1})$	456.25	
IS/J	6N·m[1],7.30(声)[7],2.94(一级反应)[7],6.00(声音)[7],比PA钝感:FI=83% PA[9],比特屈儿敏感1[9],高度为36~39cm时连续6次测试0次引爆(2kg落锤,Kast仪器)[9]	
FS/N		
ESD/J	2.54[5],125.5mJ[5],2.56[6]	
N/%	18.42	
$\Omega(CO_2)$/%	-56	
$T_{m.p}$/℃	226[2],234[1,9]	
T_{dec}/℃ T_{dec}/K	227~228[3](爆轰@320[9]) 525[7]	
$\rho/(g\cdot cm^{-3})$	1.96±0.1(@293.15K)[4] 1.65[1]	
$\Delta_f H°/(kJ\cdot mol^{-1})$ $\Delta_f H°/(kJ\cdot kg^{-1})$		
	理论值(K-J)	实测值
$-\Delta_{ex}U°/(kJ\cdot kg^{-1})$		3682(H_2O(气态))[8]
T_{ex}/K		
P_{C-J}/GPa		
VoD/$(m\cdot s^{-1})$		7000(@1.61gcm^{-3},约束的)[1]
$V_0/(L\cdot kg^{-1})$		

参考文献

[1] R. Meyer, J. Köhler, A. Homburg, Explosives, 7th edn., Wiley-VCH, Weinheim, 2016, pp. 174-175.

[2] D. F. Twiss, Journal of the Chemical Society, Transactions, 1914, 105, 1672-1678.

[3] M. Pezold, R. S. Schreiber, R. L. Shriner, Journal of the American Chemical Society, 1934, 56, 696-697.

[4] Calculated using Advanced Chemistry Development(ACD/Labs) Software V11.02(© 1994-2017 ACD/Labs).

[5] S. Zeman, J. Majzlík, Central Europ. J. Energ. Mat., 2007, 4, 15-24.

[6] M. H. Keshavarz, Z. Keshavarz, ZAAC, 2016, 642, 335-342.

[7] S. Zeman, Proceedings of New Trends in Research of Energetic Materials, NTREM, April 24-25th 2002.

[8] W. C. Lothrop, G. R. Handrick, Chem. Revs., 1949, 44, 419-445.

[9] B. T. Fedoroff, O. E. Sheffield, Encyclopedia of Explosives and Related Items, Vol. 5, US Army Research and Development Command, TACOM, Picatinny Arsenal, USA, 1972.

2,4,6,2′,4′,6′-六硝基二苯基砜 (2,4,6,2′,4′,6′-Hexanitrodiphenylsulfone)

名称 1,3,5-三硝基-2-[(2,4,6-三硝基苯基)磺酰基]-苯,2,4,6,2′,4′,6′-六硝基二苯基砜,二吡咯基砜,六硝基二苯基基砜

主要用途 填充于炮弹、炸弹、鱼雷中,在第二次世界大战中与 TNT 一同用于航空炸弹[7],爆轰混合物中的成分

分子结构式

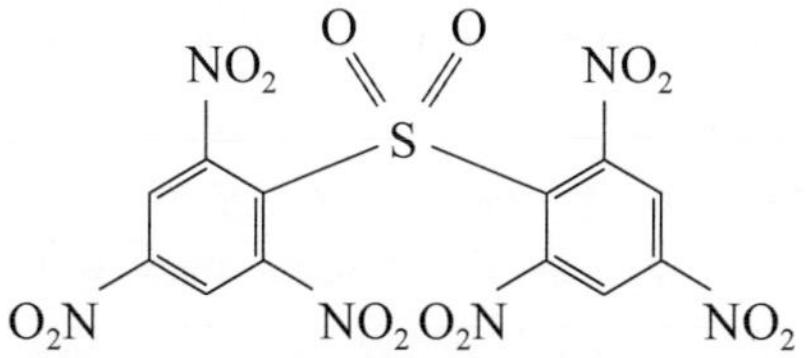

名称	2,4,6,2′,4′,6′-六硝基二苯基砜	
分子式	$C_{12}H_4N_6O_{14}S$	
$M/(g\cdot mol^{-1})$	488.25	
IS/J	3.86(一级反应)[6],8.44(声)[6],FI = 70% PA[7],0/6 冲击最大高度 = 43cm(2kg 落锤,Kast 仪器)[7]	
FS/N		
ESD/J	10.24[4],186.7mJ[4],10.54[5]	
N/%	17.21	
$\Omega(CO_2)$/%	-46	
$T_{m.p}$/℃	307[1,7],226[7],>254[7]	
T_{dec}/K	530(DTA)[6]	
$\rho/(g\cdot cm^{-3})$	1.962±0.06(@293.15K)[2]	
$\Delta_f H°/(kJ\cdot mol^{-1})$ $\Delta_f H°/(kJ\cdot kg^{-1})$		
	理论值(K-J)	实测值
$-\Delta_{ex}U°/(kJ\cdot kg^{-1})$		
T_{ex}/K		
P_{C-J}/GPa		

续表

VoD/(m·s^{-1})		5210(@1.1g·cm^{-3})[3]
V_0/(L·kg^{-1})		

参考文献

[1] R. Meyer, J. Köhler, A. Homburg, Explosives, 7th edn., Wiley - VCH, Weinheim, 2016, p. 174.

[2] Calculated using Advanced Chemistry Development(ACD/Labs) Software V11.02(© 1994-2017 ACD/Labs).

[3] J. E. Hughes, D. N. Thatcher, US 2952708, 1960.

[4] S. Zeman, J. Majzlík, Central Europ. J. Energ. Mat., 2007, 4, 15-24.

[5] M. H. Keshavarz, Z. Keshavarz, ZAAC, 2016, 642, 335-342.

[6] S. Zeman, Proceedings of New Trends in Research of Energetic Materials, NTREM, April 24-25th 2002, pp. 434-443.

[7] B. T. Fedoroff, O. E. Sheffield, Encyclopedia of Explosive and Related Items, Vol. 5, US Army Research and Development Command, TACOM, Picatinny Arsenal, USA, 1972.

六硝基乙烷
(Hexanitroethane)

名称 六硝基乙烷

主要用途 推进剂中的氧化剂[1]

分子结构式

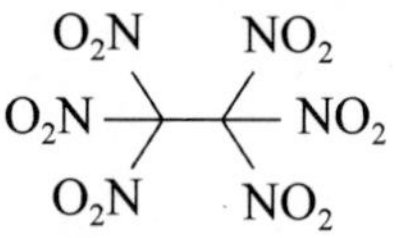

名称	HNE
分子式	$C_2N_6O_{12}$
M/(g·mol^{-1})	300.05
IS/J	4.7[2]
FS/N	240[3]
ESD/J	
N/%	28.01
Ω(CO)/%	42.7
$T_{m.p}$/℃	150[1], 147[3]
T_{dec}/℃	136.61(DSC@10℃·min^{-1})[4]

续表

$\rho/(g \cdot cm^{-3})$	2.169±0.06(@293.15K)[5] 2.248[8]，1.848（立方，晶体，293K）[11]，2.075（单斜，晶体，145K）[12]，1.85[3]		
$\Delta_f H^\circ/(kJ \cdot mol^{-1})$ $\Delta_f H^\circ/(kJ \cdot kg^{-1})$ $\Delta_f H/(kJ \cdot kg^{-1})$	80.3±0.4[6] 267.7±1.4[6] 397.5[8]，+264.9[3]		

	理论值(EXPLO5_6.04)	理论值(K-J)	实测值
$-\Delta_{ex}U^\circ/(kJ \cdot kg^{-1})$	2944	2805.6[1]	3021.7[1] 3102[10] 2884[3]
T_{ex}/K	2931	6048[7]	
P_{C-J}/GPa	22.3	6.29[7]	
$VoD/(m \cdot s^{-1})$	7457(@1.86g·cm^{-3}；$\Delta_f H$=83.7kJ·mol^{-1})	4907(@TMD)[7]	4950(@0.91g·cm^{-3})[1]
$V_0/(L \cdot kg^{-1})$	727		734[1,3,9] 672[10]

名称	六硝基乙烷[11]	六硝基乙烷[11]	六硝基乙烷[12]
化学式	$C_2N_6O_{12}$	$C_2N_6O_{12}$	$C_2N_6O_{12}$
$M/(g \cdot mol^{-1})$	300.05	300.05	300.05
晶系	斜方	立方	单斜
空间群		$I3$	$P2_{1/}c$(no.14)
a/Å	12.02	8.14(3)	10.152(2)
b/Å	5.46	8.14(3)	9.311(2)
c/Å	13.83	8.14(3)	10.251(2)
$\alpha/(°)$	90	90	90
$\beta/(°)$	90	90	97.54(1)
$\gamma/(°)$	90	90	90
$V/Å^3$	907.652	539.353	960.6
Z	4	2	4
$\rho_{calc}/(g \cdot cm^{-3})$		1.848	2.075
T/K		293	145

参考文献

[1] P. Noble Jr., W. L. Reed, C. J. Hoffman, J. A. Gallaghan, F. G. Borgardt, AIAA Journal, 1963,1,395-397.

[2] K. A. McDonald, J. C. Bennion, A. K. Leone, A. J. Matzger, Chemical Communications, 2016,

52,10862-10865.

[3] R. Meyer, J. Köhler, A. Homburg, Explosives, 7th edn., Wiley - VCH, Weinheim, 2016, pp. 175-176.

[4] H. Huang, Y. Shi, J. Yang, Journal of Energetic Materials, 2015, 33, 66-72.

[5] Calculated using Advanced Chemistry Development(ACD/Labs) Software V11.02(© 1994-2017 ACD/Labs).

[6] E. A. Miroshnichenko, T. S. Kon'kova, Y. O. Inozemtsev, Y. N. Matyushin, Russian Chemical Bulletin, International Edition, 2010, 59, 890-895.

[7] N. Desbiens, V. Dubois, C. Matignon, R. Sorin, Journal of Physical Chemistry B, 2011, 115, 12868-12874.

[8] https://engineering.purdue.edu/~propulsi/propulsion/comb/propellants.html

[9] M. Jafari, M. Kamalvand, M. H. Keshavarz, A. Zamani, H. Fazeli, Indian J. Engineering and Mater. Sci., 22, 2015, 701-706.

[10] H. Muthurajan, R. Sivabalan, M. B. Talawar, S. N. Asthana, J. Hazard. Mater., 2004, A112, 17-33.

[11] G. Krien, H. H. Licht, F. Trimborn, Explosivstoffe, 1970, 18, 203-207.

[12] D. Bougeard, R. Boese, M. Polk, B. Woost, B. Schrader, J. Physics Chem. Solids, 1986, 47, 1129-1137.

六硝基二苯基草酸胺
(Hexanitrooxanilide)

名称 六硝基二苯基草酸胺,2,2′,4,4′6,6′-六硝基苯胺

主要用途 烟火药组分,点火药

分子结构式

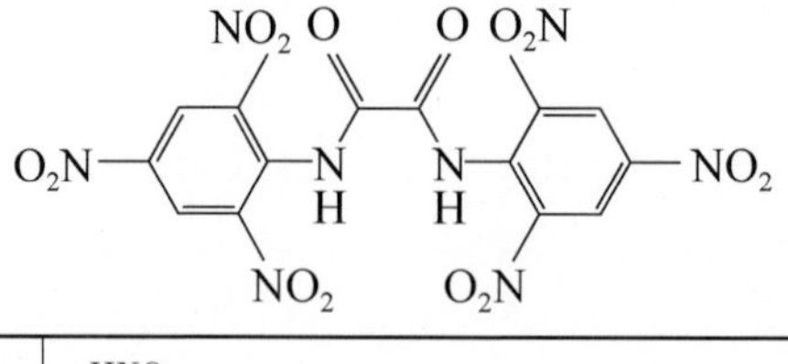

名称	HNO
分子式	$C_{14}H_6N_8O_{14}$
$M/(g \cdot mol^{-1})$	510.24
IS/J	14.22J(声音)[3], 8.70(一级反应)[5], 7.50(声音)[5], 7.48(P. A.)[6]
FS/N	

续表

ESD/J	14.58[3],14.85[4]	
N/%	21.96	
$\Omega(CO_2)$/%	-53.3	
$T_{m.p}$/℃	295~300[1]	
T_{dec}/℃ T_{dec}/K	304[1],302[6] 550(DTA@5℃·min^{-1})[5]	
ρ/(g·cm^{-3})	2.004±0.06(@293.15K)[2]	
$\Delta_f H°$/(kJ·mol^{-1}) $\Delta_f H°$/(kJ·kg^{-1})		
	理论值(K-J)	实测值
$-\Delta_{ex}U°$/(kJ·kg^{-1})		
T_{ex}/K		
P_{C-J}/GPa		
VoD/(m·s^{-1})		7320
V_0/(L·kg^{-1})		

参考文献

[1] R. Meyer, J. Köhler, A. Homburg, Explosives, 7th edn., Wiley-VCH, Weinheim, 2016, p. 177.

[2] Calculated using Advanced Chemistry Development(ACD/Labs) Software V11.02(© 1994-2017 ACD/Labs).

[3] A Study of Chemical Micro-Mechanisms of Initiation of Organic Polynitro Compounds, S. Zeman, Ch. 2 in Energetic Materials, Part 2: Detonation, Combustion, P. A. Politzer, J. S. Murray(eds.), Theoretical and Computational Chemistry, Vol. 13, 2003, Elsevier, pp. 25-60.

[4] M. H. Keshavarz, Z. Keshavarz, ZAAC, 2016, 642, 335-342.

[5] S. Zeman, Proceedings of New Trends in Research of Energetic Materials, NTREM, April 24-25th 2002.

[6] AMC Pamphlet Engineering Design Handbook: Explosive Series Properties of Explosives of Military Interest, Headquarters, U. S. Army Materiel Command, January 1971.

六硝基芪
(Hexanitrostilbene)

名称 2,2′,4,4′6,6′-六硝基二苯乙烯,六硝基芪

主要用途 猛(高能)炸药,耐热炸药

分子结构式

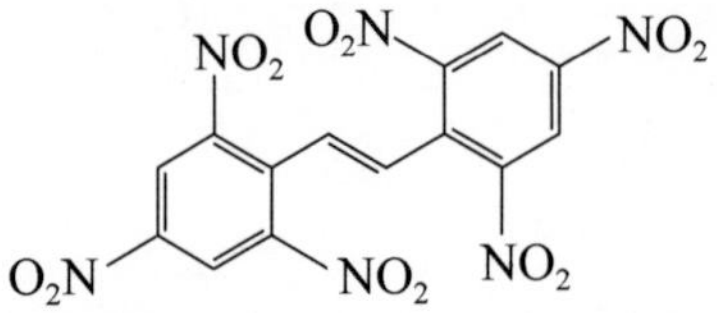

名称	HNS
分子式	$C_{14}H_6N_6O_{12}$
$M/(g\cdot mol^{-1})$	450.23
IS/J	5(<100μm),11.50[1],3.64(一级反应)[3],11.50(声)[3],13.24(ERL,HNS-I)[7-8],10.79(ERL,HNS-I)[7-8] 13.24(ERL,HNS-II)[7-8],15.56(ERL,HNS-II)[7-8],$H_{50\%}$=44cm(NOL-ERL 仪器,12 型工具法,510 目砂纸,2.5kg 落锤,HNS-I)[12],$H_{50\%}$=61cm(NOL-ERL 仪器,12 型工具法,510 目砂纸,2.5kg 落锤,HNS-II)[12],5N·m[17]
FS/N	>360(<100μm),440kg/cm(10/10 无火花,HNS-I,HNS-II)[12], >240[17]
ESD/J	1.0(<100μm),6.62[1],5.32[2],大于 0.001μf 时点火(@ 8kV,HNS-I)[12],大于 0.0001μfd 时点火(@ 17kV,HNS-II)[12]
N/%	18.67
$\Omega(CO_2)$/%	-67.52
$T_{m.p}$/℃	317,315(HNS-I)[7],325(HNS-I)[7],316(分解,HNS-I)[12] 318(HNS-II)[7],325(HNS-II)[7],319(分解,HNS-II)[12]
T_{dec}/℃ T_{dec}/K T_{dec}/℃	320(DSC@ 5℃·min^{-1}) 544(DTA)[3] 315(HNS-I)(@ 298K)[7,12] 325(HNS-II)(@ TMD)[7,12]
$\rho/(g\cdot cm^{-3})$ $\rho/(g\cdot cm^{-3})$ $\rho/(g\cdot cm^{-3})$	1.718(@ 150K),0.32-0.45(块状 HNS-I)[12],0.45~1.0(块状,HNS-II)[12] 1.681(理论值) 1.740[9],1.74[17]
$\Delta_f H°/(kJ\cdot mol^{-1})$ $\Delta_f H°/(kJ\cdot kg^{-1})$	67 173.8[17]

	理论值(EXPLO5 6.03)	实测值
$-\Delta_{ex}U°/(kJ\cdot kg^{-1})$	4612	4088(H_2O(液态))[6,17] 4008(H_2O(气态))[17] 1090kcal·kg^{-1}(H_2O(气态))[11]

续表

T_{ex}/K	3486	3059K(@1.74g·cm^{-3})(HNS-I)[7] 3059K(@1.74g·cm^{-3})(HNS-II)[7]
P_{C-J}/kbar	200	200(@1.60g·cm^{-3})(HNS-I)[7] 241(@1.74g·cm^{-3})(HNS-I)[7] 200(@1.60g·cm^{-3})(HNS-II)[7] 215(@1.65g·cm^{-3})(HNS-II)[7]
VoD/(m·s^{-1})	7014(@TMD)	6800(@1.6g·cm^{-3})[4,6-7] 7130(@1.74g·cm^{-3})[5] 7000(@1.74g·cm^{-3})(HNS-I)[7] 7410(@1.74g·cm^{-3})(HNS-I)[7] 7000(@1.70g·cm^{-3})(HNS-I)[12] 7000(@1.70g·cm^{-3})(HNS-II)[7,9,12] 6800(@1.60g·cm^{-3})(HNS-I)[9]
V_0/(L·kg^{-1})	619	766[10,17]

缩写	HNS[13-14]	HNS[15]	HNS[16]
化学式	$C_{14}H_6N_6O_{12}$	$C_{14}H_6N_6O_{12}$	$C_{14}H_6N_6O_{12}$
M/(g·mol^{-1})	450.23	450.23	450.23
晶系	斜方	单斜	单斜
空间群		$P2_1/c$(no. 14)	$P2_1/c$(no. 14)
a/Å	20.93	22.326(7)	22.083(6)
b/Å	5.57	5.5706(9)	5.554(1)
c/Å	14.47	14.667(2)	14.634(3)
α/(°)	90	90	90
β/(°)	90	110.04(1)	108.45(2)
γ/(°)	90	90	90
V/Å^3		1713.68	1702.59
Z		4	4
ρ_{calc}/(g·cm^{-3})		1.745, D_m = 1.74(1)	1.756
T/K		295	295

参考文献

[1] A Study of Chemical Micro-Mechanisms of Initiation of Organic Polynitro Compounds, S. Zeman, Ch. 2 in Energetic Materials, Part 2: Detonation, Combustion, P. A. Politzer, J. S. Murray(eds.), Theoretical and Computational Chemistry, Vol. 13, 2003, Elsevier, pp. 25-60.

[2] M. H. Keshavarz, Z. Keshavarz, ZAAC, 2016, 642, 335-342.

[3] S. Zeman, Proceedings of New Trends in Research of Energetic Materials, NTREM, April 24-

25th 2002, pp. 434-443.

[4] M. H. Keshavarz, J. Haz. Mat., 2009, 166, 762-769.

[5] M. H. Keshavarz, Propellants, Explosives, Pyrotechnics, 2012, 37, 489-497.

[6] M. H. Keshavarz, Propellants, Explosives, Pyrotechnics, 2008, 33, 448-453.

[7] R. Weinheimer, Properties of Selected High Explosives, Abstract, 27th International Pyrotechnics Seminar, 16-21 July 2000, Grand Junction, USA.

[8] Determined using the Explosive Research Laboratory apparatus.

[9] B. M. Dobratz, P. C. Crawford, LLNL Explosives Handbook – Properties of Chemical Explosives and Explosive Simulants, Lawrence Livermore National Laboratory, January 31st 1985.

[10] M. Jafari, M. Kamalvand, M. H. Keshavarz, A. Zamani, H. Fazeli, Indian J. Engineering and Mater. Sci., 2015, 22, 701-706.

[11] A. Smirnov, M. Kuklja, Proceedings of the 20th Seminar on New Trends in Research of Energetic Materials, Pardubice, April 26-28, 2017, pp. 381-392.

[12] B. T. Fedoroff, O. E. Sheffield, Encyclopedia of Explosives and Related Items, Vol. 5, US Army Research and Development Command, TACOM, Picatinny Arsenal, USA, 1972.

[13] B. M. Dobratz, "Properties of Chemical Explosives and Explosive Simulants", UCL-51319, LLNL, December 15th 1972.

[14] K. G. Shipp, J. Org. Chem., 1964, 29, 2620-2623.

[15] F. Gerard, A. Hardy, Acta Cryst., 1988, C44, 12983-12987.

[16] H. -C. Chang, C. -P. Tang, Y-J. Chen, C. -L. Chang, Int. Ann. Conf. Fraunhofer Inst. Chemische Tech., 1987, 18, 51.

[17] R. Meyer, J. Köhler, A. Homburg, Explosives, 7th edn., Wiley-VCH, 2016, pp. 177-178.

黑　索　今
(Hexogen)

名称　1,3,5-三硝基-1,3,5-三氮杂环己烷,1,3,5-三硝基-1,3,5-三嗪烷,环三亚甲基三硝胺,黑索今

主要用途　猛(高能)炸药

分子结构式

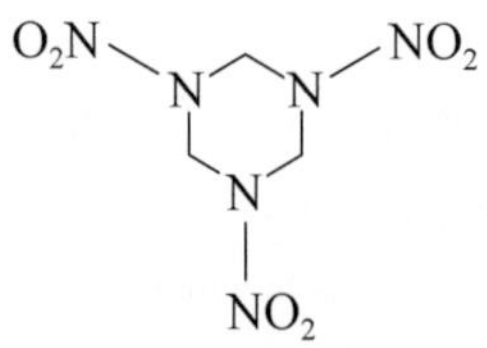

名称	RDX
分子式	$C_3H_6N_6O_6$

续表

<table>
<tr><td>$M/(g\cdot mol^{-1})$</td><td>222.12</td></tr>
<tr><td>IS/J</td><td>7.5(<100μm),5.90[1],7.4N·m[2],7.5[4],6.69(一级反应)[7],5.90(声)[7],5.58[9-10],TNT 感度的 3 倍[19],7(BAM,2kg)[39],h_{50} = 24cm[10],34[27],$H_{50\%}$ = 24cm(US-NOL 仪器)[30],h_{50} = 22cm(12 型工具法)[20],H_{50} = 41cm 12B 型工具法)[20],H_0 = 28cm(12 型工具法,5kg 落锤)[24],$h_{50\%}$ = 24cm(LASL 试验)[25],8~9 英寸(18mg 样品,2kg 落锤,P. A.)[29],34~40cm(B 型 RDX,2kg 落锤,B. M.)[29],42cm(2kg 落锤,欧洲感度仪器)[29],起爆分数为 50%要求的跌落能 = 6.69(25mg 样品,Julius-Peters 仪器)[36],跌落能 = 3.5~7.5N·m[37],25cm(B. M.,12 型工具法,2kg 落锤)[41],$Ed_{min.}$ = 25(BAM,5kg 落锤,六次负面运行的最大水平)[43],Rotter FOI = 80[44],30~35cm(US-落锤)[44],28cm(ERL12 型)[50],23~28cm(ERL-LASL12 型)[26],32~42cm(B. M.,2kg 落锤)[26] Rotter FOI = 80[26],气体放出 = 18mL[26],平均粉末爆炸性 = 51[26];
P. A.仪器在不同温度下测试的撞击感度(2kg 落锤)[29]:9 英寸(@20℃)[29],8 英寸(@30℃)[29],5 英寸(@50℃)[29];
RDX(标准):中值高度 = 104cm(5kg 落锤,30mg 样品,Rotter 仪器)[33];
RDX(军用级):中值高度 = 98cm(5kg 落锤,30mg 样品,Rotter 仪器)[33];
粉末样品:$H_{50\%}$ = 24cm(NOL),$H_{50\%}$ = 22cm(LASL),$H_{50\%}$ = 79cm(B. M. ERL),$H_{10\%}$ = 32cm(P. A.,B. M.),$H_{10\%}$ = 8 英寸(P. A.);
老化样品(老化条件:隔绝空气和水、绝热@ 70℃放置 113 天)[23]:未老化的 RDXE_{50} = 8.0(BAM)[23],老化的 RDXE_{50} = 8.3[23]</td></tr>
<tr><td>FS/N</td><td>120(< 100μm),120[2,4],148.5[8-10],32cm(B. M.)[15-16],20(P. A.)[15-16],13.73
(ERL)[15-16],$P_{fr.LL}$ = 270MPa[22],$P_{fr.50\%}$ = 480MPa[22],120(上下法)[39],407lbs(ABL 摆锤摩擦试验)[41],$G_{min.}$ = 160N(BAM,Julius-Peters,连续 6 次负运行的最大水平)[43],Rotter 平均摩擦系数(FOF) = 3.0[35],BAM(平均极限载荷) = 173[35],>360(BAM)[26]
Mallet FS[35]:钢在钢上 = 50%[35],尼龙在钢上 = 0%[35],木头在软木上 = 0%[35],木头在硬木上 = 0%[35],木头在约克石上 = 0%[35]
湿度对摩擦感度的影响[41]:
<table>
<tr><th>T/℃</th><th>相对湿度/%</th><th>绝对压力/kPa</th><th>发火分数为 50%时的载荷重/kg</th></tr>
<tr><td>22</td><td>84</td><td>2.22</td><td>5</td></tr>
<tr><td>22</td><td>50</td><td>1.32</td><td>2</td></tr>
<tr><td>22</td><td>20</td><td>0.53</td><td>0.5</td></tr>
<tr><td>0</td><td>50</td><td>2.12</td><td>2</td></tr>
<tr><td>30</td><td>20</td><td>0.85</td><td>0.5</td></tr>
<tr><td>40</td><td>28</td><td>2.07</td><td>1</td></tr>
</table>
老化样品(老化条件:隔绝空气和水、绝热@ 70℃放置 113 天)[23]:未老化的 RDX F_{50} = 182(BAM)[23],老化的 RDX F_{50} = 172[23]</td></tr>
</table>

续表

ESD/J	0.15~0.20,2.49[1,3],216.4mJ[3],0.2[4],>0.25(ERL仪器)[41],火花感度:0.2(3mil厚度箔片)[50]; 火花感度:0.22(黄铜电极,铅箔厚度3mil)[20],0.55(黄铜电极,铅箔厚度10mils)[20],0.12(钢,铅箔厚度1milPb)[20],0.87(钢,铅箔厚度10mils)[20]; 老化样品(老化条件:隔绝空气和水、绝热@ 70℃放置113天)[23]:未老化的RDX $E_{50}=55$mJ[23],老化的RDX $E_{50}=67$mJ[23]
N/%	37.84
$\Omega(CO_2)$/%	-21.61
$T_{相转变}$/℃	室温,P>17.8GPa:斜方(α-型)-型[47]; 室温,P>3.9GPa:斜方(α-型)-γ-型[47]; 500K,P~5.5GPa:α-型(RDX-d_6)-β-型(也称为ε-型)[47]; P<1.5GPa:β-型(也称为ε-型)-α-型(RDX-d_6)[47]; 若α-RDX放在溶剂中,则β-RDX-α-RDX快速发生[47]
$T_{m.p}$/℃	203,204.1(I型,无HMX杂质[15,19-20]),192(II型,含8~12%HMX杂质[15,19-20]),201[21],203.5[27],205(伴随分解.)[29],204[40],205[21],204(伴随分解)[48]
T_{dec}/℃	208(DSC@ 5℃·min^{-1}),210[4],216[26],260(@ 5℃·s^{-1})[15],239@ 10℃·s^{-1})[15],478K(DTA)[7],285(最大放热峰,DSC@ 20℃/min)[40],205(放热峰,加热速率未注明,DTA)[50] T_{idb}=220.9(@ 8℃·min^{-1})[46],T_w=232.2(@ 8℃·min^{-1})[46],T_{max}=247.8(@ 8℃·min^{-1})[46],T_{idb}=228.8(@ 16℃·min^{-1})[46],T_w=245.4(@ 16℃·min^{-1})[46],T_{max}=256.9(@ 16℃·min^{-1})[46],T_{cr}=215-217[46]
ρ/(g·cm^{-3})	1.858(@ 90K,晶体),1.841(@ 100K,晶体),1.824(@ 173K,晶体),1.806(晶体)[15,19,26],1.818(@ 25℃)[27],1.816(晶体)[29],1.785(@ 298K,气体比重瓶法),1.799[20],1.82[11]; 装填密度:1.52(@ 5000psi)[29],1.60(@ 10,000psi)[29],1.68(@ 20,000psi)[29],1.70(@ 25,000psi)[29],1.72(@ 30,000psi)[29]
$\Delta_f H°$/(kJ·mol^{-1}) $\Delta_f H°$/(kJ·mol^{-1}) $\Delta_f H$/(kJ·mol^{-1}) $\Delta_f H°$/(kJ·kg^{-1}) $\Delta_f U°$/(kJ·kg^{-1})	87,14.7kcal·mol^{-1}[19-20,26],14.69kcal·mol^{-1}(晶体@ 25℃)[27] 86.3[4] 14.7kcal·mol^{-1}[15,17] 301.4[11] 491

续表

	理论值(EXPLO5_6.04)	实测值	其他文献值
$-\Delta_{ex}U°/(kJ \cdot kg^{-1})$	5807	1370cal·g^{-1}(@定容)[H_2O(液态)][29]; 1.62k cal·g^{-1}[H_2O(液态)][19]; 1.48k cal·g^{-1}[H_2O(气态)][19]; 1.51k cal·g^{-1}(@1.7g·cc^{-1},量热法测量)[34]; 6322[H_2O(液态)](分解热)[11]	6190[4]; 1365kcal·kg^{-1}[5]; 5647[H_2O(液态)](ICT代码)[11]; 5297[H_2O(气态)](ICT代码)[11]
T_{ex}/K	3800	2587(@1.8g·cm^{-3})[15]; 3380℃[19,29]; 3600(@1.0g·cm^{-3})[15]; 4320(@1.66g·cm^{-3})[17]; 4610(@1.20g·cm^{-3})[17]; 4600(@1.00g·cm^{-3})[17]	3400[5]
P_{C-J}/kbar	340	347(@1.80g·cm^{-3})[15]; 338(@1.767g·cm^{-3})[24]; 388×10^{3}atm.(@1.785g·cm^{-3})[30]; 333.5(@1.767g·cm^{-3})[15]; 108(@1.9g·cm^{-3})[15]; 34.1GPa(@1.80g·cm^{-3})[6,17]; 33.79GPa(@1.77g·cm^{-3})[6,17]; 33.79GPa(@1.767g·cm^{-3})[20]; 313(@1.72g·cm^{-3})[17]; 263(@1.60g·cm^{-3})[17]; 211(@1.46g·cm^{-3})[17]; 213(@1.4g·cm^{-3})[17]; 166(@1.29g·cm^{-3})[17]; 152(@1.20g·cm^{-3})[17]; 122(@1.10g·cm^{-3})[17]; 89(@1.00g·cm^{-3})[17]; 96(@0.95g·cm^{-3})[17]; 48(@0.70g·cm^{-3})[17]; 32(@0.56g·cm^{-3})[17]; 12600kg·cm^{-3}[29]; 390(@1.80g·cm^{-3})[34]; 347(@1.80g·cm^{-3})[34]; 338(@1.767g·cm^{-3})[34]; 366(@1.755g·cm^{-3})[34]; 284(@1.63g·cm^{-3})[34]; 287(@1.59g·cm^{-3})[34]; 196(@1.44g·cm^{-3})[34]; 213(@1.40g·cm^{-3})[34]; 152(@1.20g·cm^{-3})[34]; 104(@1.00g·cm^{-3})[34]; 95(@1.03g·cm^{-3})[34]	380[4]; 34.47GPa(@1.80g·cm^{-3})(CHEETAH 2.0计算)[6]; 33.12GPa(@1.77g·cm^{-3})(CHEETAH 2.0计算)[6]

续表

VoD/($m \cdot s^{-1}$)	8882	8833,8750,8639[6]; 8750(@1.76g·cm^{-3})[11]; 8850(@1.83g·cm^{-3})[13]; 8750(@1.8g·cm^{-3})[12]; 8639(@1.767g·cm^{-3})[20]; 8700(@1.77g·cm^{-3})[12,14]; 8460(@1.72g·cm^{-3})[12]; 8240(@1.66g·cm^{-3})[12]; 8130(@1.6g·cm^{-3})[12]; 7600(@1.46g·cm^{-3})[12]; 7460(@1.4g·cm^{-3})[12]; 7000(@1.29g·cm^{-3})[12]; 6770(@1.2g·cm^{-3})[12]; 6180(@1.1g·cm^{-3})[12]; 5800(@0.95g·cm^{-3})[12]; 4650(@0.7g·cm^{-3})[12]; 4050(@0.56g·cm^{-3})[12]; 8639(@1.767g·cm^{-3})[15]; 8270(@1.675g·cm^{-3})[28]; 8035(@1.60g·cm^{-3})[15]; 8754(@近似 TMD)[34]; 8850(LASEM 法)[45]; 8833(@TMD)(大尺寸爆轰测试)[45]	8983[4]; 8400(@1.7g·cm^{-3})[5]; 8920(@1.80g·cm^{-3})(CHEETAH2.0 计算)[6]; 8807(@1.77g·cm^{-3})(CHEETAH2.0 计算)[6]; 8803(@TMD)(CHEETAHv8.0 计算)[45]
V_0/($L \cdot kg^{-1}$)	793	903[18]; 908(@0℃ and760mmHg)[19,29]; 700[H_2O(液态)]@1.5g·cm^{-3}(多尔格测压弹)[31-32]; 890[H_2O(气态)]@1.5gcm^{-3}(多尔格测压弹)[31-32]	908(@0℃)[5]

注:不同方法获得的爆速[29]:

1. Kistiakowsky:5380m·s^{-1}(@ 1.0g·cm^{-3})[29],8000m·s^{-1}(@ 1.60g·cm^{-3})[29]。
2. Kast:8370m·s^{-1}(@ 1.70g·cm^{-3},圆柱装药,直径 13.6mm,长 75mm)[29],8360m·s^{-1}(@1.67g·cm^{-3})[29]。
3. Tonegutti;7890m·s^{-1}@1.56g·cm^{-3}(装药直径=25mm)[29],8210~8225m·s^{-1}(@1.60g·cm^{-3})[29]。
4. Evans:8250m·s^{-1}(@1.60g·cm^{-3})[29]。
5. Vivas:8380m/s^{-1}(@1.70g·cm^{-3})[29]。
6. Pérez-Ara:RDX 最大爆速= 8500m·s^{-1}[29]。
7. 未明确方法:8570m·s^{-1}(@ 1.80g·cm^{-3},且压力= 341kbar,爆温= 2668K[30])。
8. 光度法(理论实验相结合):8800m·s^{-1}(@ 1.79g·cm^{-3}),T=3700K,压力=390,000atm[30]。
9. 老化后爆速(药棒直径 1~1/8 英寸,长度 18 英寸,鼓式摄像机)[30]:

   RDX 颗粒,储存 16h(@ −65°F,ρ=1.61g·cm^{-3},V_{oD}=8100m·s^{-1})[30];

   RDX 颗粒,储存 16h(@70°F,ρ=1.62g·cm^{-3},V_{oD}=8050m·s^{-1})[30]。

RDX 晶体结构[20-21]：

名　称	RDX[21,42]	RDX[34]	α-RDX[49]	RDX-I(α-)[38]	β-RDX[47]	β-RDX[47]	γ-RDX[51]	RDX[48]	RDX[48]	RDX[48]
	中子衍射		X 射线，单晶		①	①	α-RDX 单晶压缩到 0.1GPa，在金刚石砧金的静水压下，随后压力增加到 5.20GPa，并在此压力下收集数据			
化学式	$C_3H_6N_6O_6$	$C_3H_6N_6O_6$	$C_3H_6N_6O_6$	$C_3H_6N_6O_6$	$C_3H_6N_6O_6$	$C_3H_6N_6O_6$	$C_3H_6N_6O_6$	$C_3H_6N_6O_6$	$C_3H_6N_6O_6$	$C_3H_6N_6O_6$
$M/(g\cdot mol^{-1})$	222.14	222.14	222.14	222.14	222.14	222.14	222.14	222.14	222.14	222.14
晶系	斜方	斜方	斜方	斜方	斜方	斜方	斜方	斜方	斜方	斜方
空间群	*Pbca*(no. 61)		*Pbca* (no. 61)	*Pbca*(no. 61)	$Pca2_1$(no. 29)	$Pca2_1$(no. 29)	$Pca\ 2_1$(no. 29)	*Pbca* (no. 61)	*Pbca* (no. 61)	*Pbca* (no. 61)
a/Å	13.182(2)	13.22	11.4195(8)	13.18	15.1267(11)	15.0972(7)	12.5650(19)	11.3790(2)	11.4425(3)	11.6103(4)
b/Å	11.574(2)	11.61	10.5861(7)	11.57	7.4563(6)	7.5463(4)	9.4769(6)	10.5694(2)	10.6106(3)	10.7291(3)
c/Å	10.709(2)	10.72	13.1401(9)	10.71	14.3719(11)	14.4316(6)	10.9297(9)	13.1314(2)	13.1558(4)	13.2013(4)
α/(°)	90	90	90	90	90	90	90	90	90	90
β/(°)	90	90	90	90	90	90	90	90	90	90
γ/(°)	90	90	90	90	90	90	90	90	90	90
V/Å^3			1588.48(19)	1633.2	1621.0(2)	1644.16(13)	1301.5(2)	1579.30	1597.27	1644.46
Z	8		8	8	8	8	8	8	8	8
$\rho_{calc}/(g\cdot cm^{-3})$	1.806		1.858	1.80643	1.820	1.795	2.267	1.869	1.847	1.794
T/K			90		150	273	293	20	120	298

① 金刚石砧实验表明：在高压下存在β-RDX。在室温到 225℃之间：当压力高于 3.8GPa 时，γ-RDX 稳定存在；当压力低于 3.5GPa 时，自然恢复为 α-RDX。在温度高于 225℃：压力在 2.5~7GPa 时，β-RDX 稳定存在；当压力下降到 1atm 时，β-RDX 转变为 α-RDX。

参考文献

[1] A Study of Chemical Micro - Mechanisms of Initiation of Organic Polynitro Compounds, S. Zeman, Ch. 2 in Energetic Materials, Part 2: Detonation, Combustion, P. A. Politzer, J. S. Murray(eds.), Theoretical and Computational Chemistry, Vol. 13, 2003, Elsevier, p. 25-60.

[2] New Energetic Materials, H. H. Krause, Ch. 1 in Energetic Materials, U. Teipel(ed.), Wiley-VCH Verlag GmbH & Co. KGaA, Weinheim, 2005, p. 1-26. isbn: 3-527-30240-9.

[3] S. Zeman, V. Pelikán, J. Majzlík, Central Europ. J. Energ. Mat., 2006, 3, 27-44.

[4] J. J. Sabatini, K. D. Oyler, Crystals, 2016, 6, 1-22.

[5] Explosives, Section 2203 in Chemical Technology, F. H. Henglein, Pergamon Press, Oxford, 1969, p. 718-728.

[6] J. P. Lu, Evaluation of the Thermochemical Code - CHEETAH 2.0 for Modelling Explosives Performance, DSTO Aeronautical and Maritime Research Laboratory, August 2011, AR-011-997.

[7] S. Zeman, Proceedings of New Trends in Research of Energetic Materials, NTREM, April 24-25th 2002.

[8] M. H. Keshavarz, M. Hayati, S. Ghariban-Lavasani, N. Zohari, ZAAC, 2016, 642, 182-188.

[9] M. Jungová, S. Zeman, A. Husárová, Chinese J. Energetic Mater, 2011, 19, 603-606.

[10] C. B. Storm, J. R. Stine, J. F. Kramer, Sensitivity Relationships in Energetic Materials, in S. N. Bulusu(ed.), Chemistry and Physics of Energetic Materials, Kluwer Academic Publishers, Dordrecht, 1999, 605.

[11] R. Meyer, J. Köhler, A. Homburg, Explosives, 7th edn., Wiley - VCH, Weinheim, 2016, pp. 178-180.

[12] M. H. Keshavarz, J. Haz. Mat., 2009, 166, 762-769.

[13] M. H. Keshavarz, Propellants, Explosives, Pyrotechnics, 2012, 37, 489-497.

[14] A. Koch, Propellants, Explosives, Pyrotechnics, 2002, 27, 365-368.

[15] R. Weinheimer, Properties of Selected High Explosives, Abstract, 27th International Pyrotechnics Seminar, 16-21 July 2000, Grand Junction, USA.

[16] Determined using the Bureau of Mines(B. M.) or Picatinny Arsenal(P. A.) or Explosive Research Laboratory(ERL) apparatus.

[17] M. L. Hobbs, M. R. Baer, Proceedings of the 10th International, Detonation Symposium, Office of Naval Research ONR 33395-12, 1993, 409-418.

[18] M. Jafari, M. Kamalvand, M. H. Keshavarz, A. Zamani, H. Fazeli, Indian J. Engineering and Mater. Sci., 2015, 22, 701-706.

[19] Military Explosives, Department of the Army Technical Manual, TM 9-1300-214, Headquarters, Department of the Army, September 1984.

[20] LASL Explosive Property Data, T. R. Gibbs, A. Popolato(eds.), University of California Press, Berkeley, 1980.

[21] C. S. Choi, E. Prince, Acta Cryst., 1972, B28, 2857-2862.

[22] A. Smirnov, O. Voronko, B. Korsunsky, T. Pivina, Huozhayo Xuebao, 2015, 38, 1-8.

[23] J. Šelešovsky, J. Pachmáň, M. Hanus, NTREM 6, 22-24th April 2003, pp. 309-321.

[24] B. M. Dobratz, Properties of Chemical Explosives and Explosive Simulants, UCRL-5319, LLNL, December 15 1972.

[25] C. T. Afanas'ev, T. S. Pivina, D. K. Sukhachev, Propellants, Explosives, Pyrotechnics, 1993, 18, 309-316.

[26] I. G. Dagley, M. Kony, G. Walker, J. Energet. Mater., 1995, 13, 35-56.

[27] S. M. Kaye, Encyclopedia of Explosives and Related Items, Vol. 8, US Army Research and Development Command, TACOM, Picatinny Arsenal, USA, 1978.

[28] B. T. Fedoroff, O. E. Sheffield, Encyclopedia of Explosives and Related Items, Vol. 2, US Army Research and Development Command, TACOM, Picatinny Arsenal, USA, 1962.

[29] B. T. Fedoroff, O. E. Sheffield, Encyclopedia of Explosives and Related Items, Vol. 3, US Army Research and Development Command, TACOM, Picatinny Arsenal, USA, 1966.

[30] B. T. Fedoroff, O. E. Sheffield, Encyclopedia of Explosives and Related Items, Vol. 4, US Army Research and Development Command, TACOM, Picatinny Arsenal, USA, 1969.

[31] B. T. Fedoroff, O. E. Sheffield, Encyclopedia of Explosives and Related Items, Vol. 5, US Army Research and Development Command, TACOM, Picatinny Arsenal, USA, 1972.

[32] B. T. Fedoroff, O. E. Sheffield, Encyclopedia of Explosives and Related Items, Vol. 6, US Army Research and Development Command, TACOM, Picatinny Arsenal, USA, 1974.

[33] B. T. Fedoroff, O. E. Sheffield, Encyclopedia of Explosives and Related Items, Vol. 7, US Army Research and Development Command, TACOM, Picatinny Arsenal, USA, 1975.

[34] S. M. Kaye, Encyclopedia of Explosives and Related Items, Vol. 9, US Army Research and Development Command, TACOM, Picatinny Arsenal, USA, 1980.

[35] R. K. Wharton, J. A. Harding, J. Energet. Mater., 1995, 13, 35-56.

[36] S. Zeman, Propellants, Explosives, Pyrotechnics, 2000, 25, 66-74.

[37] H. -H. Licht, Propellants, Explosives, Pyrotechnics, 2000, 25, 126-132.

[38] C. -O. Lieber, Propellants, Explosives, Pyrotechnics, 2000, 25, 288-301.

[39] P. Goede, N. Wingborg, H. Bergman, N. V. Latypov, Propellants, Explosives, Pyrotechnics, 2001, 26, 365-368.

[40] J. C. Oxley, J. L. Smith, E. Rogers, X. X. Dong, J. Energet. Mater., 2000, 18, 97-121.

[41] C. K. Lowe-Ma, R. A. Nissan, W. S. Wilson, "Diazophenols - Their Structure and Explosive Properties", Report No. NWC TP 6810, 1987, Naval Weapons Center, China Lake, CA, USA.

[42] G. R. Miller, A. N. Garroway, "A Review of the Crystal Structures of Common Explosives Part I: RDX, HMX, TNT, PETN and Tetryl", NRL/MR/6120-01-8585, Naval Research Laboratory, October 15th 2001.

[43] S. Ek, K. Dudek, J. Johansson, N. Latypov, NTREM 17, 9-11th April, 2014, pp. 180-188.

[44] D. M. Williamson, S. Gymer, N. E. Taylor, S. M. Walley, A. P. Jardine, C. L. Leppard, S. Wortley, A. Glauser, NTREM 17, 9-11th April 2014, pp. 243-252.

[45] J. L. Gottfried, T. M. KlapÖhke, T. G. Witkowski, Propellants, Explosives, Pyrotechnics, 2017, 42, 353-359.

[46] A. A. Gidaspov, E. V. Yurtaev, Y. V. Moschevskiy, V. Y. Avdeev, NTREM 17, 9-11th April 2014, pp. 658-661.

[47] D. I. A. Millar, I. D. H. Oswald, D. J. Francis, W. G. Marshall, C. R. Pulham, A. S. Cumming, Chem. Comm., 2009, 56-60.

[48] V. V. Zhurov, E. A. Zhurova, A. I. Stash, A. A. Pinkerton, Acta Cryst., 2011, A67, 160-173.

[49] P. Hakey, W. Ouellette, J. Zubieta, T. Korter, Acta Cryst., 2008, E64, 01428.

[50] K. -Y. Lee, M. M. Stinecipher, Propellants, Explosives, Pyrotechnics, 1989, 4, 241-244.

[51] A. J. Davidson, I. D. H. Oswald, D. J. Francis, A. R. Lennie, W. G. Marshall, D. I. A. Millar, C. R. Pulham, J. E. Warren, A. S. Cumming, Cryst. Eng. Comm., 2008, 10, 162-165.

六亚甲基三过氧化二胺
(HMTD)

名称　3,4,8,9,12,13-六氧杂-1,6-二氮杂-双环-[4,4,4]-十四烷,1,6-二氮杂-3,4,8,9,12,13-六氧杂双环-[4.4.4]十四烷,六甲基三过氧化物二胺

主要用途　简易炸药

分子结构式

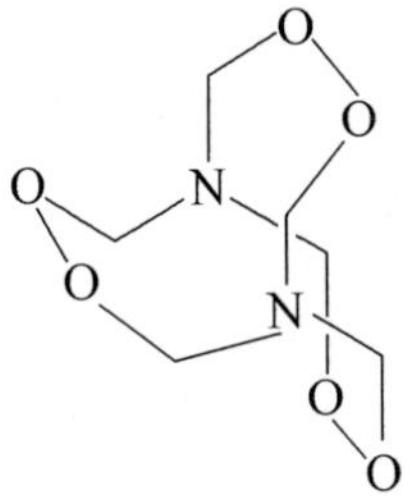

名称	HMTD
分子式	$C_6H_{12}N_2O_6$
$M/(g\cdot mol^{-1})$	208.17
IS/J	2(<100μm),0.06kg·m^{-1}[3],0.015kg·m^{-1}[3],0.6[5],0.06kg·m(文献值)[7],0.015kg·m(BAM,最小冲击能0/6肯定测试)[7]
FS/N	<5(<100μm),0.63[4],0.1[5]0.01(文献值)[7],<0.5kgf(BAM,低于仪器的检测下限)[7]

续表

ESD/J	0.003(<100μm),0.0088[5]	
N/%	13.46	
$\Omega(CO_2)$/%	-92.2	
$T_{m.p}$/℃	不熔化直接分解(点火温度约200℃[1])	
T_{dec}/℃	119, 170[3], 150[5],170(放热峰,DSC,20℃·min^{-1})[7]	
$\rho/(g\cdot cm^{-3})$ $\rho/(g\cdot cm^{-3})$	1.582(@295K) 1.597(晶体)[5]	
$\Delta_f H°/(kJ\cdot mol^{-1})$ $\Delta_f H°/(kJ\cdot kg^{-1})$ $\Delta_f U°/(kJ\cdot kg^{-1})$	-640 -1731[5]	
	理论值(EXPLO5 6.04)	实测值
$-\Delta_{ex}U°/(kJ\cdot kg^{-1})$	4713	5080[1,5]
T_{ex}/K	2841	
P_{C-J}/kbar	203	
VoD/$(m\cdot s^{-1})$	7372	4510(@0.88g·cm^{-3})[1,5-6] 5100(@1.10g·cm^{-3})[1]
$V_0/(L\cdot kg^{-1})$	823	1075[2] 813[5]

名称	HMTD[8]	HMTD[9]	HMTD[10]
化学式	$C_6H_{12}N_2O_6$	$C_6H_{12}N_2O_6$	$C_6H_{12}N_2O_6$
$M/(g\cdot mol^{-1})$	208.17	208.17	208.17
晶系	斜方六面体	斜方六面体	斜方六面体
空间群	$R3m$(no.160)	$R3$(no.146)	$R3m$(no.160)
a/Å	10.417(5)	6.4603(2)	10.3982(4)
b/Å	10.417(5)	6.4603(2)	10.3982(4)
c/Å	6.975(3)	6.4603(2)	6.9332(4)
α/(°)	90	107.80(3)	90
β/(°)	90	107.80(3)	90
γ/(°)	120	107.80(3)	120
$V/Å^3$	655.481	219.461	649.203
Z	3	1	3
$\rho_{calc}/(g\cdot cm^{-3})$	1.582	1.575	1.597
T/K	21℃	295	150

参考文献

[1] M. A. Ilyushin, I. V. Tselinsky, Centr. Europ. J. Energ. Mat., 2012, 9, 293-327.

[2] M. Jafari, M. Kamalvand, M. H. Keshavarz, A. Zamani, H. Fazeli, Indian J. Engineering and Mater. Sci., 2015, 22, 701-706.

[3] M. H. Lefebvre, B. Falmagne, B. Smedts, Final Proceedings for New Trends in Research of Energetic Materials, S. Zeman(ed.), 7th Seminar, 20-22 April 2004, Pardubice, 157-164.

[4] R. Matyš?, J. Šelešovsk?, T. Musil, J. Hazard. Mater., 2012, 213-214, 236-241.

[5] N. -D. H. Gamage, "Synthesis, Characterization, And Properties of Peroxo-Based Oxygen-Rich Compounds For Potential Use As Greener High Density Materials", 2016, Wayne State University Dissertations, Paper 1372.

[6] P. W. Cooper, Explosives Engineering, Wiley-VCH, New York, 1996.

[7] M. H. Lefebvre, B. Falmagne, B. Smedts, NTREM 7, April 20-22 2004, pp. 164-173.

[8] W. P. Schaefer, J. T. Fourkas, B. G. Tiemann, J. Am. Chem. Soc., 1985, 107, 2461-2463.

[9] J. L. Flippen-Anderson, R. D. Gilardi, C. F. George, American Crystallographic Association, Abstracts Papers(Winter), 1985, 13, 536.

[10] A. Wierzbicki, E. A. Salter, E. A. Cioffi, E. D. Stevens, J. Phys. Chem. A, 2001, 105, 8763-8768.

肼
(Hydrazine)

名称 肼

主要用途 飞行控制火箭用推进剂[1]

分子结构式

$$H_2N—NH_2$$

名称	肼
分子式	H_4N_2
$M/(g\cdot mol^{-1})$	32.05
IS/J	
FS/N	
ESD/J	
$N/\%$	87.42
$\Omega/\%$	-99.8
$T_{m.p}/℃$	2.0[2], 2.01[1]
$T_{dec}/℃$	199.85[3]

续表

$\rho/(g\cdot cm^{-3})$	1.0065(@295.45K)[4], 1.008[5], 1.004[1]	
$\Delta_f H°/(kJ\cdot mol^{-1})$ $\Delta_f H°/(kJ\cdot kg^{-1})$ $\Delta_f H/(kJ\cdot kg^{-1})$	51[1] 1580[1] 1573.2[5]	
	理论值(EXPLO5 6.03)	实测值
$-\Delta_{ex}U°/(kJ\cdot kg^{-1})$	3388	
T_{ex}/K	1864	
P_{C-J}/GPa	13.2	
$VoD/(m\cdot s^{-1})$	7700	
$V_0/(L\cdot kg^{-1})$	1347	

名称	肼[6]
化学式	H_4N_2
$M/(g\cdot mol^{-1})$	32.05
晶系	单斜
空间群	$P2_1/m$(no. 11)
$a/Å$	3.56
$b/Å$	5.78
$c/Å$	4.53
$\alpha/(°)$	90
$\beta/(°)$	109.5
$\gamma/(°)$	90
$V/Å^3$	
Z	2
$\rho_{calc}/(g\cdot cm^{-3})$	
T/K	

参考文献

[1] R. Meyer, J. Köhler, A. Homburg, Explosives, 7th edn., Wiley - VCH, Weinheim, 2016, pp. 183-184.

[2] "Hazardous Substances Data Bank" data were obtained from the National Library of Medicine(US).

[3] A. Plugatyr, T. M. Hayward, I. M. Svishchev, Journal of Supercritical Fluids, 2011, 55, 1014-1018.

[4] L. D. Barrick, G. W. Drake, H. L. Lochte, J. Am. Chem. Soc. , 1936, 58, 160-162.
[5] https://engineering. purdue. edu/~propulsi/propulsion/comb/propellants. html
[6] R. L. Collin, W. N. Lipscomb, Acta Cryst. , 1951, 4, 10-14.

1,1′-二羟基-5,5′-联四唑肼盐
(Hydrazinium 5,5′-bitetrazole-1,1′-diolate)

名称 1,1′-二羟基-5,5′-联四唑肼盐

主要用途 猛(高能)炸药

分子结构式

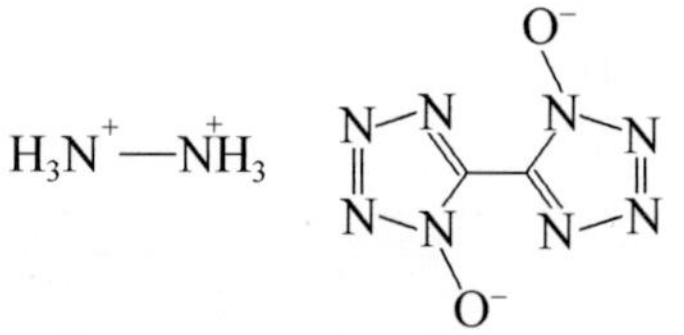

名称	HA. BTO	
分子式	$C_2H_6N_{10}O_2$, $[N_2H_6]^{2+}[C_2N_8O_2]^{2-}$	
$M/(g \cdot mol^{-1})$	202. 17	
IS/J	28	
FS/N	120	
ESD/J		
N/%	69. 3	
$\Omega(CO_2)$/%	-39. 5	
$T_{m.p}$/℃		
T_{dec}/℃	207(DSC@ 5℃ $\cdot min^{-1}$)	
$\rho/(g \cdot cm^{-3})$	1. 923(@ 153K) 1. 913(@ 298K)	
$\Delta_f H°/(kJ \cdot mol^{-1})$	425. 6	
	理论值(K-J)	实测值
$-\Delta_{ex}U°/(kJ \cdot kg^{-1})$		
T_{ex}/K		
P_{C-J}/kbar	361	278[10]
VoD/$(m \cdot s^{-1})$	8931(@ TMD)	
$V_0/(L \cdot kg^{-1})$		

硝 酸 肼
(Hydrazinium nitrate)

名称 硝酸肼

主要用途

分子结构式 $N_2H_5^+$ NO_3^-

名称	硝酸肼
分子式	$H_5N_3O_3$
$M/(g\cdot mol^{-1})$	95.06
IS/J	7.4[1],50%可能性@175kg·cm^{-1}(Bruceton法)[9],32kg·cm^{-1}(ERL,12型撞击感度)[9],50kg·cm^{-1}(ERL,12型撞击感度)[9]
FS/N	
ESD/J	
N/%	44.21
Ω/%	8.4
$T_{m.p}$/℃	70.5[2],62(β-型)[9],0(α-型)[9],β-型转变为α-型(@室温)[9]
T_{dec}/℃ T_{dec}/℃	229[1],180℃开始热分解,温度迅速升高至240℃以上,270℃开始爆炸[9]
$\rho/(g\cdot cm^{-3})$	1.549(@348.15K)[2], 1.64[1],1.661[9]
$\Delta_f H°/(kJ\cdot mol^{-1})$ $\Delta_f H°/(kJ\cdot kg^{-1})$	−246.27±0.96[3](理论值) −2590.68 ± 10.12[3], −2597[1](理论值)

	理论值(EXPLO5 6.04)	理论值(K-J)	实测值
$-\Delta_{ex}U°/(kJ\cdot kg^{-1})$	3875	4841[4]	4979.8±5.4[3] 4827(H_2O(液态))[1] 3735(H_2O(气态))[1]
T_{ex}/K	2682		
P_{C-J}/GPa	26.7	13.6[5]	

续表

VoD/(m·s^{-1})	8583(@ 1.64g·cm^{-3};$\Delta_f H$=−246.3kJ·mol^{-1})		8690(@ 1.60g·cm^{-3})[1] 8500(@ 75℃,熔融态 HN,薄片试验)[9] 5200(@ 1.6g·cm^{-3},压实的 HN,ϕ1英寸筒,旋镜式照相机)[9] 5600(@ 1.6g·cm^{-3},压实的 HN,ϕ1⅝英寸筒)[9] 7980(@ 1.63g·cm^{-3})[10] 8360(@ 1.63g·cm^{-3})[10] 8691(@ 1.626g·cm^{-3})[6] 8690(@ 1.626g·cm^{-3})[7]
V_0/(L·kg^{-1})	1093		1001[1,8]

名称	HN[11]	HN[12]
化学式	$H_5N_3O_3$	$H_5N_3O_3$
M/(g·mol^{-1})	95.06	95.06
晶系	单晶	单晶
空间群	$P2_1/n$(no. 14)	$P2_1/n$(no. 14)
a/Å	7.9649(4)	8.015
b/Å	5.6569(3)	5.725
c/Å	8.1221(3)	8.156
α/(°)	90	90
β/(°)	91.340(3)	92.3
γ/(°)	90	90
V/Å^3	365.85	373.94
Z		
ρ_{calc}/(g·cm^{-3})		
T/K		

参考文献

[1] R. Meyer, J. Köhler, A. Homburg, *Explosives*, 7th edn., Wiley-VCH, Weinheim, 2016, p. 184.

[2] R. P. Seward, *Journal of the American Chemical Society*, 1955, *77*, 905-907.

[3] T. S. Kon'kova, Y. N. Matyushin, E. A. Miroshnichenko, A. B. Vorob'ev, *Russian Chemical Bulletin, International Edition*, 2009, *58*, 2020-2027.

[4] T. M. Klapötke, C. M. Rienäcker, H. Zewen, *Zeitschrift für Anorganische und Allgemeine Chemie*, 2002, *628*, 2372-2374.

[5] V. I. Pepekin, *Doklady Physical Chemistry*, 2009, *429*, 227-228.

[6] M. H. Keshavarz, *J. Haz. Mat.*, 2009, *166*, 762-769.
[7] M. H. Keshavarz, *Propellants, Explosives, Pyrotechnics*, 2012, *37*, 489-497.
[8] M. Jafari, M. Kamalvand, M. H. Keshavarz, A. Zamani, H. Fazeli, *Indian J. Engineering and Mater. Sci.*, 2015, *22*, 701-706.
[9] B. T. Fedoroff, O. E. Sheffield, *Encyclopedia of Explosives and Related Items*, *Vol.* 7, US Army Research and Development Command, Picatinny Arsenal, USA, 1975.
[10] A. Smirnov, S. Smirnov, V. Balalaev, T. Pivina, *NTREM* 17, 9-11th April 2014, pp. 24-37.
[11] M. S. Grigoriev, P. Moisy, C. D. Auwer, I. A. Charushnikova, *Acta Cryst.*, 2005, *61E*, i216-i217.
[12] Y. Xie, J. Sun, Z. Mao, Z. Hong, B. Kang, *Chinese J. Energet. Mater.*, 2008, *16*, 73-76.

硝 仿 肼
(Hydrazinium nitroformate)

名称 硝仿肼

主要用途

分子结构式 $N_2H_5^+$ $C(NO_2)_3^-$

名称	HNF
分子式	$CH_5N_5O_6$
$M/(g \cdot mol^{-1})$	183.08
IS/J	4[1], $H_{50\%}$ = 10cm(2.5kg 落锤)[3], 15[4]
FS/N	28[1], 25[4]
ESD/J	
$N/\%$	38.25
$\Omega(CO_2)/\%$	13.11
$T_{m.p}/℃$	128[1](DSC@ 10℃·min^{-1})
$T_{dec}/℃$ $T_{dec}/℃$	131[1](DSC@ 10℃·min^{-1}) 124[2], 123[3]
$\rho/(g \cdot cm^{-3})$	1.88(晶体)[1](@ 20℃)
$\Delta_f H°/(kJ \cdot mol^{-1})$ $\Delta_f H°/(kJ \cdot kg^{-1})$	-13kcal·mol^{-1}[1], -76.9[2] -420J·g^{-1}[2]

续表

	理论值（EXPLO5 5.02）	理论值	理论值（ICT 热动力学代码）	实测值
$-\Delta_{ex}U°/(kJ\cdot kg^{-1})$	5451(@ 1.938$g\cdot cm^{-3}$)[5] 5452(@ 1.930$g\cdot cm^{-3}$)[5] 5447(@ 1.890$g\cdot cm^{-3}$)[5] 5443(@ 1.860$g\cdot cm^{-3}$)[5]	4841[4]	5579[2]	
T_{ex}/K	4085(@ 1.938$g\cdot cm^{-3}$)[5] 4057(@ 1.930$g\cdot cm^{-3}$)[5] 4086(@ 1.890$g\cdot cm^{-3}$)[5] 4107(@ 1.860$g\cdot cm^{-3}$)[5]			
P_{C-J}/kbar	380(@ 1.938)[5] 368(@ 1.930)[5] 354(@ 1.890)[5] 344(@ 1.860)[5]	354[1]		
$VoD/(m\cdot s^{-1})$	9286(@ 1.938$g\cdot cm^{-3}$)[5] 9146(@ 1.930$g\cdot cm^{-3}$)[5] 9028(@ 1.890$g\cdot cm^{-3}$)[5] 8948(@ 1.860$g\cdot cm^{-3}$)[5]	8858[1]		
$V_0/(L\cdot kg^{-1})$	826(@ 1.938$g\cdot cm^{-3}$)[5]		568[2]	

名称	HNF[5]
化学式	$CH_5N_5O_6$
$M/(g\cdot mol^{-1})$	183.08
晶系	单晶
空间群	$P2_1/n$(no. 14)
a/Å	8.044(8)
b/Å	5.4420(5)
c/Å	14.5015(12)
α/(°)	90
β/(°)	98.785(8)
γ/(°)	90
$V/Å^3$	627.4(1)
Z	4
$\rho_{calc}/(g\cdot cm^{-3})$	1.938
T/K	100

参考文献

[1] J. Kim, M. -J. Kim, B. S. Min, *Proceedings of New Trends in Research of Energetic Materials*, Pardubice, 15-17th April 2015, pp. 601-607.

[2] M. A. Bohn, *Proceedings of New Trends in Research of Energetic Materials*, Pardubice, 15-17th April 2015, pp. 4-25.

[3] S. M. Kaye, *Encyclopedia of Explosives and Related Items*, *Vol.* 8, US Army Research and Development Command, TACOM, Picatinny Arsenal, USA, 1978.

[4] P. S. Dendage, D. B. Sarwade, S. N. Asthana, H. Singh, *J. Energet. Mater.*, 2001, *19*, 41-78.

[5] M. Göbel, T. M. Klapötke, *ZAAC*, 2007, *633*, 1006-1017.

高氯酸肼
(Hydrazinium perchlorate)

名称 高氯酸肼

主要用途 固体推进剂的氧化剂

分子结构式 $N_2H_5^+$ ClO_4^-

名称	高氯酸肼	
分子式	$H_5N_2O_4Cl$	
$M/(g \cdot mol^{-1})$	132.50	
IS/J	2N·m[2], $H_{50\%}$ = 1.2cm(2kg 落锤, B. M.)[6], $H_{50\%}$ = 32cm (5kg 落锤, Rotter)[6]	
FS/N	>10[2]	
ESD/J		
$N/\%$	24.15	
$\Omega/\%$	18.1	
$T_{m.p}/℃$	142.4[3], 144[2], 131~132[7]	
$T_{dec}/℃$ $T_{dec}/℃$	145(起始), 230(完全分解)[7]	
$\rho/(g \cdot cm^{-3})$	1.84[4], 1.939[7]	
$\Delta_f H°/(kJ \cdot mol^{-1})$ $\Delta_f H°/(kJ \cdot kg^{-1})$	-179.5[4] -1354.7[4], -1331[2]	
	理论值(EXPLO 6.03)	实测值
$-\Delta_{ex} U°/(kJ \cdot kg^{-1})$	3069	3690(H_2O(液态))[2] 3033(H_2O(液态))[2]
T_{ex}/K	2640	2275±50[5]

续表

P_{C-J}/GPa	26.6	
VoD/($m \cdot s^{-1}$)	7990(@ 1.939$g \cdot cm^{-3}$)	
V_0/($L \cdot kg^{-1}$)	922	838[2],864[7]

名称	HP[8]
化学式	$H_5N_2O_4Cl$
M/($g \cdot mol^{-1}$)	132.50
晶系	单晶
空间群	$C2/c$ (no. 15)
a/Å	14.412(7)
b/Å	5.389(5)
c/Å	12.797(3)
α/(°)	90
β/(°)	113.09(5)
γ/(°)	90
V/Å^3	914.2707
Z	8
ρ_{calc}/($g \cdot cm^{-3}$)	
T/K	

参考文献

[1] K. Klager, R. K. Manfred, L. J. Rosen, *Internationale Jahrestagung - Institut für Chemie der Treib- und Explosivstoffe*, 1978, 359-381.

[2] R. Meyer, J. Köhler, A. Homburg, *Explosives*, 7th edn., Wiley-VCH, Weinheim, 2016, pp. 184-185.

[3] L. T. Carleton, R. E. Lewis, *Journal of Chemical and Engineering Data*, 1966, *11*, 165-169.

[4] H. Gao, C. Ye, C. M. Piekarski, J. M. Shreeve, *Journal of Physical Chemistry C*, 2007, *111*, 10718-10731.

[5] P. W. M. Jacobs, A. Russell-Jones, *Canadian Journal of Chemistry*, 1966, *44*, 2435-2443.

[6] G. S. Pearson, "*Perchlorates: A Review of their thermal decomposition and combustion, with an appendix on perchloric acid*", R. P. E. technical report no. 68/11, October 1968, Ministry of Technology, London.

[7] B. T. Fedoroff, O. E. Sheffield, *Encyclopedia of Explosives and Related Items*, *Vol. 7*, US Army Research and Development Command, TACOM, Picatinny Arsenal, USA, 1975.

[8] J. W. Conant, R. B. Roof, *Acta Cryst.*, 1970, *B26*, 1928-1932.

二(5-硝氨基-四唑)-3-肼基-4-氨基-1H-1,2,4-三唑盐 (3-Hydrazinium-4-amino-1H-1,2,4-triazolium di (5-nitramino-tetrazolate))

名称 二(5-硝基氨基-四唑)-3-肼-4-氨基-1H-1,2,4-三唑盐

主要用途 猛(高能)炸药

分子结构式

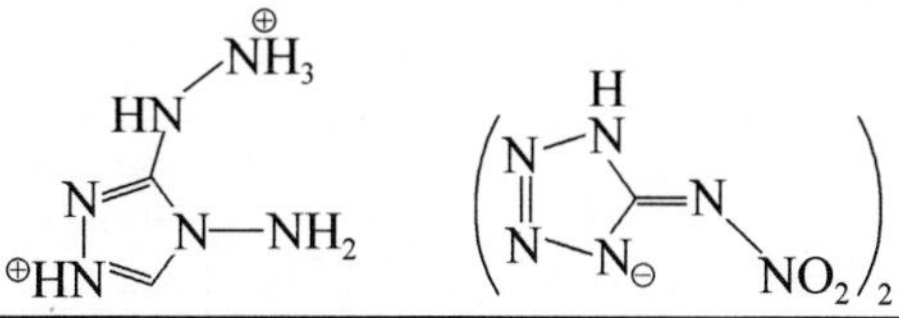

名称	HATr. 2NATZ	
分子式	$C_4H_{10}N_{18}O_4$, $[C_2H_8N_6]^{2+}[CHN_6O_2]^{2-}$	
$M/(g\cdot mol^{-1})$	374.11	
IS/J	4	
FS/N		
ESD/J		
N/%	67.3	
$\Omega(CO_2)/\%$		
$T_{m.p}/℃$		
$T_{dec}/℃$	211(DSC @ 5℃·min^{-1})	
$\rho/(g\cdot cm^{-3})$	1.755(含结晶水) 1.795(@ 298K)	
$\Delta_f H°/(kJ\cdot mol^{-1})$ $\Delta_f H°/(kJ\cdot kg^{-1})$	176.1	
	理论值(K-J)	试验值
$-\Delta_{ex}U°/(kJ\cdot kg^{-1})$		
T_{ex}/K		
$P_{C-J}/kbar$	286	
VoD/$(m\cdot s^{-1})$	8039(@ TMD)	
$V_0/(L\cdot kg^{-1})$		

二(5-硝基-四唑)-3-肼基-4-氨基-1H-1,2,4-三唑盐(3-Hydrazinium-4-amino-1H-1,2,4-triazolium di(5-nitro-tetrazolate))

名称 二(5-硝基-四唑)-3-肼-4-氨基-1H-1,2,4-三唑盐

主要用途 猛(高能)炸药

分子结构式

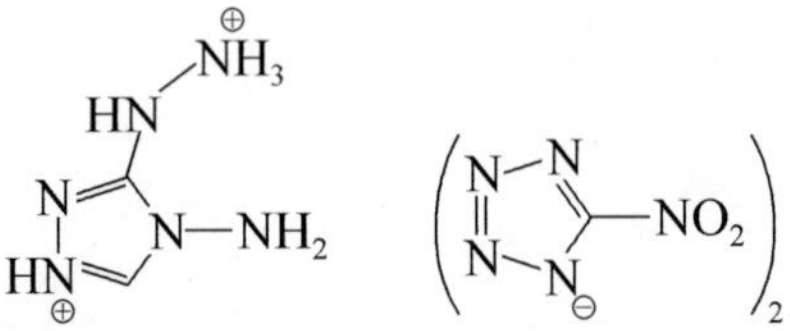

名称	HATr. 2NTZ	
分子式	$C_4H_8N_{16}O_4$,$[C_2H_8N_6]^{2+}[CN_5O_2]^{2-}$	
$M/(g\cdot mol^{-1})$	344.09	
IS/J	4	
FS/N		
ESD/J		
N/%	65.11	
$\Omega(CO_2)$/%		
$T_{m.p}$/℃		
T_{dec}/℃	188(DSC @ 5℃·min^{-1})	
$\rho/(g\cdot cm^{-3})$	1.711(@ 298K)	
$\Delta_f H°/(kJ\cdot mol^{-1})$ $\Delta_f H°/(kJ\cdot kg^{-1})$	507.0	
	理论值(K-J)	试验值
$-\Delta_{ex}U°/(kJ\cdot kg^{-1})$		
T_{ex}/K		
P_{C-J}/kbar	253	
VoD/$(m\cdot s^{-1})$	7665(@ TMD)	
$V_0/(L\cdot kg^{-1})$		

1H,1′H-5,5′-双四唑′3-肼基-4-氨基-1H-1,2,4-三唑盐(3-Hydrazinium-4-amino-1H-1,2,4-triazolium 1H,1′H-5,5′-bitetrazole-1,1′-diolate)

名称 1H,1′H-5,5′-双噻唑-1,1′-二油酸酯-3-肼-4-氨基-1H-1,2,4-三唑盐

主要用途 猛炸药

分子结构式

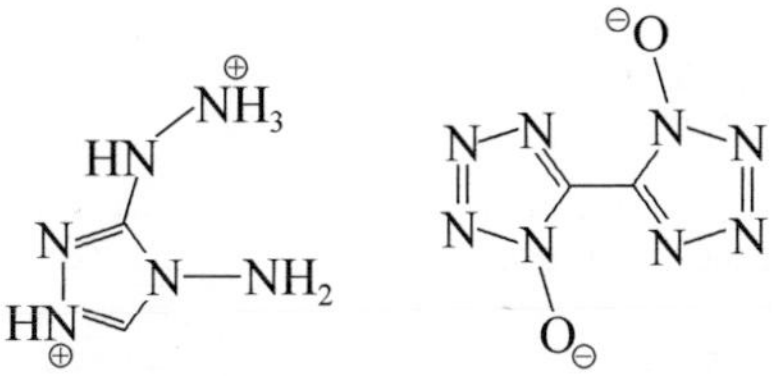

名称	HATr. BTO	
分子式	$C_4H_8N_{16}O_2$,$[C_2H_8N_6]^{2+}[C_2N_8O_2]^{2-}$	
$M/(g \cdot mol^{-1})$	284.20	
IS/J	18	
FS/N		
ESD/J		
$N/\%$	69.0	
$\Omega(CO_2)/\%$		
$T_{m.p}/℃$		
$T_{dec}/℃$	249(DSC @ 5℃·min^{-1})	
$\rho/(g \cdot cm^{-3})$	1.722(@ 298K)	
$\Delta_f H°/(kJ \cdot mol^{-1})$ $\Delta_f H°/(kJ \cdot kg^{-1})$	587.7	
	理论值(K-J)	试验值
$-\Delta_{ex}U°/(kJ \cdot kg^{-1})$		
T_{ex}/K		
$P_{C-J}/kbar$	224	
$VoD/(m \cdot s^{-1})$	7206(@ TMD)	
$V_0/(L \cdot kg^{-1})$		

硝基四唑-3-肼基-4-氨基-1H-1,2,4-三唑盐 (3-Hydrazinium-4-amino-1H-1,2,4-triazolium nitrotetrazolate)

名称 硝基四唑-3-肼-4-氨基-1H-1,2,4-三唑盐

主要用途 猛炸药

分子结构式

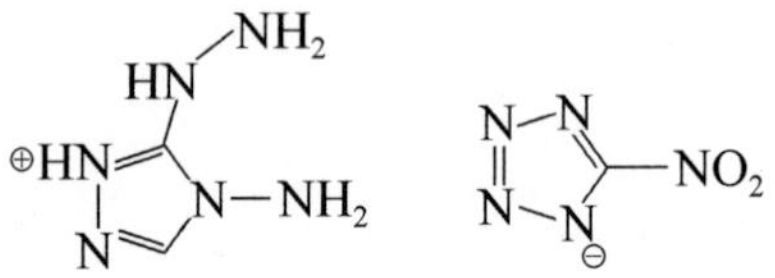

名称	HATr. NTZ	
分子式	$C_3H_7N_{11}O_2$, $[C_2H_7N_6]^+[CN_5O_2]^-$	
$M/(g \cdot mol^{-1})$	284.20	
IS/J	8	
FS/N		
ESD/J		
$N/\%$	61.4	
$\Omega(CO_2)/\%$		
$T_{m.p}/℃$		
$T_{dec}/℃$	249(DSC @ 5℃·min^{-1})	
$\rho/(g \cdot cm^{-3})$	1.657(@ 298K)	
$\Delta_f H°/(kJ \cdot mol^{-1})$ $\Delta_f H°/(kJ \cdot kg^{-1})$	366.8	
	理论值(K-J)	试验值
$-\Delta_{ex}U°/(kJ \cdot kg^{-1})$		
T_{ex}/K		
$P_{C-J}/kbar$	194	
$VoD/(m \cdot s^{-1})$	6720	
$V_0/(L \cdot kg^{-1})$		

1,1′-二羟基-5,5′-偶氮四唑二(3-肼基-4-氨基-2H-1,2,4-三唑)盐 (3-Hydrazino-4-amino-2H-1,2,4-triazolium 1H,1′H-5,5′-azotetrazole-1,1′-diolate)

名称 1,1′-二羟基-5,5′-偶氮四唑二(3-肼基-4-氨基-2H-1,2,4-三唑)盐

主要用途 猛炸药

分子结构式

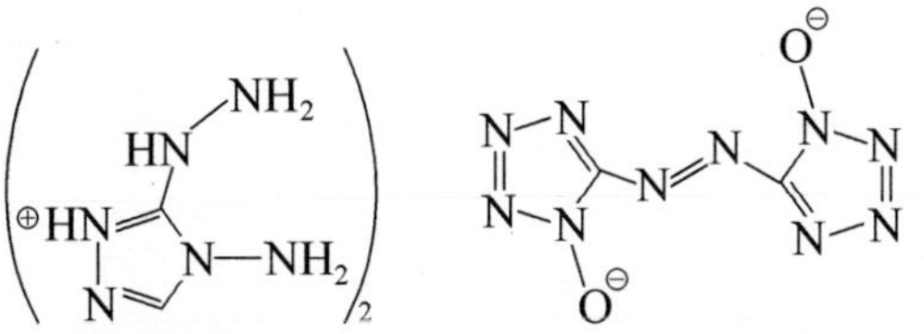

名称	2HATr. DHazo	
分子式	$C_3H_7N_{11}O_2$, $[C_2H_7N_6]_2^+[C_2N_{10}O_2]^{2-}$	
$M/(g\cdot mol^{-1})$	426.17	
IS/J	25	
FS/N		
ESD/J		
$N/\%$	72.28	
$\Omega(CO_2)/\%$		
$T_{m.p}/℃$		
$T_{dec}/℃$	183(DSC @ 5℃·min^{-1})	
$\rho/(g\cdot cm^{-3})$	1.683(@ 298K)	
$\Delta_f H°/(kJ\cdot mol^{-1})$ $\Delta_f H°/(kJ\cdot kg^{-1})$	768.7	
	理论值(K-J)	试验值
$-\Delta_{ex}U°/(kJ\cdot kg^{-1})$		
T_{ex}/K		
$P_{C-J}/kbar$	244	
VoD/$(m\cdot s^{-1})$	7577(@ TMD)	
$V_0/(L\cdot kg^{-1})$		

I

异山梨醇二硝酸酯
(Isosorbitol dinitrate)

名称 异山梨醇硝酸酯

主要用途

分子结构式

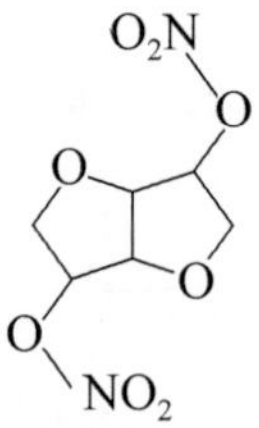

名称	异山梨醇硝酸酯	
分子式	$C_6H_8N_2O_8$	
$M/(g \cdot mol^{-1})$	236.14	
IS/J	15N·m[1]	
FS/N	>160[1]	
ESD/J		
$N/\%$	11.86	
$\Omega(CO_2)/\%$	-54.2	
$T_{m.p}/℃$	70(分解)[1]	
$T_{dec}/℃$	70[1]	
$\rho/(g \cdot cm^{-3})$	1.65±0.1(@ 293.15K)[2]	
$\Delta_f H°/(kJ \cdot mol^{-1})$ $\Delta_f H°/(kJ \cdot kg^{-1})$		
	理论值(K-J)	试验值
$-\Delta_{ex} U°/(kJ \cdot kg^{-1})$		

续表

T_{ex}/K		
P_{C-J}/GPa		
VoD/(m·s^{-1})		5300(@ 1.08g·cm^{-3})[1]
V_0/(L·kg^{-1})		

参考文献

[1] R. Meyer, J. Kohler, A. Homburg, Explosives, 7th edn., Wiley - VCH, Weinheim, 2016, p. 198.

[2] Calculated using Advanced Chemistry Development(ACD/Labs) Software V11.02(© 1994-2017 ACD/Labs).

L

叠氮化铅
(Lead azide)

名称 叠氮化铅

主要用途 起爆药

分子结构式 $Pb(N_3)_2$

<table>
<tr><td>名称</td><td>LA</td></tr>
<tr><td>分子式</td><td>N_6Pb</td></tr>
<tr><td>$M/(g\cdot mol^{-1})$</td><td>291.3</td></tr>
<tr><td>IS/J</td><td>10cm(2kg,B.M.)[2],3英寸(2kg,P.A.)[2],2.5~4.0[3],2.5~4N·m[7],2cm(2kg)[5],30~40cm(500g)[5],35~40cm(2kg 锤)[5],43cm(B.M.)[5],113cm(中位高度,2kg落锤,30mg样品,Rotter仪器)[6]粉末状样品:$H_{50\%}$ = 4cm(NOL)[6],$H_{10\%}$ = 17cm(B.M.)[6],$H_{10\%}$ = 5英寸(P.A.)[6]</td></tr>
<tr><td>FS/N</td><td>0.1~1.0[3]</td></tr>
<tr><td>ESD/J</td><td>0.0070[2]
5000V最高静电放电能下不发火概率[7]:
<table>
<tr><td colspan="2">不发火时的最高放电能</td><td colspan="2">发火类</td></tr>
<tr><td>无约束</td><td>约束</td><td>无约束</td><td>约束</td></tr>
<tr><td>0.0 0</td><td>0.0070</td><td>爆炸</td><td>爆炸</td></tr>
</table></td></tr>
<tr><td>N/%</td><td>28.8</td></tr>
<tr><td>Ω/%</td><td>-5.5</td></tr>
<tr><td>$T_{m.p}$/℃</td><td>分解[2]</td></tr>
<tr><td>T_{dec}/℃</td><td></td></tr>
<tr><td>$\rho/(g\cdot cm^{-3})$</td><td>4.80(晶体)[2],4.8[4]</td></tr>
<tr><td>$\Delta_f H^\circ/(kJ\cdot mol^{-1})$
$\Delta_f U^\circ/(kJ\cdot kg^{-1})$</td><td>1637.7[4],1663.3[4]</td></tr>
</table>

	理论值(EXPLO5 6.04)	实测值
$-\Delta_{ex}U^\circ/(kJ\cdot kg^{-1})$	1575	367cal·g^{-1}[2],1638[4]
T_{ex}/K	3285	3420℃[5],3450℃[5],3484℃[5]

续表

P_{C-J}/kbar	349	334[3],94930kg·cm^{-2}(@ 3.0g·cm^{-3},在 1100kg·cm^{-2}下压制)[5]
VoD/(m·s^{-1})	6077 (@ 4.8g·cm^{-3}; $\Delta_f H$ = 450kJ·mol^{-1})	4070(@ 2.0g·cm^{-3},压装)[2]; 4630(@ 3.0g·cm^{-3},压装)[2]; 5180(@ 4.0g·cm^{-3},压装)[2]; 5876.8(@ 4.80g·cm^{-3})[3]; 4500(@ 3.8g·cm^{-3},有约束)[4-5]; 5300(@ g·cm^{-3},有约束)[4-5];5400(@ 最大ρ)[5]
V_0/(L·kg^{-1})	252	308cc·g^{-1}[2,5],231[4]

名称	α-Pb(N_3)$_2$[8-9]	β-Pb(N_3)$_2$[9]	α-Pb(N_3)$_2$[10]	β-Pb(N_3)$_2$[10]
化学式	N_6Pb	N_6Pb	N_6Pb	N_6Pb
M/(g·mol^{-1})	291.26	291.26	291.26	291.26
晶系	正交	单斜	正交	单斜
空间群	$Pcmn$(no. 61)		$Pnma$(no. 62)	$C2$(no. 5)
a/Å	11.31	18.49	6.63	18.49
b/Å	16.25	8.84	16.25	8.85
c/Å	6.63	5.12	11.31	5.12
α/(°)	90		90	90
β/(°)	90		90	107.6
γ/(°)	90		90	90
V/Å^3	1218.51		1218.51	798.601
Z	12		12	8
ρ_{calc}/(g·cm^{-3})	4.68	4.87	4.76267	4.84461
T/K	RT		RT	

参考文献

[1] H. D. Mallory(ed.),The Development of Impact Sensitivity Tests at the Explosives Research Laboratory Bruceton,Pennsylvania During the Years 1941–1945,16th March 1965,AD Number AD–116–878,US Naval Ordnance Laboratory,White Oak,Maryland.

[2] AMC Pamphlet Engineering Design Handbook:Explosive Series Properties of Explosives of Military Interest,Headquarters,U. S. Army Materiel Command,January 1971.

[3] L. –Y. Chen,Z. –N. Zhou,T. –L. Zhang,J. –G. Zhang,Proceedings of the 20th Seminar on New Trends in Research of Energetic Materials,Pardubice,April 26–28,2017,p. 226–243.

[4] R. Meyer, J. Köhler, A. Homburg, Explosives, 7th edn., Wiley – VCH, Weinheim, 2016, pp. 200–201.

[5] B. T. Fedoroff, H. A. Aaronson, E. F. Reese, O. E. Sheffield, G. D. Clift, Encyclopedia of Explosives and Related Items, Vol. 1, US Army Research and Development Command, TACOM, Picatinny Arsenal, USA, 1960.
[6] B. T. Fedoroff, O. E. Sheffield, Encyclopedia of Explosives and Related Items, Vol. 7, US Army Research and Development Command, TACOM, Picatinny Arsenal, USA, 1975.
[7] B. T. Fedoroff, O. E. Sheffield, Encyclopedia of Explosives and Related Items, Vol. 5, US Army Research and Development Command, TACOM, Picatinny Arsenal, USA, 1972.
[8] Military Explosives, Department of the Army Technical Manual, TM 9-1300-214, Headquarters, Department of the Army, September 1984.
[9] C. S. Choi, H. P. Boutin, Acta Cryst., 1969, B25, 982-987.
[10] C. -O. Lieber, Propellants, Explosives, Pyrotechnics, 2000, 25, 288-301.

斯蒂酚酸铅
(Lead styphnate)

名称 斯蒂酚酸铅
主要用途 起爆药
分子结构式

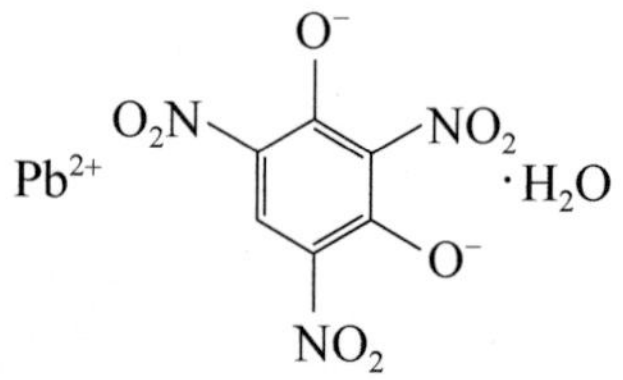

名称	LS
分子式	$C_6H_3N_3O_9Pb$
$M/(g \cdot mol^{-1})$	408.25
IS/J	17cm(2kg 落锤)(B. M.)[1],3 英寸(8 盎司落锤)(P. A.)[1],2.5~5N·m[3]
FS/N	
ESD/J	0.0009[1]
N/%	8.97
$\Omega(CO_2)/\%$	-22.2
$T_{m.p}/℃$	260~310(爆炸)[1]
$T_{dec}/℃$	260~310(爆炸,DSC@5℃·min^{-1})[1]
$\rho/(g \cdot cm^{-3})$	3.02(晶体)[1]

续表

$\Delta_f H°/(kJ\cdot mol^{-1})$ $\Delta_f U°/(kJ\cdot kg^{-1})$	-1786.9[3] -1747.2[3]	
	理论值(EXPLO5 6.04)	实测值
$-\Delta_{ex} U°/(kJ\cdot kg^{-1})$	2322	$457cal\cdot g^{-1}$[1], $460cal\cdot g^{-1}$[H_2O(气态)][2]
T_{ex}/K	2955	
$P_{C-J}/kbar$	244	
$VoD/(m\cdot s^{-1})$	6098 @ 3.02($\Delta_f H = -624kJ\cdot mol^{-1}$)	5200(@ $2.9g\cdot cm^{-3}$,雷管起爆)[2] 5200(@ $2.9g\cdot cm^{-3}$)[1]
$V_0/(L\cdot kg^{-1})$	344	368[1],440[2]

参考文献

[1] AMC Pamphlet Engineering Design Handbook: Explosive Series Properties of Explosives of Military Interest, Headquarters, U. S. Army Materiel Command, January 1971.

[2] Military Explosives, Department of the Army Technical Manual. TM 9-1300-214, Headquarters, Department of the Army, September 1984.

[3] R. Meyer, J. Köhler, A. Homburg, Explosives, 7th edn., Wiley-VCH, 2016, pp. 206-207.

M

甘露醇六硝酸酯
(D-Mannitol hexanitrate)

名称　甘露醇六硝酸酯

主要用途　简易炸药,传爆药

分子结构式

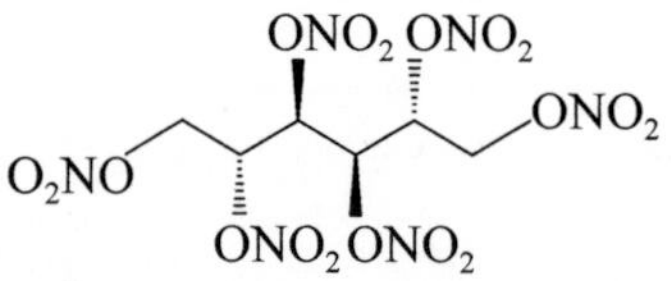

名称	MHN
分子式	$C_6H_8N_6O_{18}$
$M/(g\cdot mol^{-1})$	452.15
IS/J	1(100~500μm),2.16(B.M.)[2-4],1.99(P.A.)[2-4],8~11cm(B.M.)[8],4英寸(P.A.)[8]
FS/N	30(100~500μm)
ESD/J	0.15(100~500μm)
$N/\%$	18.59
$\Omega(CO_2)/\%$	7.08
$T_{m.p}/℃$	109,112~113[4,8],112[7],109(经多次重结晶)[8]
$T_{dec}/℃$ $T_{dec}/℃$	157(DSC@5℃·min^{-1}) 150[4],150(缓慢加热)[8]
$\rho/(g\cdot cm^{-3})$	1.894(@ 173K) 1.784(气体比重计,@ 298K) 1.73[4],1.604[7]
$\Delta_f H^\circ/(kJ\cdot mol^{-1})$ $\Delta_f H^\circ/(kJ\cdot kg^{-1})$ $\Delta_f U^\circ/(kJ\cdot kg^{-1})$	−622,−165.2kcal·mol^{-1}[8] −1494.4[7] −1287

续表

	理论值(EXPLO5 6.04)	实测值
$-\Delta_{ex}U°/(kJ\cdot kg^{-1})$	5938	1390cal · g^{-1}[4], 1454cal · g^{-1}[4], 1468cal · g^{-1}[4], 1520cal · g^{-1}[4], 6380[6],5855 [H_2O(气态)][7]
T_{ex}/K	4189	
P_{C-J}/kbar	296	
VoD/($m\cdot s^{-1}$)	8488(@ TMD)	7000(@ 1.5g · cm^{-3},铁管,直径25mm,壁厚5mm)[8] 8260(@ 1.73g·cm^{-3})[1-2,7] 8260(@ 1.73g · cm^{-3},压装,约束的,装药直径0.5英寸)[4-5]
V_0/($L\cdot kg^{-1}$)	755	755[6],694[7],723[8]

参考文献

[1] M. H. Keshavarz, Propellants, Explosives, Pyrotechnics, 2012, 37, 489-497.

[2] Ordnance Technical Intelligence Agency, Encyclopedia of Explosives: A Compilation of Principal Explosives, Their Characteristics, Processes of Manufacture and Uses, Ordnance Liaison Group- Durham, Durham, North Carolina, 1960.

[3] B. M. abbreviation for Bureau of Mines apparatus; P. A. abbreviation for Picatinny Arsenal apparatus.

[4] AMC Pamphlet Engineering Design Handbook: Explosive Series Properties of Explosives of Military Interest, Headquarters, U. S. Army Materiel Command, January 1971.

[5] P. W. Cooper, Explosives Engineering, Wiley-VCH, New York, 1996.

[6] H. Muthurajan, R. Sivabalan, M. B. Talawar, S. N. Asthana, J. Hazard. Mater., 2004, A112, 17-33.

[7] R. Meyer, J. Köhler, A. Homburg, Explosives, 7th edn., Wiley - VCH, Weinheim, 2016, pp. 213-214.

[8] S. M. Kaye, Encyclopedia of Explosives and Related Items, Vol. 8, US Army Research and Development Command, TACOM, Picatinny Arsenal, USA, 1978.

雷　汞
(Mercury fulminate)

名称　雷汞

主要用途　起爆药,雷管

分子结构式　$Hg(CNO)_2$

名称	雷汞	
分子式	$C_2N_2O_2Hg$	
$M/(g\cdot mol^{-1})$	284.6	
IS/J	5cm(2kg)(B. M.)[1],35cm(1g)(B. M.)[1],2英寸(2kg)(P. A.)[1],4英寸(1磅)(P. A.)[1],0.62(50%概率发火时的冲击能)[7],$H_{60\%}$ = 7.5cm(Wöhler仪器)[4],1~2N·m[2]	
FS/N	5.3(50%概率发火时的摩擦力)[7]	
ESD/J	0.025[1]	
$N/\%$	9.8	
$\Omega(CO_2)/\%$	−16.86	
$T_{m.p}/℃$	分解[1]	
T_{dec}		
$\rho/(g\cdot cm^{-3})$(晶体)	4.43[1] 4.42[2]	
$\Delta_f H°/(kJ\cdot kg^{-1})$ $\Delta_f U°/(kJ\cdot kg^{-1})$	+941[2] +958[2]	
	理论值(EXPLO5 6.04)	实测值
$-\Delta_{ex}U°/(kJ\cdot kg^{-1})$	2015	427cal·g^{-1}[1],1735[2],410cal·g^{-1}[4]
T_{ex}/K	4394	
P_{C-J}/kbar	246	
$VoD/(m\cdot s^{-1})$	4976(@ 4.42g·cm^{-3};$\Delta_f H°$=268kJ·mol^{-1})	3260(平均值@ 1.69g·cm^{-3},25℃)[5] 3100(平均值@ 1.69g·cm^{-3},−80℃)[5] 3160(平均值@ 1.69g·cm^{-3},−180℃)[5] 3500(@ 2.0g·cm^{-3},压装)[1] 5400(@ 4.42g·cm^{-3})[4] 4250(@ 3.0g·cm^{-3},压装)[1] 5000(@ 4.0g·cm^{-3},压装)[1]
$V_0/(L\cdot kg^{-1})$	215	243g·mL^{-1}[1],315[3],314[4]

名称	雷汞[6]
化学式	$C_2N_2O_2Hg$
$M/(g\cdot mol^{-1})$	284.63
晶系	正交
空间群	*Cmca*(no. 64)

续表

a/Å	5. 3549(2)
b/Å	10. 4585(5)
c/Å	7. 5579(4)
α/(°)	90
β/(°)	90
γ/(°)	90
V/Å^3	423. 27(3)
Z	4
ρ_{calc}/(g·cm^{-3})	4. 467
T/K	100

参考文献

[1] AMC Pamphlet Engineering Design Handbook: Explosive Series Properties of Explosives of Military Interest, Headquarters, U. S. Army Materiel Command, January 1971.

[2] R. Meyer, J. Köhler, A. Homburg, Explosives, 7th edn. , Wiley - VCH, Weinheim, 2016, pp. 215–216.

[3] B. T. Fedoroff, H. A. Aaronson, E. F. Reese, O. E. Sheffield, G. D. Clift, Encyclopedia of Explosives and Related Items, Vol. 1, US Army Research and Development Command, TACOM, Picatinny Arsenal, USA, 1960.

[4] B. T. Fedoroff, O. E. Sheffield, Encyclopedia of Explosives and Related Items, Vol. 2, US Army Research and Development Command, TACOM, Picatinny Arsenal, USA, 1962.

[5] B. T. Fedoroff, O. E. Sheffield, Encyclopedia of Explosives and Related Items, Vol. 4, US Army Research and Development Command, TACOM, Picatinny Arsenal, USA, 1969.

[6] W. Beck, J. Evers, M. Göbel, G. Oehlinger, T. M. Klapötke, ZAAC, 2007, 633, 1417–1422.

[7] M. Künzel, R. Matyáš, O. Vodochodský, J. Pachmáň, Centr. Eur. J. Energ. Mater. 2017, 14, 418–429.

N

硝基氨基胍
(Nitroaminoguanidine)

名称 硝基氨基胍

主要用途 氧化剂

分子结构式

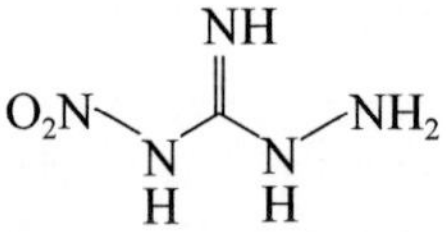

名称	NAGu	
分子式	$CH_5N_5O_2$	
$M/(g\cdot mol^{-1})$	119.08	
IS/J	20[3],3N·m[4]	
FS/N	240[4],144[3]	
ESD/J	0.15(@ 100~500μm 颗粒状[3])	
N/%	58.8	
$\Omega(CO_2)$/%	−33.6	
$T_{m.p}$/℃		
T_{dec}/℃	190[1],184[3](DSC@ 5℃·min⁻¹)	
$\rho/(g\cdot cm^{-3})$	1.71(@ 298K),1.72(晶体@ 173K)[3]	
$\Delta_f H°(g)/(kJ\cdot mol^{-1})$ $\Delta_f H°/(kJ\cdot kg^{-1})$ $\Delta_f U°(s)/(kJ\cdot mol^{-1})$	161.7(理论值)[3] 185.5[4] 91.8(理论值)[3]	
	理论值(EXPLO5 5.04[3])	实测值
$-\Delta_{ex}U°/(kJ\cdot kg^{-1})$	4915	3746 [H_2O(液态)][4] 3418 [H_2O(气态)][4]
T_{ex}/K	3310	
P_{C-J}/kbar	307	
$VoD/(m\cdot s^{-1})$	8729(@ TMD)	
$V_0/(L\cdot kg^{-1})$	878	

名称	NAGu[2]
化学式	$CH_5N_5O_2$
$M/(g\cdot mol^{-1})$	119.09
晶系	四方
空间群	
a/Å	17.063±0.005
b/Å	17.063±0.005
c/Å	5.155±0.005
$\alpha/(°)$	
$\beta/(°)$	
$\gamma/(°)$	
V/Å^3	
Z	
$\rho_{calc}/(g\cdot cm^{-3})$	
T/K	

参考文献

[1] R. A. Henry, R. C. Makosky, G. B. L. Smith, J. Am. Chem. Soc., 1951, 73, 474-474.

[2] S. R. Naidu, N. M. Bhide, K. V. Prabhakaran, E. M. Kurian, J. Therm. Anal., 1995, 44, 1449-1462.

[3] N. Fischer, T. M. Klapötke, J. Stierstorfer, Z. Naturforsch., 2012, 67b, 573-588.

[4] R. Meyer, J. Köhler, A. Homburg, Explosives, 7th edn., Wiley-VCH, Weinheim, 2016, p. 226.

硝化纤维素
(Nitrocellulose)

名称 硝化纤维素

主要用途 爆破炸药、无烟火药、推进剂组分

分子结构式

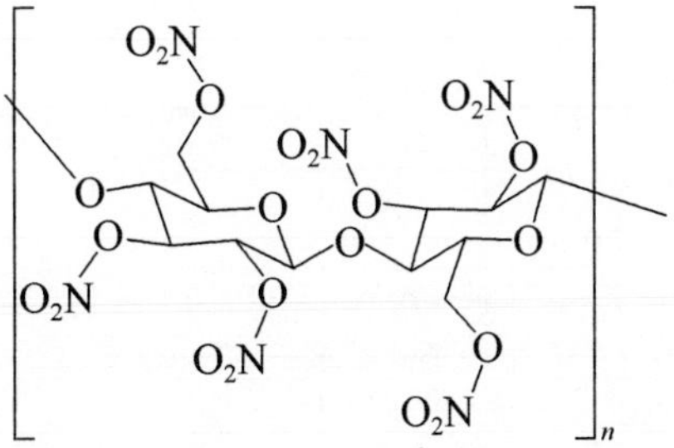

<table>
<tr><td>名称</td><td>NC(某些数据适用于结构单元)</td></tr>
<tr><td>分子式</td><td>$C_{12}H_{14}N_6O_{22}$(如果全部硝化)</td></tr>
<tr><td>$M/(g\cdot mol^{-1})$</td><td>NC(12. 60):544. 79;
NC(13. 45):572. 68;
NC(14. 14):594. 3</td></tr>
<tr><td>IS/J</td><td>NC(12. 60):1. 57(B. M.)[4-6] 1. 50(P. A.)[[4-6];
NC(13. 45):1. 77(B. M.)[4-6],1. 50(P. A.)[4-6];
NC(13. 45%,火棉):3 英寸(2kg 落锤,P. A.)[7],9cm(B. M.)[7];
NC(14% N):3 英寸(2kg 落锤,样品量 5mg,P. A.)[7],8cm(B. M.)[7];
NC(14. 14):1. 57(B. M.)[6],1. 50(P. A.)[6]</td></tr>
<tr><td>FS/N</td><td>353</td></tr>
<tr><td>ESD/J</td><td>5030V 最高静电放电能下不发火概率(NC,13. 4% N)[9]:<table><tr><td colspan="2">不发火时的最高放电能</td><td colspan="2">发火类型</td></tr><tr><td>无 约 束</td><td>约 束</td><td>无 约 束</td><td>约 束</td></tr><tr><td>0. 061</td><td>3 1</td><td>爆燃</td><td>爆燃</td></tr></table></td></tr>
<tr><td>$N/\%$</td><td>NC(12. 60):12. 60;
NC(13. 45):13. 45;
NC(14. 14):14. 14</td></tr>
<tr><td>$\Omega(CO_2)/\%$</td><td>NC(12. 60):-35;
NC(13. 45):-29;
NC(14. 14):-24</td></tr>
<tr><td>$T_{m.p}/℃$</td><td>NC(14. 14):分解[6];
NC(13. 45):分解[6];
NC(12. 60):分解[6]</td></tr>
<tr><td>$T_{dec}/℃$</td><td></td></tr>
<tr><td>$\rho/(g\cdot cm^{-3})$</td><td>1. 67(@ 298K);
1. 550[1];
NC(14. 14):1. 65~1. 70[6]</td></tr>
<tr><td>$\Delta_f H^\circ/(kJ\cdot mol^{-1})$</td><td>-669. 8[2];
NC(14. 14):$-617cal\cdot g^{-1}$[6];
NC(13. 45):$-561cal\cdot g^{-1}$[6];
NC(12. 60):$-513cal\cdot g^{-1}$[6]</td></tr>
<tr><td>$\Delta_f H^\circ/(kJ\cdot kg^{-1})$</td><td></td></tr>
<tr><td>$\Delta_f H/(kJ\cdot kg^{-1})$</td><td>-2581. 5[1]</td></tr>
</table>

	理论值 (EXPLO5 6. 03[3]) NC 13. 25%	实测值	文献值[3]
$-\Delta_{ex}U^\circ/(kJ\cdot kg^{-1})$	4642	NC(12. 6):$855cal\cdot g^{-1}$[6]; NC(13. 45):$965cal\cdot g^{-1}$[6]; NC(14. 14):$1058cal\cdot g^{-1}$[6]	$1025kcal\cdot kg^{-1}$

续表

T_{ex}/K	3325		3100
P_{C-J}/kbar	23.4		
VoD/($m \cdot s^{-1}$)	7459	NC(13.45):7300 (@ 1.20g·cm^{-3})[4,6]	6300(@ 1.3g·cm^{-3})
V_0/($L \cdot kg^{-1}$)	709	871; NC(12.6):919[6]; NC(13.45):883[6]; NC(14.14):853[6]	765(@ 0℃)

注:

1. NC 12.6% N:

Q_E^V=941cal·g^{-1}[7],V_0=0.04041moles·g^{-1}[7],Q_E(未说明是理论值还是实测值)=855kcal·kg^{-1}[7],生产热=617kcal·kg^{-1}[7],ρ=1.655g·cm^{-3}[7]。

2. NC 13.45% N:

Q_E=1061cal·g^{-1}[7],V_0=0.03854moles·g^{-1}[7],ρ=1.657g·cm^{-3}[7]。

3. NC 13.45% N(火棉):

VoD=7300(@ 1.20g·cm^{-3})[7],V_0=712mL·g^{-1}[H_2O(液态)][7],V_0=883mL·g^{-1}[H_2O(气态)][7],Q_E^V=1063cal·g^{-1}[H_2O(液态)][7],Q_E^V=982cal·g^{-1}[H_2O(气态)][7],Q_f^P=551cal·g^{-1}[7]。

4. NC 14% N:

V_0=688mL·g^{-1}[H_2O(液态)][7],V_0=854mL·g^{-1}[H_2O(气态)][7],V_0(理论值)=838mL·g^{-1}[H_2O(气态)][7],Q_E^V=1137cal·g^{-1}[H_2(液态)][7],Q_E^V=1059cal·g^{-1}[H_2O(气态)][7],Q_E^V(理论值)=1051cal·g^{-1}[H_2O(气态)][7],Q_f^P=516cal·g^{-1}[7]。

5. NC 14.14% N:

爆热(未说明是理论值还是实测值)=1486kcal·kg^{-1}[8],Q_E=1160cal·g^{-1}[7],V_0=0.03704moles·g^{-1}[7],ρ=1.659g·cm^{-3}[7]。

参考文献

[1] https://engineering.purdue.edu/~propulsi/propulsion/comb/propellants.html.

[2] New Energetic Materials, H. H. Krause, Ch. 1 in Energetic Materials, U. Teipel(ed.), Wiley-VCH Verlag GmbH & Co. KGaA, Weinheim, 2005, pp. 1-26.

[3] Explosives, Section 2203 in Chemical Technology, F. H. Henglein, Pergamon Press, Oxford, 1969, pp. 718-728.

[4] Ordnance Technical Intelligence Agency, Encyclopedia of Explosives: A Compilation of Principal Explosives, Their Characteristics, Processes of Manufacture and Uses, Ordnance Liaison Group-Durham, Durham, North Carolina, 1960.

[5] B. M. abbreviation for Bureau of Mines apparatus; P. A. abbreviation for Picatinny Arsenal apparatus.

[6] AMC Pamphlet Engineering Design Handbook: Explosive Series Properties of Explosives of Military Interest, Headquarters, U. S. Army Materiel Command, January 1971.

[7] B. T. Fedoroff, O. E. Sheffield, Encyclopedia of Explosives and Related Items, Vol. 2, US Army Research and Development Command, TACOM, Picatinny Arsenal, USA, 1962.

[8] B. T. Fedoroff, O. E. Sheffield, Encyclopedia of Explosives and Related Items, Vol. 4, US

Army Research and Development Command, TACOM, Picatinny Arsenal, USA, 1969.
[9] B. T. Fedoroff, O. E. Sheffield, Encyclopedia of Explosives and Related Items, Vol. 4, US Army Research and Development Command, TACOM, Picatinny Arsenal, USA, 1972.

硝基乙烷
(Nitroethane)

名称 硝基乙烷

主要用途 猛(高能)炸药、熔铸炸药

分子结构式

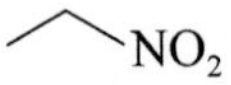

名称	硝基乙烷
分子式	$C_2H_5NO_2$
$M/(g \cdot mol^{-1})$	75.07
IS/J	
FS/N	
ESD/J	
$N/\%$	18.66
$\Omega(CO_2)/\%$	-95.9
$T_{m.p}/℃$	114
$T_{dec}/℃$	
$\rho/(g \cdot cm^{-3})$	1.05[1] 1.0352(@ 293K)[2] 1.041[4], 1.053[3]
$\Delta_f H°/(kJ \cdot kg^{-1})$ $\Delta_f H/(kJ \cdot kg^{-1})$	-1917.4[3] -1849.3[4]

	理论值(EXPLO5 6.04)	实测值
$-\Delta_{ex}U°/(kJ \cdot kg^{-1})$	3930	1686 [H_2O(液态)][3] 1608 [H_2O(气态)][3]
T_{ex}/K	2535	
$P_{C-J}/kbar$	93.1	
$VoD/(m \cdot s^{-1})$	5798 (@ 1.045g·cm^{-3}; $\Delta_f H$ = -142kJ·mol^{-1})	
$V_0/(L \cdot kg^{-1})$	955	

参考文献

[1] Hazardous Substances Data Bank, obtained from the National Libarary of Medicine(US).

[2] Shvekhgeimer, G. A. , Zh. Org. Khim. , 1966, 10, 1852-1856.

[3] R. Meyer, J. Köhler, A. Homburg, Explosives, 7th edn. , Wiley - VCH, Weinheim, 2016, p. 229.

[4] https://engineering. purdue. edu/~propulsi/propulsion/comb/propellants. html.

硝基乙基丙二醇二硝酸酯
(Nitroethylpropanediol dinitrate)

名称 硝基乙基丙二醇二硝酸酯

主要用途 猛(高能)炸药、熔铸炸药

分子结构式

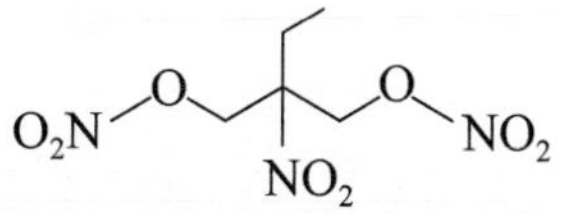

名称	硝基乙基丙二醇二硝酸酯	
分子式	$C_5H_9N_3O_8$	
$M/(g\cdot mol^{-1})$	239. 14	
IS/J		
FS/N		
ESD/J		
$N/\%$	17. 57	
$\Omega(CO_2)/\%$	-43. 5	
$T_{m.p}/℃$	335. 3±37. 0[1]	
$T_{dec}/℃$		
$\rho/(g\cdot cm^{-3})$	1. 474±0. 06(@293K)[1], 1. 44[3]	
$\Delta_f H°/(kJ\cdot mol^{-1})$ $\Delta_f H°/(kJ\cdot kg^{-1})$	-367. 4[2]	
	理论值(EXPLO5 6. 03)	实测值
$-\Delta_{ex}U°/(kJ\cdot kg^{-1})$	5012	4340[H_2O(液态)][3]
T_{ex}/K	3416	
$P_{C-J}/kbar$	20. 1	
$VoD/(m\cdot s^{-1})$	7205(@TMD)	
$V_0/(L\cdot kg^{-1})$	818	1032[3]

参考文献

[1] Calculated using Advanced Chemistry Development(ACD/Labs) Software V11.02(© 1994-2017 ACD/Labs).

[2] P. J. Linstrom, W. G. Mallard, NIST Chemistry WebBook, NIST Standard Reference Database Number 69, July 2001, National Institute of Standards and Technology, Gaithersburg, MD, 2014, 20899, webbook. nist. gov.

[3] R. Meyer, J. Köhler, A. Homburg, Explosives, 7th edn., Wiley - VCH, Weinheim, 2016, pp. 229-230.

硝化甘油
(Nitroglycerine)

名称 硝化甘油

主要用途 乳化炸药、火药、发射药和无烟推进剂的组分

分子结构式

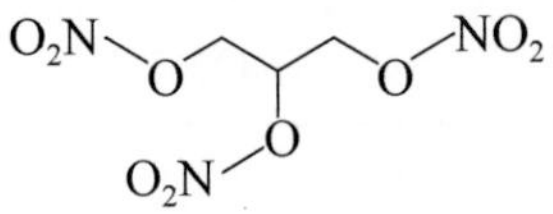

<table>
<tr><td>名称</td><td>NG</td></tr>
<tr><td>分子式</td><td>$C_3H_5N_3O_9$</td></tr>
<tr><td>$M/(g\cdot mol^{-1})$</td><td>227.09</td></tr>
<tr><td>IS/J</td><td>0.2N·m[13], 2.94(B. M.)[7-9], 0.55(P. A.)[8-9], 2cm(2kg 落锤, Kast 仪器), 44cm(2kg 落锤)[15], 4cm(2kg 落锤, B. M.)[15], 15cm(2kg 落锤, B. M.)[16], 1 英寸(1 磅落锤, 样品量 20mg s, P. A.)[17], 8~10cm(样品吸附在滤纸上, 2kg 落锤, Kast 仪器)[7], 70cm=最低落高(50g 落锤, B. M.)[17]
Olin 仪器(液态 NG[21]):
<table>
<tr><th>落锤质量/kg</th><th>落高/cm</th><th>试验数</th><th>发火数</th></tr>
<tr><td>1</td><td>1.0</td><td>20</td><td>0</td></tr>
<tr><td>1.5</td><td>1.0</td><td>10</td><td>5</td></tr>
<tr><td>1</td><td>2.0</td><td>10</td><td>4</td></tr>
<tr><td>1</td><td>3.0</td><td>10</td><td>9</td></tr>
</table>
Olin 仪器(固态 NG, 试验温度 5~10℃)[21]:
<table>
<tr><th>落锤质量/kg</th><th>落高/cm</th><th>试验数</th><th>发火数</th></tr>
<tr><td>2.0</td><td>32</td><td>20</td><td>0</td></tr>
<tr><td>3.0</td><td>32</td><td>18</td><td>1</td></tr>
<tr><td>3.0</td><td>48</td><td>10</td><td>2</td></tr>
</table>
Olin 仪器(固液混合态 NG, 试验温度 5~10℃)[21]:
<table>
<tr><th>落锤质量/kg</th><th>落高/cm</th><th>试验数</th><th>发火数</th></tr>
<tr><td>2.0</td><td>32</td><td>10</td><td>0</td></tr>
<tr><td>2.0</td><td>48</td><td>10</td><td>1</td></tr>
</table>
</td></tr>
</table>

续表

<table>
<tr><td>FS/N</td><td>360,>353[13]</td></tr>
<tr><td>ESD/J</td><td>>12.5(无约束)[9]
5000V 最高静电放电能下不发火概率[16]:
<table>
<tr><td></td><td colspan="2">不发火时的最高放电能</td><td colspan="2">发火类型</td></tr>
<tr><td>NG(25℃)</td><td>>12.5</td><td>0.90</td><td>无</td><td>爆轰</td></tr>
<tr><td>NG(60℃)</td><td>—</td><td>0.056</td><td>无</td><td>爆轰</td></tr>
</table>
NG(液态)或浸在滤纸上方:由 8μF 电容器产生的 13kV 电火花不会引发点火或爆炸[17]</td></tr>
<tr><td>N/%</td><td>18.50</td></tr>
<tr><td>$\Omega(CO_2)$/%</td><td>3.5</td></tr>
<tr><td>$T_{m.p}$/℃</td><td>13.2(稳定化处理)[9,16],
2.2(未稳定化处理)[9,16],
10.2~13.8(目测熔点,纯化)[18],9.6~13.2(目测熔点,收到的样品)[18],10.9(吸热起始温度,DSC @ 10℃·min^{-1})[18]</td></tr>
<tr><td>T_{dec}/℃</td><td>143[2],145~150(分解)[16]</td></tr>
<tr><td>$\rho/(g\cdot cm^{-3})$</td><td>1.6009(@ 288K)[1],1.591(@ 293K)[2,9],1.596(@ 293K)[2,9],1.600[3],1.60(装填 ρ @ 25℃)[15,16]</td></tr>
<tr><td>$\Delta_f H/(kJ\cdot mol^{-1})$
$\Delta_f H^\circ/(kJ\cdot kg^{-1})$
$\Delta_f H/(kJ\cdot kg^{-1})$</td><td>$-400cal\cdot g^{-1}$[9],$-90.8kcal\cdot mol^{-1}$[10]
−1633(理论值)[2]
−1673.6[3]</td></tr>
</table>

	理论值(EXPLO5 6.03[3])	实测值	文献值[4]
$-\Delta_{ex}U^\circ/(kJ\cdot kg^{-1})$	6099	6095 $1600cal\cdot g^{-1}$[9,16] $1589cal\cdot g^{-1}$(@定容)[H_2(液态)][17] $1470cal\cdot g^{-1}$(@定容)[H_2O(气态)][17] $1486cal\cdot g^{-1}$[H_2O(气态)][20] $1590cal\cdot g^{-1}$[H_2O(液态)][20] 6671[H_2O(液态)][13] 6214[H_2O(气态)][13]	6213
T_{ex}/K	4316	4554,4177℃[17],4260[10],4645℃[16],~3470℃(未说明实测值还是理论值)[16] 3470℃(@1.60$g\cdot cm^{-3}$)[19] 4577℃[20]	4250
P_{C-J}/kbar	23.7	25.6, 253[10],253(@1.6$g\cdot cm^{-3}$)[19]	

续表

VoD/($m\cdot s^{-1}$)	7850	7804 7630(@装填密度 1.6$g\cdot cm^{-3}$)[19] 7650(@装填密度 1.6$g\cdot cm^{-3}$)[19] 7700(@1.6$g\cdot cm^{-3}$)[5,6] 1600~1900(@1.6$g\cdot cm^{-3}$,玻璃)[7,9,16] 7700(@1.5$g\cdot cm^{-3}$,钢约束)[7,9] 7700(@1.59$g\cdot cm^{-3}$)[12] 7700(@1.6$g\cdot cm^{-3}$,合适起爆条件下)[20] 7700(@1.60$g\cdot cm^{-3}$)[14] 1560(装药直径30mm,铅管,8号雷管直接起爆)[24] 915(装药直径30mm,铝管,8号雷管直接起爆)[24] 1130(装药直径9.0mm,铝管,8号雷管直接起爆)[24] 7800(装药直径28mm,树脂玻璃管,8号雷管直接起爆,15g Tetryl作为传爆药)[24] 8560(装药直径40mm,#12防锈铝管,8号雷管直接起爆,20g Tetryl作为传爆药)[24] 6970(装药直径30mm,#12防锈铝管,8号雷管直接起爆,20g Tetryl作为传爆药)[24] 5870(装药直径20mm,#12防锈铝管,8号雷管直接起爆,20g 特屈儿作为传爆药)[24]	7450(@1.6$g\cdot cm^{-3}$)
V_0/($L\cdot kg^{-1}$)	782	714 715[9] 716[11,13] 717.7$mL\cdot g^{-1}$[24]	715(@0℃)

注:1. 光度法:VoD=7650$m\cdot s^{-1}$,T=4000K,P=250000atm[17]。

名称	NG[22-23]
化学式	$C_3H_5N_3O_9$
M/($g\cdot mol^{-1}$)	227.09
晶系	正交
空间群	$Pna2_1$(no.33)
a/Å	8.900(2)
b/Å	13.608(3)
c/Å	6.762(2)
α/(°)	90
β/(°)	90
γ/(°)	90
V/Å^3	818.954
Z	4

续表

ρ_{calc}/(g·cm^{-3})	1.842
T/K	153

参考文献

[1] Hazardous Substances Data Bank,obtained from the National Library of Medicine(US).

[2] T. Altenburg,T. Klapoetke,A. Penger,Cent. Eur. J. Energ. Mater. ,2009,6,255-275.

[3] https://engineering. purdue. edu/~propulsi/propulsion/comb/propellants. html.

[4] Explosives,Section 2203 in Chemical Technology,F. H. Henglein,Pergamon Press,Oxford, 1969,pp. 718-728.

[5] M. H. Keshavarz,J. Haz. Mat. ,2009,166,762-769.

[6] M. H. Keshavarz,Propellants,Explosives,Pyrotechnics,2012,37,489-497.

[7] Ordnance Technical Intelligence Agency,Encyclopedia of Explosives:A Compilation of Principal Explosives,Their Characteristics,Processes of Manufacture and Uses,Ordnance Liaison Group-Durham,Durham,North Carolina,1960.

[8] B. M. abbreviation for Bureau of Mines apparatus; P. A. abbreviation for Picatinny Arsenal apparatus.

[9] AMC Pamphlet Engineering Design Handbook:Explosive Series Properties of Explosives of Military Interest,Headquarters,U. S. Army Materiel Command,January 1971.

[10] M. L. Hobbs, M. R. Baer, Proceedings of the 10th International, Detonation Symposium, Office of Naval Research ONR 33395-12,1993,409-418.

[11] M. Jafari, M. Kamalvand, M. H. Keshavarz, A. Zamani, H. Fazeli, Indian J. Engineering and Mater. Sci. ,2015,22,701-706.

[12] P. W. Cooper,Explosives Engineering,Wiley-VCH,New York,1996.

[13] R. Meyer, J. Köhler, A. Homburg, Explosives, 7th edn. , Wiley - VCH, Weinheim, 2016, pp. 230-233.

[14] B. T. Fedoroff, O. E. Sheffield, Encyclopedia of Explosives and Related Items, Vol. 2, US Army Research and Development Command,TACOM,Picatinny Arsenal,USA,1962.

[15] S. M. Kaye,Encyclopedia of Explosives and Related Items, Vol. 8, US Army Research and Development Command,TACOM,Picatinny Arsenal,USA,1978.

[16] B. T. Fedoroff, O. E. Sheffield, Encyclopedia of Explosives and Related Items, Vol. 5, US Army Research and Development Command,TACOM,Picatinny Arsenal,USA,1972.

[17] B. T. Fedoroff, O. E. Sheffield, Encyclopedia of Explosives and Related Items, Vol. 6, US Army Research and Development Command,TACOM,Picatinny Arsenal,USA,1974.

[18] E. C. Broak,J. Energet. Mater. ,1990,8,21-39.

[19] B. T. Fedoroff, O. E. Sheffield, Encyclopedia of Explosives and Related Items, Vol. 4, US Army Research and Development Command,TACOM,Picatinny Arsenal,USA,1969.

[20] Military Explosives,Department of the Army Technical Manual,TM 9-1300-214,Headquarters,Department of the Army,September 1984.

[21] M. L. Jones, E. Lee, J. Energet. Mater., 1997, 15, 193-204.
[22] A. A. Espenbetov, M. Y. Antipin, Y. T. Struchkov, V. A. Philippov, V. G. Tsirel' son, R. P. Ozerov, B. S. Sveltov, Acta Cryst., 1984, C40, 2096-2098.
[23] A. A. Espenbetov, V. A Filippov, M. Y. Antipin, V. G. Tsirel′ son, Y. T. Struchkov, B. S. Sveltov, Izvestiya Rossiskya Akademii Nauk Seriya Khimicheskaya, 1985, 1558.
[24] J. Liu, Liquid Explosives, Springer-Verlag, Heidelberg, 2015.

硝基缩水甘油
(Nitroglycide)

名称 硝基缩水甘油

主要用途 合成前驱体

分子结构式

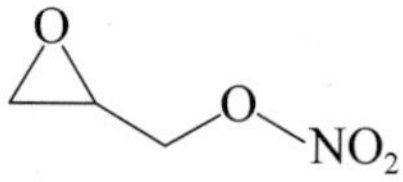

名称	硝基缩水甘油	
分子式	$C_3H_5NO_4$	
$M/(g\cdot mol^{-1})$	119.08	
IS/J	2[2]	
FS/N		
ESD/J		
$N/\%$	11.76	
$\Omega(CO_2)/\%$	-60.5	
$T_{m.p}/℃$		
$T_{dec}/℃$	195~200[2]	
$\rho(@293K)/(g\cdot cm^{-3})$	1.3186[1]	
$\Delta_f H°/(kJ\cdot mol^{-1})$ $\Delta_f H°(kJ\cdot kg^{-1})$		
	理论值(EXPLO5 6.03)	实测值
$-\Delta_{ex}U°/(kJ\cdot kg^{-1})$		
T_{ex}/K		
$P_{C-J}/kbar$		
$VoD/(m\cdot s^{-1})$		
$V_0/(L\cdot kg^{-1})$		

参考文献

[1] L. T. Eremenko, A. M. Korolev, Russ. Chem. Bull., 1967, 16, 1104–1106.

[2] R. Meyer, J. Köhler, A. Homburg, Explosives, 7th edn., Wiley–VCH, 2016, pp. 233–234.

硝化甘醇
(Nitroglycol)

名称 硝化甘醇

主要用途 用于降低 NG 的冰点

分子结构式

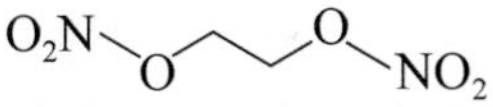

名称	EGDN	
分子式	$C_2H_4N_2O_6$	
$M/(g\cdot mol^{-1})$	152.06	
IS/J	0.2N·m[5]，1 滴滴落在滤纸上即发生爆炸，@ 20～25cm，(2kg 落锤，Kast 仪器)	
FS/N	>353[5]	
ESD/J		
N/%	18.42	
$\Omega(CO_2)$/%	±0	
$T_{m.p}$/℃	−20	
T_{dec}/℃	217	
$\rho/(g\cdot cm^{-3})$	1.481(@ 293K)[1]，1.48[5]	
$\Delta_f H°/(kJ\cdot mol^{-1})$ $\Delta_f H°/(kJ\cdot kg^{-1})$	−232.6[2] −1596.4	
	理论值(EXPLO5 6.03)	实测值
$-\Delta_{ex}U°/(kJ\cdot kg^{-1})$	6451	7289[H_2O(液态)][5] 6743[H_2O(气态)][5]
T_{ex}/K	4469	4400[7]
$P_{C\text{-}J}$/kbar	211	
$VoD/(m\cdot s^{-1})$	7579(@ 1.48g·cm^{-3})	7400(@ 1.50g·cm^{-3}，高速摄影法)[7] 7300(@ 1.49g·cm^{-3})[7] 7300(@ 1.48g·cm^{-3}) 8300(@ 1.48g·cm^{-3})[4]
$V_0/(L\cdot kg^{-1})$	810	737[3,5]

参考文献

[1] Hazardous Substances Data Bank, obtained from the National Libarary of Medicine(US).

[2] P. J. Linstrom, W. G. Mallard, NIST Chemistry WebBook, NIST Standard Reference Database Number 69, July 2001, National Institute of Standards and Technology, Gaithersburg, MD, 2014, 20899, webbook. nist. gov.

[3] M. Jafari, M. Kamalvand, M. H. Keshavarz, A. Zamani, H. Fazeli, Indian J. Engineering and Mater. Sci., 2015, 22, 701-706.

[4] P. W. Cooper, Explosives Engineering, Wiley-VCH, New York, 1996.

[5] R. Meyer, J. Köhler, A. Homburg, Explosives, 7th edn., Wiley - VCH, Weinheim, 2016, pp. 231-235.

[6] B. T. Fedoroff, O. E. Sheffield, Encyclopedia of Explosives and Related Items, Vol. 5, US Army Research and Development Command, TACOM, Picatinny Arsenal, USA, 1972.

[7] B. T. Fedoroff, O. E. Sheffield, Encyclopedia of Explosives and Related Items, Vol. 4, US Army Research and Development Command, TACOM, Picatinny Arsenal, USA, 1969.

硝 基 胍
(Nitroguanidine)

名称 硝基胍

主要用途 钝感(高能)炸药、三基药组分、低烧蚀发射药

分子结构式

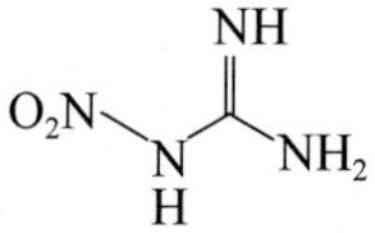

名称	NQ
分子式	$CH_4N_4O_2$
$M/(g \cdot mol^{-1})$	104.07
IS/J	>50N·m[32],9.22(一级反应)[7],43.45(声音)[7],9.22(B.M.)[10-11,13],12.96(P.A.)[10-11,13],177cm(2.5kg 落锤)[17],47cm(2kg,B.M.)[18,21] 26 英寸(1 磅落锤,P.A.)[18],H_{50}>320cm(12 型工具类型法)[19],H_{50}>320cm(12B 型工具法)[19],FOI=100~105(Rotter 仪器)[21],>320cm(ERL-LASL,12 型)[21],H_{50}=>177cm(5kg 落锤,12 型工具法)[30]
FS/N	>360[21,32],$P_{fr.LL}$=1150MPa[20],$P_{fr.50\%}$=1250MPa[20]
ESD/J	
$N/\%$	53.84
$\Omega(CO_2)/\%$	-30.7

续表

$T_{m.p}$/℃	220～257[1]，232[13,18]，257[14]（取决于加热速率[18]），246～247（伴有分解）[30]，232（在合适的升温速率条件下的温度在220～250之间）[28]
T_{dec}/℃	239（熔化分解）[18]，246～247（熔化分解）[30] 加热速率8℃·min^{-1}：T_{idb}=224.0，T_w=225.9，T_{max}=229.4[31] 加热速率16℃·min^{-1}：T_{idb}=230.5，T_w=232.3，T_{max}=240.0[31]，$T_{cr.}$=200～204[31]
ρ/(g·cm^{-3})	1.71，0.91（@293K，块体密度）[2]，1.72（晶体）[13]，1.775[14]，1.759（晶体@193K）[5]，1.715（晶体）[18]，1.81[18]，针状晶体（块体ρ）=～0.3g·cm^{-3}[27]，球状晶体（块体ρ）=0.9～1.0g·cm^{-3}[27]，1.55（名义上）[30]，从水中结晶出的针状NQ的块体ρ=0.17g·cm^{-3}[29]，从*N*，*N*-DMF中结晶出的球状NQ的块体ρ=0.59g·cm^{-3}[29]
$\Delta_f H°$/(kJ·mol^{-1}) $\Delta_f H°$/s $\Delta_f H°$/(kJ·kg^{-1})	-94[3]，-23.6[15] -20.1 kcal·mol^{-1}[12] -893[4]，-227cal·g^{-1}[13]

	理论值（EXPLO5 6.03）	理论值（K-J）	理论值（K-W）	理论值（Mod. K-W）	实测值
$-\Delta_{ex}U°$/(kJ·kg^{-1})	3490	3815[12]	2553[12]	3815[12]	3017[13]，1.06kcal·g^{-1}[H_2O（液态）][18]，880cal·g^{-1}[H_2O（气态）][18] 3071[H_2O（液态）][32] 2730[H_2O（气态）][32] 721kcal·kg^{-1}[28]
T_{ex}/K	2505				2098℃[18]
P_{C-J}/kbar	282	230（@1.69g·cm^{-3}）[12]	224（@1.69g·cm^{-3}）[12]	230（@1.69g·cm^{-3}）[12]	245（@1.72g·cm^{-3}）[15]
VoD/(m·s^{-1})	8734	7430（@1.69g·cm^{-3}）[12]	7330（@1.69g·cm^{-3}）[12]	7430（@1.69g·cm^{-3}）[12]	8200（@TMD）[32] 8590（@1.78g·cm^{-3}）[8-9,15] 7930（@1.62g·cm^{-3}）[8,15] 7650（@1.55g·cm^{-3}）[8,10,13-15,18,30] 7980（@1.69g·cm^{-3}）[12] 5360（@相对密度=1.0）[28] 7650（@相对密度=1.5）[28] 8100（@1.70g·cm^{-3}）[18]
V_0/(L·kg^{-1})	925				1042[16,32] 1077[13,18,28]

名称	NQ[5,30]	NQ[23]	NQ[24]	NQ[25]	NQ[26]
化学式	$CH_4N_4O_2$	$CH_4N_4O_2$	$CH_4N_4O_2$	$CH_4N_4O_2$	$CH_4N_4O_2$
$M/(g\cdot mol^{-1})$	104.07	104.07	104.07	104.07	104.07
晶系	正交	正交	正交	正交	正交
空间群	*Fdd*2(no. 42)	*Fdd*2(no. 42)	*Fdd*2(no. 42)	*Fdd*2(no. 42)	*Fdd*2(no. 42)
a/Å	17.6181(14)	17.58(9)	17.6152(5)	17.6390(5)	17.64(3)
b/Å	24.848(2)	24.82(12)	24.8502(7)	24.8730(7)	24.883(4)
c/Å	3.5901(4)	3.58(2)	3.5880(1)	3.5903(1)	3.5950(5)
α/(°)	90	90	90	90	90
β/(°)	90	90	90	90	90
γ/(°)	90	90	90	90	90
V/Å^3	1571.7(3)	1562.08	1570.62	1575.19	1578.2(4)
Z	16	16	16	16	16
$\rho_{calc}/(g\cdot cm^{-3})$	1.759(2)	1.77004	1.76	1.755	1.752
T/K	293	295	295	295	293

参考文献

[1] A. M. Astakhov, K. P. Dyugaev, A. A. Kuzubov, V. A. Nasluzov, A. D. Vasiliev, É. S. Buka, J. Struct. Chem. ,2009,50,201-211.

[2] G. W. C. Taylor, Ministry of Technology, GB1196731—1970-07-01,1970.

[3] H. Bathelt, F. Volk, M. Weindel, ICT-Database of Thermochemical Values, 7th Update, 2004.

[4] F. Volk, H. Bathelt Propellants, Explosives, Pyrotechnics, 2002, 27, 136-141.

[5] R. K. Murmann, R. Glaser, C. L Barnes, J. Chem. Crystallogr. ,2005,35,317-325.

[6] D. R. Lide, CRC Handbook of Chemistry and Physics(88th edn.),2007-2008, CRC Press.

[7] S. Zeman, Proceedings of New Trends in Research of Energetic Materials, NTREM, April 24-25th 2002.

[8] M. H. Keshavarz, J. Haz. Mat. ,2009,166,762-769.

[9] M. H. Keshavarz, Propellants, Explosives, Pyrotechnics, 2012, 37, 489-497.

[10] Ordnance Technical Intelligence Agency, Encyclopedia of Explosives: A Compilation of Principal Explosives, Their Characteristics, Processes of Manufacture and Uses, Ordnance Liaison Group-Durham, Durham, North Carolina, 1960.

[11] B. M. abbreviation for Bureau of Mines apparatus; P. A. abbreviation for Picatinny Arsenal apparatus.

[12] P. Politzer, J. S. Murray, Centr. Eur. J. Energ. Mater. ,2014,11,459-474.

[13] AMC Pamphlet Engineering Design Handbook: Explosive Series Properties of Explosives of Military Interest, Headquarters, U. S. Army Materiel Command, January 1971.

[14] B. M. Dobratz, P. C. Crawford, LLNL Explosives Handbook -Properties of Chemical Explosives and Explosive Simulants, Lawrence Livermore National Laboratory, January 31st 1985.

[15] M. L. Hobbs, M. R. Baer, Proceedings of the 10th International, Detonation Symposium, Office of Naval Research ONR 33395-12, 1993, 409-418.

[16] M. Jafari, M. Kamalvand, M. H. Keshavarz, A. Zamani, H. Fazeli, Indian J. Engineering and Mater. Sci., 2015, 22, 701-706.

[17] M. Pospíšil, P. Vávra, Final Proceedings for New Trends in Research of Energetic Materials, Zeman(ed.), 7th Seminar, 20-22 April 2004, Pardubice, pp. 600-605.

[18] Military Explosives, Department of the Army Technical Manual, TM 9-1300-214, Headquarters, Department of the Army, September 1984.

[19] LASL Explosive Property Data, T. R. Gibbs, A. Popolato (eds.), University of California Press, Berkeley, USA, 1980.

[20] A. Smirnov, O. Voronko, B. Korsunsky, T. Pivina, Huozhayo Xuebao, 2015, 38, 1-8.

[21] I. J. Dagley, M. Kony, G. Walker, J. Energet. Mater., 1995, 13, 35-56.

[22] L. R. Rothstein, R. Petersen, Predicting High Explosive Detonation Velocities From Their Composition and Structure, NWSY TR 78-3, September 1978.

[23] J. H. Bryden, L. A. Burkhardt, E. W. Hughes, J. Donohue, Acta Cryst., 1956, 9, 573-578.

[24] C. S. Choi, Acta Cryst., 1981, B37, 1955-1957.

[25] A. J. Bracuti, J. Chem. Crystallography, 1999, 29, 671-676.

[26] R. K. Murmann, R. Glaser, C. L. Barnes, J. Chem. Crystallography, 2005, 35, 317-325.

[27] F. Volk, Propellants, Explosives, Pyrotechnics, 1985, 10, 139-146.

[28] B. T. Fedoroff, O. E. Sheffield, Encyclopedia of Explosives and Related Items, Vol. 6, US Army Research and Development Command, TACOM, Picatinny Arsenal, USA, 1974.

[29] D. Powala, A. Orzeschowski, A. Maranda, J. Mowaczewski, NTREM 7, April 20-22 2004, pp. 606-613.

[30] B. M. Dobratz, Properties of Chemical Explosives and Explosive Simulants, UCRL-5319, LLNL, December 15 1972.

[31] A. A. Gidaspov, E. V. Yurtaev, Y. V. Moschenskiy, V. Y. Andeev, NTREM 17, 9-11th April 2014, pp. 658-661.

[32] R. Meyer, J. Köhler, A. Homburg, Explosives, 7th edn., Wiley-VCH, 2016, pp. 236-237.

硝基异丁基甘油三硝酸酯
(Nitroisobutylglycerol trinitrate)

名称 硝基异丁基甘油三硝酸酯

主要用途 炸药、硝化纤维素的胶化剂

分子结构式

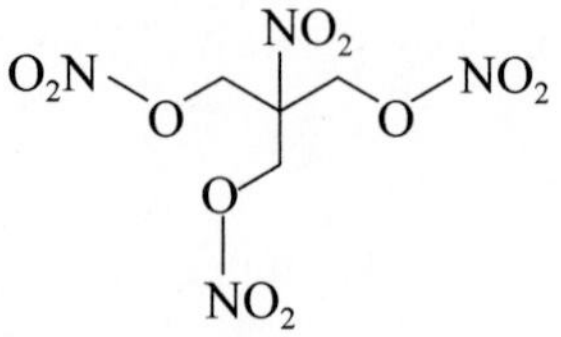

名称	NIBTN	
分子式	$C_4H_6N_4O_{11}$	
$M/(g\cdot mol^{-1})$	286.11	
IS/J	2[7],4.9(B. M.)[3],15~25cm @2kg 落锤[5],6cm(2kg 落锤)[8],25cm(2kg 落锤)[8]	
FS/N		
ESD/J		
$N/\%$	19.58	
$\Omega(CO_2)/\%$	±0	
$T_{m.p}/℃$	-35,-39[3,5]	
$T_{dec}/℃$		
$\rho/(g\cdot cm^{-3})$	1.735[1],1.68[7-8],1.64(@20℃)[8] 1.6171(@20℃)[5]	
$\Delta_fH°/(kJ\cdot mol^{-1})$ $\Delta_fH°/(kJ\cdot kg^{-1})$	-228.2,200.83[5] -797.5[7]	
	理论值(EXPLO5 6.03)	实测值
$-\Delta_{ex}U°/(kJ\cdot kg^{-1})$	6897	7661[H_2O(液态)][7] 7226[H_2O(气态)][7] 6924[H_2O(气态)][5] 7389[H_2O(液态)][5] 7755[6]
T_{ex}/K	4634	4870℃[5]
$P_{C-J}/kbar$	309	
$VoD/(m\cdot s^{-1})$	8604(@1.68g·cm^{-3})	7600(@1.68g·cm^{-3})[7] 7860(@1.64g·cm^{-3})[2,5,13] 1000~1500(@1.64g/mL,玻璃管,直径 10mm,壁厚 1mm)[8]① 7860(@1.64g·cm^{-3},玻璃管,直径 10mm,壁厚 1mm)[8]①
$V_0/(L\cdot kg^{-1})$	767	705[5,7] 705[4] 801[6]

① 报道的 VoD 值存在最高值(7860m·s^{-1})和最低值(1000m·s^{-1}),其主要取决于起爆方法[8]。

参考文献

[1] Calculated using Advanced Chemistry Development(ACD/Labs) Software V11.02(© 1994-2017 ACD/Labs).

[2] M. H. Keshavarz, Propellants, Explosives, Pyrotechnics, 2012, 37, 489-497.

[3] AMC Pamphlet Engineering Design Handbook: Explosive Series Properties of Explosives of Military Interest, Headquarters, U. S. Army Materiel Command, January 1971.

[4] M. Jafari, M. Kamalvand, M. H. Keshavarz, A. Zamani, H. Fazeli, Indian J. Engineering and Mater. Sci., 2015, 22, 701-706.

[5] J. Liu, Liquid Explosives, Springer-Verlag, Heidelberg, 2015.

[6] H. Muthurajan, R. Sivabalan, M. B. Talawar, S. N. Asthana, J. Hazard. Mater., 2004, A112, 17-33.

[7] R. Meyer, J. Köhler, A. Homburg, Explosives, 7th edn., Wiley-VCH, Weinheim, 2016, pp. 237-238.

[8] S. M. Kaye, Encyclopedia of Explosives and Related Items, US Army Research and Development Command, Vol. 8, Picatinny Arsenal, USA, 1978.

硝基甲烷
(Nitromethane)

名称 硝基甲烷

主要用途 双组元炸药组分、炸药合成过程的中间体、推进剂、溶剂

分子结构式 $H_3C—NO_2$

名称	NM
分子式	CH_3NO_2
$M/(g \cdot mol^{-1})$	61.04
IS/J	>40, 40[7], >78.5(12 型工具法)[8]
FS/N	>360
ESD/J	
$N/\%$	22.95
$\Omega(CO_2)/\%$	-39.32
$T_{m.p}/℃$	-28[1], -29[8]
$T_{dec}/℃$	>300(DSC)[7]
$\rho/(g \cdot cm^{-3})$	1.131(@298K)[2] 1.13130(@298K)[3] 1.313(@298K, TMD)[8]

续表

$\Delta_f H°$/(kJ·mol^{-1})	−113(实测值,NIST 数据库) −112.97[13]	
$\Delta_f H°$/(kJ·kg^{-1})	−1853[4] −1850.75 J·g^{-1}[13]	
$\Delta_f U°$/(kJ·kg^{-1})		
$\Delta_f H$/(kJ·kg^{-1})	−1853.5[5]	
	理论值(EXPLO5 6.03)	实测值
$-\Delta_{ex} U°$/(kJ·kg^{-1})	4593	3975[H_2O(气态)][12] 4539.6J·g^{-1}[13]
T_{ex}/K	3126	3430[9]
$P_{C\text{-}J}$/kbar	130	125[8],135[11] 13GPa[13]
VoD/(m·s^{-1})	6500(@TMD)	6350(@1.13g·cm^{-3})[6,8] 6300(@1.14g·cm^{-3})[11] 6320(@1.13g·cm^{-3})[13]
V_0/(L·kg^{-1})	1004	1059[10] 1092mL·g^{-1}[13]

参考文献

[1] Y. Bagryanskaya, Y. V. Gatilov, Journal of Structural Chemistry, 1983, 24, 150−151.

[2] V. D. Kiselev, H. A. Kashaeva, I. I. Shakirova, L. N. Potapova, A. I. Konovalov, Journal of Solution Chemistry, 2012, 41, 1375−1387.

[3] D. C. Jones, L. Saunders, J. Chem. Soc., 1951, 2944−2951.

[4] F. Volk, H. Bathelt, Propellants, Explosives, Pyrotechnics, 2002, 27, 136−141.

[5] https://engineering.purdue.edu/~propulsi/propulsion/comb/propellants.html.

[6] M. H. Keshavarz, Propellants, Explosives, Pyrotechnics, 2012, 37, 489−497.

[7] A. Roberts, M. Royle, ICHEME Symposium Series no. 124, pp. 191−208.

[8] B. M. Dobratz, P. C. Crawford, LLNL Explosives Handbook −Properties of Chemical Explosives and Explosive Simulants, Lawrence Livermore National Laboratory, January 31st 1985.

[9] M. L. Hobbs, M. R. Baer, Proceedings of the 10th International, Detonation Symposium, Office of Naval Research ONR 33395−12, 1993, 409−418.

[10] M. Jafari, M. Kamalvand, M. H. Keshavarz, A. Zamani, H. Fazeli, Indian J. Engineering and Mater. Sci., 2015, 22, 701−706.

[11] N. Dremin, Final Proceedings for New Trends in Research of Energetic Materials, S. Zeman (ed.), 7th Seminar, 20−22 April 2004, Pardubice, 13−22.

[12] W. C. Lothrop, G. R. Handrick, Chem. Revs., 1949, 44, 419−445.

[13] J. Liu, Liquid Explosives, Springer−Verlag, Heidelberg, 2015. Nitromethyl propanediol dinitrate 313.

硝基甲基丙二醇二硝酸酯
(Nitromethyl propanediol dinitrate)

名称　硝基甲基丙二醇二硝酸酯

主要用途　建议用作硝化甘油(NG)的替代物

分子结构式

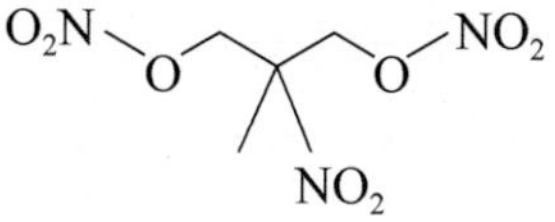

名称	NIGBKDN	
分子式	$C_4H_7N_3O_8$	
$M/(g \cdot mol^{-1})$	225.11	
IS/J	>50, FI = 86% 相对于 PA[4], 11cm (2kg 落锤)[4], $H_{50\%}$ = 27 ~ 46cm (Bruceton 5 号仪器, 5kg)[4]	
FS/N	>360	
ESD/J		
$N/\%$	18.67	
$\Omega(CO_2)/\%$	-24.9	
$T_{m.p}/°C$	38[4], 37.4[4]	
$T_{dec}/°C$	着火>240[4], 82.2℃下 10min 即可分解[4]	
$\rho(@293K)/(g \cdot cm^{-3})$	1.545[1]	
$\Delta_f H°/(kJ \cdot mol^{-1})$ $\Delta_f H°/(kJ \cdot kg^{-1})$		
	理论值(EXPLO5 6.03)	实测值
$-\Delta_{ex}U°/(kJ \cdot kg^{-1})$		5295[H_2O(液态)][3] 4866[H_2O(气态)][3]
T_{ex}/K		
$P_{C-J}/kbar$		
$VoD/(m \cdot s^{-1})$		
$V_0/(L \cdot kg^{-1})$		890[2-3]

参考文献

[1] Calculated using Advanced Chemistry Development (ACD/Labs) Software V11.02 (© 1994-2017 ACD/Labs).

[2] M. Jafari, M. Kamalvand, M. H. Keshavarz, A. Zamani, H. Fazeli, Indian J. Engineering and Mater. Sci. ,2015,22,701-706.
[3] R. Meyer, J. Köhler, A. Homburg, Explosives, 7th edn. , Wiley - VCH, Weinheim, 2016, p. 239.
[4] S. M. Kaye, Encyclopedia of Explosives and Related Items, Vol. 8, US Army Research and Development Command, TACOM, Picatinny Arsenal, USA, 1978.

2-硝基甲苯
(2-Nitrotoluene)

名称 2-硝基甲苯

主要用途 爆炸物示踪剂、TNT 合成中的前驱体或中间体

分子结构式

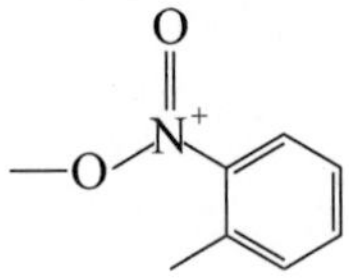

名称	2-MNT	
分子式	$C_7H_7NO_2$	
$M/(g\cdot mol^{-1})$	137.14	
IS/J	>40	
FS/N	>360	
ESD/J		
N/%	10.21	
$\Omega(CO_2)/\%$	-180.84	
$T_{m.p}$/℃	-10,-9.55[1]	
T_{boil}(DSC @5℃·min^{-1})/℃	232	
ρ(@298K)/(g·cm^{-3})	1.159(气体比重瓶法),1.629[1]	
$\Delta_f H°/(kJ\cdot mol^{-1})$ $\Delta_f U°/(kJ\cdot kg^{-1})$	-28 -117	
	理论值(EXPLO5 6.03)	实测值
$-\Delta_{ex}U°/(kJ\cdot kg^{-1})$	2717	
T_{ex}/K	1878	
P_{C-J}/kbar	57	

续表

VoD/(m·s^{-1})	4649(@TMD)	
V_0/(L·kg^{-1})	593	

参考文献

[1] S. M. Kaye, Encyclopedia of Explosives and Related Items, Vol. 9, US Army Research and Development Command, TACOM, Picatinny Arsenal, USA, 1980.

3-硝基甲苯
(3-Nitrotoluene)

名称 3-硝基甲苯

主要用途 爆炸物示踪剂

分子结构式

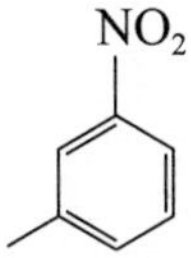

名称	3-MNT	
分子式	$C_7H_7NO_2$	
M/(g·mol^{-1})	137.14	
IS/J	>40	
FS/N	>360	
ESD/J		
N/%	10.21	
$\Omega(CO_2)$/%	-180.84	
$T_{m.p}$/℃	16	
$T_{boil.}$(DSC @5℃·min^{-1})/℃	243	
ρ(@298K)/(g·cm^{-3})	1.157(气体比重计)	
$\Delta_f H°$/(kJ·mol^{-1}) $\Delta_f U°$/(kJ·kg^{-1})	-44 -233	
	理论值(EXPLO5 6.03)	实测值
$-\Delta_{ex}U°$/(kJ·kg^{-1})	2618	
T_{ex}/K	1833	
P_{C-J}/kbar	55	

续表

VoD/(m·s^{-1})	4602(@TMD)	
V_0/(L·kg^{-1})	591	

4-硝基甲苯
(4-Nitrotoluene)

名称 4-硝基甲苯

主要用途 爆炸物示踪剂

分子结构式

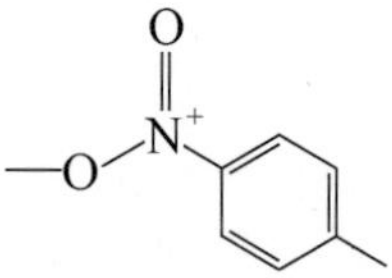

名称	4-MNT	
分子式	$C_7H_7NO_2$	
M/(g·mol^{-1})	137.14	
IS/J	>40(<100μm)	
FS/N	>360(<100μm)	
ESD/J	>1.5(<100μm)	
N/%	10.21	
$\Omega(CO_2)$/%	-180.84	
$T_{m.p}$/℃	51,54.5[1]	
$T_{boil.}$(DSC @5℃·min^{-1})/℃	234	
ρ/(g·cm^{-3})	1.353(@100K),1.1038(@75/4℃)[1], 1.293(@298K,气体比重计)	
$\Delta_f H°$/(kJ·mol^{-1}) $\Delta_f U°$/(kJ·kg^{-1})	-73 -442	
	理论值(EXPLO5 6.03)	实测值
$-\Delta_{ex}U°$/(kJ·kg^{-1})	2618	
T_{ex}/K	1833	
P_{C-J}/kbar	55	
VoD/(m·s^{-1})	4602(@TMD)	
V_0/(L·kg^{-1})	591	

参考文献

[1] S. M. Kaye, Encyclopedia of Explosives and Related Items, Vol. 9, US Army Research and Development Command, TACOM, Picatinny Arsenal, USA, 1980.

3-硝基-1,2,4-三唑-5-酮 (3-Nitro-1,2,4-triazole-5-one)

名称 3-硝基-1,2,4-三唑-5-酮

主要用途 钝感(高能)炸药

分子结构式

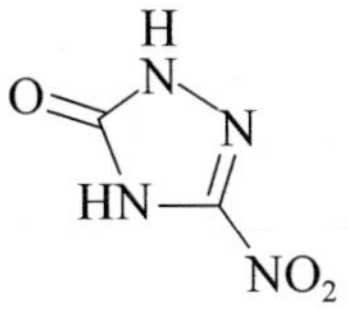

名称	NTO
分子式	$C_2H_2N_4O_3$
$M/(g \cdot mol^{-1})$	130.06
IS/J	>120N·m[14],15.85(一级反应)[6],7(从水中重结晶)[19],71.61(声音)[6],0.6(无量纲,基于 TNT=1)[9],E_{50}=61(Bruceton 法,粒径 75~350μm)[10],25.6[11],25N·m(BAM)[15],>260cm(ERL 类型:12)[16]
FS/N	>353[14],>360[10-11],>360(BAM)[17],>353(Julius-Peters 仪器,0/10 阳极试验)[19]
ESD/J	8.9[13],静电火花感度=0.91(3 密耳)[18],静电火花感度=3.40(10 密耳)[18]
N/%	43.08
$\Omega(CO_2)/\%$	-24.6
$T_{m.p}/℃$	270[14] 270~271[1] 255(分解)[9]
$T_{dec.}/℃$	507K(DTA @ 5℃·min^{-1})[6],258[17],>236(DTA)[18]
$\rho/(g \cdot cm^{-3})$	1.91[9,14],1.92[2] 1.049(块状,粒径 75~350μm)[10],0.960(松装密度)[19],1.072(振实密度)[19]
$\Delta_f H°/(kJ \cdot mol^{-1})$ $\Delta_f H°/(kJ \cdot mol^{-1})$ $\Delta_f H°/(kJ \cdot kg^{-1})$	-96.7[5] -112.3[11] -774.60[14]

续表

	理论值(EXPLO5 5.04)	实测值
$-\Delta_{ex}U°/(kJ\cdot kg^{-1})$		$899kcal\cdot kg^{-1}$[H_2O(气态)][12] 3148[H_2O(液态)][14] 2993[H_2O(气态)][14]
T_{ex}/K		
$P_{C-J}/kbar$	311[2]	278(@1.781,装药直径4.13cm)[18] 260(@1.853,装药直径4.13cm)[18] 240(@1.782,装药直径2.54cm)[18] 未起爆(@1.855,装药直径2.54cm)[18] 250(@1.759,装药直径1.27cm)[18] 未起爆(@1.824,装药直径1.27cm)[18]
$VoD/(m\cdot s^{-1})$	7860(@1.80$g\cdot cm^{-3}$) 7940(1.77$g\cdot cm^{-3}$) 8558[2]	8510(@1.93$g\cdot cm^{-3}$)[7] 8520(@1.91$g\cdot cm^{-3}$)[9] 7940(@1.77$g\cdot cm^{-3}$)[11]
$V_0/(L\cdot kg^{-1})$		855[8]

名称	α-NTO	β-NTO
化学式	$C_2H_2N_4O_3$	$C_2H_2N_4O_3$
$M/(g\cdot mol^{-1})$	130.08	130.08
晶系	三斜[3]	单斜[4]
空间群	P-1(no.2)	$P21/c$ (no.14)
a/Å	5.1233(8)	9.3129(4)
b/Å	10.314(2)	5.4458(2)
c/Å	17.998(3)	9.0261(4)
$\alpha/(°)$	106.610(2)	90
$\beta/(°)$	97.810(2)	101.464(2)
$\gamma/(°)$	90.130(2)	90
$V/Å^3$	902.1(2)	448.64(3)
Z	8	4
$\rho_{calc}/(g\cdot cm^{-3})$	1.916	1.926
T/K	298	100

参考文献

[1] H. Gehlen, J. Schmidt, Justus Liebigs Ann. Chem., 1965, 682, 123-135.
[2] Z. Zeng, H. Gao, B. Twamley, J. M. Shreeve, J. Mater. Chem., 2007, 17, 3819-3826.
[3] N. Bolotina, K. Kirschbaum, A. A. Pinkerton, Acta Cryst., 2005, B61, 577-584.

[4] N. B. Bolotina, E. A. Zhurova, A. A. Pinkerton, J. Appl. Crystallogr. ,2003,36,280–285.
[5] New Energetic Materials, H. H. Krause, Ch. 1 in Energetic Materials, U. Teipel(ed.), Wiley–VCH Verlag GmbH & Co. KGaA, Weinheim, 2005, pp. 1–26. isbn:3–527–30240–9.
[6] S. Zeman, Proceedings of New Trends in Research of Energetic Materials, NTREM, April 24–25th 2002.
[7] M. H. Keshavarz, Propellants, Explosives, Pyrotechnics, 2012, 37, 489–497.
[8] M. Jafari, M. Kamalvand, M. H. Keshavarz, A. Zamani, H. Fazeli, Indian J. Engineering and Mater. Sci. ,2015,22,701–706.
[9] J. Boileau, C. Fauquignon, B. Hueber, H. Meyer, Explosives, in Ullmann's Encylocopedia of Industrial Chemistry, 2009, Wiley–VCH, Weinheim.
[10] J. Lasota, W. A. Trzciński, Z. Chyłek, M. Szala, J. Paszula, Proceedings of New Trends in Research of Energetic Materials, Pardubice, 15–17th April 2015, pp. 157–167.
[11] K. Hussein, A. Elbeih, S. Zeman, Proceedings of the 20th Seminar on New Trends in Research of Energetic Materials, Pardubice, April 26–28, 2017.
[12] Smirnov, M. Kuklja, Proceedings of the 20th Seminar on New Trends in Research of Energetic Materials, Pardubice, April 26–28, 2017, pp. 381–392.
[13] N. Zohari, S. A. Seyed–Sadjadi, S. Marashi–Manesh, Central Eur. J. Energ. Mater. , 2016, 13, 427–443.
[14] R. Meyer, J. Köhler, A. Homburg, Explosives, 7th edn. , Wiley–VCH, Weinheim, 2016, pp. 241–242.
[15] H. –H. Licht, Propellants, Explosives, Pyrotechnics, 2000, 25, 126–132.
[16] K. –Y. Lee, M. M. Stinecipher, Propellants, Explosives, Pyrotechnics, 1989, 14, 241–244.
[17] J. Dagley, M–Kony, G. Walker, J. Energet. Mater. ,1995,13,35–56.
[18] Y. Lee, L. B. Chapman, M. D. Coburn, J. Energet. Mater. ,1987,5,27–33.
[19] Lasota, Z. Chylek, W. A. Trzciński, NTREM 17, 9–11th April 2014, pp. 261–272.

硝 基 脲
(Nitrourea)

名称 硝基脲

主要用途

分子结构式

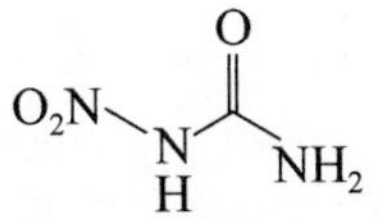

名称	硝基脲
分子式	$CH_3N_3O_3$

续表

$M/(g\cdot mol^{-1})$	105.05	
IS/J	18 英寸(P. A. ,2kg 落锤)[9]	
FS/N		
ESD/J		
$N/\%$	40.00	
$\Omega(CO_2)/\%$	-7.6	
$T_{m.p}/℃$	159 154~159[1]	
$T_{dec}/℃$	~140,153~155(无熔化分解,熔点仪测试,玻璃坩埚,DSC @ 20℃·min⁻¹)[10]	
$\rho/(g\cdot cm^{-3})$	1.69,1.73[10] 1.557(@293K)[2]	
$\Delta_f H°/(kJ\cdot mol^{-1})$ $\Delta_f H°/(kJ\cdot kg^{-1})$ $\Delta_f H/(kJ\cdot kg^{-1})$	-281[3] -2688.4[4] -2556.4[5],-614.3kcal·kg⁻¹[9]	
	理论值(EXPLO5 5.04)	实测值
$-\Delta_{ex}U°/(kJ\cdot kg^{-1})$	3347	800kcal·kg⁻¹[H_2O(气态)][7] 3865[8],789kcal·kg⁻¹[9]
T_{ex}/K	2744	
$P_{C-J}/kbar$	180	
$VoD/(m\cdot s^{-1})$	7150(@TMD)	
$V_0/(L\cdot kg^{-1})$	878	853[6,8-9]

名称	硝基脲[11]
化学式	$CH_3N_3O_3$
$M/(g\cdot mol^{-1})$	105.06
晶系	四方
空间群	*P*43212(no.96)
a/Å	4.8710(8)
b/Å	4.8710(8)
c/Å	32.266(6)
$\alpha/(°)$	90
$\beta/(°)$	90

续表

$\gamma/(°)$	90
$V/Å^3$	756.2
Z	8
$\rho_{calc}/(g \cdot cm^{-3})$	1.823
T/K	100

参考文献

[1] A. Lobanova, S. G. Il'yasov, N. I. Popov, R. R. Sataev, Russ. J. Org. Chem., 2002, 38, 11-16.

[2] Calculated using Advanced Chemistry Development (ACD/Labs) Software V11.02 (© 1994-2017 ACD/Labs).

[3] H. Bathelt, F. Volk, M. Weindel, ICT-Database of Thermochemical Values, 7th Update, 2004.

[4] B. Lempert, I. N. Zyuzin, Propellants, Explosives, Pyrotechnics, 2007, 32, 360-364.

[5] https://engineering.purdue.edu/~propulsi/propulsion/comb/propellants.html.

[6] M. Jafari, M. Kamalvand, M. H. Keshavarz, A. Zamani, H. Fazeli, Indian J. Engineering and Mater. Sci., 2015, 22, 701-706.

[7] W. C. Lothrop, G. R. Handrick, Chem. Revs., 1949, 44, 419-445.

[8] Muthurajan, R. Sivabalan, M. B. Talawar, S. N. Asthana, J. Hazard. Mater., 2004, A112, 17-33.

[9] S. M. Kaye, H. L. Herman, Encyclopedia of Explosives and Related Items, Vol. 10, US Army Research and Development Command, TACOM, Picatinny Arsenal, USA, 1983.

[10] C. Oxley, J. L. Smith, S. Vadlamannati, A. C. Brown, G. Zhang, D. S. S. Wanson, J. Canino, Propellants, Explosives, Pyrotechnics, 2013, 38, 335-344.

[11] T. T. Vo, D. A. Parrish, J. M. Shreeve, J. Am. Chem. Soc., 2014, 136, 11934-11937.

O

八硝基立方烷
(Octanitrocubane)

名称 八硝基立方烷

主要用途 钝感(高能)炸药

分子结构式

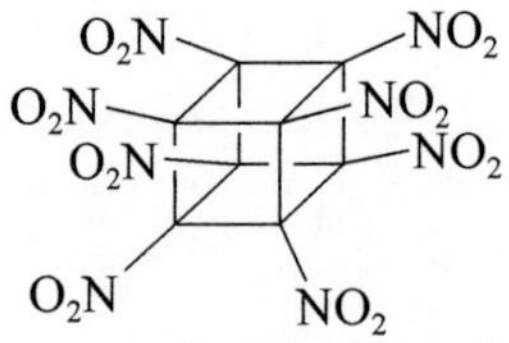

名称	ONC		
分子式	$C_8N_8O_{16}$		
$M/(g·mol^{-1})$	464.1		
IS/J			
FS/N			
ESD/J			
$N/\%$	24.14		
$\Omega(CO_2)/\%$	±0		
$T_{m.p}/℃$			
$T_{dec}/℃$			
$\rho/(g·cm^{-3})$	1.979 2.03(@294K)[2],2.1(理论值)		
$\Delta_f H°/(kJ·mol^{-1})$ $\Delta_f H°/(kJ·kg^{-1})$	413.8,81cal·mol^{-1}(使用键能得到的理论值)[1] 381.2[3] 891.55 937[6]		
	理论值 (EXPLO5 6.03)	实测值	理论值
$-\Delta_{ex}U°/(kJ·kg^{-1})$	7376		7271[6]

续表

T_{ex}/K	5324		
$P_{C\text{-}J}$/kbar	422		390[6],467(@2.10g·cm^{-3},K-J 法)[1]
VoD/(m·s^{-1})	9562(@TMD)	9800(@2.00g·cm^{-3})[5] 10100(@2.00g·cm^{-3})[7]	9350(@1.982g·cm^{-3})[6]
V_0/(L·kg^{-1})	646		

名称	ONC
化学式	$C_8N_8O_{16}$
M/(g·mol^{-1})	464.16
晶系	单斜[4]
空间群	$C2/c$ (No. 15)
a/Å	12.7852(8)
b/Å	8.8395(3)
c/Å	13.9239(8)
α/(°)	90
β/(°)	98.031(6)
γ/(°)	90
V/Å^3	1558.17(14)
Z	4
ρ_{calc}/(g·cm^{-3})	1.979
T/K	294

参考文献

[1] G. P. Sollott, J. Alster, E. E. Gilbert, O. Sandus, N. Slagg, J. Energet. Mater., 1986, 4, 5-28.

[2] P. E. Eaton, M. X. Zhang, Propellants, Explosives, Pyrotechnics, 2002, 27, 1-6.

[3] J. P. Lu, Evaluation of the Thermochemical Code-CHEETAH 2.0 for Modelling Explosives Performance, in, DTIC Document, 2001.

[4] P. E. Eaton, M. X. Zhang, R. Gilardi, Angew. Chem. Int. Ed., 2000, 39, 401-404.

[5] M. H. Keshavarz, J. Haz. Mat., 2009, 166, 762-769.

[6] A. Smirnov, D. Lempert, T. Pivina, D. Khakimov, Central Eur. J. Energ. Mat., 2011, 8, 223-247.

[7] P. W. Cooper, Explosives Engineering, Wiley-VCH, New York, 1996.

奥克托今
(Octogen)

名称 奥克托今

主要用途 猛(高能)炸药、高性能固体推进剂、PBX 炸药组分

分子结构式

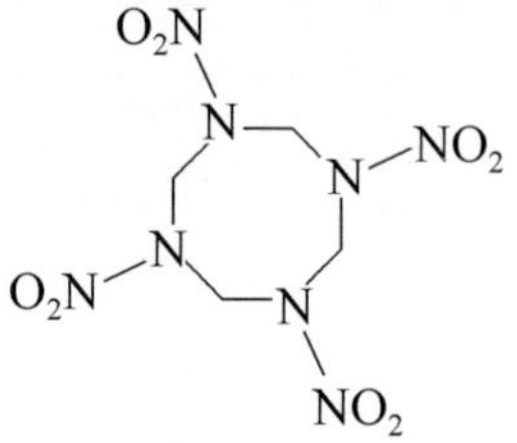

名称	β-HMX
分子式	$C_4H_8N_8O_8$
$M/(g\cdot mol^{-1})$	296.16
IS/J	6.40[1],7.4N·m[3],7.59(一级反应)[6],6.40(声音)[6],6.35(20μm)[8],6.55(50μm)[8],6.65(100μm)[8],6.88(200μm)[8],9.17(300μm)[8],10.72(400μm)[8],6.37[9],60cm(B. M.)[12-13],23cm(P. A.)[12-13],26cm(12 型工具法,E. R. L.)[12-13],33cm(12 型工具法,5kg 落锤,E. R. L.)[12-13],32cm(样品量:32mg,B. M.)[14],9 英寸(样品量:23mg,P. A.)[14],32cm(2kg 落锤,B. M.)[16],H_{50}=26cm(12 型工具法)[17],H_{50}=37cm(12B 型工具法)[17],H_{50}=33cm(12 型工具法,5kg 落锤)[21],H_{50}=40cm(12B 型工具法,5kg 落锤)[21],$H_{50\%}$=26cm(US-NOL 仪器)[28-29],$h_{50\%}$=26cm(LASL 测试仪器)[23],32cm(样品量:20mg,2kg,B. M.)[27],9 英寸(样品量:23mg,2kg 落锤,P. A.)[27],中位高度=73cm(5kg 落锤,样品量:30mg,Rotter 仪器)[29],$H_{50\%}$=26cm(LASL)[29],$H_{10\%}$=32cm(B. M.)[29],$H_{10\%}$=9 英寸(P. A.)[29],4.0N·m(BAM)[34],7.59(50%概率发火时的能量,样品量:25mg,Julius-Peters 仪器)[33],Rotter FOI=49~55(粉末状样品)[38],30~35cm(美国落锤)[38]; 感度:δ->γ->α->β-[27,41]; P. A. 仪器(12 型工具法,2.5kg 落锤):δ-=19.2cm,γ-=13.8~33.9cm,α-=15.6~22.4cm,β-=21.2~24.9cm[27]; Olin 冲击感度测试仪器[24]:

续表

<table>
<tr><td>IS/J</td><td>
<table>
<tr><th>落锤质量/kg</th><th>落高/cm</th><th>试验次数</th><th>发火数</th></tr>
<tr><td>5.0</td><td>9</td><td>20</td><td>0</td></tr>
<tr><td>4.0</td><td>14</td><td>10</td><td>1</td></tr>
<tr><td>3.0</td><td>21</td><td>32</td><td>1</td></tr>
<tr><td>5.0</td><td>14</td><td>13</td><td>1</td></tr>
<tr><td>4.0</td><td>21</td><td>10</td><td>2</td></tr>
<tr><td>3.0</td><td>32</td><td>30</td><td>3</td></tr>
<tr><td>5.0</td><td>21</td><td>15</td><td>2</td></tr>
<tr><td>2.0</td><td>56</td><td>10</td><td>1</td></tr>
<tr><td>4.0</td><td>32</td><td>30</td><td>8</td></tr>
<tr><td>3.0</td><td>48</td><td>35</td><td>5</td></tr>
<tr><td>5.0</td><td>32</td><td>20</td><td>12</td></tr>
<tr><td>3.0</td><td>56</td><td>30</td><td>17</td></tr>
<tr><td>4.0</td><td>48</td><td>10</td><td>9</td></tr>
<tr><td>4.0</td><td>56</td><td>10</td><td>7</td></tr>
<tr><td>5.0</td><td>48</td><td>10</td><td>10</td></tr>
</table>
</td></tr>
<tr><td>FS/N</td><td>120[3], 154.4[7], 152.56(20μm)[8], 141.99(50μm)[8], 141.70(100μm)[8], 142.46(200μm)[8], 126.88(300μm)[8], 114.12(400μm)[8], 154.4[9], $P_{fr.LL}$ = 200MPa[19], $P_{fr.50\%}$ = 350MPa[19];
Rotary 感度测试:平均摩擦系数(FOF) = 2.5[20], BAM 平均极限载荷 = 147[20];
Mallet 感度测试:钢/钢 = 50%,尼龙/钢 = 0%,木头/软木 = 0%,木头/硬木 = 0%,木头/约克石 = 0%[20]</td></tr>
<tr><td>ESD/J</td><td>0.21−0.23(<100μm), 2.89[1,4], 236.4mJ[4],火花感度:0.2(铜电极,3mm 铅箔)[17], 1.03(铜电极,10mm 铅箔)[17], 0.12(钢电极,1mm 铅箔)[17], 0.87(钢电极,10mm 铅箔)[17]</td></tr>
<tr><td>N/%</td><td>37.84</td></tr>
<tr><td>$\Omega(CO_2)$/%</td><td>−21.61</td></tr>
<tr><td>$T_{相转变}$/℃</td><td>193(β−δ), >160~164(α−δ)[16],金相 160~164[16], 102~104.5(β−α)[16], 192(β−δ 晶型转变,不可逆,DTA @ 2℃·min^{-1}.)[30], 193~201(α−δ)[30,35], 167~183(β−δ)[30,35], 167~182(γ−δ)[30], 154(β−γ)[30,35], 116(α−β)[30,35], 181~193(DSC,β−δ)[41], 188~194(DSC,α−δ)[41], 171~182(γ−δ)[41]</td></tr>
<tr><td>$T_{m.p}$/℃</td><td>285[12], 246[12], 276[12], 273[12], 273(毛细管法)[14], 280(Koffer 微型热台)[14], 256~257(α−)[17], 246~247(β−)[17], 279~280(γ−)[17], 280~281(δ−)[17], 280[39], 282[41], 276~280(伴有分解反应)[27], 226~227[25], 280(分解)[36], 273[36]</td></tr>
</table>

续表

T_{dec}/℃	276(DSC @ 5℃·min^{-1}),200[12],509K(DTA)[6],282(α-HMX;DTA @10℃·min^{-1}),276(δ-HMX 强烈分解,DTA @ 2℃·min^{-1}.)[30],244(DSC @ 20℃·min^{-1},放热峰最大值)[39],280(分解)[36]; 加热速率 8℃·min^{-1}:T_{idb}=264.9[40],T_w=267.6[40],T_{max}=272.0[40]; 加热速率 16℃·min^{-1}:T_{idb}=278.3[40],T_w=284.7[40],T_{max}=290.9[40],T_{cr}=253~255[40]		
ρ/(g·cm^{-3})	1.962(@ 20K),1.905(TMD @ 25℃)[17],1.90[27],1.903(@ 25℃)[25],1.886(@298K,气体比重计),1.899[2],1.90(晶体)[14],1.903(β-晶体)[16],1.82(α-晶体)[16],1.76(γ-晶体)[16,41],1.80(δ-HMX)[41],1.902[12]		
$\Delta_f H°$/(kJ·mol^{-1})	11.3 ~ 17.93kcal·mol^{-1}[16],11.3kcal·mol^{-1}[17],17.92kcal·mol^{-1}(晶体 @25℃)[25],17.1kcal·mol^{-1}[27]		
$\Delta_f H$/(kJ·mol^{-1})	47.3[12],75.0[12]		
$\Delta_f U°$/(kJ·kg^{-1})			
$\Delta_f H$/(kJ·kg^{-1})	255.5[2]		
	理论值(EXPLO5 6.03)	实测值	理论值(CHEETAH 2.0)
$-\Delta_{ex}U°$/(kJ·kg^{-1})	5837	1356cal·g^{-1}[14] 1.62kcal·g^{-1}[H_2O(液态)][16] 7.48kcal·g^{-1}[H_2O(气态)][16] 1356cal·g^{-1}[H_2O(液态)][27] 1222cal·g^{-1}[H_2O(气态)][27]	
T_{ex}/K	3702	2364(@ 1.90g·cm^{-3})[12]	
P_{C-J}/kbar	381	389.8(@ 1.90g·cm^{-3})[12] 5.20GPa(@ 0.70g·cm^{-3})[37] 28.0GPa(@ 1.63g·cm^{-3})[37]	386[5]
VoD/(m·s^{-1})	9286	9100[3] 9110(@ 1.89g·cm^{-3})[10-12,16-17,21] 7910(@ 1.6g·cm^{-3})[10] 7300(@ 1.4g·cm^{-3})[10] 6580(@ 1.2g·cm^{-3})[10] 5800(@ 1.0g·cm^{-3})[10] 4880(@ 0.75g·cm^{-3})[10] 9124(@ 1.84g·cm^{-3})[14,26-27] 8773(@ 1.81g·cm^{-3})[34] 5450(@ 0.85g·cm^{-3})[37] 8340(@ 1.68g·cm^{-3})[37] 9110(@ 1.9g·cm^{-3})[37] 4390(@ 0.70g·cm^{-3})[37] 7870(@ 1.63g·cm^{-3})[37]	9244(@ 1.89 g·cm^{-3})[5]
V_0/(L·kg^{-1})	775	902[15]	

名称	β-HMX[31,41]（中子衍射）	α-HMX[18,22,35]（HMX-II）	β-HMX[18,22]（HMX-I）	γ-HMX[41,22,35]（HMX-III）①	δ-HMX[32]（HMX-IV）	β-HMX[42-43]
化学式	$C_4H_8O_8N_8$	$C_4H_8O_8N_8$	$C_4H_8O_8N_8$		$C_4H_8O_8N_8$	$C_4H_8O_8N_8$
$M/(g\cdot mol^{-1})$						
晶系		正交	单斜	单斜	六方	单斜
空间群		*Fdd*2	*P*21/*c*(no. 14)	*Pc* *P*2/*c* *P*2/*n*	*P*61 *P*65	*P*21/*n*
a/Å	6.54	15.14	6.54	10.95	7.711(2)	6.5209(2)
b/Å	11.05	23.89	11.05	7.93		10.7610(2)
c/Å	8.70	5.91	8.70	14.61	32.553(6)	7.3062(2)
α/(°)	90	90	90	90		90
β/(°)	124.3	90	102.8[18]，103[22]	119.4		102.058(2)
γ/(°)	90	90	90	90		90
$V/Å^3$				1105.25[35]	1676.3	501.37
Z	2	8	2	4	6	2
$\rho_{calc}/(g\cdot cm^{-3})$	1.894	1.838[18]，1.87[22]，1.84087[35]	1.902[18]，1.96[22]	1.78，1.7798[35]	1.586	1.962
T/K			298[22]	298[22]	RT	20

注：1. 使用 Eiland 和 Pepinsky 单胞常数

① 已证实：γ-HMX 实际是一种水合物（$2C_4H_8N_8O_8\cdot 1/2H_2O$）[41]

名称	β-HMX[43]	β-HMX[35]、	γ-HMX[32,35,41]	δ-HMX[35,41]
化学式	$C_4H_8O_8N_8$	$C_4H_8O_8N_8$		$C_4H_8O_8N_8$
$M/(g\cdot mol^{-1})$				
晶系	单斜	单斜		
空间群	$P2_1/n$	$P2_1/c$(no. 14)	*Pc*	$P6_5$或$P6_1$
a/Å	6.5250(2)	6.5380(8)	13.271	7.711(2)
b/Å	10.8249(2)	11.054(2)	7.90	7.711(2)
c/Å	7.3175(1)	8.702(2)	10.95	32.553(6)
α/(°)	90	90	90	90

续表

$\beta/(°)$	102.256(1)	124.44	106.8	90
$\gamma/(°)$	90	90	90	120
$V/Å^3$	505.07	518.668	1099.01	1676.27
Z	2	2	4	6
$\rho_{calc}/(g\cdot cm^{-3})$	1.948	1.8963	1.82	1.76026
T/K	120			

① 已证实：γ-HMX 实际是一种水合物($2C_4H_8N_8O_8\cdot 1/2H_2O$)[41]。

参考文献

[1] A Study of Chemical Micro-Mechanisms of Initiation of Organic Polynitro Compounds, S. Zeman, Ch. 2 in Energetic Materials, Part 2: Detonation, Combustion, P. A. Politzer, J. S. Murray(eds.), Theoretical and Computational Chemistry, Vol. 13, 2003, Elsevier, p. 25-60.

[2] https://engineering.purdue.edu/~propulsi/propulsion/comb/propellants.html.

[3] New Energetic Materials, H. H. Krause, Ch. 1 in Energetic Materials, U. Teipel(ed.), Wiley-VCH Verlag GmbH & Co. KGaA, Weinheim, 2005, p. 1-26. isbn: 3-527-30240-9.

[4] S. Zeman, V. Pelikán, J. Majzlík, Central Europ. Energ. Mat., 2006, 3, 27-44.

[5] J. P. Lu, Evaluation of the Thermochemical Code -CHEETAH 2.0 for Modelling Explosives Performance, DSTO Aeronautical and Maritime Research Laboratory, August 2011, AR-011-997.

[6] S. Zeman, Proceedings of New Trends in Research of Energetic Materials, NTREM, April 24-25th 2002.

[7] M. H. Keshavarz, M. Hayati, S. Ghariban-Lavasani, N. Zohari, ZAAC, 2016, 642, 182-188.

[8] M. Jungová, S. Zeman, A. Husárová, Chinese J. Energetic Mater., 2011, 19, 603-606.

[9] C. B. Storm, J. R. Stine, J. F. Kramer, Sensitivity Relationships in Energetic Materials, in S. N. Bulusu(ed.), Chemistry and Physics of Energetic Materials[M], Kluwer Academic Publishers, Dordrecht, 1999, 605.

[10] M. H. Keshavarz, J. Haz. Mat., 2009, 166, 762-769.

[11] A. Koch, Propellants, Explosives, Pyrotechnics, 2002, 27, 365-368.

[12] R. Weinheimer, Properties of Selected High Explosives, Abstract, 27th International Pyrotechnics Seminar, 16-21 July 2000, Grand Junction, USA.

[13] Determined using the Bureau of Mines (B. M.), Picatinny Arsenal (P. A.) or Explosive Research Laboratory(ERL) apparatus.

[14] AMC Pamphlet Engineering Design Handbook: Explosive Series Properties of Explosives of Military Interest, Headquarters, U. S. Army Materiel Command, January 1971.

[15] M. Jafari, M. Kamalvand, M. H. Keshavarz, A. Zamani, H. Fazeli, Indian J. Engineering and Mater. Sci. ,2015,22,701-706.

[16] Military Explosives, Department of the Army Technical Manual TM 9-1300-214, Headquarters, Department of the Army, September 1984.

[17] LASL Explosive Property Data, T. R. Gibbs, A. Popolato (eds.), University of California Press, Berkeley, 1980.

[18] H. H. Cady, A. C. Larson, D. T. Cramer, Acta Cryst. , 1963, 16, 617-623.

[19] A. Smirnov, D. Voronko, B. Korsunsky, T. Pivina, Huozhayo Xuebao, 2015, 38, 1-8.

[20] R. K. Wharton, J. A. Harding, J. Energet. Mater. , 1993, 11, 51-65.

[21] B. M. Dobratz, Properties of Chemical Explosives and Explosive Simulants, UCRL-5319, LLNL, December 15th, 1972.

[22] W. C. McCrone, Analytical Chemistry, 1950, 22, 1225-1226.

[23] G. T. Afanas'ev, T. S. Pivina, D. V. Sukhachev, Propellants, Explosives, Pyrotechnics, 1993, 18, 309-316.

[24] M. L. Jones, E. Lee, J. Energet. Mater. , 1997, 15, 193-204.

[25] S. M. Kaye, Encyclopedia of Explosives and Related Items, Vol. 8, US Army Research and Development Command, TACOM, Picatinny Arsenal, USA, 1978.

[26] B. T. Fedoroff, O. E. Sheffield, Encyclopedia of Explosives and Related Items, Vol. 2, US Army Research and Development Command, TACOM, Picatinny Arsenal, USA, 1962.

[27] B. T. Fedoroff, O. E. Sheffield, Encyclopedia of Explosives and Related Items, Vol. 3, US Army Research and Development Command, TACOM, Picatinny Arsenal, USA, 1966.

[28] B. T. Fedoroff, O. E. Sheffield, Encyclopedia of Explosives and Related Items, Vol. 4, US Army Research and Development Command, TACOM, Picatinny Arsenal, USA, 1969.

[29] B. T. Fedoroff, O. E. Sheffield, Encyclopedia of Explosives and Related Items, Vol. 7, US Army Research and Development Command, TACOM, Picatinny Arsenal, USA, 1975.

[30] S. M. Kaye, Encyclopedia of Explosives and Related Items, Vol. 9, US Army Research and Development Command, TACOM, Picatinny Arsenal, USA, 1980.

[31] C. S. Choi, H. P. Boutin, Acta Cryst. , 1970, B26, 1235-1240.

[32] R. E. Cobbledick, R. W. H. Small, Acta Cryst. , 1970, B26, 1235-1240.

[33] S. Zeman, Propellants, Explosives, Pyrotechnics, 2000, 25, 66-74.

[34] H. -H. Licht, Propellants, Explosives, Pyrotechnics, 2000, 25, 126-132.

[35] C. - O. Lieber, Propellants, Explosives, Pyrotechnics, 2000, 25, 288 - 301. [36] E. G. Kayser, J. Energet. Mater. , 1983, 1:3, 251-273.

[36] A. Smirnov, S. Smirnov, V. Balalaev, T. Pivina, NTREM 17, April 9-11th 2014, pp. 24-37.

[37] D. M. Williamson, S. Gymer, N. E. Taylor, S. M. Walley, A. P. Jardine, C. L. Leppard, S. Wortley.

[38] Glauser, NTREM 17, 9-11th April 2014, pp. 243-252.

[39] J. C. Oxley, J. L. Smith, E. Rogers, X. X. Dong, J. Energet. Mater. , 2000, 18, 97-121.

[40] A. A. Gidaspov, E. V. Yurtaev, Y. V. Moschevskiy, V. Y. Avdeev, NTREM 17, 9-11th April 2014, pp. 658-661.

[41] G. R. Miller, A. N. Garroway, "A Review of the Crystal Structures of Common Explosives Part I: RDX, HMX, TNT, PETN and Tetryl", NRL/MR/6120—01-8585, Naval Research Laboratory, October 15th 2001.

[42] E. A. Zhurova, V. V. Zhurov, A. A. Pinkerton, J. Am. Chem. Soc., 2007, 29, 13887-13893.

[43] V. V. Zhurov, E. A. Zhurova, A. I. Stash, A. A. Pinkerton, Acta Cryst., 2011, A67, 160-173.

P

季戊四醇三硝酸酯
(Pentaerythritol trinitrate)

名称 季戊四醇三硝酸酯

主要用途 炸药、推进剂或点火药组分

分子结构式

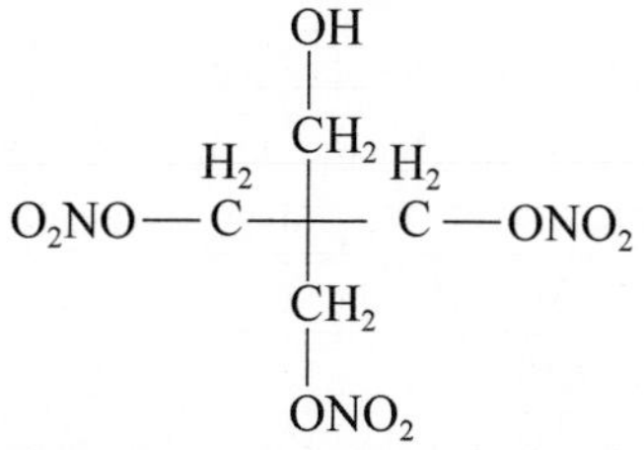

名称	PETRIN	
分子式	$C_5H_9N_3O_{10}$	
$M/(g\cdot mol^{-1})$	271.14	
IS/J	2.49~4.98(P.A.)[4],5~10英寸(P.A.)[8]	
FS/N		
ESD/J		
$N/\%$	15.50	
$\Omega(CO_2)/\%$	−26.55	
$T_{m.p}/℃$	30[1],26~28[4],<20(产品级)[8],26~28(纯化)[8]	
T_{dec}(DSC @5℃·min^{-1})/℃	130[4],130(@4mmHg)[8]	
$\rho/(g\cdot cm^{-3})$	1.54[4,7],1.54(@20℃)[8] 1.632(@293K)[1]	
$\Delta_fH°/(kJ\cdot mol^{-1})$ $\Delta_fH°/(kJ\cdot kg^{-1})$	−561.0,−128.7kcal·mol^{-1}[8], −2069[7]	
	理论值(EXPLO5 6.03)	实测值
$-\Delta_{ex}U°/(kJ\cdot kg^{-1})$	5218	5038[4] 5230[H_2O(液态)][7] 4777[H_2O(气态)][7] 1204cal·g^{-1}[8]

续表

T_{ex}/K	3501	
P_{C-J}/kbar	25.3	
VoD/(m·s^{-1})	7777(@TMD)	7640(@1.54g·cm^{-3})[3]
V_0/(L·kg^{-1})	767	902[5,7],918[6]

参考文献

[1] H. Muthurajan, R. Sivabalan, M. B., Talawar, M. Anniyappan, S. Venugopalan, J. Hazard. Mater., 2006, 133, 30–45.

[2] Calculated using Advanced Chemistry Development(ACD/Labs) Software V11.02(© 1994–2017 ACD/Labs).

[3] M. H. Keshavarz, Propellants, Explosives, Pyrotechnics, 2012, 37, 489–497.

[4] AMC Pamphlet Engineering Design Handbook: Explosive Series Properties of Explosives of Military Interest, Headquarters, U. S. Army Materiel Command, January 1971.

[5] M. Jafari, M. Kamalvand, M. H. Keshavarz, A. Zamani, H. Fazeli, Indian J. Engineering and Mater. Sci., 2015, 22, 701–706.

[6] H. Muthurajan, R. Sivabalan, M. B. Talawar, S. N. Asthana, J. Hazard. Mater., 2004, A112, 17–33.

[7] R. Meyer, J. Köhler, A. Homburg, Explosives, 7th edn., Wiley - VCH, Weinheim, 2016, pp. 250–251.

[8] S. M. Kaye, Encyclopedia of Explosives and Related Items, Vol. 8, US Research and Development Command, TACOM, Picatinny Arsenal, USA, 1978.

太　安
(PETN)

名称　太安

主要用途　传爆药手榴弹和小口径炮弹装药的组分

分子结构式

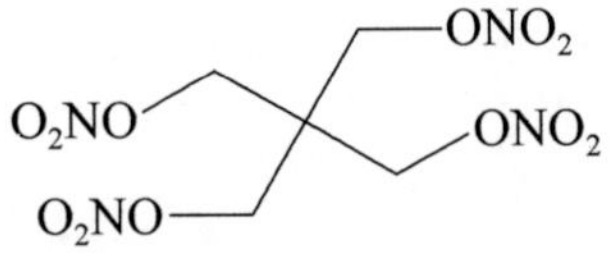

名称	PETN
分子式	$C_5H_8N_4O_{12}$
M/(g·mol^{-1})	316.14

续表

<table>
<tr><td>IS/J</td><td>3.59(一级反应)[5],2.90(声音)[5],3.34(B.M.)[8,9],2.99(P.A.)[8,9],3.34cm(B.M.)[11-13],15cm(P.A.)[11,12],2.99(P.A.)[13],5.40(E.R.L.)[11,12],3~4.2[17],$H_{50\%}$ = 13cm(US-NOL 仪器)[35],H_{50} = 12cm(12 型工具法)[21],H_{50} = 37cm(12B 型工具法)[21],H_{50} = 11cm(12 型工具法,5kg 落锤)[26],IS_{LL} = 0.5m[24],IS_{A50} = 0.9 m[24],中位高度 = 66cm(5kg 落锤,样品量:30mg,Rotter 仪器)[37],跌落重量 = 3.5N·m[39],Rotter FOI = 50[43],美国落锤 = 12~15cm[43];
粉末状品:$H_{50\%}$ = 12cm(NOL)[37],$H_{50\%}$ = 12cm(LASL)[37],$H_{50\%}$ = 43cm(B.M.,ERL)[37],$H_{10\%}$ = 17cm(P.A.,B.M.)[37],$H_{10\%}$ = 6cm(P.A.)[37];
BAM(在等温 70℃,干燥无氧条件下老化 113 天):未老化 PETN E_{50} = 4.1[12];老化后 PETN E_{50} = 3.6[12]</td></tr>
<tr><td>FS/N</td><td>80[17],$P_{fr.LL}$ = 175MPa[24],$P_{fr.50\%}$ = 345MPa[24];
平均摩擦系数(FOF)= 2.4[25],BAM 平均极限载荷 = 73N[25];
Mallet 摩擦感度:钢/钢 = 50%[25],尼龙/钢 = 0%[25],木头/软木 = 0%[25],木头/硬木 = 0%[25],木头/约克石 = 0%[25];
BAM(在等温 70℃,干燥无氧条件下老化 113 天):未老化 PETN F_{50} = 64[12];老化后 PETNF_{50} = 55[12]</td></tr>
<tr><td>ESD/J</td><td>0.06(100 目,无约束)[13],0.21(100 目,约束)[13];
静电感度:0.19(铜电极,3mm 铅箔)[21],0.36(铜电极,10mm 铅箔)[21],0.41(钢电极,10mm 铅箔)[21];
最大不发火能:0.036(2.6μm 粒径,0.005 英寸电极间隙)[20];
5000V 时,发火概率为 0 时的最高静电放电能[35]:
<table><tr><td rowspan="2"></td><td colspan="2">发火概率为 0 时的最高静电放电能</td><td colspan="2">发火类型</td></tr><tr><td>约束</td><td>无约束</td><td>约束</td><td>无约束</td></tr><tr><td>块状 PETN</td><td>>11.0</td><td>0.21</td><td>未发火</td><td>爆轰</td></tr><tr><td>PETN(过 100 目筛)</td><td>0.062</td><td>0.21</td><td>爆燃</td><td>爆轰</td></tr></table>
未老化 PETN E_{50} = 30mJ[12];老化后 PETN E_{50} = 20mJ[12](在等温 70℃,干燥无氧条件下老化 113 天)</td></tr>
<tr><td>N/%</td><td>17.72</td></tr>
<tr><td>$\Omega(CO_2)$/%</td><td>-10.12</td></tr>
<tr><td>$T_{相变}$/℃</td><td>130 四方晶型(I) -正交晶型(II)[44],
<130 正交晶型(阶段-II) -四方晶型(阶段-I)快速转变[44]</td></tr>
<tr><td>$T_{m.p}$/℃</td><td>142.9[11,21],141[13],141.3[20,41],143[22,42]</td></tr>
<tr><td>T_{dec}/℃</td><td>179(DSC @ 5℃·min^{-1}),421K(DTA)[5],225(@ 5℃·s^{-1})[11],210(@ 10℃·s^{-1})[11],210(放热峰最大值,@ 20℃·s^{-1})[42]</td></tr>
</table>

续表

ρ/(g·cm^{-3})	1.827(@123K), 1.750(@298K, 气体比重计), 1.67(@293K)[1], 1.772[3], 1.778[11], 1.77[13], 1.778(四方晶体)[20], 1.716(正交晶体)[20], 1.77(@TMD)[26], 1.76[26]; 压实密度: 1.48g·cm^{-3}@5kpsi[37], 1.61 @10kpsi[37], 晶体=1.76[37]
$\Delta_f H°$/(kJ·mol^{-1}) $\Delta_f H°$/(kJ·kg^{-1}) $\Delta_f U°$/(kJ·kg^{-1}) $\Delta_f H$/(kJ·kg^{-1})	−481, −128.7kcal·mol^{-1}[20], −110.34kcal·mol^{-1}[21] −1705[2] −1427 −1677.8[3]

	理论值(EXPLO5 6.03)	实测值	理论值	其他不同理论方法的理论值
$-\Delta_{ex}U°$/(kJ·kg^{-1})	5995	1385cal·g^{-1}[13] 1410kcal·kg^{-1}[18] 6404[19]	165kcal · g^{-1} [H_2O(液态)][26] 151kcal · g^{-1} [H_2O(气态)][26]	
T_{ex}/K	3958	2833(@1.77g·cm^{-3})[11] 3970(@1.0g·cm^{-3})[11] 4493(@0.50g·cm^{-3})[11] 4442(@0.25g·cm^{-3})[11] 5684(@1.56g·cm^{-3})[35] 3400(@1.67g·cm^{-3})[28] 4200(single crystal)[28]	5280(@1.60 g·cm^{-3})[35]	4500(@1.67g·cm^{-3})[28] 3018(@1.67g·cm^{-3})[28] 2340(@1.67g·cm^{-3})[28] 4400(@1.77g·cm^{-3})[28] 2833(@1.77g·cm^{-3})[28] 2070(@1.77g·cm^{-3})[28] 4850(@1.00g·cm^{-3})[28] 3970(@1.00g·cm^{-3})[28] 4300(@1.00g·cm^{-3})[28]
P_{C-J}/kbar	316	300[1] 335(@1.77g·cm^{-3})[11] 306(@1.67g·cm^{-3})[11] 87(@0.99g·cm^{-3})[11,14,26] 337(@1.76g·cm^{-3})[14] 307(@1.70g·cm^{-3})[14] 266(@1.60g·cm^{-3})[14] 208(@1.45g·cm^{-3})[14] 139(@1.23g·cm^{-3})[14] 68(@0.88g·cm^{-3})[14] 24(@0.48g·cm^{-3})[14] 13(@0.30g·cm^{-3})[14] 8(@0.25g·cm^{-3})[14] 309(@1.78g·cm^{-3})[15] 340(@1.77g·cm^{-3})[26] 300(@1.67g·cm^{-3})[26] 224.7(@1.538g·cm^{-3})[35] 239.9(@1.568g·cm^{-3}, 压实)[35] 31GPa(@1.67g·cm^{-3})[21]	226(@1.60g·cm^{-3})[35] 30.84GPa (CHEETAH 2.0)[4]	

续表

VoD/(m·s^{-1})	8525	8000[1] 8260(@1.76g·cm^{-3})[10-11,26] 8300(@1.77g·cm^{-3})[7-8,13] 8270(@1.76g·cm^{-3})[6,15] 8070(@1.7g·cm^{-3})[6,15] 7750(@1.6g·cm^{-3})[6,15] 7180(@1.45g·cm^{-3})[6,15] 6370(@1.23g·cm^{-3})[6,15] 5480(@0.99g·cm^{-3})[6,15] 5060(@0.88g·cm^{-3})[6,15] 3600(@0.48g·cm^{-3})[6,15] 2990(@0.3g·cm^{-3})[6,15] 2830(@0.25g·cm^{-3})[6,15] 8404(@1.78g·cm^{-3})[15] 7975(@1.67g·cm^{-3})[11,21] 2810(@0.241g·cm^{-3},压实)[20] 2730(@0.201g·cm^{-3},压实)[20] 2670(@0.185g·cm^{-3},压实)[20] 7675(@1.538g·cm^{-3},压实)[35] 7794(@1.568g·cm^{-3},压实)[35] 8500(@1.77g·cm^{-3})[28] 8350(@1.73g·cm^{-3})[28] 8100(@1.66g·cm^{-3})[28] 7910(@1.62g·cm^{-3})[28] 7920(@1.60g·cm^{-3})[28] 7420(@1.51g·cm^{-3})[28] 7130(@1.40g·cm^{-3})[28]	8274(@1.76 g·cm^{-3})(CHEETAH 2.0)[4]	
V_0/(L·kg^{-1})	746	790[13] 780[16] 823[19] 828(@0℃ & 760mm Hg)[34] 550[H_2O(液态)](采用多尔格测压弹测定,ρ = 1.65g·cm^{-3})[35-36] 790[H_2O(气态)](采用多尔格测压弹测定,ρ = 1.65g·cm^{-3})[36-37]		

注:泡沫状 PETN 的 VoD(PETN 一致分散在聚氨酯泡沫中以达到低密度)[23]:1.17km·s^{-1}@0.133g·cm^{-3}[23],1.14km·s^{-1}@0.120g·cm^{-3}[23],1.12km·s^{-1}@0.109g·cm^{-3}[23],0.98km·s^{-1}@0.094 g·cm^{-3}[23],0.78km·s^{-1}@0.055g·cm^{-3}[23],0.59km·s^{-1}@0.049g·cm^{-3}[23]。

有关 PETN 的 VoD 值的其他试验结果[27,40]:

VoD/(mm·μs^{-1})	ρ/g·cm^{-3}	VoD/(mm·μs^{-1})	ρ/g·cm^{-3}
8.60	1.77	7.42	1.51
8.35	1.73	6.97	1.37
7.98	1.67	5.62	1.03
8.10	1.66	5.33	0.97
7.92	1.65	5.30	0.95
7.91	1.62		

有关 PETN 的 VoD 值的其他试验结果,探针测试:(a)为无约束探针;(b)为圆筒试验[28]:

VoD/(mm·μs^{-1})	ρ/g·cm^{-3}	VoD/(mm·μs^{-1})	ρ/g·cm^{-3}
8.30	1.773(a)	7.49	1.51(b)
8.28	1.765(b)	6.67	1.27(b)
8.16	1.765(b)	6.76	1.26(b)
8.24	1.765(a)	5.83	1.09(b)
8.24	1.765(a)	3.85	0.55(a)
8.27	1.763(a)	3.40	0.436
8.25	1.762(a)	2.81	0.241(a)
8.26	1.762(a)	2.73	0.201(a)
7.44	1.51(b)	2.67	0.185(a)

有关 PETN 的 VoD 值的其他试验结果,冲击静电效应测试[28]:

VoD/(mm·μs^{-1})	ρ/g·cm^{-3}	VoD/(mm·μs^{-1})	ρ/g·cm^{-3}
8.00	1.71	7.07	1.38
8.08	1.71	6.48	1.23
8.03	1.70	6.50	1.23
7.96	1.70	6.46	1.23
7.97	1.69	6.43	1.23
7.74	1.60	5.52	0.99
7.69	1.59	5.41	0.95
7.51	1.53	5.31	0.93
7.41	1.46	5.33	0.93
7.26	1.45	5.20	0.89
7.20	1.44	5.17	0.88

注:两种不同粒径 PETN 的 VoD 测试,装药直径=0.32cm[28]:
堆积密度=0.95g·cm^{-3},-35~48 目,VoD=4300m·s^{-1}[28];
堆积密度=0.95g·cm^{-3},-65~100 目,VoD=4800m·s^{-1}[28];
当装药直径为 0.63cm,两种不同粒径的 PETN 的 VoD 值无明显不同[28]。

基于流体力学理论爆轰方程得到的爆压和爆温值[35]：

装药密度/($g \cdot cm^{-3}$)	爆压/($kg \cdot cm^{-2}$)	爆温/K
0.80	65000	5050
1.00	95300	5320
1.20	140500	5720
1.40	195500	6170
1.60	252800	6670

爆温的理论值[35]：

装药密度/($g \cdot cm^{-3}$)	平均爆温值/K
0.70	3580
0.75	3670
1.50	5910
1.60	6040

实测爆温值(空气环境下爆轰)[35]：

装药密度/($g \cdot cm^{-3}$)	平均爆温值/K
0.68	3750
0.95	4020
1.55	6460
1.68	5840

实测爆温值(玻璃圆筒)[35]：

装药密度/($g \cdot cm^{-3}$)	平均爆温值/K
0.70	4980
0.95	4960
1.60	5520

实测爆温值(水填充的玻璃圆筒)[35]：

装药密度/($g \cdot cm^{-3}$)	平均爆温值/K
0.60	4080
0.95	3970
1.55	5650

辐射法得到的爆温值(装药置于抽真空的玻璃圆筒中)[35]：

装药密度/($g \cdot cm^{-3}$)	平均爆温值/K
0.82	5590
1.55	5230
1.60	5330

辐射法得到的爆温值(装药置于充水的玻璃圆筒中)[35]：

装药密度/($g \cdot cm^{-3}$)	平均爆温值/K
0.72	4020
0.98	3990
1.44	5350

基于光度法得到的无约束空气条件下的爆温值[35]：

装药密度/($g \cdot cm^{-3}$)	辐射狭缝宽度/mm	平均爆温值/K
1.18	1.0	6000
1.64	1.0	5750
1.60	1.5	5450

粉末状 PETN 的 VoD(装药直径=1.90cm,距离 10cm[35])：

ρ/($g \cdot cm^{-3}$)	0.68	0.80	1.10	1.40	1.56
VoD/($m \cdot s^{-1}$)	4160	4730	5990	7270	7445

注:1. PETN,玻璃墙约束,装药直径 16mm,壁厚 0.8mm,装药密度=0.3$g \cdot cm^{-3}$,VoD=3419 $m \cdot s^{-1}$[35]；
2. PETN,玻璃墙约束,装药直径 15mm,壁厚 1.0mm,装药密度=0.3$g \cdot cm^{-3}$,VoD=3548 $m \cdot s^{-1}$[35]。

小型铜约束压制 PETN 的稳态 VoD 测试值[45]：

直径/mm	1/D(mm^{-1})	VoD/($km \cdot s^{-1}$)	装药密度/($kg \cdot m^{-3}$)
4.06	0.246	4.58	950
		4.56	950
		4.58	950
		4.60	950
7.62	0.131	4.88	950
		4.86	950

续表

直径/mm	1/D(mm^{-1})	VoD/(km·s^{-1})	装药密度/(kg·m^{-3})
11.4	0.088	5.01	950
		5.02	950
14.0	0.071	5.06	950
		5.11	950
		4.80	900
		5.56	1000
16.5	0.061	5.14	950

名称	PETN-I[21,22,44] (相 I(α-))	PETN-II[21,22,44] (相 I(β-))	PETN[22]	PETN[29]	PETN[30]	PETN[31]	PETN[32]
化学式	$C_5H_8N_4O_{12}$	$C_5H_8N_4O_{12}$	$C_5H_8N_4O_{12}$	$C_5H_8N_4O_{12}$	$C_5H_8N_4O_{12}$	$C_5H_8N_4O_{12}$	$C_5H_8N_4O_{12}$
M/(g·mol^{-1})	316.14	316.14	316.14	316.14	316.14	316.14	316.14
晶系	四方	正交	正交	四方	四方	四方	四方
空间群	$P\bar{4}2_1c$ (no. 114)	Pcnb (no. 60)	Pcnb (no. 60)	$P\bar{4}2_1c$ (no. 114)	$P\bar{4}2_1$ (no. 114)	$P\bar{4}2_1c$ (no. 114)	$P\bar{4}2_1c$ (no. 114)
a/Å	9.38	13.22	13.29	9.380	9.3027(3)	9.2759(8)	9.38
b/Å	9.38	13.49	13.49	9.380	9.3027(3)	9.2759(8)	9.38
c/Å	6.71	6.83	6.83	6.700	6.6403(2)	6.6127(4)	6.70
α/(°)	90	90	90	90	90	90	90
β/(°)	90	90	90	90	90	90	90
γ/(°)	90	90	90	90	90	90	90
V/Å^3	590.375		1224.5	589.495	574.65(3)	568.97	
Z	2	4	4	2	2	2	1.773
ρ_{calc}/(g·cm^{-3})	1.778	1.716	1.715	1.781	1.827	1.845	2
T/K	295	136	295	295	123	100	

参考文献

[1] S. P. Sharma, S. C. Lahiri, J. Energ. Mater. ,2005,23,239-264.

[2] F. Volk, H. Bathelt, Propellants, Explosives, Pyrotechnics, 2002, 27, 136-141.

[3] https://engineering. purdue. edu/~propulsi/propulsion/comb/propellants. html.

[4] J. P. Lu, Evaluation of the Thermochemical Code -CHEETAH 2.0 for Modelling Explosives Performance, DSTO Aeronautical and Maritime Research Laboratory, August 2011, AR-011-997.

[5] S. Zeman, Proceedings of New Trends in Research of Energetic Materials, NTREM, April 24-25th 2002, pp. 434-443.

[6] M. H. Keshavarz, J. Haz. Mat. ,2009,166,762-769.

[7] M. H. Keshavarz, Propellants, Explosives, Pyrotechnics, 2012, 37, 489-497.
[8] Ordnance Technical Intelligence Agency, Encyclopedia of Explosives: A Compilation of Principal Explosives, Their Characteristics, Processes of Manufacture and Uses, Ordnance Liaison Group-Durham, Durham, North Carolina, 1960.
[9] B. M. abbreviation for Bureau of Mines apparatus; P. A. abbreviation for Picatinny Arsenal apparatus; ERL for Explosive Research Laboratory apparatus.
[10] A. Koch, Propellants, Explosives, Pyrotechnics, 2002, 27, 365-368.
[11] R. Weinheimer, Properties of Selected High Explosives, Abstract, 27th International Pyrotechnics Seminar, 16-21 July 2000, Grand Junction, USA.
[12] J. Šelešovsky, J. Pachmáň, M. Hanus, NTREM 6, 22-24th April 2003, pp. 309-321.
[13] AMC Pamphlet Engineering Design Handbook: Explosive Series Properties of Explosives of Military Interest, Headquarters, U. S. Army Materiel Command, January 1971.
[14] M. L. Hobbs, M. R. Baer, Proceedings of the 10th International, Detonation Symposium, Office of Naval Research ONR 33395-12, 1993, 409-418.
[15] Chemical Rocket Propulsion: A Comprehensive Survey of Energetic Materials, L. DeLuca, Shimada, V. P. Sinditskii, M. Calabro (eds.), Springer, 2017.
[16] M. Jafari, M. Kamalvand, M. H. Keshavarz, A. Zamani, H. Fazeli, Indian J. Engineering and Mater. Sci., 2015, 22, 701-706.
[17] R. Matyaš, J. Pachman, Explosive Properties of Primary Explosives. Chapter 2 in Primary Explosives, Springer-Verlag Berlin Heidelberg: Wiesbaden, Germany, 2013, pp. 11-36.
[18] H. D. Mallory (ed.), The Development of Impact Sensitivity Tests at the Explosives Research Laboratory Bruceton, Pennsylvania During the Years 1941 - 1945, 16th March 1965, AD Number AD-116 -878, US Naval Ordnance Laboratory, White Oak, Maryland.
[19] H. Muthurajan, R. Sivabalan, M. B. Talawar, S. N. Asthana, J. Hazard. Mater., 2004, A112, 17-33.
[20] Military Explosives, Department of the Army Technical Manual, TM 9-1300-214, Headquarters, Department of the Army, September 1984.
[21] LASL Explosive Property Data, T. R. Gibbs, A. Popolato (eds.), University of California Press, Berkeley, 1980.
[22] H. H. Cady, A. C. Larson, Acta Cryst., 1975, 31, 1864-1869.
[23] J. L. Austing, A. J. Tulis, C. D. Johnson, "Detonation Characteristics of Very Low Density Explosive Systems", Proceedings: Symposium (International) on Detonation (5th), Office of Naval Research, Virginia, USA, 1970, 47-59.
[24] A. Smirnov, O. Voronko, B. Korsunsky, T. Pivina, Huozhayo Xuebao, 2015, 38, 1-8.
[25] R. K. Wharton, J. A. Harding, J. Energet. Mater., 1993, 11, 51-65.
[26] B. M. Dobratz, Properties of Chemical Explosives and Explosive Simulants, UCRL-5319, LLNL, December 15 1972.
[27] D. Price, "The Detonation Velocity-Loading Density Relation for Selected Explosives and

Mixtures of Explosives", NSWC TRR2-298, 26 August, 1982.
[28] S. M. Kaye, Encyclopedia of Explosives and Related Items, Vol. 8, US Army Research and Development Command, TACOM, Picatinny Arsenal, USA, 1978.
[29] J. Trotter, Acta Cryst., 1963, 16, 698-699.
[30] M. Nieger, J. Lehmann, CSD Communication, 2002.
[31] E. A. Zhurova, A. I. Stash, V. G. Tsirelson, V. V. Zhurov, E. V. Bartashevich, V. A. Potemkin, A. A. Pinkerton, J. Am. Chem. Soc., 2006, 128, 14728-14734.
[32] A. D. Booth, F. J. Llewellyn, J. Chem. Soc., 1947, 69, 837-846.
[33] B. T. Fedoroff, O. E. Sheffield, Encyclopedia of Explosives and Related Items, Vol. 2, US Army Research and Development Command, TACOM, Picatinny Arsenal, USA, 1962.
[34] B. T. Fedoroff, O. E. Sheffield, Encyclopedia of Explosives and Related Items, Vol. 3, US Army Research and Development Command, TACOM, Picatinny Arsenal, USA, 1966.
[35] B. T. Fedoroff, O. E. Sheffield, Encyclopedia of Explosives and Related Items, Vol. 4, US Army Research and Development Command, TACOM, Picatinny Arsenal, USA, 1969.
[36] B. T. Fedoroff, O. E. Sheffield, Encyclopedia of Explosives and Related Items, Vol. 5, US Army Research and Development Command, TACOM, Picatinny Arsenal, USA, 1972.
[37] B. T. Fedoroff, O. E. Sheffield, Encyclopedia of Explosives and Related Items, Vol. 4, US Army Research and Development Command, TACOM, Picatinny Arsenal, USA, 1974.
[38] B. T. Fedoroff, O. E. Sheffield, Encyclopedia of Explosives and Related Items, Vol. 7, US Army Research and Development Command, TACOM, Picatinny Arsenal, USA, 1975.
[39] S. M. Kaye, Encyclopedia of Explosives and Related Items, Vol. 9, US Army Research and Development Command, TACOM, Picatinny Arsenal, USA, 1980.
[40] H. -H. Licht, Propellants, Explosives, Pyrotechnics, 2000, 25, 126-132.
[41] D. Price, J. Energet. Mater., 1983, 1:1, 55-82.
[42] E. G. Kayser, J. Energet. Mater., 1983, 1:3, 251-273.
[43] J. C. Oxley, J. L. Smith, E. Rogers, X. X. Dong, J. Energet. Mater., 2000, 18, 97-121.
[44] D. M. Williamson, S. Gymer, N. E. Taylor, S. M. Walley, A. P. Jardine, C. L. Lcppard, S. Wortley.
[45] Glauser, NTREM 17, 9-11th April 2014, pp. 243-252.
[46] G. R. Miller, A. N. Garroway, "A Review of the Crystal Structures of Common Explosives Part I: RDX, HMX, TNT, PETN and Tetryl", NRL/MR/6120—01-8585, Naval Research Laboratory, October 15th 2001.
[47] R. H. Dinegar, Propellants and Explosives, 1976, 1, 97-100.

苦 氨 酸
(Picramic acid)

名称 苦氨酸

主要用途

分子结构式

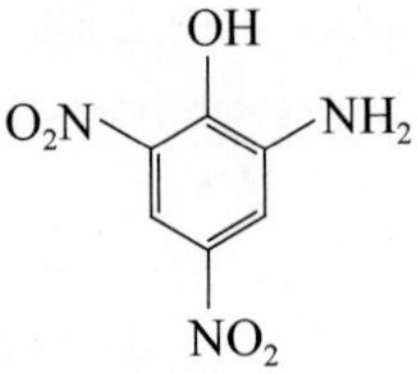

名称	苦氨酸	
分子式	$C_6H_5N_3O_5$	
$M/(g \cdot mol^{-1})$	199.12	
IS/J	34N·m[5]	
FS/N	>353[5]	
ESD/J		
N/%	21.10	
$\Omega(CO_2)$/%	−76.3	
$T_{m.p}$/℃	169.9[5] 168~169[1]	
T_{dec}/℃	240	
$\rho/(g \cdot cm^{-3})$	1.749(@293K)[2]	
$\Delta_f H°/(kJ \cdot mol^{-1})$ $\Delta_f H°/(kJ \cdot kg^{-1})$	 −1248[5]	
	理论值(EXPLO5 6.03)	实测值
$-\Delta_{ex}U°/(kJ \cdot kg^{-1})$	3422	2674[H_2O(液态)][3,5]
T_{ex}/K	2574	
P_{C-J}/kbar	18.5	
VoD/$(m \cdot s^{-1})$	6938(@TMD)	
$V_0/(L \cdot kg^{-1})$	636	847[4-5]

参考文献

[1] G. I. Gershzon, Zh. Prikl. Khim. 1936, 9, 879−884.

[2] Calculated using Advanced Chemistry Development(ACD/Labs) Software V11.02(© 1994−2017 ACD/Labs).

[3] M. H. Keshavarz, Propellants, Explosives, Pyrotechnics, 2008, 33, 448−453.

[4] M. Jafari, M. Kamalvand, M. H. Keshavarz, A. Zamani, H. Fazeli, Indian J. Engineering and Mater. Sci., 2015, 22, 701−706.

[5] R. Meyer, J. Köhler, A. Homburg, Explosives, 7th edn., Wiley−VCH, Weinheim, 2016, p. 259.

苦 味 酸
(Picric acid)

名称 苦味酸

主要用途 猛(高能)炸药,混合炸药,用于制造 D 炸药

分子结构式

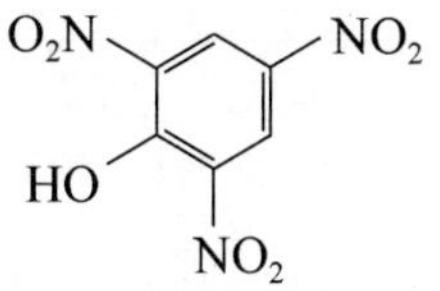

名称	PA
分子式	$C_6H_3N_3O_7$
$M/(g \cdot mol^{-1})$	229.10
IS/J	>50[12],16.68(B.M.)[9-10,13],6.48(P.A.)[9-10,13],16.0[18],$H_{50\%}$ = 65~93cm(B.M.)[19],13 英寸(P.A.)[19],$9.5 \times 10^3 kg \cdot cm^{-2}$(冲击点火临界压力)[19],0/6 发火时最大落高>60cm(2kg,Lenze-Kast 仪器)[19],0/6 发火时最大落高>24cm(10kg 落锤,Lenze-Kast 仪器)[19],6/6 发火时最小落高>60cm(2kg 落锤,Lenze-Kast 仪器)[19],6/6 发火时最小落高>24cm(10kg,Lenze-Kast 仪器)[19]
FS/N	>363[10]
ESD/J	8.98[5,18]
$N/\%$	18.34
$\Omega(CO_2)/\%$	-45.39
$T_{m.p}/℃$	120,122[1,13,19]
$T_{dec}/℃$	237(DSC @ 5℃·min⁻¹),>300(DSC @ 5℃·min⁻¹)[1],190(77%,DSC)[12],332(放热峰最大值,DSC @ 20℃·min⁻¹)[20]
$\rho/(g \cdot cm^{-3})$	1.822(@ 120K),1.748(@ 298K,气体比重计),1.77(@ 293K,气体比重计)[2],1.76(晶体)[13],1.76[19]
$\Delta_f H°/(kJ \cdot mol^{-1})$ $\Delta_f H/(kJ \cdot mol^{-1})$ $\Delta_f H°/(kJ \cdot mol^{-1})$ $\Delta_f U°/(kJ \cdot kg^{-1})$	-202,-51.3kcal·mol⁻¹[19] -217.9[11] -213.6[2] -810

	理论值(EXPLO5 6.03)	实测值	文献值[4]
$-\Delta_{ex}U°/(kJ \cdot kg^{-1})$	4604	3437[H_2O(液态)][8] 1000cal·g⁻¹[13] 1010kcal·kg⁻¹[H_2O(气态)][17]	4184

续表

T_{ex}/K	3484		3230
P_{C-J}/kbar	234		
VoD/(m·s^{-1})	7472	7260(@1.71g·cm^{-3})[6,8,14] 7100(@1.60g·cm^{-3})[6,8,14] 5210(@1.64g·cm^{-3},压装)[9] 7390(@1.71g·cm^{-3},浇铸)[9] 7350(@1.70g·cm^{-3})[16] 4965(@0.97g·cm^{-3})[19] 6190(@1.32g·cm^{-3})[19] 6510(@1.41g·cm^{-3})[19] 7200(@1.62g·cm^{-3})[19] 7480(@1.70g·cm^{-3})[19]	7100(@1.69g·cm^{-3})
V_0/(L·kg^{-1})	638	675[13] 826[15]	675(@0℃)

名称	PA[3]	PA[21]	PA[22,23]	PA[24]	PA[25]
化学式	$C_6H_3N_3O_7$	$C_6H_3N_3O_7$	$C_6H_3N_3O_7$	$C_6H_3N_3O_7$	$C_6H_3N_3O_7$
M/(g·mol^{-1})	229.10	229.10	229.10	229.10	229.10
晶系	正交	正交	正交	正交	正交
空间群	$Pca2_1$(no. 29)	$Pca2_1$(no. 29)	$Pca2_1$(no. 29)	$Pca2_1$(no. 29)	$Pca2_1$(no. 29)
a/Å	9.2548	9.254(2)	9.262(1)	9.1849(9)	9.1295(2)
b/Å	19.1408	19.127(4)	19.137(1)	18.8333(19)	18.6869(5)
c/Å	9.7134	9.704(2)	9.714(1)	9.8061(99)	9.7902(2)
α/(°)	90	90	90	90	90
β/(°)	90	90	90	90	90
γ/(°)	90	90	90	90	90
V/Å^3	1720.6740	1717.62	1721.78	1696.3(3)	1670.23(7)
Z	8	8	8	8	8
ρ_{calc}/(g·cm^{-3})					
T/K					

参考文献

[1] M. -J. Liou, M. -C. Lu, J. Mol. Catal. A: Chem., 2007, 277, 155-163.

[2] C. -M. Jin, Y. Chengfeng, C. Piekarski, B. Twamley, J. M. Shreeve, Eur. J. Inorg. Chem. 2005, 18, 3760-3767.

[3] P. Srinivasan, M. Gunasekaran, T. Kanagesekaran, R. Gopalakrishnan, P. Ramasamy, J. Cryst.

Growth,2006,289,639-646.
[4] Explosives,Section 2203 in Chemical Technology,F. H. Henglein,Pergamon Press,Oxford,1969,pp. 718-728.
[5] M. H. Keshavarz,Z. Keshavarz,ZAAC,2016,642,335-342.
[6] M. H. Keshavarz,J. Haz. Mat. ,2009,166,762-769.
[7] M. H. Keshavarz,Propellants,Explosives,Pyrotechnics,2012,37,489-497.
[8] M. H. Keshavarz,Propellants,Explosives,Pyrotechnics,2008,33,448-453.
[9] Ordnance Technical Intelligence Agency,Encyclopedia of Explosives:A Compilation of Principal Explosives,Their Characteristics,Processes of Manufacture and Uses,Ordnance Liaison Group-Durham,Durham,North Carolina,1960.
[10] B. M. abbreviation for Bureau of Mines apparatus;P. A. abbreviation for Picatinny Arsenal apparatus.
[11] P. Politzer,J. S. Murray,Centr. Eur. J. Energ. Mater. ,2014,11,459-474.
[12] T. A. Roberts,M. Royle,ICHEME Symposium Series no. 124,pp. 191-208.
[13] AMC Pamphlet Engineering Design Handbook:Explosive Series Properties of Explosives of Military Interest,Headquarters,U. S. Army Materiel Command,January 1971.
[14] M. L. Hobbs, M. R. Baer, Proceedings of the 10th International, Detonation Symposium, Office of Naval Research ONR 33395-12,1993,409-418.
[15] M. Jafari, M. Kamalvand, M. H. Keshavarz, A. Zamani, H. Fazeli, Indian J. Engineering and Mater. Sci. ,2015,22,701-706.
[16] P. W. Cooper,Explosives Engineering,Wiley-VCH,New York,1996.
[17] A. Smirnov,M. Kuklja,Proceedings of the 20th Seminar on New Trends in Research of Energetic Materials,Pardubice,April 26-28,2017,pp. 381-392.
[18] N. Zohari, S. A. Seyed-Sadjadi, S. Marashi-Manesh, Central Eur. J. Energ. Mater. , 2016, 13,427-443.
[19] S. M. Kaye,Encyclopedia of Explosives and Related Items,Vol. 8,US Army Research and Development Command,TACOM,Picatinny Arsenal,USA,1978.
[20] J. C. Oxley,J. L. Smith,E. Rogers,X. X. Dong,J. Energet. Mater. ,2000,18,97-121.
[21] E. N. Duesler,J. H. Engelmann,D. Y. Curtin,I. C. Paul,Crystal Structure Communications,1978,7,449-453.
[22] M. Soriano-Garcia,T. Srikrishnan,R. Parthsavathy,Acta Cryst. ,1978,34A,s114b.
[23] T. Srikrishnan,M. Soriano-Garcia,R. Parthsavathy,Z. Kristallogr. ,1980,151,317-232.
[24] B. Naryana,B. K. Sarojini,H. S. Yathirajan,CSD Communication,2007.
[25] V. Bertolasi,P. Gilli,G. Gilli,Crystal Growth and Design,2011,11,2724-2735.

聚-3-叠氮基甲基-3-甲基-氧杂环丁烷
(Poly-3-azidomethyl-3-methyl-oxetane)

名称 聚-3-叠氮基甲基-3-甲基-氧杂环丁烷

主要用途　复合推进剂的含能粘合剂

分子结构式

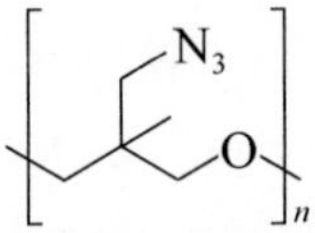

名称	Poly-AMMO(某些数据适用于结构单元)	
分子式	$C_5H_9N_3O$	
$M/(g\cdot mol^{-1})$	127.15 1000~3000	
IS/J	>90cm[2]	
FS/N		
ESD/J		
$N/\%$	33.05	
$\Omega(CO_2)/\%$	-169.9	
$T_g/℃$	-46.5[1]	
$T_{dec}/℃$	256(DSC @ 5℃·min^{-1})[1]; 第一步在 220(TGA @ 10℃·min^{-1})[1]	
$\rho/(g\cdot cm^{-3})$	1.17[3] 1.24(@293K)[1] 1.26[2]	
$\Delta_f H°/(kJ\cdot mol^{-1})$ $\Delta_f H°/(kJ\cdot kg^{-1})$	43.9 345.19[3]	
	理论值(EXPLO5 6.03)	实测值
$-\Delta_{ex}U°/(kJ\cdot kg^{-1})$	2506	
T_{ex}/K	1829	
$P_{C\text{-}J}/kbar$	123	
$VoD/(m\cdot s^{-1})$	6069(@1.7g·cm^{-3})	
$V_0/(L\cdot kg^{-1})$	763	

参考文献

[1] G. Wang, Z. Ge, Y. Luo, Propellants, Explosives, Pyrotechnics, 2015, 40, 920-926.

[2] Chemical Rocket Propulsion: A Comprehensive Survey of Energetic Materials, L. DeLuca, T. Shimada, V. P. Sinditskii, M. Calabro (eds.), Springer, 2017.

[3] R. Meyer, J. Köhler, A. Homburg, Explosives, 7th edn., Wiley-VCH, Weinheim, 2016, pp. 262-263.

聚-3,3-双-(叠氮基甲基)-氧杂环丁烷
(Poly-3,3-bis-(azidomethyl)-oxetane)

名称 聚-3,3-双-(叠氮基甲基)-氧杂环丁烷

主要用途 复合推进剂的含能粘合剂

分子结构式

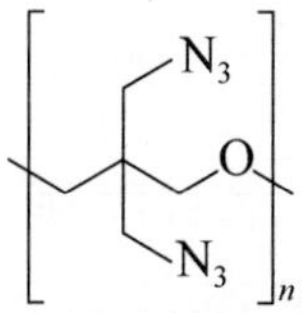

名称	Poly-BAMO(某些数据适用于结构单元)	
分子式	$C_5H_8N_6O$	
$M/(g \cdot mol^{-1})$	168.16 1000~10000	
IS/J	5[4],>200cm[2]	
FS/N	288[4]	
ESD/J		
$N/\%$	49.98	
$\Omega(CO_2)/\%$	-123.69	
T_g/℃	-39.2[1]	
T_{melt}(DSC @5℃·min^{-1})/℃ T_{dec}(DTA)/℃ T_{dec}(DSC)/℃	60[1] 186.9[1] 261[3]	
$\rho/(g \cdot cm^{-3})$	1.25[4] 1.3(@293K)[1]	
$\Delta_f H°/(kJ \cdot mol^{-1})$ $\Delta_f H°/(kJ \cdot kg^{-1})$	413.7 2460[1],2460.8[4]	
	理论值(EXPLO5 6.03)	实测值
$-\Delta_{ex}U°/(kJ \cdot kg^{-1})$	3982	
T_{ex}/K	2544	
P_{C-J}/kbar	134	
VoD/$(m \cdot s^{-1})$	6753	
$V_0/(L \cdot kg^{-1})$	78	

参考文献

[1] T. Miyazaki, N. Kubota, Propellants, Explosives, Pyrotechnics, 1992, 17, 5-9.

[2] Chemical Rocket Propulsion: A Comprehensive Survey of Energetic Materials, L. DeLuca.

[3] Shimada, V. P. Sinditskii, M. Calabro (eds.), Springer, 2017.

[4] K. Kishore, K. Sridhara, Solid Propellant Chemistry: Condensed Phase Behavior of Ammonium Perchloratae-Based Solid Propellants, Defence Research and Development Organisation, Ministry of Defence, New Delhi, India, 1999.

[5] R. Meyer, J. Köhler, A. Homburg, Explosives, 7th edn., Wiley-VCH, Weinheim, 2016, p. 203.

聚缩水甘油硝酸酯
(PolyGLYN)

名称 聚缩水甘油硝酸酯

主要用途 复合推进剂的含能黏合剂

分子结构式

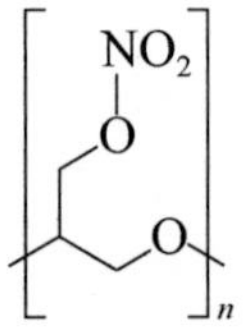

名称	PolyGLYN(某些数据适用于结构单元)
分子式	$C_3H_5NO_4$
$M/(g \cdot mol^{-1})$	119.08 1000~3000[1]
IS/J	>200cm[2]
FS/N	
ESD/J	
$N/\%$	11.76
$\Omega(CO_2)/\%$	-60.46
$T_g/℃$	-35[1]
$T_{dec}/℃$	222(DSC @ 5℃·min^{-1})[1]
$\rho/(g \cdot cm^{-3})$	1.47 1.42(@293K)[1]
$\Delta_f H°/(kJ \cdot mol^{-1})$ $\Delta_f H°/(kJ \cdot kg^{-1})$	-33.8 -2840[1]

续表

	理论值(EXPLO5 6.03)	实测值
$-\Delta_{ex}U°/(kJ\cdot kg^{-1})$	6100	
T_{ex}/K	3863	
$P_{C-J}/kbar$	207	
$VoD/(m\cdot s^{-1})$	7253	
$V_0/(L\cdot kg^{-1})$	819	

参考文献

[1] K. H Redecker, R. Hagel, Propellants, Explosives, Pyrotechnics, 1987, 12, 196-201.

[2] Chemical Rocket Propulsion: A Comprehensive Survey of Energetic Materials, L. DeLuca, T. Shimada, V. P. Sinditskii, M. Calabro (eds.), Springer, 2017.

聚三硝基苯
(Polynitropolyphenylene)

名称 聚三硝基苯

主要用途 含能粘合剂

分子结构式

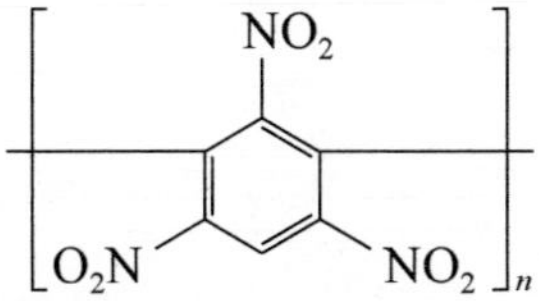

名称	PNP(某些数据适用于结构单元)
分子式	$C_6HN_3O_6$
$M/(g\cdot mol^{-1})$	211.09 2350
IS/J	4[1]
FS/N	360[1]
ESD/J	
$N/\%$	19.91
$\Omega(CO_2)/\%$	−49.30
$T_{dec}/℃$ $T_{dec}/℃$	280~304(DSC @ 5℃·min^{-1}) 250(DTA @ 5℃·min^{-1})[1]
$\rho/(g\cdot cm^{-3})$	1.8~2.2(@ 293K)[1]

续表

$\Delta_f H°/(kJ\cdot mol^{-1})$ $\Delta_f H°/(kJ\cdot kg^{-1})$	-65.2 -309[1]	
	理论值(EXPLO5 6.03)	实测值
$-\Delta_{ex}U°/(kJ\cdot kg^{-1})$	4549	3200[H_2O(液态)][2]
T_{ex}/K	3616	
P_{C-J}/kbar	236	
VoD/$(m\cdot s^{-1})$	7538	
$V_0/(L\cdot kg^{-1})$	606	

参考文献

[1] M. E. Colclough, H. Desai, R. W. Millar, N. Paul, M. J. Stewart, P. Golding, Polym. Adv. Technol., 1994, 5, 554-560.

[2] M. H. Keshavarz, Propellants, Explosives, Pyrotechnics, 2008, 33, 448-453.

聚乙烯醇硝酸酯
(Polyvinyl nitrate)

名称 聚乙烯醇硝酸酯

主要用途 TNT的增塑剂[4]

分子结构式

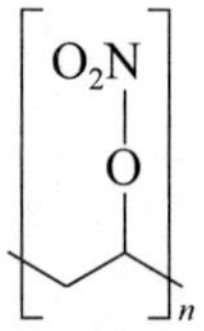

名称	PVN(某些数据适用于结构单元)
分子式	$(C_2H_3NO_3)_n$
$M/(g\cdot mol^{-1})$	89.05 200000
IS/J	10N·m[4], 1.99(P. A., 14.86% N)[1], 30~35cm(参照物TNT的值未158, Rotter仪器)[5], 4英寸(2kg落锤, P. A., 14.86% N)[5]
FS/N	196[4]
ESD/J	
N/%	15.73

续表

$\Omega(CO_2)/\%$	-44.9	
$T_{m.p}$/℃	50[1],(软化点温度=30~50℃)[5]	
T_{dec}(DSC @5℃·min^{-1})/℃	175,(爆燃温度=175℃)[5]	
ρ/(g·cm^{-3})	1.6[4]	
$\Delta_f H°$/(kJ·mol^{-1}) $\Delta_f H°$/(kJ·kg^{-1})	-102.6 -1152.1[4]	
	理论值(EXPLO5 6.03)	实测值
$-\Delta_{ex}U°$/(kJ·kg^{-1})	5357	3766[1] 4574[3] 4781[H_2O(液态)][4] 4490[H_2O(气态)][4] 1180kcal·kg^{-1}[5]
T_{ex}/K	3559	
P_{C-J}/kbar	235	
VoD/(m·s^{-1})	7563(@1.5g·cm^{-3})[4]	7000 含氮量 13.4%,装药直径 30mm,纸质药筒: 2030(@0.3g·cm^{-3})[5], 3450~3520(@0.6g·cm^{-3})[5], 4920~5020(@1.0g·cm^{-3})[5], 6090(@1.4g·cm^{-3})[5], 6560(@1.5g·cm^{-3})[5]
V_0/(L·kg^{-1})	755	838[1] 958[2,4] 1009[3]

参考文献

[1] AMC Pamphlet Engineering Design Handbook: Explosive Series Properties of Explosives of Military Interest, Headquarters, U. S. Army Materiel Command, January 1971.

[2] M. Jafari, M. Kamalvand, M. H. Keshavarz, A. Zamani, H. Fazeli, Indian J. Engineering and Mater. Sci., 2015, 22, 701-706.

[3] H. Muthurajan, R. Sivabalan, M. B. Talawar, S. N. Asthana, J. Hazard. Mater., 2004, A112, 17-33.

[4] R. Meyer, J. Köhler, A. Homburg, Explosives, 7th edn., Wiley-VCH, Weinheim, 2016, pp. 266-267.

[5] S. M. Kaye, Encyclopedia of Explosives and Related Items, Vol. 8, US Army Research and Development Command, TACOM, Picatinny Arsenal, USA, 1978.

氯　酸　钾
(Potassium chlorate)

名称　氯酸钾

主要用途　底火和烟火药成分

分子结构式　$KClO_3$

名称	氯酸钾	
分子式	$KClO_3$	
$M/(g\cdot mol^{-1})$	122.6	
IS/J	2/6(@16cm,2kg 落锤)[5]	
FS/N		
ESD/J		
$N/\%$	±0	
$\Omega(CO_2)/\%$	39.2	
$T_{m.p}/℃$	370,368~370[5]	
$T_{dec}/℃$	400[5]	
$\rho/(g\cdot cm^{-3})$	2.34,2.32[5]	
$\Delta_f H/(kJ\cdot mol^{-1})$ $\Delta_f H^\circ/(kJ\cdot kg^{-1})$	$-93.5kcal\cdot mol^{-1}$[5]	
	理论值(EXPLO5 6.04)	实测值
$-\Delta_{ex}U^\circ/(kJ\cdot kg^{-1})$		
T_{ex}/K		
$P_{C-J}/kbar$		
$VoD/(m\cdot s^{-1})$		
$V_0/(L\cdot kg^{-1})$		

名称	$KClO_3$[2] (相-I)	$KClO_3$[1] (相-III)	$KClO_3$[3] (相-I)	$KClO_3$[4] (高压相-II)
化学式	$KClO_3$	$KClO_3$	$KClO_3$	$KClO_3$
$M/(g\cdot mol^{-1})$	122.6	122.6	122.6	122.6
晶系	单斜		单斜	

续表

空间群	$P2_1/m$(no. 11)	$Pcmn$(no. 62)	$P2_1/m$(no. 11)	$R3mr$(no. 160)
a/Å	4.630(2)	4.74	4.6569	4.273(10)
b/Å	5.568(3)	5.64	5.59089	4.273(10)
c/Å	7.047(3)	13.8	7.0991	4.273(10)
α/(°)	90	90	90	85.5(2)
β/(°)	110.21(3)	90	109.648	85.5(2)
γ/(°)	90	90	90	85.5(2)
V/Å^3		368.92		77.24
Z	2	4		
ρ_{calc}/(g·cm^{-3})				
T/K	77	280℃		25℃(112.5kbar 压力)

参考文献

[1] G. N. Ramachandran, M. A. Lonappan, Acta Cryst., 1957, 10, 281-287.

[2] J. Danielsen, A. Hazell, F. K. Larsen, Acta Cryst., 1981, B37, 913-915.

[3] A. F. Ievin, J. K. Ozol, Structure Reports, 1953, 17, 526.

[4] C. W. F. T. Pistorius, J. Chem. Phys., 1972, 56, 6263-6264.

[5] B. T. Fedoroff, O. E. Sheffield, Encyclopedia of Explosives and Related Items, Vol. 2, US Army Research and Development Command, TACOM, Picatinny Arsenal, USA, 1962.

二硝酰胺钾
(Potassium dinitramide)

名称 二硝酰胺钾

主要用途 将二硝基酰胺离子引入含能化合物时的试剂

分子结构式

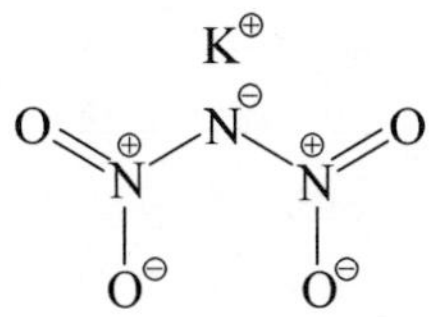

名称	KDN
分子式	KN_3O_4
M/(g·mol^{-1})	145.12
IS/J	>50cm[1]

续表

FS/N	0[2]	
ESD/J	142.53mJ[2]	
N/%	28.96	
Ω/%	44.1	
$T_{m.p}$/℃	124~126[1],128[2],127~131[5]	
T_{dec}/℃	238[3], 105(少量吸热),108(少量吸热),128(大吸热(DSC,5℃·min^{-1}));[5] 92~108(放热,晶体结构破坏),109~115(部分熔化),119(熔化,起始点)(微型热台)[5],108(吸热,熔点仪测试 KDN/KNO_3共晶物) 140~182(两个重叠的最大放热峰);227(放热),319(吸热,KNO_3熔化)(DSC)[5]	
ρ/(g·cm^{-3})	2.206[2]	
$\Delta_f H$/(kJ·mol^{-1})理论值 $\Delta_f H^\circ$/(kJ·kg^{-1})理论值	-264.18±0.54[1] -1820.41±3.75[1]	
	理论值(K-J)	实测值
$-\Delta_{ex}U^\circ$/(kJ·kg^{-1})		
T_{ex}/K		
P_{C-J}/GPa		
VoD/(m·s^{-1})		
V_0/(L·kg^{-1})		

名称	KDN[4]	KDN[3]	KDN[3]	KDN[3]	KDN[3]	KDN[3]	KDN[3]
化学式	KN_3O_4	KN_3O_4	KN_3O_4	KN_3O_4	KN_3O_4	KN_3O_4	KN_3O_4
M/(g·mol^{-1})	145.13	145.13	145.13	145.13	145.13	145.13	145.13
晶系	单斜	单斜	单斜	单斜	单斜	单斜	单斜
空间群	$P2_1/n$ (no.14)	$P2_1/n$ (no.14)	$P2_1/n$ (no.14)	$P2_1/n$ (no.14)	$P2_1/n$ (no.14)	$P2_1/n$ (no.14)	$P2_1/n$ (no.14)
a/Å	6.614(1)	6.5891(4)	6.5918(4)	6.6010(3)	6.6029(4)	6.6114(1)	6.6162(2)
b/Å	9.280(2)	9.0653(5)	9.0778(5)	9.1253(5)	9.1694(5)	9.2299(2)	9.2831(2)
c/Å	7.198(1)	7.1459(4)	7.1540(4)	7.1657(4)	7.1731(4)	7.1878(2)	7.2000(3)
α/(°)	90	90	90	90	90	90	90
β/(°)	97.58(1)	97.975(2)	97.946(2)	97.890(1)	97.805(1)	97.639(1)	97.583(1)
γ/(°)	90	90	90	90	90	90	90
V/$Å^3$	437.94(13)	422.71(4)	423.98(4)	427.55(4)	430.27(4)	434.73(2)	438.35(2)

续表

Z	4	4	4	4	4	4	4
$\rho_{calc}/(g\cdot cm^{-3})$	2. 201	2. 280	2. 274	2. 255	2. 240	2. 217	2. 199
T/K	296	85	100	150	200	250	298

参考文献

[1] T. S. Kon′kova, Y. N. Matyushin, E. A. Miroshnichenko, A. B. Vorob′ev, Russian Chemical Bulletin, International Edition, 2009, 58, 2020-2027.

[2] Q Lei, Y. -H. Lu, J. -X-He, Chinese J. of Explosives and Propellants, 2017, 40, 57-64.

[3] M. J. Hardie, A. Martin, A. A. Pinkerton, E. A. Zhurova, Acta Cryst., 2001, 57B, 113-118.

[4] R. Gilardi, J. Flippen-Anderson, C. George, R. J. Butcher, J. Am. Chem. Soc., 1997, 119, 9411-9416.

[5] M. D. Cliff, M. W. Smith, J. Energet. Mater., 1999, 17, 69-86.

1,1′-二硝基氨基-5,5′-联四唑钾盐 (Potassium 1,1′-dinitramino-5,5′-bistetrazolate)

名称 1,1′-二硝基氨基-5,5′-联四唑钾盐

主要用途 起爆药

分子结构式

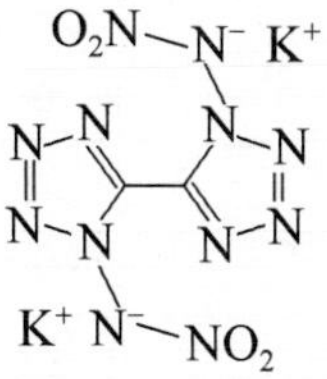

名称	K2DNABT
分子式	$C_2K_2N_{12}O_4$
$M/(g\cdot mol^{-1})$	334. 3
IS/J	1[1]
FS/N	<1[1]
ESD/J	0. 003[1]
N/%	50. 3
$\Omega(CO_2)/\%$	-4. 8
$T_{m.p}/℃$	
$T_{dec}/℃$	200(DSC @ 5℃·min^{-1})[1]
$\rho/(g\cdot cm^{-3})$	2. 11(@ 298K)[1]

续表

$\Delta_f H°$/(kJ·mol^{-1}) $\Delta_f H°$/(kJ·kg^{-1})	326.4[1] 1036.1	
	理论值(EXPLO5 6.02)	实测值
$-\Delta_{ex}U°$/(kJ·kg^{-1})	4959	
T_{ex}/K	3424	
P_{C-J}/kbar	317	
VoD/(m·s^{-1})	8330(@2.11g·cm^{-3})	
V_0/(L·kg^{-1})	489	

名称	K2DNABT[1]
化学式	$C_2K_2N_{12}O_4$
M/(g·mol^{-1})	334.3
晶系	三斜
空间群	$P\bar{1}$(no.2)
a/Å	5.0963(6)
b/Å	6.8248(8)
c/Å	8.4271(8)
α/(°)	7.56(1)
β/(°)	86.15(1)
γ/(°)	71.02(1)
V/Å^3	225.65(5)
Z	1
ρ_{calc}/(g·cm^{-3})	2.172
T/K	100

参考文献

[1] D. Fischer, T. M. Klapötke, J. Stierstorfer, Angew. Chem. Int. Ed., 2014, 53, 8172-8175.

[2] M. Born, Master Thesis on Primary Explosives, Ludwig-Maximilians-Universität München, Munich, 2016.

二硝基苯并氧化呋咱钾
(Potassium dinitrobenzfuroxan)

名称 二硝基苯并氧化呋咱钾

主要用途 起爆药[1]

分子结构式

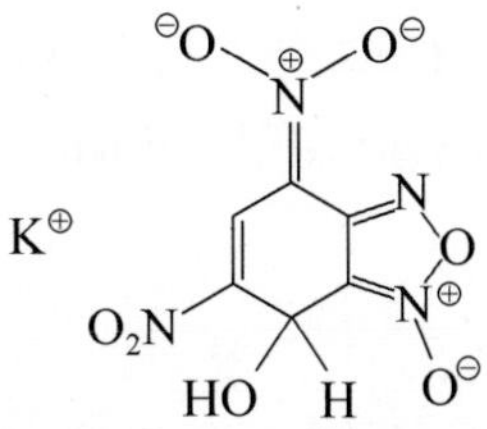

名称	KDNBF	
分子式	$C_6H_3N_4O_7K$	
$M/(g\cdot mol^{-1})$	282	
IS/J	7[2]	
FS/N	38[2]	
ESD/J		
$N/\%$	19.9	
$\Omega(CO_2)/\%$	-40	
$T_{m.p}/℃$	215[2](210℃时爆炸)[1]	
$T_{dec}/℃$		
$\rho/(g\cdot cm^{-3})$	2.21[1]	
$\Delta_f H^\circ/(kJ\cdot mol^{-1})$ $\Delta_f U^\circ/(kJ\cdot kg^{-1})$		
	理论值(EXPLO5 6.03)	实测值
$-\Delta_{ex}U^\circ/(kJ\cdot kg^{-1})$		$725cal\cdot g^{-1}$[1]
T_{ex}/K		
$P_{C-J}/kbar$		
$VoD/(m\cdot s^{-1})$		
$V_0/(L\cdot kg^{-1})$		604[1]

参考文献

[1] AMC Pamphlet Engineering Design Handbook: Explosive Series Properties of Explosives of Military Interest, Headquarters, U. S. Army Materiel Command, January 1971.

[2] L. -Y. Chen, Z. -N. Zhou, T. -L. Zhang, J. -G. Zhang, Proceedings of the 20th Seminar on New Trends in Research of Energetic Materials, Pardubice, April 26-28, 2017, pp. 226-243.

[3] "Primary Explosives", R. Matyáš, J. Pachman, Springer-Verlag, 2013, pp. 173-175.

5,7-二硝基-4-氧-[2,1,3]-苯并噁二唑钾-3-氧化物(Potassium 5,7-dinitro-[2,1,3]-benzoxadiazol-4-olate 3-oxide)

名称 5,7-二硝基-4-氧-[2,1,3]-苯并噁二唑钾-3-氧化物

主要用途 起爆药、LS 取代物

分子结构式

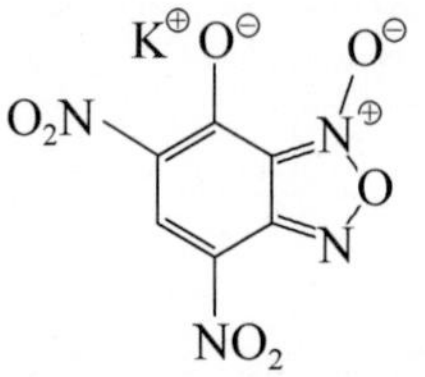

名称	KDNP	
分子式	$C_6HN_4O_7K$	
$M/(g \cdot mol^{-1})$	280.21	
IS/J	0.05[1],51mJ(落球,针状)[2]	
FS/N	10[1],175g 不发火,200g 低发火(BAM,针状)[2]	
ESD/J	>2mJ[1]	
N/%	20.0[1]	
$\Omega(CO_2)$/%	-34.3	
$T_{m.p}$/℃	爆炸 350[1]	
T_{dec}/℃	350[1],278(起始温度,DSC @ 20℃·min^{-1})[2]	
$\rho/(g \cdot cm^{-3})$	1.982(@ 103K)[1] 1.945(@ 298K),1.94~2.13(无水盐)[2]	
$\Delta_f H°/(kJ \cdot mol^{-1})$ $\Delta_f U°/(kJ \cdot kg^{-1})$	-197.07[1] -703.3	
	理论值(EXPLO5 6.03)	实测值
$-\Delta_{ex}U°/(kJ \cdot kg^{-1})$	4757	3280[1]
T_{ex}/K	3453	
P_{C-J}/kbar	242	
VoD/$(m \cdot s^{-1})$	7486(@ 1.945g·cm^{-3})	
$V_0/(L \cdot kg^{-1})$	467	

名称	KDNP[1]
化学式	$C_6HKN_4O_7$
$M/(g \cdot mol^{-1})$	280.21
晶系	单斜[1]
空间群	$P2_1/c$ (no. 14)
a/Å	7.4789(7)
b/Å	9.8999(9)
c/Å	12.8390(11)
α/(°)	90
β/(°)	98.945(2)
γ/(°)	90
V/Å^3	939.04(15)
Z	4
$\rho_{calc}/(g \cdot cm^{-3})$	1.982(@103K) 1.945(@298K)
T/K	103

参考文献

[1] J. F. Fronabarger, M. D. Williams, W. B. Sanborn, D. A. Parrish, M. Bichay, Propellants, Explosives, Pyrotechnics, 2011, 36, 459-470.

[2] R. Matyáš, J. Pachman, "Primary Explosives", Springer-Verlag, 2013, pp. 176-179.

硝 酸 钾
(Potassium nitrate)

名称 硝酸钾

主要用途 烟火药成分、引信制造、火工品、推进剂成分、黑火药成分

分子结构式 KNO_3

名称	硝酸钾
分子式	KNO_3
$M/(g \cdot mol^{-1})$	101.1
IS/J	
FS/N	
ESD/J	
N/%	13.86

续表

Ω/%	39.6	
$T_{相变}$/(℃)	约128(α-KNO_3(正交) -β-KNO_3(三方)[6],β-KNO_3从200℃冷却会经γ-KNO_3(三方) 并在100℃时形成α-KNO[6],114~139(吸热),128(六方-三方,DTA @ 15℃·min^{-1})[7]	
$T_{m.p}$/℃	314[5] 330[1]	
T_{dec}(DTA)/℃	340[1], 332(熔接),628(轻微起泡),642(快速起泡),805(轻微亚硝烟)[7]	
ρ/(g·cm^{-3})	2.10[5] 2.1(@298K)[2] 2.123[4]	
$\Delta_f H°$/(kJ·mol^{-1}) $\Delta_f H°$/(kJ·kg^{-1}) $\Delta_f H$/(kJ·kg^{-1})	 -4891[5] -4882.7[4]	
	理论值(EXPLO5 5.04)	实测值
$-\Delta_{ex}U°$/(kJ·kg^{-1})		
T_{ex}/K		
P_{C-J}/kbar		
VoD/(m·s^{-1})		
V_0/(L·kg^{-1})		

名称	KNO_3[8] (α-KNO_3)	KNO_3[9] (β-KNO_3,粉末)	KNO_3[9] (γ-KNO_3,粉末)	KNO_3[10] (δ-KNO_3)	KNO_3[9] (高压相)	KNO_3[3] (γ-KNO_3,相-III)	KNO_3[3] (γ-KNO_3,相-III)
化学式	KNO_3	KNO_3	KNO_3	KNO_3	KNO_3	KNO_3	KNO_3
M/(g·mol^{-1})	101.11	101.11	101.11	101.11	101.11	101.11	101.11
晶系	正交	六方	六方	单斜	正交	六方	六方
空间群	$Pmcn$	$R\bar{3}m$ (no.166)	$R3m$ (no.160)	$P2_1/c$ (no.14)	$Pnma$ (no.62)	$R3m$ (no.160)	$R3m$ (no.160)
a/Å	5.414(2)	5.425(1)	5.487(1)	3.6820(7)	7.4867(2)	5.4698(8)	5.4325(2)
b/Å	9.166(9)	5.415(1)	5.487(1)	5.5830(11)	5.5648(2)	5.4698(8)	5.4325(2)
c/Å	6.431(9)	9.386(4)	9.156(3)	15.065(3)	6.7629(2)	8.992(3)	8.8255(7)
α/(°)	90			90	90		

续表

β/(°)	90			103.91(3)	90		
γ/(°)	90			90	90		
$V/Å^3$				300.6	281.76	232.99(8)	225.56(2)
Z	4	3	3	4		3	3
$\rho_{calc}/(g \cdot cm^{-3})$				2.23			
T/K	25℃	151℃	91℃	293		295	123

参考文献

[1] S. Pincemin, R. Olives, X. Py, M. Christ, Sol. Energy Mater. Sol. Cells., 1994, 92, 603-613.

[2] "Hazardous Substances Data Bank" data were obtained from the National Library of Medicine(US).

[3] E. F. Freney, L. A. Garvie, T. L. Groy, P. R. Buseck, Acta Cryst., 2009, B65, 659-663.

[4] https://engineering.purdue.edu/~propulsi/propulsion/comb/propellants.html.

[5] R. Meyer, J. Köhler, A. Homburg, Explosives, 7th edn., Wiley-VCH, Weinheim, 2016, p. 268.

[6] J. K. Nimmo, B. W. Lucas, Acta Cryst., 1976, B32, 1968-1971.

[7] S. Gordon, C. Campbell, Analytical Chem., 1955, 27, 1102-1109.

[8] J. R. Holden, C. W. Dickinson, J. Phys. Chem., 1975, 79, 249-256.

[9] T. G. Worlton, D. L. Decker, J. D. Jorgensen, R. Kleb, Physica B and C, 1986, 136, 305-306.

[10] S. Wolf, N. Alam, C. Feldmann, ZAAC, 2015, 641, 383-387.

高氯酸钾
(Potassium perchlorate)

名称 高氯酸钾

主要用途 烟火药

分子结构式 $KClO_4$

名称	高氯酸钾
分子式	$KClO_4$
$M/(g \cdot mol^{-1})$	138.6
IS/J	不敏感，$H_{50\%}$>320cm(2.5kg 落锤)[4]
FS/N	
ESD/J	
N/%	±0

续表

Ω/%	46.2(K_2O,HCl)	
$T_{相变}$/℃	300(六方-立方)[4-5]	
$T_{m.p}$/℃	610, 525[1,4],588(伴随分解)[4]	
T_{dec}/℃	400,510[4],530[4]	
ρ/(g·cm^{-3})	2.53[1],2.530(@25℃)[4], 2.519[3],2.53574(@0℃)[4]	
$\Delta_f H°$/(kJ·mol^{-1}) $\Delta_f H°$/(kJ·kg^{-1}) $\Delta_f H$/(kJ·kg^{-1})	−111.29kcal·mol^{-1}[4] 3104.5[3]	
	理论值(EXPLO5 6.03)	实测值
$-\Delta_{ex}U°$/(kJ·kg^{-1})		
T_{ex}/K		
P_{C-J}/kbar		
VoD/(m·s^{-1})		
V_0/(L·kg^{-1})		

名称	高氯酸钾[2]
化学式	$KClO_4$
M/(g·mol^{-1})	138.55
晶系	正交
空间群	*Pnma*
a/Å	8.7684(3)
b/Å	5.6237(2)
c/Å	7.2039(3)
α/(°)	90
β/(°)	90
γ/(°)	90
V/Å^3	355.23(2)
Z	4
ρ_{calc}/(g·cm^{-3})	2.591
T/K	126

参考文献

[1] "Hazardous Substances Data Bank" data were obtained from the National Library of Medicine(US).

[2] D. Marabello, G. Gervasio, F. Cargnoni, Acta Cryst., 2004, 60A, 494-501.

[3] https://engineering.purdue.edu/~propulsi/propulsion/comb/propellants.html.

[4] S. M. Kaye, Encyclopedia of Explosives and Related Items, Vol. 8, US Army Research and Development Command, TACOM, Picatinny Arsenal, USA, 1978.

丙二醇二硝酸酯
(Propyleneglycol dinitrate)

名称 丙二醇二硝酸酯

主要用途

分子结构式

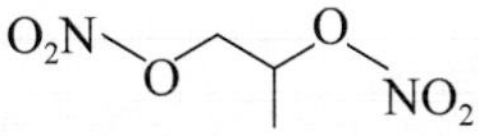

名称	丙二醇二硝酸酯	
分子式	$C_3H_6N_2O_6$	
$M/(g\cdot mol^{-1})$	166.09	
IS/J		
FS/N		
ESD/J		
$N/\%$	16.87	
$\Omega(CO_2)/\%$	-28.9	
$T_{b.p}/℃$	206.7[1]	
$\rho/(g\cdot cm^{-3})$	1.368(@293K)[2]	
$\Delta_f H°/(kJ\cdot mol^{-1})$ $\Delta_f H°/(kJ\cdot kg^{-1})$		
	理论值(EXPLO5 6.03)	实测值
$-\Delta_{ex}U°/(kJ\cdot kg^{-1})$		
T_{ex}/K		
$P_{C-J}/kbar$		
$VoD/(m\cdot s^{-1})$		
$V_0/(L\cdot kg^{-1})$		

参考文献

[1] Calculated using Advanced Chemistry Development(ACD/Labs) Software V11.02(© 1994-2017 ACD/Labs).

[2] R. Meyer, J. Köhler, A. Homburg, Explosives, 7th edn., Wiley-VCH, Weinheim, 2016, p. 275.

硝酸丙酯
(Propyl nitrate)

名称 硝酸丙酯

主要用途 正硝酸丙酯用于液体推进剂,异硝酸丙酯用于温压炸药

分子结构式

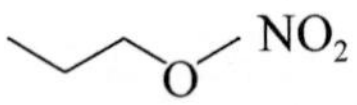

正硝酸丙酯

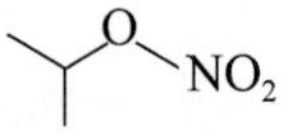

异硝酸丙酯

名称	正硝酸丙酯	异硝酸丙酯
分子式	$C_3H_7NO_3$	$C_3H_7NO_3$
$M/(g\cdot mol^{-1})$	105.10	105.10
IS/J	>7.4, >49N·m[3]	>7.4, >49N·m[3]
FS/N	>353	>353
ESD/J		
$N/\%$	13.33	13.33
$\Omega(CO_2)/\%$	-99.0	-99.0
$T_{m.p}/℃$	-122[1]	<0[2]
$T_{dec}/℃$		
$\rho/(g\cdot cm^{-3})$	1.058(@293K)[3]	1.036(@293K)[3]
$\Delta_f H°/(kJ\cdot mol^{-1})$ $\Delta_f H°/(kJ\cdot kg^{-1})$	-214.5 -2041[3]	-229.5 -2184[3]
	理论值(EXPLO5 6.03)	实测值
$-\Delta_{ex}U°/(kJ\cdot kg^{-1})$	4090	正硝酸丙酯-:3272[H_2O(液态)][3]; 异硝酸丙酯-:3126[H_2O(液态)][3]
T_{ex}/K	2598	
$P_{C-J}/kbar$	95	
$VoD/(m\cdot s^{-1})$	5815(@TMD)	7350
$V_0/(L\cdot kg^{-1})$	941	826

参考文献

[1] Hazardous Substances Data Bank, obtained from the National Libarary of Medicine(US).

[2] "PhysProp" data were obtained from Syracuse Research Corporation of Syracuse, New York (US).

[3] R. Meyer, J. Köhler, A. Homburg, Explosives, 7th edn., Wiley - VCH, Weinheim, 2016, pp. 275-276.

2,6-二苦氨基-3,5-二硝基吡啶 (PYX)

名称 2,6-二苦氨基-3,5-二硝基吡啶

主要用途 猛(高能)炸药

分子结构式

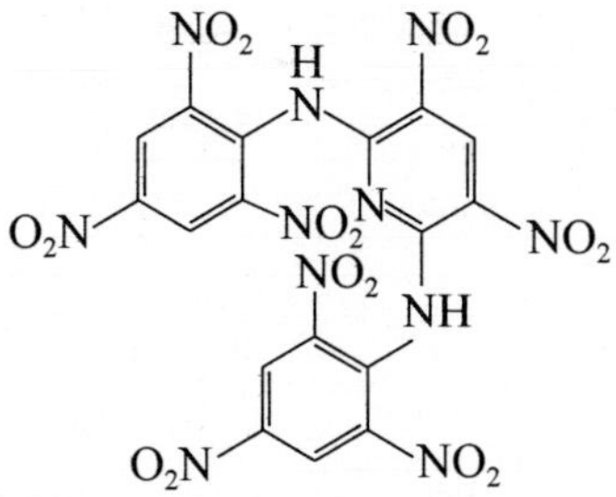

名称	PYX
分子式	$C_{17}H_7N_{11}O_{16}$
$M/(g\cdot mol^{-1})$	621. 30
IS/J	10[2], 9[4], 15. 43[5], 8[6], 10
FS/N	360[1,6]
ESD/J	8. 9[1,5], 137mJ[1], 1. 00[6], 0. 5[6]
N/%	24. 80
$\Omega(CO_2)/\%$	-55. 36
$T_{m.p}/℃$	460[1]
$T_{dec}/℃$	360[2], 385[4], 373[6], 360(DSC 5℃·min^{-1})[6]
$\rho/(g\cdot cm^{-3})$	1. 88(@20℃,晶体)[1], 1. 757(晶体 @298K)[6] 1. 77(@20℃,气体比重计)[4], 1. 77(晶体)[7]
$\Delta_f H°/(kJ\cdot mol^{-1})$ $\Delta_f U°/(kJ\cdot kg^{-1})$	43. 7[2], 80. 3[4], 20. 9kcal·mol^{-1}[7] 127[1]

	理论值(EXPLO5 6. 03)	理论值(K-J)	实测值
$-\Delta_{ex}U°/(kJ\cdot kg^{-1})$	4780[2]		

续表

T_{ex}/K	3609[2]		
P_{C-J}/kbar	354[3],251[2]	24.2GPa[4]	
VoD/(m·s^{-1})	7757[2],8858[3]	7448[4]	
V_0/(L·kg^{-1})	633[2]		

名称	PYX[6]
化学式	$C_{17}H_7N_{11}O_6$
M/(g·mol^{-1})	621.34
晶系	六方
空间群	$P2_12_12_1$(no. 19)
a/Å	14.5179(11)
b/Å	17.6612(13)
c/Å	18.3198(14)
α/(°)	90
β/(°)	90
γ/(°)	90
V/Å^3	4697.3(6)
Z	8
ρ_{calc}/(g·cm^{-3})	1.757
T/K	298

参考文献

[1] A. Smirnov, S. Zeman, T. Pivina, Proceedings of New Trends in Research of Energetic Materials, NTREM, April 26–28th 2017, 1014–1024.

[2] T. M. Klapötke, T. G. Witkowski, Proceedings of New Trends in Research of Energetic Materials, NTREM, April 20th–22nd 2016, 320–334.

[3] J. Kim, M. –J. Kim, B. S. Min, Proceedings of New Trends in Research of Energetic Materials, Pardubice, 15–17th April 2015, pp. 601–607.

[4] M. Liu, Y. –J. Shu, H. Li, L. –J. Zhai, Y. –N. Li, B. –Z. Wang, Proceedings of New Trends in Research of Energetic Materials, Pardubice, 15–17th April 2015, pp. 698–704.

[5] N. Zohari, S. A. Seyed–Sadjadi, S. Marashi–Manesh, Central Eur. J. Energ. Mater., 2016, 13, 427–443.

[6] T. M. Klapötke, J. Stierstorfer, M. Weyrauther, T. G. Witkowski, Chem. Eur. J., 2016, 22, 8619–8626.

[7] P. E. Rouse, J. Chem. Engineering Data, 1976, 21, 16–20.

S

叠氮化银

(Silver azide)

名称　叠氮化银

主要用途　起爆药,小型雷管

分子结构式　AgN_3

名称	叠氮化银
分子式	AgN_3
$M/(g \cdot mol^{-1})$	149.9
IS/J	1.18(B.M.)[4-5,7],1.50(P.A.)[4-5,7],2~4[6],2.5~4N·m[8],3英寸(2kg落锤,B.M.)[11],6cm(1kg落锤,B.M.)[11],41cm(500g落锤,B.M.)[11],h_{50}=47.4cm(球和盘状测试[14],FoI=30(Rotter测试)[14],77.7cm(0.5kg落锤,胶状)[14],28.5cm(0.5kg落锤,粗晶)[14]
FS/N	2.6ms^{-1}(应急纸摩擦测试,50%概率)[14]
ESD/J	0.21μJ(点火,测试方法7)[14],0.118μJ(不点火,测试方法7)[14]
N/%	28.03
Ω/%	0
$T_{m.p}$/℃	251[7,10],310[1],150缓慢变紫,约250熔化[14]
T_{dec}/℃	>254(N_2溢出)[11],340(爆炸)[13],254(放出气体)[14]
$\rho/(g \cdot cm^{-3})$	5.1(@293K)[2,6],5.1(晶体)[7,14],4.8~5.1[11],4.81(晶体)[14]
$\Delta_f H°/(kJ \cdot mol^{-1})$ $\Delta_f H°/(kJ \cdot kg^{-1})$	213.6[2],311[14],74.2kcal·mol^{-1}[11] 1084.8,1.86kJ·g^{-1}[13]

	理论值(EXPLO5 6.04)	文献值	实测值
$-\Delta_{ex}U°/(kJ \cdot kg^{-1})$	2031		1891[7]
T_{ex}/K	3471		3345[11]
P_{C-J}/kbar	268		90260kg·cm^{-2}(@3.0g·cm^{-3},在1100kg·cm^{-2}下压制)[11]

续表

VoD/(m·s^{-1})	5372(@4.42g·cm^{-3}; Δ_fH=312.7kJ/mol)	6800[6] 6800(@5.1g·cm^{-3})[8]	1500(无约束,热点火线起爆)[11] 1700(无约束,粗粒子冲击起爆)[11] 1900(无约束,真空@0.1mm Hg)[11] 4000(@4.00g·cm^{-3})[9] 3830(@2g·cm^{-3})[14] 4400(@最大密度)[14]
V_0/(L·kg^{-1})	245		224[10]

名称	RT-AgN_3[1]	HT-AgN_3[3]	HP-AgN_3[12] (@2.7GPa)
化学式	AgN_3	AgN_3	AgN_3
M/(g·mol^{-1})	149.9	149.9	149.9
晶系	正交	单斜	四方
空间群	*Ibam*(no.72)	$P2_1/c$ (no.14)	*I4/mcm*(no.140)
a/Å	5.600(1)	6.0756(2)	5.52(2)
b/Å	5.980(6)	6.1663(2)	5.52(2)
c/Å	5.998(1)	6.5729(2)	5.57(1)
α/(°)	90	90	90
β/(°)	90	114.2(1)	90
γ/(°)	90	90	90
V/Å^3	200.86	224.62(1)	169.722
Z	4	4	
ρ_{calc}/(g·cm^{-3})	4.957	4.4324	
T/K	298	442	

参考文献

[1] C. S. Schmidt, R. Dinnebier, U. Wedig, M. Jansen, Inorg. Chem., 2007, 46, 907-916.

[2] A. Stettbacher, Nitrocellulose, 1942, 13, 23-26.

[3] G.-C. Wang, Q.-M. Wang, T. C. W. Mak. J. Chem. Cryst., 1999, 29, 561-564.

[4] Ordnance Technical Intelligence Agency, Encyclopedia of Explosives: A Compilation of Principal Explosives, Their Characteristics, Processes of Manufacture and Uses, Ordnance Liaison Group-Durham, Durham, North Carolina, 1960.

[5] B. M. abbreviation for Bureau of Mines apparatus; P. A. abbreviation for Picatinny Arsenal apparatus.

[6] http://feem.info/wp-content/uploads/2013/01/Explosives1.pdfz

[7] AMC Pamphlet Engineering Design Handbook: Explosive Series Properties of Explosives of Military Interest, Headquarters, U. S. Army Materiel Command, January 1971.

[8] J. Boileau, C. Fauquignon, B. Hueber, H. Meyer, Explosives, in Ullmann's Encylocopedia of Industrial Chemistry, 2009, Wiley-VCH, Weinheim.

[9] P. W. Cooper, Explosives Engineering, Wiley-VCH, New York, 1996.

[10] R. Meyer, J. Köhler, A. Homburg, Explosives, 7th edn., Wiley-VCH, Weinheim, 2016, pp. 289-290.

[11] B. T. Fedoroff, H. A. Aaronson, E. F. Reese, O. E. Sheffield, G. D. Clift, Encyclopedia of Explosives and Related Items, Vol. 1, US Army Research and Development Command, TACOM, Picatinny Arsenal, USA, 1960.

[12] D. B. Hou, F. X. Zhang, H. T. Cheng, H. W. Zhu, J. Z. Wu, V. I. Levitas, Y. Z. Ma, J. Appl. Physics, 2011, 110, 023524-1-023524-6.

[13] Bretherick's Handbook of Reactive Chemical Hazards, 8th edn., P. G. Urben (ed.), Elsevier, 2017, p. 10.

[14] Primary Explosives, R. Matyáš, J. Pachman, Springer-Verlag, 2017, pp. 89-96.

雷 酸 银
(Silver fulminate)

名称 雷酸银

主要用途 历史上曾用作起爆药

分子结构式 AgCNO

名称	雷酸银
分子式	AgCNO
$M/(g \cdot mol^{-1})$	149.9
IS/J	0.8~1.9[4]
FS/N	
ESD/J	
N/%	9.34
$\Omega(CO_2)$/%	−10.7
$T_{m.p}$/℃	
T_{dec}/℃	爆炸@186-193(@0.2℃ min^{-1})[4]
$\rho/(g \cdot cm^{-3})$	3.938(@293K)[1],4.107(正交晶体)[4],3.796(三方晶体)[4]
$\Delta_f H°/(kJ \cdot mol^{-1})$ $\Delta_f H°/(kJ \cdot kg^{-1})$	179[4]

续表

	理论值(EXPLO5 6.03)	实测值
$-\Delta_{ex}U°/(kJ\cdot kg^{-1})$		$1970kJ\cdot mol^{-1}$(量热计)[4]
T_{ex}/K		
$P_{C-J}/kbar$		
$VoD/(m\cdot s^{-1})$		
$V_0/(L\cdot kg^{-1})$		

名称	雷酸银[1,3]	雷酸银[2-3]
化学式	AgCNO	AgCNO
$M/(g\cdot mol^{-1})$	149.89	149.89
晶系	三方	正交
空间群	$R-3$	$Cmcm$(no. 63)
$a/Å$	9.109±0.015	3.864±0.006
$b/Å$		10.722±0.018
$c/Å$		5.851±0.010
$\alpha/(°)$	115.44	90
$\beta/(°)$		90
$\gamma/(°)$		90
$V/Å^3$	393.3	242.4
Z	6	4
$\rho_{calc}/(g\cdot cm^{-3})$	3.796	4.107
T/K	297	

参考文献

[1] D. Britton, Acta Cryst., 1991, C47, 2646-2647.

[2] J. C. Barrick, D. Canfield, B. C. Giessen, Acta Cryst., 1979, B35, 464-465.

[3] D. Britton, J. D. Dunnitz, Acta Cryst., 1965, 19, 662-668.

[4] R. Matyáš, J. Pachman, Primary Explosives, Springer-Verlag, 2017, pp. 58-62.

氯　酸　钠
(Sodium chlorate)

名称　氯酸钠

主要用途　烟火药

分子结构式 $NaClO_3$

名称	氯酸钠	
分子式	$NaClO_3$	
$M/(g \cdot mol^{-1})$	106.40	
IS/J		
FS/N		
ESD/J		
$N/\%$	0	
$\Omega/\%$	45.1	
$T_{m.p}/℃$	248[1]	
T_{dec}(DSC @5℃·min^{-1})/℃	356[2]	
$\rho/(g \cdot cm^{-3})$	2.48 2.50[1] 2.488[3]	
$\Delta_f H°/(kJ \cdot mol^{-1})$ $\Delta_f H°/(kJ \cdot kg^{-1})$ $\Delta_f H/(kJ \cdot kg^{-1})$	 -365 -3368.1[3]	
	理论值(EXPLO5 6.03)	实测值
T_{ex}/K		
$P_{C-J}/kbar$		
VoD/$(m \cdot s^{-1})$		
$V_0/(L \cdot kg^{-1})$		

名称	$NaClO_3$[4] (常压,RT,相 I)	$NaClO_3$[5] (亚稳态,高温相-III)
化学式	$NaClO_3$	$NaClO_3$
$M/(g \cdot mol^{-1})$	106.40	106.40
晶系	立方	单斜
空间群	$P2_13$(no. 198)	$P2_1/a$ (no. 14)
a/Å	6.570(6)	8.78(5)
b/Å	6.570(6)	5.17(5)
c/Å	6.570(6)	6.88(5)
α/(°)	90	90
β/(°)	90	110

续表

γ/(°)	90	90
V/Å^3	283.59	293.47
Z		
ρ_{calc}/(g·cm^{-3})		
T/K		

参考文献

[1] Hazardous Substances Data Bank, obtained from the National Libarary of Medicine(US).

[2] A. P. Vitoria, An. R. Soc. Esp. Fis. Quim. 1929, 27, 787-797.

[3] https://engineering.purdue.edu/~propulsi/propulsion/comb/propellants.html.

[4] C. Aravindakshan, Z. Kristall., 1959, 111, 241-248.

[5] D. Meyer, M. Gasperin, Bull. Soc. Francaise Mineral. Crystall., 1973, 96, 18-20.

硝 酸 钠
(Sodium nitrate)

名称 硝酸钠

主要用途 工业炸药、装药的氧化剂[5]

分子结构式 $NaNO_3$

名称	SN
分子式	$NaNO_3$
M/(g·mol^{-1})	85.0
IS/J	
FS/N	
ESD/J	
N/%	16.48
$\Omega(CO_2)$/%	47.1
$T_{m.p}$/℃	317[5] 310[1]
T_{dec}/℃ T_{dec}/℃	380(DSC @ 5℃·min^{-1})[1] 304(熔化), 628(轻微起泡), 642(快速起泡), 710(轻微含氮烟雾), 777(强烈的含氮烟雾)(DTA @ 15℃·min^{-1})[6]
ρ/(g·cm^{-3})	2.265[5] 2.260(@ 293K)[2] 2.259[4]

续表

$\Delta_f H°$/(kJ·mol^{-1}) $\Delta_f H°$/(kJ·kg^{-1}) $\Delta_f H$/(kJ·kg^{-1})	−423[3] −5503[5] −5489.4[4]	
	理论值(EXPLO5 6.03)	实测值
$-\Delta_{ex}U°$/(kJ·kg^{-1})		
T_{ex}/K		
P_{C-J}/kbar		
VoD/(m·s^{-1})		
V_0/(L·kg^{-1})		

名称	$NaNO_3$[7] (同步辐射)	$NaNO_3$[7] (中子衍射)	$NaNO_3$[7] (中子衍射)
化学式	$NaNO_3$	$NaNO_3$	$NaNO_3$
M/(g·mol^{-1})	85.0	85.0	85.0
晶系	三方	三方	三方
空间群	$R\text{-}\bar{3}c$(no. 167)	$R\text{-}\bar{3}c$(no. 167)	$R\text{-}\bar{3}m$(no. 166)
a/Å	5.0655(5)	5.0660(5)	5.0889(5)
b/Å	5.0655(5)	5.0660(5)	5.0889(5)
c/Å	16.577(3)	16.593(3)	8.868(3)
α/(°)			
β/(°)			
γ/(°)			
V/Å^3	368.4	368.8	204.6
Z	6	6	3
ρ_{calc}/(g·cm^{-3})			
T/K	100	120	563

参考文献

[1] S. Pincemin, R. Olives, X. Py, M. Christ, Sol. Energy Mater. Sol. Cells, 2008, 92, 603-613.

[2] B. Zalba, J. M. Marin, L. F. Cabeza, H. Mehling, Appl. Therm. Eng., 2003, 23, 251.

[3] H. Gao, C. Ye, C. M. Piekarski, J. M. Shreeve, J. Phys. Chem. C, 2007, 111, 10718-10731.

[4] https://engineering.purdue.edu/~propulsi/propulsion/comb/propellants.html

[5] R. Meyer, J. Köhler, A. Homburg, Explosives, 7th edn., Wiley-VCH, Weinheim, 2016, p. 294.

[6] S. Gordon, C. Campbell, Analytical Chem., 1955, 27, 1102–1109.
[7] G. Gonschorek, H. Weitzel, G. Miehe, H. Fuess, W. W. Schmal, Z. für Kristallogr., 2000, 215, 752–756.

高氯酸钠
(Sodium perchlorate)

名称 高氯酸钠

主要用途 用于火炬、燃烧物的其他高氯酸盐的制造

分子结构式 $NaClO_4$

名称	高氯酸钠	
分子式	$NaClO_4$	
$M/(g\cdot mol^{-1})$	122.4	
IS/J		
FS/N		
ESD/J		
$N/\%$	0	
$\Omega/\%$	52.3	
$T_{m.p}/℃$		
T_{dec}(DSC @ 5℃·min^{-1})/℃ T_{dec}(DTA @ 15℃·min^{-1})/℃	482[1,5] 473(熔化), 527(轻微起泡), 578(强烈起泡)[3]	
$\rho/(g\cdot cm^{-3})$	2.54[5] 2.52[1]	
$\Delta_f H°/(kJ\cdot mol^{-1})$ $\Delta_f H°/(kJ\cdot kg^{-1})$ $\Delta_f H/(kJ\cdot kg^{-1})$	−305.9[2] −3130[5] −3138[4]	
	理论值(EXPLO5 6.03)	实测值
$-\Delta_{ex}U°/(kJ\cdot kg^{-1})$		
T_{ex}/K		
$P_{C-J}/kbar$		
VoD/$(m\cdot s^{-1})$		
$V_0/(L\cdot kg^{-1})$		

名称	$NaClO_4$[6] (HT 相,稳定性高于 581K)	$NaClO_4$[7] (相稳定低于 581K)
化学式	$NaClO_4$	$NaClO_4$
$M/(g \cdot mol^{-1})$	122.44	122.44
晶系	立方	正交
空间群	$F\ m\ \overline{3}\ m$(no. 225)	$C\ m\ c\ m$(no. 63)
a/Å	7.08	7.085(1)
b/Å	7.08	6.526(1)
c/Å	7.08	7.048(1)
α/(°)	90	90
β/(°)	90	90
γ/(°)	90	90
$V/Å^3$	354.89	325.88
Z	4	
$\rho_{calc}/(g \cdot cm^{-3})$		
T/K	315℃	

参考文献

[1] Hazardous Substances Data Bank, obtained from the National Libarary of Medicine(US).

[2] H. Gao, C. Ye, C. M. Piekarski, J. M. Shreeve, J. Phys. Chem. C, 2007, 111, 10718-10731.

[3] S. Gordon, C. Campbell, Analytical Chem., 1955, 27, 1102-1109.

[4] https://engineering.purdue.edu/~propulsi/propulsion/comb/propellants.html

[5] R. Meyer, J. Köhler, A. Homburg, Explosives, 7th edn., Wiley-VCH, Weinheim, 2016, p. 295.

[6] H. J. Berthold, B. G. Kruska, R. Wartchow, Z. Naturforsch., 1979, B34, 522-523.

[7] R. Wartchow, H. J. Berthold, Z. Kristallogr., 1978, 147, 307-317.

硝 酸 锶
(Strontium nitrate)

名称 硝酸锶

主要用途 烟火药、燃气发生器用推进剂、安全气囊

分子结构式 $Sr(NO_3)_2$

名称	硝酸锶
分子式	$Sr(NO_3)_2$

续表

$M/(g \cdot mol^{-1})$	211.7	
IS/J		
FS/N		
ESD/J		
N/%	13.23	
Ω/%	37.8	
$T_{m.p}$/℃	570[1]	
T_{dec}(DTA @ 15℃·min^{-1})/℃	618(熔化),672(剧烈起泡),685(轻微含氮烟雾),715(快速含氮烟雾)[3]	
$\rho/(g \cdot cm^{-3})$	2.99[1]	
$\Delta_f H°/(kJ \cdot mol^{-1})$ $\Delta_f H°/(kJ \cdot kg^{-1})$	 −4622[1]	
	理论值(EXPLO5 6.03)	实测值
$-\Delta_{ex}U°/(kJ \cdot kg^{-1})$		
T_{ex}/K		
P_{C-J}/kbar		
VoD/$(m \cdot s^{-1})$		
$V_0/(L \cdot kg^{-1})$		

名称	硝酸锶[2]
化学式	$Sr(NO_3)_2$
$M/(g \cdot mol^{-1})$	211.7
晶系	立方
空间群	$Pa3$(no. 205)
a/Å	7.8220(10)
b/Å	7.8220(10)
c/Å	7.8220(10)
α/(°)	90
β/(°)	90
γ/(°)	90
V/Å^3	478.58(11)
Z	4

续表

$\rho_{calc}/(g \cdot cm^{-3})$	
T/K	173(2)

参考文献

[1] Hazardous Substances Data Bank, obtained from the National Libarary of Medicine(US).

[2] B. El-Bali, M. Bolte, Acta Crystallogr., 1998, 54C, IUC9800046.

[3] S. Gordon, C. Campbell, Analytical Chem., 1955, 27, 1102-1109.

2,4,6-三硝基间苯二酚(斯蒂酚酸)
(Styphnic acid)

名称 2,4,6-三硝基间苯二酚,斯蒂酚酸

主要用途 铅盐主要用于起爆药

分子结构式

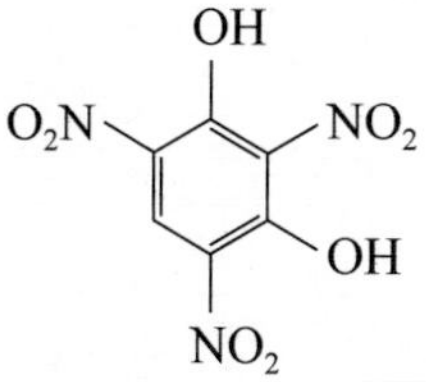

名称	TNR
分子式	$C_6H_3N_3O_8$
$M/(g \cdot mol^{-1})$	245.10
IS/J	7.4N·m[10],10.54[4],35 % TNT[12],与 PA 相同[12]
FS/N	>353[10]
ESD/J	12.30[5,6],230.0mJ[5]
N/%	17.14
$\Omega(CO_2)$/%	-35.9
$T_{m.p}$/℃	175~176[1],176[10],176~177(稳定化处理)[12],165~166(未稳定化处理)[12]
T_{dec}(DSC @5℃·min^{-1})/℃	223[2]
$\rho/(g \cdot cm^{-3})$	1.83[10] 2.012(@293K)[3]
$\Delta_f H°/(kJ \cdot mol^{-1})$ $\Delta_f H°/(kJ \cdot kg^{-1})$	-523.0 -2133.8[10]

续表

	理论值(EXPLO5 5.04)	实测值
$-\Delta_{ex}U°$/(kJ·kg^{-1})	3969	2952[H_2O(液态)][7,10] 2510[H_2O(气态)][9] 2843[H_2O(气态)][10]
T_{ex}/K	3093	
P_{C-J}/kbar	237	
VoD/(m·s^{-1})	7522(@TMD)	
V_0/(L·kg^{-1})	622	814[8,10]

名称	TNR[11]
化学式	$C_6H_3N_3O_8$
M/(g·mol^{-1})	245.10
晶系	三方
空间群	$P3c1$(no. 158)
a/Å	12.7
b/Å	12.7
c/Å	10
α/(°)	90
β/(°)	90
γ/(°)	120
V/Å^3	1396.81
Z	6
ρ_{calc}/(g·cm^{-3})	1.748
T/K	295

参考文献

[1] R. L. Datta, P. S. Varma, J. Am. Chem. Soc., 1919, 41, 2039-2048.

[2] M. Tomita, T. Kugo, Pharm. Bull., 1956, 4, 121-123.

[3] Calculated using Advanced Chemistry Development (ACD/Labs) Software V11.02 (© 1994-2017 ACD/Labs).

[4] A Study of Chemical Micro-Mechanisms of Initiation of Organic Polynitro Compounds, S. Zeman, Ch. 2 in Energetic Materials, Part 2: Detonation, Combustion, P. A. Politzer, J. S. Murray (eds.), Theoretical and Computational Chemistry, Vol. 13, 2003, Elsevier, p. 25-60.

[5] S. Zeman, J. Majzlík, Central Europ. J. Energ. Mat., 2007, 4, 15-24.
[6] M. H. Keshavarz, Z. Keshavarz, ZAAC, 2016, 642, 335-342.
[7] M. H. Keshavarz, Propellants, Explosives, Pyrotechnics, 2008, 33, 448-453.
[8] M. Jafari, M. Kamalvand, M. H. Keshavarz, A. Zamani, H. Fazeli, Indian J. Engineering and Mater. Sci., 2015, 22, 701-706.
[9] W. C. Lothrop, G. R. Handrick, Chem. Revs., 1949, 44, 419-445.
[10] R. Meyer, J. Köhler, A. Homburg, Explosives, 7th edn., Wiley - VCH, Weinheim, 2016, pp. 305-306.
[11] Hertel, Schreider, Z. Physikalische Chemie (Leipzig), 1931, B12, 139.
[12] B. T. Fedoroff, O. E. Sheffield, Encyclopedia of Explosives and Related Items, Vol. 5, US Army Research and Development Command, TACOM, Picatinny Arsenal, USA, 1972.

T

四硝基二苯并-1,3a,4,6a-四氮杂戊搭烯
(Tacot)

名称 四硝基二苯并-1,3a,4,6a-四氮杂戊搭烯

主要用途 用于手榴弹和矿井用炸药、潜在的高热稳定性炸药、猛炸药

分子结构式

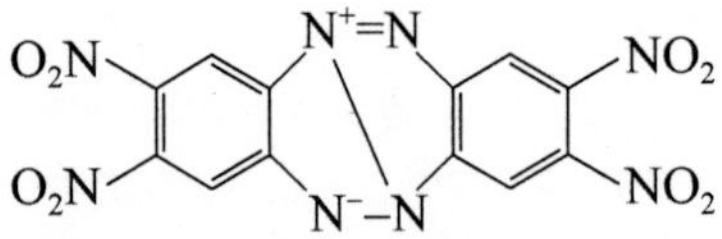

名称	Tacot①	
分子式	$C_{12}H_4N_8O_8$	
$M/(g·mol^{-1})$	388.21	
IS/J	69N·m[4],12 英寸(P.A.)[7],50%点>56 英寸(5kg 落锤)[6],50%点=102cm(12 型工具法)[6]	
FS/N	50%点=418cm[7],不发火@440cm[7]	
ESD/J	3 粒疏松状颗粒经受由 2000μF 电容器产生 30000V 放电时,未发火[6]	
$N/\%$	28.86	
$\Omega(CO_2)/\%$	−74.2	
$T_{m.p}/℃$	378[4],378(分解)[6],410[7],>360[1]	
$T_{dec}/℃$	>380[5],354(开始放热),381(爆燃放热)(DTA)[8]	
$\rho/(g·cm^{-3})$	1.85[4],1.61[5],1.84[6]	
$\Delta_fH°/(kJ·mol^{-1})$ $\Delta_fH°/(kJ·kg^{-1})$	462.015(EXPLO5 6.04),536[5] 1190.12(EXPLO5 6.04),1380[5]	
	理论值(EXPLO5 6.04)	实测值
$-\Delta_{ex}U°/(kJ·kg^{-1})$	4534	4103[H_2O(液态)][4] 98kcal·g^{-1}[H_2O(液态)][5,7] 96kcal·g^{-1}[H_2O(气态)][5]
T_{ex}/K	3383	

续表

$P_{C\text{-}J}$/kbar	238	
VoD/($m\cdot s^{-1}$)	7493(@1.85$g\cdot cm^{-3}$; $\Delta_f H$=462.015$kJ\cdot mol^{-1}$)	7250(@1.64$g\cdot cm^{-3}$)[4,6] 7250(@1.85$g\cdot cm^{-3}$)[2,5] 6935(@1.58$g\cdot cm^{-3}$)[7]
V_0/($L\cdot kg^{-1}$)	585	

① 杜邦:Tacot 通常是一种含不同-NO_2基团异构体的混合物,但由于其性能很相似,因此该异构体一般不用分离[8]。

参考文献

[1] M. S. Chang, R. R. Orndoff, US 4526980A, 1985.

[2] M. H. Keshavarz, J. Haz. Mat., 2009, 166, 762-769.

[3] M. H. Keshavarz, Propellants, Explosives, Pyrotechnics, 2012, 37, 489-497.

[4] R. Meyer, J. Köhler, A. Homburg, Explosives, 7th edn., Wiley-VCH, Weinheim, 2016, pp. 230-233.

[5] B. M. Dobratz, Properties of Chemical Explosives and Explosive Simulants, UCRL-5319, LLNL, December15 1972.

[6] B. T. Fedoroff, O. E. Sheffield, Encyclopedia of Explosives and Related Items, Vol. 5, US Army Research and Development Command, TACOM, Picatinny Arsenal, USA, 1972.

[7] S. M. Kaye, Encyclopedia of Explosives and Related Items, Vol. 9, US Army Research and Development Command, TACOM, Picatinny Arsenal, USA, 1980.

[8] J. P. Agarwal, Prog. Energy Combust. Sci., 1998, 24, 1-30.

三过氧化三丙酮
(TATP)

名称 三过氧化三丙酮

主要用途 简易炸药

分子结构式

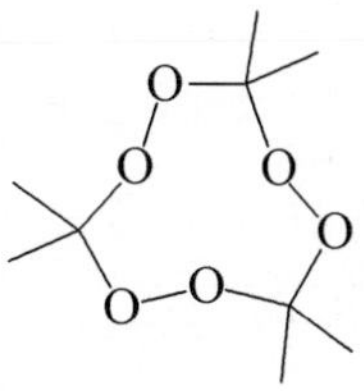

名称	TATP
分子式	$C_9H_{18}O_6$
M/($g\cdot mol^{-1}$)	222.24
IS/J	1.5(<100μm), 0.3(BAM)[1,4-5], 0.03kg·m[7], 0.03kg·m(0/6 正结果, BAM)[7]

续表

FS/N	<5(<100μm),0.1[1,4-5],1.6 N[3],极其敏感[6],<0.01kgf[7],<0.5kgf(低于仪器的检测下限,BAM)[7]
ESD/J	0.2(<100μm),0.16[1,5],0.0056[4]
N/%	0
$\Omega(CO_2)$/%	-151.2
$T_{m.p}$/℃	97~98(在 Buechi 仪器上测试);80(吸热峰),120(放热峰,DSC @ 20℃·min^{-1},纯 TATP 的 DSC 高度依赖于 TATP 的纯度;TATP 试样在 80~140 出现吸热峰,在 120~240 出些放热峰)[7],98(DSC @ 20℃·min^{-1})[8]; DSC(单斜 $P2_1/c$,a=13.788(6)晶体),1st 加热循环(达到 120℃ @ 1℃·min^{-1}):95.5~96.5(吸热,升华,起始 T=95.0),冷却(g)到 50℃(冷却速率=5℃·min^{-1})67~68(放热,凝华,起始 T=67.7),重新加热该固体到 89~90(重新升华,起始 T=87.8)[9]
$T_{m.p}$/℃	DSC(单斜 $P2_1/c$,a=11.964(2)晶体),1st 加热循环(达到 120℃ @ 1℃·min^{-1}):93.6(吸热,升华,起始温度),冷却(g)到 50℃(冷却速率=5℃·min^{-1})65.9(放热,凝华,起始温度),重新加热该固体到 88.1(重新升华,起始温度)[9]; DSC(单斜 $P2_1/c$,a=11.968(2) 晶体):1st 加热循环(达到 120℃ @ 1℃·min^{-1}):94.7(吸热,升华,起始温度),冷却(g)到 50℃(冷却速率=5℃·min^{-1})64.8(放热,凝华,起始温度),重新加热该固体到 88.1(重新升华,起始温度)[9]; DSC(单斜 $P2_1/c$,a=11.9620(6)晶体):1st 第一个热循环加热到 120℃(@ 1℃·min^{-1}):91.6(吸热,升华,起始温度),冷却到 50℃(冷却速率=5℃·min^{-1})63.1(放热,凝华,起始温度),重新加热该固体到 88.3(重新升华,起始温度)[9]
T_{dec}/℃	150~160[1,5],80(吸热峰),120(放热峰)(DSC @ 20℃·min^{-1},纯 TATP 的 DSC 高度依赖于 TATP 的纯度;TATP 试样在 80~140 出现吸热峰,在 120~240 出些放热峰)[7],215(范围约 80℃,宽的放热峰,DSC @ 20℃·min^{-1})[8]
ρ/(g·cm^{-3})	1.272(@ 180K),1.250(理论值),1.18[1],1.272[4]
$\Delta_f H°$/(kJ·mol^{-1}) $\Delta_f U°$/(kJ·kg^{-1})	-640 -538.8[1,4] -2744

	理论值(EXPLO5 6.03)	实测值	文献值
$-\Delta_{ex}U°$/(kJ·kg^{-1})	3420		2745[1,4]
T_{ex}/K	2038		
P_{C-J}/kbar	114		
VoD/(m·s^{-1})	6322	5290(@ 1.2g·cm^{-3},药柱,直径 6.3mm)[6]; 3065(@ 0.68g·cm^{-3},药柱,直径 15mm)[6]; 3750(@ 0.92g·cm^{-3})[6]; 5300(@ 1.18g·cm^{-3})[6]	5300(@ 1.18 g·cm^{-3})[1,4-5]
V_0/(L·kg^{-1})	821		855[4-5]

名称	TATP[10]	TATP[11]	TATP[12]	TATP[9]	TATP[9]	TATP[9]	TATP[9]	TATP[9]	TATP[13]	TATP[13]
化学式	$C_9H_{18}O_6$	$C_9H_{18}O_6$	$C_9H_{18}O_6$	$C_9H_{18}O_6$	$C_9H_{18}O_6$	$C_9H_{18}O_6$	$C_9H_{18}O_6$	$C_9H_{18}O_6$	$C_9H_{18}O_6$	$C_9H_{18}O_6$
$M/(g \cdot mol^{-1})$	222. 23	222. 23	222. 23	222. 23	222. 23	222. 23	222. 23	222. 23	222. 23	222. 23
晶系	单斜	单斜	单斜	正交	三斜	单斜	单斜	单斜	三斜	单斜
空间群	$P2_1/c$ (no. 14)	$P2_1/c$ (no. 14)	$P2_1/c$ (no. 14)	$Cmca$ (no. 64)	$P\bar{1}$ (no. 2)	$P2_1/c$ (no. 14)	$P2_1/c$ (no. 14)	$P2_1/c$ (no. 14)	$P\bar{1}$ (no. 2)	$P2_1/c$ (no. 14)
a/Å	13. 925(5)		13. 7617(7)	28. 055(4)	8. 901(1)	11. 964(2)	11. 968(2)	11. 9620(6)	8. 900(2)	13. 8088(12)
b/Å	10. 790(4)		10. 6514(6)	15. 616(6)	10. 500(2)	28. 083(6)	14. 029(3)	14. 0380(4)	10. 997(2)	10. 6956(7)
c/Å	7. 970(4)		7. 8800(4)	10. 667(1)	12. 576(1)	15. 600(3)	15. 606(3)	15. 5950(8)	12. 569(3)	7. 8949(7)
α/(°)	90	90	90	90	82. 560(9)	90	90	90	82. 587(6)	90
β/(°)	91. 64(5)	91. 77(5)	91. 8240(10)	90	84. 445(7)	117. 22(3)	117. 15(3)	117. 270(2)	84. 276(6)	91. 635(7)
γ/(°)	90	90	90	90	73. 053(6)	90	90	90	73. 014(6)	90
V/Å^3	1197. 01	1160. 1(9)	1154. 48(11)	4673. 3(2)	1112. 7(3)	4660. 9(15)	2331. 5(8)	2327. 7(18)	1164. 1(5)	1165. 55(16)
Z	4	4	4	16	4	16	4	4	4	4
$\rho_{calc}/(g \cdot cm^{-3})$	1. 233	1. 272	1. 279	1. 263	1. 327	1. 267	1. 266	1. 268	1. 268	1. 266
T/K	295	180(从密闭烧瓶中缓慢升华结晶@RT)	120	200	200	200	200	200	200	193

参考文献

[1] J. J. Sabatini, K. D. Oyler, Crystals, 2016, 6, 1-22.

[2] M-H-Lefebvre, B. Falmagne, B. Smedts, Final Proceedings for New Trends in Research of Energetic Materials, S. Zeman(ed.), 7th Seminar, 20-22 April 2004, Pardubice, pp. 13-22.

[3] R. Matyáš, J. Šelešovský, T. Musil, J. Hazard. Mater., 2012, 213-214, 236-241.

[4] N.-D. H. Gamage, "Synthesis, Characterization and Properties of Peroxo-Based Oxygen-Rich Compounds For Potential Use As Greener High Density Materials", 2016, Wayne State University Dissertations. Paper 1372.

[5] H.-D. H. Gamage, B. Stiasny, J. Stierstorfer, P. D. Martin, T. M. Klapötke, C. H. Winter, Chem. Comm., 2015, 51, 13298-13300.

[6] B. T. Fedoroff, H. A. Aaronson, E. F. Reese, O. E. Sheffield, G. D. Clift, Encyclopedia of Explosives and Related Items, Vol. 1, US Army Research and Development Command, TACOM, Picatinny Arsenal, USA, 1960.

[7] M. H. Lefebvre, B. Falmagne, B. Smedts, NTREM 7, 20-22 April 2004, pp. 164-173.

[8] J. C. Oxley, J. L. Smith, H. Chen. Propellants, Explosives, Pyrotechnics, 2002, 27, 209-216.

[9] O. Reany, M. Kapon, M. Botosharsky, E. Keinan, Crystal Growth and Design, 2009, 9, 3661-3670.

[10] P. Groth, Acta Chem. Scand., 1969, 23, 1311-1329.

[11] F. Dubnikova, R. Kosloff, J. Almog, Y. Zeiss, R. Boese, H. Itzhaky, A. Alt, E. Keinan, J. Am. Chem. Soc., 2005, 127, 1146-1159.

[12] L. Jensen, P. M. Mortensen, R. Trane, P. Harris, R. W. Berg, Applied Spectroscopy, 2009, 63, 92-97.

[13] D. Schollmayer, B. Ravindran, CSD Communication, 2015.

四胺-顺式-双(5-硝基-2H-四唑)钴(III)高氯酸盐 (Tetraamine-cis-bis(5-nitro-2H-tetrazolato) cobalt(III) perchlorate)

名称 四胺-顺式-双(5-硝基-2H-四唑)钴(III)高氯酸盐

主要用途 起爆药

分子结构式

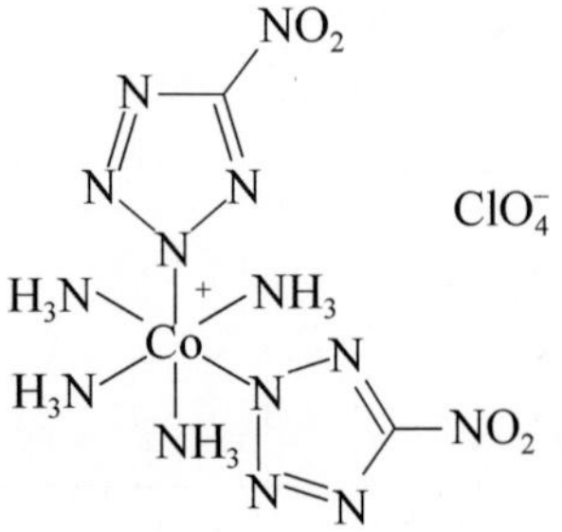

名称	BNCP	
分子式	$C_2ClCoH_{12}N_{14}O_8$	
$M/(g \cdot mol^{-1})$	454.59	
IS/J		
FS/N		
ESD/J		
$N/\%$	43.14	
$\Omega(CO_2)/\%$	-8.8	
$T_{m.p}/℃$		
T_{dec}(DSC @5℃·min^{-1})/℃	269[1]	
$\rho/(g \cdot cm^{-3})$	2.03 2.05(@291K)[1]	
$\Delta_f H°/(kJ \cdot mol^{-1})$ $\Delta_f H°/(kJ \cdot kg^{-1})$		
	理论值(EXPLO5 6.03)	实测值
$-\Delta_{ex}U°/(kJ \cdot kg^{-1})$		
T_{ex}/K		
$P_{C-J}/kbar$		
VoD/$(m \cdot s^{-1})$		
$V_0/(L \cdot kg^{-1})$		

参考文献

[1] A. - S. Tverjanovich, A - O. Aver' yanov, M. A. Ilyshin, S. Yu, A. V. Smirnov, J. Russ. J. Appl. Chem. ,2015,88,226-231.

四甲基硝酸铵
(Tetramethylammonium nitrate)

名称　四甲基硝酸铵

主要用途　可熔铵类炸药的燃料组分

分子结构式

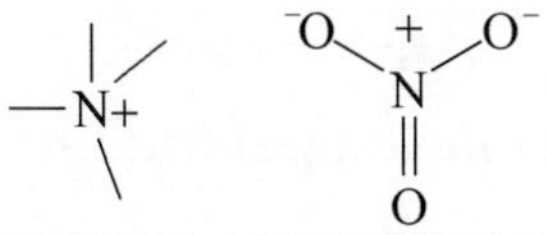

名称	四甲基硝酸铵
分子式	$C_4H_{12}N_2O_3$

续表

$M/(g \cdot mol^{-1})$	136.2	
IS/J	不爆炸 @ 3m(10kg 落锤,压缩的样品)[5]	
FS/N		
ESD/J		
N/%	20.57	
$\Omega(CO_2)$/%	-129.2	
$T_{m.p}$/℃	683[1],325~328[5],405~410(Fr.)[5]	
T_{dec}/℃	变色 400(@在测试管中由 250℃开始,以 5℃·min^{-1}升温)[5]	
$\rho/(g \cdot cm^{-3})$	1.25[4,5],0.70(块状)[5]	
$\Delta_f H°/(kJ \cdot mol^{-1})$ $\Delta_f H°/(kJ \cdot kg^{-1})$ $\Delta_f H/(kJ \cdot kg^{-1})$	-330.4[2] -2507.3[4] -2610.8[3],-607.4kcal·kg^{-1}[5]	
	理论值(EXPLO5 6.03)	实测值
$-\Delta_{ex}U°/(kJ \cdot kg^{-1})$	3128	
T_{ex}/K	1952	
P_{C-J}/kbar	133	
$VoD/(m \cdot s^{-1})$	6745	
$V_0/(L \cdot kg^{-1})$	952	

参考文献

[1] A. Le Roux, Meml. Poudres, 1953, 35, 121–132.
[2] S. P. Verevkin, V. N. Emel'yanenko, I. Krossing, R. Kalb, J. Chem. Thermodyn., 2012, 51, 107–113.
[3] https://engineering.purdue.edu/~propulsi/propulsion/comb/propellants.html
[4] R. Meyer, J. Köhler, A. Homburg, Explosives, 7th edn., Wiley-VCH, Weinheim, 2016, p. 311.
[5] S. M. Kaye, Encyclopedia of Explosives and Related Items, Vol. 9, US Army Research and Development Command, TACOM, Picatinny Arsenal, USA, 1980.

四羟甲基环戊酮四硝酸酯
(Tetramethylolcyclopentanone tetranitrate)

名称 四羟甲基环戊酮四硝酸酯

主要用途 NC 的优良增塑剂,适合用于某些炸药和推进剂组分

分子结构式

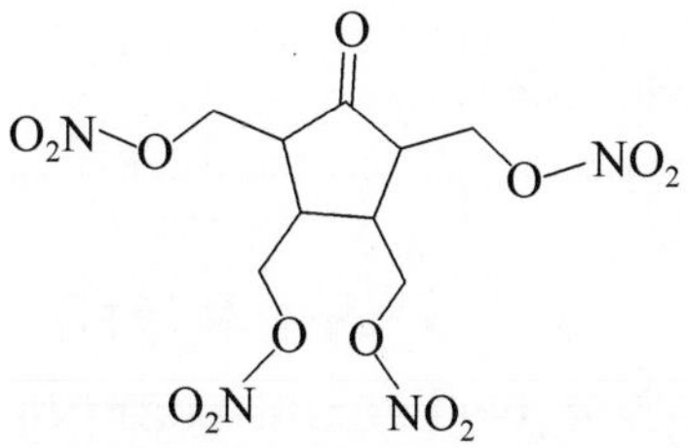

名称	FIVONITE	
分子式	$C_9H_{12}N_4O_{13}$	
$M/(g\cdot mol^{-1})$	384.21	
IS/J	$H_{50\%}$=90cm(Bruceton 3 号仪器,5kg 落锤)[4]	
FS/N		
ESD/J		
N/%	14.58	
$\Omega(CO_2)$/%	-45.8	
$T_{m.p}$/℃	74[3-4],68~70[4]	
T_{dec}(DSC @5℃·min^{-1})/℃	(爆燃温度=265℃)[4]	
$\rho/(g\cdot cm^{-3})$	1.59[3],1.611(晶体@20℃)[4],1.56(@293K)[1],1.590(浇铸@20℃)[4]	
$\Delta_f H°/(kJ\cdot mol^{-1})$ $\Delta_f H°/(kJ\cdot kg^{-1})$	-676.2 -1760[3]	
	理论值(EXPLO5 6.03)	实测值
$-\Delta_{ex}U°/(kJ\cdot kg^{-1})$	4719	820kcal·kg^{-1}[4]
T_{ex}/K	3307	
P_{C-J}/kbar	203	
VoD/$(m\cdot s^{-1})$	7158(@1.55g·cm^{-3})	7292(@1.57g·cm^{-3})[4] 6815(@1.44g·cm^{-3})[4] 7040(@1.55g·cm^{-3})[3] 7040(@1.59g·cm^{-3})[2]
$V_0/(L\cdot kg^{-1})$	747	

参考文献

[1] Calculated using Advanced Chemistry Development(ACD/Labs) Software V11.02(© 1994-2017 ACD/Labs).

[2] M. H. Keshavarz, Propellants, Explosives, Pyrotechnics, 2012, 37, 489-497.

[3] R. Meyer, J. Köhler, A. Homburg, Explosives, 7th edn., Wiley - VCH, Weinheim, 2016, pp. 311–312.

[4] B. T. Fedoroff, O. E. Sheffield, Encyclopedia of Explosives and Related Items, Vol. 6, US Army Research and Development Command, TACOM, Picatinny Arsenal, USA, 1974.

2,3,4,6-四硝基苯胺
(2,3,4,6-Tetranitroaniline)

名称 2,3,4,6-四硝基苯胺

主要用途 炸弹、水雷以及高能炸药中的组分，可取代雷管中的特屈儿[8]

分子结构式

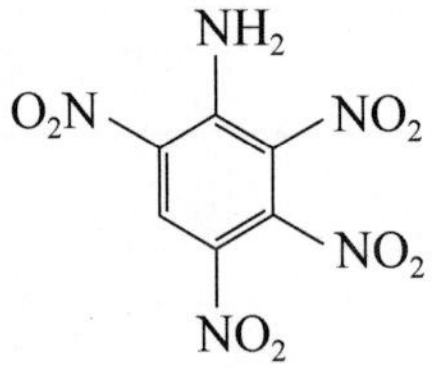

名称	TNA	
分子式	$C_6H_3N_5O_8$	
$M/(g\cdot mol^{-1})$	273.12	
IS/J	6N·m[7], $\log H_{50\%}$ = 1.61[6], FI = PA 的 86%[8], 54～55cm(2kg 落锤, Kast 仪器)[8]	
FS/N		
ESD/J		
N/%	25.64	
$\Omega(CO_2)$/%	−32.2	
$T_{m.p}$/℃	216[7], 216～217(分解)[8], 207～211[1]	
T_{dec}(DSC @5℃·min^{-1})/℃	220～230, 222(膨胀)[8]	
$\rho/(g\cdot cm^{-3})$	1.867[7], 1.867(晶体)[8], 1.87(@293K)[2]	
$\Delta_f H°/(kJ\cdot mol^{-1})$ $\Delta_f H°/(kJ\cdot kg^{-1})$	−48.9 −179[7]	
	理论值(EXPLO5 5.04)	实测值
$-\Delta_{ex}U°/(kJ\cdot kg^{-1})$	5203	4378[H_2O(液态)][3,7] 4100[H_2O(气态)][5] 4280[H_2O(气态)][7] 265.1kcal·mol^{-1}[8]
T_{ex}/K	3794	

续表

P_{C-J}/kbar	308	
VoD/(m·s^{-1})	8375(@TMD)	7630(@1.6g·cm^{-3})[8] 7300(@1.5g·cm^{-3})[5]
V_0/(L·kg^{-1})	657	813[4,7]

名称	TNA[2]
化学式	$C_6H_3N_5O_8$
M/(g·mol^{-1})	273.12
晶系	单斜
空间群	$P2_1/c$(no. 14)
a/Å	7.270(10)
b/Å	11.060(20)
c/Å	12.270(20)
α/(°)	90
β/(°)	98.80(30)
γ/(°)	90
V/Å^3	974.97
Z	4
ρ_{calc}/(g·cm^{-3})	1.861
T/K	295

参考文献

[1] L. A. Kaplan, US3062885, 1962.

[2] C. Dickinson, J. M. Stewart, J. R. Holden, Acta Cryst., 1966, 21, 663–670.

[3] M. H. Keshavarz, Propellants, Explosives, Pyrotechnics, 2008, 33, 448–453.

[4] M. Jafari, M. Kamalvand, M. H. Keshavarz, A. Zamani, H. Fazeli, Indian J. Engineering and Mater. Sci., 2015, 22, 701–706.

[5] W. C. Lothrop, G. R. Handrick, Chem. Revs., 1949, 44, 419–445.

[6] H. Nefati, J. –M. Cense, J. –J. Legendre, J. Chem Inf. Comput. Sci., 1996, 36, 804–810.

[7] R. Meyer, J. Köhler, A. Homburg, Explosives, 7th edn., Wiley – VCH, Weinheim, 2016, pp. 312–313.

[8] B. T. Fedoroff, H. A. Aaronson, E. F. Reese, O. E. Sheffield, G. D. Clift, Encyclopedia of Explosives and Related Items, Vol. 1, US Army Research and Development Command, TACOM, Picatinny Arsenal, USA, 1960.

四硝基咔唑
(Tetranitrocarbazole)

名称 四硝基咔唑

主要用途 烟火药组分,点火药

分子结构式

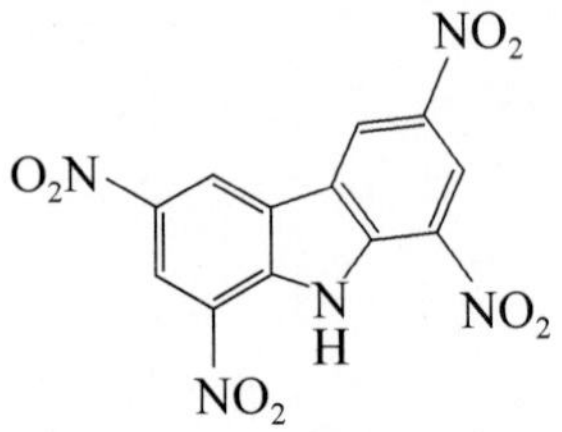

名称	TNC	
分子式	$C_{12}H_5N_5O_8$	
$M/(g\cdot mol^{-1})$	347. 20	
IS/J	19. 62(B. M.)[3],8. 97(P. A.)[3]	
FS/N		
ESD/J		
$N/\%$	20. 17	
$\Omega(CO_2)/\%$	-85. 3	
$T_{m.p}/℃$	296[1,5],296(纯 1,3,6,8-异构体),280(粗产品)[3]	
$T_{dec}/℃$		
$\rho/(g\cdot cm^{-3})$	1. 893(@ 293K)[2] 1. 765(@ 173K)[4] 1. 73(@ 20℃,比重计)[4]	
$\Delta_f H°/(kJ\cdot mol^{-1})$ $\Delta_f H°/(kJ\cdot kg^{-1})$	 54. 4[5]	
	理论值(EXPLO5 5. 04)	实测值
$-\Delta_{ex}U°/(kJ\cdot kg^{-1})$	3738	3433[H_2O(液态)][5]
T_{ex}/K	2812	
$P_{C-J}/kbar$	205	
$VoD/(m\cdot s^{-1})$	7125(@ TMD)	
$V_0/(L\cdot kg^{-1})$	543	

参考文献

[1] D. B. Murphy, F. R. Schwartz, J. P. Picard, J. V. R. Kaufmann, J. Am. Chem. Soc., 1953, 75, 4289-4291.

[2] Calculated using Advanced Chemistry Development(ACD/Labs) Software V11.02(© 1994-2017 ACD/Labs).

[3] AMC Pamphlet Engineering Design Handbook: Explosive Series Properties of Explosives of Military Interest, Headquarters, U. S. Army Materiel Command, January 1971.

[4] J. Šarlauskas, Proceedings of New Trends in Research of Energetic Materials, NTREM, April 26-28th 2017, pp. 1038-1048.

[5] R. Meyer, J. Köhler, A. Homburg, Explosives, 7th edn., Wiley-VCH, Weinheim, 2016, p. 313.

四硝基甘脲
(Tetranitroglycolurile)

名称 四硝基甘脲

主要用途 高能炸药[1]

分子结构式

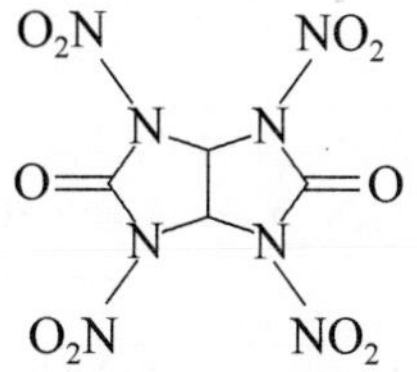

名称	TNGU
分子式	$C_4H_2N_8O_{10}$
$M/(g \cdot mol^{-1})$	322.11
IS/J	2.04[1],0.15~0.2(无量纲,TNT 的值定义为 1)[5],0.15~0.2kg m[8],2 英寸(2kg 落锤,P. A.)[8],6cm(2kg 落锤,B. M.)[8]
FS/N	54[1]
ESD/J	3.25[1]
$N/\%$	34.79
$\Omega(CO_2)/\%$	5.0
$T_{m.p}/℃$	241[2],190[5]
$T_{dec}/℃$	
$\rho/(g \cdot cm^{-3})$	2.51±0.1(@293.15K)[3] 2.03~2.04[5]

续表

$\Delta_f H°$/(kJ·mol^{-1})理论值 $\Delta_f H°$/(kcal·kg^{-1})	41.8(EXPLO5 6.04) 379.0[7] 379.0[7]		
	理论值(EXPLO5 6.04)	理论值(K-J)	实测值
$-\Delta_{ex}U°$/(kJ·kg^{-1})	5745		1200kcal·kg^{-1}[H_2O(气态)][7]
T_{ex}/K	4177		
P_{C-J}/GPa	40.2	41.77[1]	
VoD/(m·s^{-1})	9446(@2.02g·cm^{-3}; $\Delta_f H$=41.8kJ mol^{-1})	9566(@2.01g·cm^{-3})[1]	9070(@1.94 g·cm^{-3})[4] 9330[5] 9150(@1.95 g·cm^{-3})[6]
V_0/(L·kg^{-1})	718		

参考文献

[1] W. M. Sherrill, E. C. Johnson, J. E. Banning, Propellants, Explosives, Pyrotechnics, 2014, 39, 670-676.

[2] Y. Zheng, J. Zhou, D. Zhou, M. Zhang, Binggong Xuebao, 1988, 59-63.

[3] Calculated using Advanced Chemistry Development(ACD/Labs) Software V11.02(© 1994-2017 ACD/Labs).

[4] M. H. Keshavarz, Propellants, Explosives, Pyrotechnics, 2012, 37, 489-497.

[5] J. Boileau, C. Fauquignon, B. Hueber, H. Meyer, Explosives, in Ullmann's Encylocopedia of Industrial Chemistry, 2009, Wiley-VCH, Weinheim.

[6] P. W. Cooper, Explosives Engineering, Wiley-VCH, New York, 1996.

[7] A. Smirnov, M. Kuklja, Proceedings of the 20th Seminar on New Trends in Research of Energetic Materials, Pardubice, April 26-28, 2017, pp. 381-392.

[8] B. T. Fedoroff, O. E. Sheffield, Encyclopedia Explosives and Related Items, Vol. 6, US Army Research and Development Command, TACOM, Picatinny Arsenal, USA, 1974.

四硝基甲烷
(Tetranitromethane)

名称 四硝基甲烷

主要用途 可能的氧化剂、混合炸药的组分

分子结构式

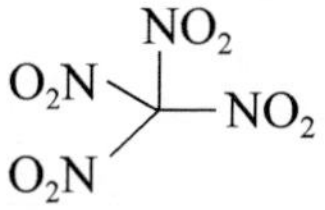

名称	TNM	
分子式	CN_4O_8	
$M/(g \cdot mol^{-1})$	196.03	
IS/J	$H_{50\%}$ =>100cm(2kg 落锤 B. M.)[11]	
FS/N		
ESD/J		
$N/\%$	28.58	
$\Omega(CO_2)/\%$	49.0	
$T_{m.p}/℃$	13.8[1],14.2[5,8,11]	
$T_{dec}/℃$		
$\rho/(g \cdot cm^{-3})$	1.6377(@ 294 K)[2,8,10], 1.641[3], 1.650(@ 286 K)[5],1.62294(@ 25℃)[11]	
$\Delta_f H°/(kJ \cdot mol^{-1})$ $\Delta_f H°/(kJ \cdot kg^{-1})$ $\Delta_f H/(kJ \cdot kg^{-1})$	13.0 kcal·mol^{-1}[6] 38.40[8] 196.4[10] 188.3[3],195.98[8]	
	理论值(EXPLO5 6.03)	实测值
$-\Delta_{ex}U°/(kJ \cdot kg^{-1})$	2255	2259[9],2200[10],557cal·g^{-1}(计算自 DTA)[11]
T_{ex}/K	2570	2800(@ 1.64g·cm^{-3})[6]
$P_{C-J}/kbar$	145	144(calc.)[5] 159(@ 1.64g·cm^{-3})[6]
$VoD/(m \cdot s^{-1})$	6367(@ TMD)	6360(@ 1.64g·cm^{-3})[4,6] 6360(@ 1.637g·cm^{-3})[10] 6400(@ρ=1.6g·cm^{-3})[5]
$V_0/(L \cdot kg^{-1})$	744	685[7,9-10]

名称	$C(NO_2)_4$[12]	$C(NO_2)_4$[12]
化学式	CN_4O_8	CN_4O_8
$M/(g \cdot mol^{-1})$	196.05	196.05

续表

晶系	正交	四方
空间群	$Pca2_1$	$I\bar{4}$(no. 82)
a/Å	9.7331(2)	6.9893(3)
b/Å	9.7317(2)	6.9893(3)
c/Å	20.4635(5)	6.9866(7)
α/(°)	90	
β/(°)	90	
γ/(°)	90	
V/Å^3	1938.28(7)	341.30(4)
Z	12	2
ρ_{calc}/(g·cm^{-3})	2.016	1.908
T/K	100	200

参考文献

[1] Hazardous Substances Data Bank, obtained from the National Libarary of Medicine(US).

[2] K. V. Auwers, L. Harres, Ber. Dtsch. Chem. Ges. B. 1929, 62, 2287-2297.

[3] https://engineering.purdue.edu/~propulsi/propulsion/comb/propellants.html

[4] M. H. Keshavarz, Propellants, Explosives, Pyrotechnics, 2012, 37, 489-497.

[5] B. M. Dobratz, P. C. Crawford, LLNL Explosives Handbook - Properties of Chemical Explosives and Explosive Simulants, Lawrence Livermore National Laboratory, January 31st 1985.

[6] M. L. Hobbs, M. R. Baer, Proceedings of the 10th International, Detonation Symposium, Office of Naval Research ONR 33395-12, 1993, 409-418.

[7] M. Jafari, M. Kamalvand, M. H. Keshavarz, A. Zamani, H. Fazeli, Indian J. Engineering and Mater. Sci., 2015, 22, 701-706.

[8] J. Liu, Liquid Explosives, Springer-Verlag, Heidelberg, 2015.

[9] H. Muthurajan, R. Sivabalan, M. B. Talawar, S. N. Asthana, J. Hazard. Mater., 2004, A112, 17-33.

[10] R. Meyer, J. Köhler, A. Homburg, Explosives, 7th edn., Wiley-VCH, Weinheim, 2016, pp. 314-315.

[11] S. M. Kaye, Encyclopedia of Explosives and Related Items, Vol. 8, US Army Research and Development Command, TACOM, Picatinny Arsenal, USA, 1978.

[12] Y. V. Vishnevsky, D. S. Tikhonov, J. Schwabedissen, H. -G. Stammler, R. Moll, B. Krumm, T. M. Klapötke, N. Mitzel, Angew Chem. Int. Ed., 2017, 56, 9619-9623.

四硝基萘
(Tetranitronaphthalene)

名称 四硝基萘

主要用途 正研究作为耐热炸药的可能性

分子结构式

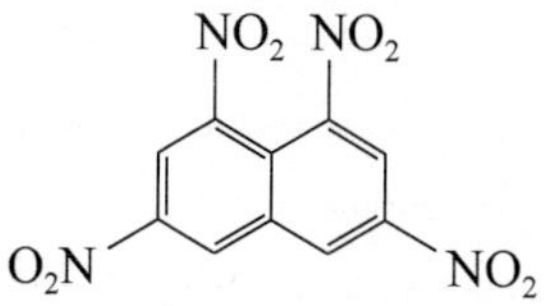

名称	TNN	
分子式	$C_{10}H_4N_4O_8$	
$M/(g\cdot mol^{-1})$	308.16	
IS/J	9.64(一级反应)[5],24.61(声音)[5],$H_{50\%}$ = 99cm(2.5kg 落锤,砂纸,NOL 仪器)[9]	
FS/N		
ESD/J	8.26[3],95.0 mJ[3],8.26(对位异构体)[4]	
$N/\%$	18.18	
$\Omega(CO_2)/\%$	−72.7	
$T_{m.p}/℃$ $T_{m.p}/℃$	190(异构体混合物发生软化)[7] 207[1],无熔化分解 >450[9]	
T_{dec}/K $T_{dec}/℃$	579[3] 无熔化分解>450[9]	
$\rho/(g\cdot cm^{-3})$	1.8[7-8] 1.802(@ 293)[2]	
$\Delta_f H°/(kJ\cdot mol^{-1})$ $\Delta_f H°/(kJ\cdot kg^{-1})$	12.9 kcal·mol⁻¹[8] 35.3[7]	
	理论值(EXPLO5 6.03)	实测值
$-\Delta_{ex}U°(kJ\cdot kg^{-1})$	4449	2887 [H_2O(气态)][6]
T_{ex}/K	3303	
$P_{C-J}/kbar$	216	
VoD(@ TMD)/$(m\cdot s^{-1})$	7206	7013 在 1/4 英寸铝管中[9]
$V_0/(L\cdot kg^{-1})$	574	780[9]

参考文献

[1] "PhysProp" data were obtained from Syracuse Research Corporation of Syracuse, New York (US).

[2] Calculated using Advanced Chemistry Development(ACD/Labs) Software V11.02(© 1994-2017 ACD/Labs).

[3] S. Zeman, J. Majzlík, Central Europ. J. Energ. Mat., 2007, 4, 15-24.

[4] M. H. Keshavarz, Z. Keshavarz, ZAAC, 2016, 642, 335-342.

[5] S. Zeman, Proceedings of New Trends in Research of Energetic Materials, NTREM, April 24-25th 2002.

[6] W. C. Lothrop, G. R. Handrick, Chem. Revs., 1949, 44, 419-445.

[7] R. Meyer, J. Köhler, A. Homburg, Explosives, 7th edn., Wiley-VCH, Weinheim, 2016, p. 315.

[8] P. E. Rouse, J. Chem. Engineering Data, 1976, 21, 16-20.

[9] S. M. Kaye, Encyclopedia of Explosives and Related Items, Vol. 8, US Army Research and Development Command, TACOM, Picatinny Arsenal, USA, 1978.

四 氮 烯
(Tetrazene)

名称 四氮烯

主要用途 起爆药,如果能被其他起爆药起爆则可用于雷管中

分子结构式

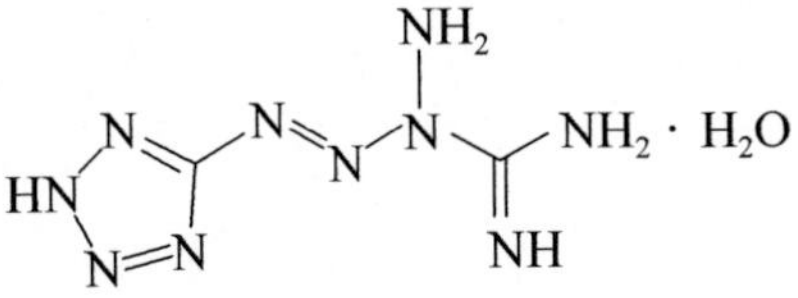

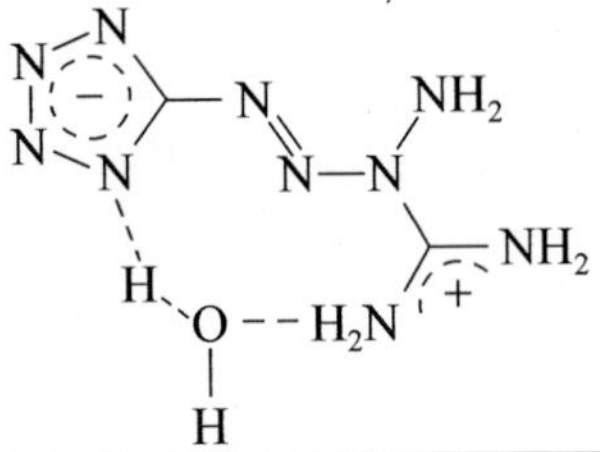

名称	四氮烯
分子式	$C_2H_8N_{10}O$
$M/(g \cdot mol^{-1})$	188.16
IS/J	1N·m[3],7cm(2kg 落锤,B. M.)[6],8 英寸(8 盎司落锤 P. A.)[6]
FS/N	
ESD/J	0.01[4], 0.010(无约束)[6],0.012(有约束)[6]
N/%	74.44
$\Omega(CO_2)$/%	-59.5

续表

$T_{m.p}$/℃		
T_{dec}(DSC @ 20℃·min^{-1})/℃	136[1]	
ρ/(g·cm^{-3})	1.7(@ 293K)[3]	
$\Delta_f H°$/(kJ·mol^{-1}) $\Delta_f H°$/(kJ·kg^{-1})	189.1,212[2] 1005[3]	
	理论值(EXPLO5 6.03)	实测值
$-\Delta_{ex}U°$/(kJ·kg^{-1})	2623	2755[2],658cal·g^{-1}[4,6]
T_{ex}/K	2002	
P_{C-J}/kbar	268	
VoD/(m·s^{-1})	8820(@ TMD)	
V_0/(L·kg^{-1})	922	1190cm^3·g^{-1}[4]

名称	四氮烯[5]	四氮烯[5]
化学式	$C_2H_8N_{10}O$	$C_2H_8N_{10}O$
M/(g·mol^{-1})	188.16	188.16
晶系	单斜	单斜
空间群	Ia(no. 9)	$P2_1$/a(no. 14)
a/Å	12.888(1)	12.955(2)
b/Å	9.332(1)	9.295(1)
c/Å	6.811(1)	6.847(1)
α/(°)	90	90
β/(°)	112.47(1)	111.54(1)
γ/(°)	90	90
V/$Å^3$	756.973	766.912
Z		4
ρ_{calc}/(g·cm^{-3})		1.63
T/K	295	295

参考文献

[1] R. J. Spear, M. Maksacheff, Thermochim. Acta., 1986, 105, 287-293.

[2] J. W. Fronabarger, M. D. Williams, A. G. Stern, D. A. Parrish, Centr. Europ. J. Energ. Mat. 2016, 13, 33-52.

[3] R. Meyer, J. Köhler, A. Homburg, Explosives, 7th edn., Wiley-VCH, Weinheim, 2016, pp.

315-316.

[4] Military Explosives, Department of the Army Technical Manual, TM 9-1300-214, Headquarters, Department of the Army, September 1984.

[5] J. R. C. Duke, J. Chem. Soc. D, 1971, 2-3.

[6] B. T. Fedoroff, O. E. Sheffield, Encyclopedia of Explosives and Related Items, vol. 6, US Army Research and Development Command, TACOM, Picatinny Arsenal, USA, 1974.

1-[(2E)-3-(1H-四唑-5-基)三氮-2-烯-1-亚基]甲烷二胺 (1-[(2E)-3-(1H-tetrazol-5-yl) triaz-2-en-1-ylidene]methanediamine)

名称 1-[(2E)-3-(1H-四唑-5-基)三氮-2-烯-1-亚基]甲烷二胺

主要用途 四氮烯可能的取代物

分子结构式

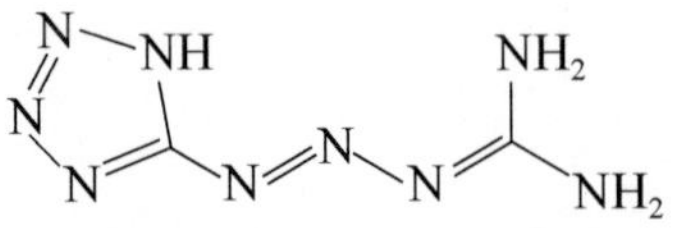

名称	MTX-1	
分子式	$C_2H_5N_9$	
$M/(g \cdot mol^{-1})$	155.13	
IS/J	0.02N·m[3]	
FS/N		
ESD/J	3~4mJ[3]	
$N/\%$	81.27	
$\Omega(CO_2)/\%$	-67.0	
$T_{m.p}/℃$		
$T_{dec}(DSC\ @5℃ \cdot min^{-1})/℃$	209	
$\rho/(g \cdot cm^{-3})$	2.47[1] 2.351(@ 296 K)[2]	
$\Delta_f H°/(kJ \cdot mol^{-1})$ $\Delta_f H°/(kJ \cdot kg^{-1})$	383[3] 2469[3]	
	理论值(EXPLO5 6.03)	实测值
$-\Delta_{ex}U°/(kJ \cdot kg^{-1})$	2696	2254
T_{ex}/K	2007	

续表

P_{C-J}/kbar	338	
VoD(@1.9g·cm^{-3})/(m·s^{-1})	9729	
V_0/(L·kg^{-1})	847	

参考文献

[1] Calculated using Advanced Chemistry Development(ACD/Labs)Software V11.02(© 1994-2017 ACD/Labs.

[2] J. W. Fronabarger, M. D. Williams, A. G. Stern, D. A. Parrish, Centr. Europ. J. Energ. Mat. 2016, 13, 33-52.

[3] R. Meyer, J. Köhler, A. Homburg, Explosives, 7th edn., Wiley-VCH, Weinheim, 2016, pp. 316-317.

特 屈 儿
(Tetryl)

名称 特屈儿

主要用途 猛(高能)炸药,混合炸药成分、雷管成分、军用助推器

分子结构式

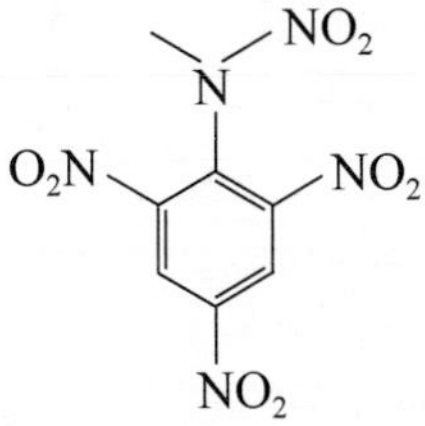

名称	特屈儿
分子式	$C_7H_5N_5O_8$
M/(g·mol^{-1})	287.14
IS/J	3(<100μm),7.85[1],5.49[2],574.2 mJ[2],5.10(B. M.)[9-10,14],3.00(P. A.)[9-10],26cm(B. M)[10,12],26cm(2kg 落锤,B. M.)[33],25cm(2.5kg 落锤)(P. A.)[10,12],42cm(12 型工具法,ERL)[12-13],28cm(12 型工具法,5kg,ERL)[12-13],3.99(P. A.)[10,14],13.73(5kg 落锤,12 型工具法)[15],9.07(2.5kg 落锤,12 号工具)[15],10.06(2.5kg 落锤,12B 号工具)[15],25cm(5kg)[18],H_{50}=42cm(12 型工具法)[21],H_{50}=49cm(12B 型工具法)[21],H_{50}= 28cm(12 型工具法,5kg 落锤)[23],$H_{50\%}$=38cm(US-NOL 仪器)[28,31],$h_{50\%}$=32cm(LASL 测试)[24],$H_{50\%}$=42cm(LASL,粉末试样)[31],$H_{50\%}$=94cm(粉末试样)[31],$H_{50\%}$= 26cm(B. M. 仪器@P. A.,粉末状试样)[31],$H_{10\%}$= 8 英寸(P. A.,粉末试样)[31];

续表

<table>
<tr><td>IS/J</td><td colspan="4">0/6 发火的最高落高= 51cm(2kg)[26],14cm(10kg 落锤)[26];连续 6 次都发火的最低落高= >60cm(2kg 落锤)[26],>24cm(10kg)[26],$H_{50\%}$ =25cm(B. M. ,12 号工具,2. 5kg,35mg 试样,石榴石砂纸)[36];
中位高度= 112cm(5kg 落锤,30mg 试样,Rotter 仪器)[31];
IS 的临界压力值 P_{cr} 为 8.4×10^{-3}kgcm^{-2},临界厚度 h_{cr} 约 0. 012mm[32];
50%发火时的能量> 29. 43 J(Julius-Peters 仪器,25mg 试样)[33];
冲击感度落锤重量(BAM 仪器)= 6. 5~15N·m[34]</td></tr>
<tr><td>FS/N</td><td colspan="4">360(<100μm),353[5],0. 152 @ 0. 15 M[18],$P_{fr.LL}$ = 400MPa[22],$P_{fr.50\%}$ = 540MPa[22];
Rotter FS:平均摩擦系数(FOF)= 6. 3[35] BAM 平均极限载荷> 360[35];
Mallet 摩擦感度:钢/钢 = 0%[35],尼龙/钢 = 0%[35],木头/软木 = 0%[35],木头/硬木 = 0%[35],木头/约克石 = 0%[35];
钢鞋裂纹[12],纤维鞋无效果[12]</td></tr>
<tr><td>ESD/J</td><td colspan="4">0. 6(<100μm),5. 49[1],0. 007(100 目,无约束)[14],4. 4(100 目,约束)[14]
火花感度:0. 54(黄铜电极,3mm 铅箔)[21],2. 79(黄铜电极,10mm 铅箔)[21],0. 19(钢电极,1mm 铅箔)[21],3. 83(钢电极,10mm 铅箔)[21]
5000V 最高静电放电能下不发火概率[29]:
<table>
<tr><td></td><td colspan="2">不发火时的最高放电能</td><td colspan="2">发火类型</td></tr>
<tr><td></td><td>无约束</td><td>约束</td><td>无约束</td><td>约束</td></tr>
<tr><td>特屈儿颗粒</td><td>>11. 0</td><td>4. 68</td><td>未发火</td><td>爆轰</td></tr>
<tr><td>过 100 目筛的特屈儿颗粒</td><td>0. 062</td><td>4. 38</td><td>爆燃</td><td>爆轰</td></tr>
</table></td></tr>
<tr><td>N/%</td><td colspan="4">24. 39</td></tr>
<tr><td>$\Omega(CO_2)$/%</td><td colspan="4">-47. 36</td></tr>
<tr><td>$T_{m.p}$/℃</td><td colspan="4">128,129. 5[12,37],130[14],130(纯)[32],129(工业级)[32],129. 45(纯,部分分解)[19],129(工业级,部分分解)[19],130[33],128(DTA @ 10℃·min^{-1})[23],130(分解)[37]</td></tr>
<tr><td>T_{dec}/℃</td><td colspan="4">190(DSC @ 5℃·min^{-1}),257(@ 5℃·sec^{-1})[12],238(@ 10℃·sec^{-1})[12],236[12],213[12],约 198(快速分解,DTA @ 10℃·min^{-1})[23]</td></tr>
<tr><td>ρ/(g·cm^{-3})</td><td colspan="4">1. 731(@ 295 K)[5],1. 73[14],1. 731(晶体,@ 295K)[20],1. 74(浮力法)[20,38],1. 73(@ TMD)[19-20,32-33],1. 71[32],1. 731(@ TMD)[12],1. 67(装药密度 ρ,@ 20 ksi)[12],1. 62(浇铸 ρ)[12]</td></tr>
<tr><td>$\Delta_f H°$/(kJ·mol^{-1})
$\Delta_f U°$/(kJ·kg^{-1})</td><td colspan="4">42,4. 67 kcal· mol^{-1}[32],7 kcal·mol^{-1}[32],58. 6 J·g^{-1}[14],7. 6 kcal·mol^{-1}[21],
223</td></tr>
<tr><td></td><td>理论值(EXPLO5 6. 03)</td><td>实测值</td><td>文献值</td><td>理论值(CHEETAH 2. 0)</td></tr>
<tr><td>$-\Delta_{ex} U°$/(kJ·kg^{-1})</td><td>5619</td><td>4773 [H_2O(液态)][8]
4519~4728[14]
1450cal·g^{-1}[H_2O(气态)][19]
1090cal·g^{-1}(@ 1. 51g·cc^{-1})[32]</td><td>4561[3]</td><td></td></tr>
</table>

续表

T_{ex}/K	4347	2017(@ 1.70g·cm^{-3})[12] 4837(@ 1.60g·cm^{-3})[12] 4837(@ 1.614g·cm^{-3},压制)[28] 4200(@ 1.61g·cm^{-3})[16] 4130(@ 1.40g·cm^{-3})[16] 4300(@ 1.20g·cm^{-3})[16] 4390(@ 1.00g·cm^{-3})[16] 4700(@ 0.95g·cm^{-3},辐射法,分解温度 T)[28] 5100(@ 1.2g·cm^{-3},辐射法,分解温度 T)[28] 5750(@ 1.55g·cm^{-3},辐射法,分解温度 T)[28] 4800(@ 1.0g·cm^{-3},分解温度 T)[28] 5750(@ 1.5g·cm^{-3},分解温度 T)[28]	3370[3]; 4700(理论值 @ 1.6g·cm^{-3})[28]	
P_{C-J}/kbar	232	22.64GPa(@ 1.61g·cm^{-3})[4,21] 226.4(@ 1.614g·cm^{-3})[12] 226.4(@ 1.614g·cm^{-3},压制)[28] 226(直径 5.1cm 的特屈儿药丸(水下法),ρ=1.614g·cm^{-3})[32] ~207(直径 0.5 英寸的特屈儿药丸,ρ=1.60g·cm^{-3})[32] 260(@ 1.71g·cm^{-3})[12] 196(@ 1.53g·cm^{-3})[12] 239(@ 1.68g·cm^{-3})[16] 226(@ 1.61g·cm^{-3})[16] 142(@ 1.36g·cm^{-3})[16]		22.11GPa(@ 1.61g·cm^{-3})[4] 15.41GPa(@ 1.36g·cm^{-3})[4]
VoD/(m·s^{-1})	7038	7581(@ 1.614g·cm^{-3},压制)[25,28] 7580(@ 1.71g·cm^{-3})[12,16,25] 7860(@ 1.70g·cm^{-3})[25] 7560(@ 1.70g·cm^{-3})[25] 7440(@ 1.6g·cm^{-3})[25] 7170(@ 1.53g·cm^{-3})[12] 7720(@ 1.73g·cm^{-3})[6,16] 7500(@ 1.68g·cm^{-3})[6,16,25] 7400(@ 1.60g·cm^{-3})[25] 7300(@ 1.55g·cm^{-3})[25] 7170(@ 1.51g·cm^{-3})[25] 7150(@ 1.506g·cm^{-3})[25]	7200(@ 1.65g·cm^{-3})[3]; 文献的平均值 = 7680(@ 1.60 ~ 1.71g·cm^{-3})[27]	7361 (@ 1.61g·cm^{-3}) 6616 (@ 1.36g·cm^{-3})

续表

VoD/(m·s^{-1})	7038	6875(@ 1.44g·cm^{-3})[25] 6680(@ 1.36g·cm^{-3})[6,16,25] 6291(@ 1.22g·cm^{-3})[25] 5360(@ 0.90~0.95g·cm^{-3})[25] 5390(@ 0.95g·cm^{-3})[25] 6340(@ 1.2g·cm^{-3})[6,16] 7580(@ 1.61g·cm^{-3})[16] 7910(@ 1.73g·cm^{-3})[7] 7350(@ 1.71g·cm^{-3})[9] 7570(@ 1.62g·cm^{-3})[11] 7850(@ 1.71g·cm^{-3},装药直径1.0英寸,压制,无约束的)[14]		
V_0/(L·kg^{-1})	626	760[12,14,19],861[17], 620 [H_2O(液态)](@ 1.55g·cm^{-3};使用多尔格测压弹)[29-30], 740 [H_2O(气态)](@ 1.55g·cm^{-3};使用多尔格测压弹)[29-30]	710(@ 0℃)[3]	

基于流体力学理论爆轰方程得到的爆压和爆温值[28]：

装药密度/(g·cm^{-3})	爆压/(kg·cm^{-2})	VoD/(m·s^{-1})	爆温/K
1.00	91800	5480	4400
1.28	160400	6510	4740
1.45	218100	7220	4980
1.54	242500	7375	5100
1.61	259100	7470	5140

装药密度 $\rho = 1.50\text{g}\cdot\text{cm}^{-3}$，爆温 $T = 4480℃$，VoD = 7125 m·s^{-1}，P(10atm) = 1.48[28]

基于辐射法得到的常压空气条件下的爆温值[28]：

平均粒径/μm	ρ/(g·cm^{-3})	平均爆温/K
10	0.70	4120
10	1.60	6050
800(20 目)	0.95	4460
800(20 目)	1.62	6200

基于光度法得到的无约束空气条件下的爆温值[28]：

装药密度/($g\cdot cm^{-3}$)	辐射狭缝宽度/mm	平均爆温值/K
1.30	1.0	6000
1.60	1.0	4900

VoD 实测值(通过阴极射线管电信号迹线扫描;初始距离 = 10cm,安装在离雷管 5cm 处,装药直径 = 1.92cm)[28]:

平均粒径/μm	ρ/($g\cdot cm^{-3}$)	VoD($m\cdot s^{-1}$)
10	0.70	4310
10	1.60	7200
800(20 目)	0.95	4940
800(20 目)	1.62	7470

10μm 的特屈儿在距离约 10cm 处的 VoD 值[28]:

ρ/($g\cdot cm^{-3}$)	0.85	1.04	1.26	1.57
VoD/($m\cdot s^{-1}$)	5040	5750	6415	7405

球状特屈儿在空气和丙烷以及在含和不含黏结剂装药条件下的 VoD 值。装药密度为 1.62$g\cdot cm^{-3}$时的安置距离为 8.8cm;装药密度为 1.22$g\cdot cm^{-3}$时的安置距离为 7.1cm[28]:

ρ/($g\cdot cm^{-3}$)	小球边界	周围环境	VoD/($m\cdot s^{-1}$)
1.62	黏接	空气	7341
1.62	未黏接	空气	7364
1.62	黏接	丙烷	7449
1.22	未黏接	空气	6502
1.22	未黏接	丙烷	6525

不同条件下存储后的特屈儿的 VoD 值;特屈儿小球,装药直径 1/8~1 英寸,长度 18 英寸的杆状,转鼓相机[28]:

存储条件	ρ/($g\cdot cm^{-3}$)	爆速/($m\cdot s^{-1}$)
16h(@ −65℉)	1.52	7150
16h(@ 70℉)	1.53	7170

不同封闭式爆炸容器中的 VoD 实测值[28]：

爆炸容器类型	装药直径/mm	壁厚/mm	装药密度 ρ/(g·cm^{-3})	VoD/(m·s^{-1})
铜壁	5	0.08	0.240	2605
玻璃壁	5	1.0	0.240	2900
铜壁	7	0.23	1.69	7622
铜壁	21	2	1.69	7625

名称	特屈儿[20,38]
化学式	$C_7H_5N_5O_8$
M/(g·mol^{-1})	287.14
晶系	单斜
空间群	$P2_1/c$ (no. 14)
a/Å	14.1290 ± 0.0019
b/Å	7.3745 ± 0.0013
c/Å	10.6140 ± 0.0020
α/(°)	90
β/(°)	95.071 ± 0.017
γ/(°)	90
V/Å^3	
Z	4
ρ_{calc}/(g·cm^{-3})	1.731
T/K	295

参考文献

[1] A Study of Chemical Micro-Mechanisms of Initiation of Organic Polynitro Compounds, S. Zeman, Ch. 2 in Energetic Materials, Part 2: Detonation, Combustion, P. A. Politzer, J. S. Murray (eds.), Theoretical and Computational Chemistry, Vol. 13, 2003, Elsevier, p. 25-60.

[2] S. Zeman, V. Pelikán, J. Majzlík, Central Europ. J. Energ. Mat., 2006, 3, 27-44.

[3] Explosives, Section 2203 in Chemical Technology, F. H. Henglein, Pergamon Press, Oxford, 1969, p. 718-728.

[4] J. P. Lu, Evaluation of the Thermochemical Code - CHEETAH 2.0 for Modelling Explosives Performance, DSTO Aeronautical and Maritime Research Laboratory, August 2011, AR-011-997.

[5] M. H. Keshavarz, M. Hayati, S. Ghariban-Lavasani, N. Zohari, ZAAC, 2016, 642, 182-188.

[6] M. H. Keshavarz, J. Haz. Mat., 2009, 166, 762–769.

[7] M. H. Keshavarz, Propellants, Explosives, Pyrotechnics, 2012, 37, 489–497.

[8] M. H. Keshavarz, Propellants, Explosives, Pyrotechnics, 2008, 33, 448–453.

[9] Ordnance Technical Intelligence Agency, Encyclopedia of Explosives: A Compilation of Principal Explosives, Their Characteristics, Processes of Manufacture and Uses, Ordnance Liaison Group- Durham, Durham, North Carolina, 1960.

[10] B. M. abbreviation for Bureau of Mines apparatus; P. A. abbreviation for Picatinny Arsenal apparatus.

[11] A. Koch, Propellants, Explosives, Pyrotechnics, 2002, 27, 365–368.

[12] R. Weinheimer, Properties of Selected High Explosives, Abstract, 27th International Pyrotechnics Seminar, 16–21 July 2000, Grand Junction, USA.

[13] Determined using the Explosive Research Laboratory (ERL) apparatus.

[14] AMC Pamphlet Engineering Design Handbook: Explosive Series Properties of Explosives of Military Interest, Headquarters, U. S. Army Materiel Command, January 1971.

[15] B. M. Dobratz, P. C. Crawford, LLNL Explosives Handbook–Properties of Chemical Explosives and Explosive Simulants, Lawrence Livermore National Laboratory, January 31st 1985.

[16] M. L. Hobbs, M. R. Baer, Proceedings of the 10th International, Detonation Symposium, Office of Naval Research ONR 33395–12, 1993, 409–418.

[17] M. Jafari, M. Kamalvand, M. H. Keshavarz, A. Zamani, H. Fazeli, Indian J. Engineering and Mater. Sci., 2015, 22, 701–706.

[18] A. Mustafa, A. A. Zahran, J. Chemical and Engineer. Data, 1963, 8, 135–150.

[19] Military Explosives, Department of the Army Technical Manual, TM 9–1300–214, Headquarters, Department of the Army, September 1984.

[20] H. H. Cady, Acta Cryst., 1967, 23, 601–609.

[21] LASL Explosive Property Data, T. R. Gibbs, A. Popolato (eds.), University of California Press, Berkeley, 1980.

[22] A. Smirnov, O. Voronko, B. Korsunsky, T. Pivina, Huozhayo Xuebao, 2015, 38, 1–8.

[23] B. M. Dobratz, "Properties of Chemical Explosives and Explosive Simulants", UCRL–5319, LLNL, December 15th 1972.

[24] G. T. Afanas'ev, T. S. Pivina, D. V. Sukhachev, Propellants, Explosives, Pyrotechnics, 1993, 18, 309–316.

[25] D. Price, "The Detonation Velocity–Loading Density Relation for Selected Explosives and Mixtures of Explosives", NSWC TR–82–298, 23 August 1982.

[26] S. M. Kaye, Encyclopedia of Explosives and Related Items, Vol. 8, US Army Research and Development Command, TACOM, Picatinny Arsenal, USA, 1978.

[27] B. T. Fedoroff, O. E. Sheffield, Encyclopedia of Explosives and Related Items, Vol. 2, US Army Research and Development Command, TACOM, Picatinny Arsenal, USA, 1962.

[28] B. T. Fedoroff, O. E. Sheffield, Encyclopedia of Explosives and Related Items, Vol. 4, US

Army Research and Development Command, TACOM, Picatinny Arsenal, USA, 1969.

[29] B. T. Fedoroff, O. E. Sheffield, Encyclopedia of Explosives and Related Items, Vol. 5, US Army Research and Development Command, TACOM, Picatinny Arsenal, USA, 1972.

[30] B. T. Fedoroff, O. E. Sheffield, Encyclopedia of Explosives and Related Items, Vol. 6, US Army Research and Development Command, TACOM, Picatinny Arsenal, USA, 1974.

[31] B. T. Fedoroff, O. E. Sheffield, Encyclopedia of Explosives and Related Items, Vol. 7, US Army Research and Development Command, TACOM, Picatinny Arsenal, USA, 1975.

[32] S. M. Kaye, Encyclopedia of Explosives and Related Items, Vol. 9, US Army Research and Development Command, TACOM, Picatinny Arsenal, USA, 1980.

[33] S. Zeman, Propellants, Explosives, Pyrotechnics, 2000, 25, 66-74.

[34] H. -H. Licht, Propellants, Explosives, Pyrotechnics, 2000, 25, 126-132.

[35] R. K. Wharton, J. A. Harding, J. Energet. Mater., 1993, 11, 51-65.

[36] D. E. Bliss, S. L. Christian, W. S. Wilson, J. Energet. Mater., 1991, 9, 319-348.

[37] E. G. Kayser, J. Energet. Mater., 1983, 1:3, 251-273.

[38] G. R. Miller, A. N. Garroway, "A Review of the Crystal Structures of Common Explosives Part I: RDX, HMX, TNT, PETN and Tetryl", NRL/MR/6120—01-8585, Naval Research Laboratory, October 15th 2001.

1-氨基三唑-5-酮-三氨基胍盐 (Triaminoguanidinium 1-aminotetrazol-5-oneate)

名称 1-氨基三唑-5-酮-三氨基胍盐

主要用途 猛(高能)炸药

分子结构式

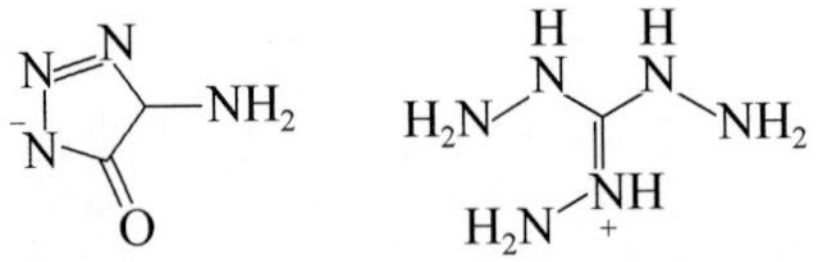

名称	ATO·TAG
分子式	$C_2H_{11}N_{11}O$
$M/(g \cdot mol^{-1})$	205.22
IS/J	>40[1]
FS/N	
ESD/J	
$N/\%$	75.0
$\Omega(CO_2)/\%$	-50.73

续表

$T_{m.p.}$/℃	154.5(DSC-TG @ 10℃·min^{-1})[1]		
T_{dec}/℃	214.5(DSC-TG @ 10℃·min^{-1})[1]		
ρ/(g·cm^{-3})	1.569(@ 296 K)[1]		
$\Delta_f H°$/(kJ·mol^{-1}) $\Delta_f H°$/(kJ·kg^{-1})	743.27(理论值)[1] 3622(理论值)[1]		
	理论值(EXPLO5 6.04)	理论值(K-J)	实测值
$-\Delta_{ex}U°$/(kJ·kg^{-1})	5343		
T_{ex}/K	3025		
P_{C-J}/GPa	31.8	31.0[1]	
VoD/(m·s^{-1})	9492(@ 1.509g·cm^{-3}; $\Delta_f H$ = 743.27 kJ·mol^{-1})	8720[1]	
V_0/(L·kg^{-1})	977		

参考文献

[1] X. Yin, J. -T. Wu, X. Jin, C. -X. Xu, P. He, T. Li, K. Wang, J. Qin, J. -G. Zhang, RSC Adv., 2015, 5, 60005-60014.

三氨基硝酸胍
(Triaminoguanidinium nitrate)

名称 三氨基硝酸胍

主要用途 LOVA 发射药组分[6]

分子结构式

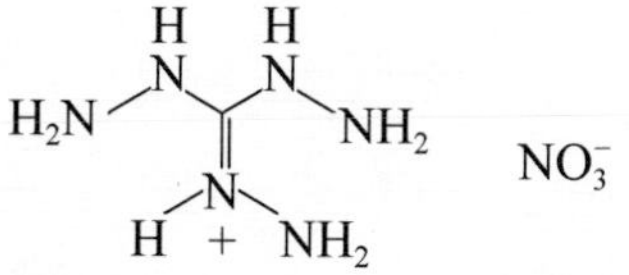

名称	TAGN
分子式	$CH_9N_7O_3$
M/(g·mol^{-1})	167.10
IS/J	4N·m[6], 23cm(ERL, 12 型工具法)[7], 11 英寸(2kg 落锤, P. A.)[8]
FS/N	>120[6]
ESD/J	火花测试(3 密耳箔)>1.0[7]

续表

N/%	58.67	
$\Omega(CO_2)$/%	-33.5	
$T_{m.p}$/℃	216~220[1],216[6,8]	
T_{dec}/℃	221(DSC @4℃·min^{-1})[1] 257(DSC @64℃·min^{-1})[1]	
ρ/(g·cm^{-3})	1.5[6] 1.594(@ 293 K)[2] 1.536,1.60(实测值,晶体)[9]	
$\Delta_f H°$/(kJ·mol^{-1}) $\Delta_f H°$/(kJ·kg^{-1}) $\Delta_f H$(kJ·kg^{-1})	-48.1 -287.9[3,6] -288.7[4]	
	理论值(EXPLO5 6.03)	实测值
$-\Delta_{ex}U°$/(kJ·kg^{-1})	4237	3974 [H_2(液态)][6] 3492 [H_2O(气态)][6] 920.98cal·g^{-1}[8]
T_{ex}/K	2707	
P_{C-J}/kbar		
VoD/(m·s^{-1})		
V_0/(L·kg^{-1})		

名称	TAGN[2]	TAGN[9](中子)
化学式	$CH_9N_7O_3$	$CH_9N_7O_3$
M/(g·mol^{-1})	167.10	167.10
晶系	正交	正交
空间群	$Pbcm$(no. 57)	$Pbcm$(no. 57)
a/Å	8.389(7)	8.389
b/Å	12.684(8)	12.684
c/Å	6.543(5)	6.543
α/(°)	90	90
β/(°)	90	90
γ/(°)	90	90
V/Å^3	696.2	696.215
Z	4	4
ρ_{calc}/(g·cm^{-3})	1.594	1.594
T/K	295	295

参考文献

[1] V. V. Serushkin, V. P. Sinditskii, V. Y. Viacheslav, S. A. Filatov, Propellants, Explosives, Pyrotechnics, 2013, 38, 345-350.

[2] A. -J. Bracuti, Acta Cryst., 1979, 35B, 760-761.

[3] F. Volk, H. Bathelt, Propellants, Explosives, Pyrotechnics, 2002, 27, 136-141.

[4] https://engineering.purdue.edu/~propulsi/propulsion/comb/propellants.html

[5] M. Jafari, M. Kamalvand, M. H. Keshavarz, A. Zamani, H. Fazeli, Indian J. Engineering and Mater. Sci., 2015, 22, 701-706.

[6] R. Meyer, J. Köhler, A. Homburg, Explosives, 7th edn., Wiley-VCH, Weinheim, 2016, pp. 351-352.

[7] K. -Y. Lee, M. M. Stinecipher, Propellants, Explosives, Pyrotechnics, 1989, 14, 241-244.

[8] S. M. Kaye, Encyclopedia of Explosives and Related Items, Vol. 9, US Army Research and Development Command, TACOM, Picatinny Arsenal, USA, 1980.

[9] C. S. Choi, E. Prince, Acta Cryst., 1979, B35, 761-763.

1,3,5-三氨基-2,4,6-三硝基苯 (1,3,5-Triamino-2,4,6-trinitrobenzene)

名称 1,3,5-三氨基-2,4,6-三硝基苯

主要用途 核武器助推器[18]、PBX 炸药、炸药与 TNT 的混合物、弹头、导弹

分子结构式

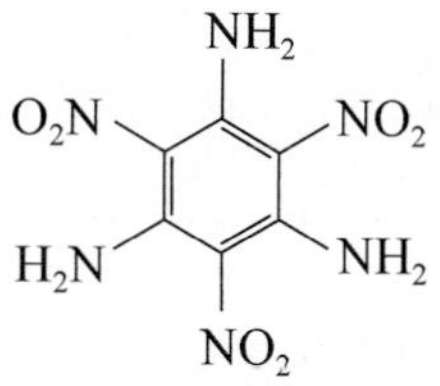

名称	TATB
分子式	$C_6H_6N_6O_6$
$M/(g \cdot mol^{-1})$	258.15
IS/J	50N·m[18], 120.17[5], 50N·m[6], 5.48(P. A.)[14], >86.8(5kg 落锤, 12 型工具法)[16], >78.5(2.5kg 落锤, 12 号工具)[16], >78.5(2.5kg 落锤, 12B 型工具法)[16], 800cm(50%爆轰, 2.5kg 落锤, ERL 仪器)[19], 11 英寸(P. A.)[19], 不爆轰高度 = 200cm(2.5kg 落锤, 12 型工具法, 无研磨, ERL 仪器)[19], H_{50}>320cm(12 型工具法)[20], H_{50}>320cm(12B 型工具法)[20], ISLL = 2.0 m[21], ISA_{50} = 10m[21], H_{50} 大于 111.6[24], 22.2 英寸(P. A.)[22], 落锤重量>25N·m(BAM)[23]
FS/N	360, 353[6], $P_{fr.LL}$ = 800MPa[21], $P_{fr.50\%}$ = 1300MPa[21], F50>36kgf[24]

续表

ESD/J	17.75[5,7,9],293.3 mJ[7],E_{50}=11.886(@ 293 K)[24],E_{50}=13.518(@ 333 K)[24]
N/%	32.56
$\Omega(CO_2)$/%	−55.78
$T_{m.p}$/℃	>365[1],480[13],452[13],330[14],360[14],448~449(热棒熔化仪器)[20]
T_{dec}/℃	384,330(DTA @ 10℃·min^{-1})[22],快速分解 > 320[22],330(DSC @ 10 ℃·min^{-1})[19]; 8℃·min^{-1}加热速率:T_{idb}=342.5[26],T_w=354.9[26],T_{max}= 356.0[26]; 16℃·min^{-1}加热速率:T_{idb}=351.9[26],T_w= 366.3[26],T_{max}=368.2[26],T_{cr}=331~332[26]
ρ/(g·cm^{-3})	1.93(@ 293 K)[2],1.937[13],1.98[16],1.938(晶体)[25],1.93(观测的晶体)[22],1.937(由 X 射线数据计算得到)[22]
$\Delta_f H°$/(kJ·mol^{-1})	−139.76,−33.4 kcal·mol^{-1}[20]
$\Delta_f H°$(s)/(kJ·mol^{-1})	−74.7[15]
$\Delta_f H°$/(kJ·kg^{-1})	−541.4[3],−543.1[18]

	理论值(EXPLO5 6.03)	实测值	理论值(K-J)[15]	理论值(K-W)[15]	理论值(CHEETAH 2.0)[8]
$-\Delta_{ex}U°$/(kJ·kg^{-1})	3866	3062[H_2O(液态)][12,18] 2831cal·g^{-1}[14] 1018cal·g^{-1}(@ 1.87g·cm^{-3})[H_2O(气态)][19] 2831cal·g^{-1}(@ 1.87g·cm^{-3})[H_2O(液态)][19]	4807[15]	2280[15]	
T_{ex}/K	2760				
P_{C-J}/kbar	283	326(@ 1.895g·cm^{-3})[13] 255.6(@ 1.847g·cm^{-3})[13] 172(@ 1.5g·cm^{-3})[13] 259(@ 1.85g·cm^{-3})[17] 315[15] 313(@晶体ρ)[19]	287	282	270(@ 1.847g·cm^{-3})
VoD/(m·s^{-1})	8327	7350 8000(@ 1.937g·cm^{-3})[19] 7.99 km·s^{-1}(@ 1.938g·cm^{-3})[25] 7660(@ 1.847g·cm^{-3})[8] 7760(@ 1.88g·cm^{-3})[10,12,17] 7660(@ 1.85g·cm^{-3})[10,12,17] 7940(@ 1.95g·cm^{-3})[11]	7930(@ 1.895g·cm^{-3})[15]	7850(@ 1.895g·cm^{-3})[15]	7814(@ 1.847g·cm^{-3})

续表

		7666(@ 1.847g·cm^{-3})[13] 8411(@ 1.895g·cm^{-3})[13] 7500(@ 1.80g·cm^{-3},装药直径0.5英寸,压制,无约束)[14] 5380(@ 1.290g·cm^{-3})[14] 5628(@ 1.345g·cm^{-3})[14] 6550(@ 1.675g·cm^{-3})[14] 6575(@ 1.675g·cm^{-3})[14] 7035(@ 1.882g·cm^{-3})[14] 7220(@ 1.835g·cm^{-3})[14] 7619(@ 1.860g·cm^{-3},铜管,2.54mm厚,有约束)[20] 7660(@ 1.847g·cm^{-3})[20] 7510(@ 1.84g·cm^{-3})[22]			
V_0/(L·kg^{-1})	676				

名称	TATB[4,20,22]	TATB[27]	TATB[27]
化学式	$C_6H_6N_6O_6$	$C_6H_6N_6O_6$	$C_6H_6N_6O_6$
M/(g·mol^{-1})	258.15	258.15	258.15
晶系	三斜	单斜	三斜
空间群	$P\bar{1}$(no. 2)		
a/Å	9.010 ± 0.003	13.386(3)	4.599(1)
b/Å	9.028 ± 0.003	9.039(3)	6.541(2)
c/Å	6.812 ± 0.003	8.388(2)	7.983(1)
α/(°)	108.59 ± 0.02	90	103.81(2)
β/(°)	91.82 ± 0.03	118.75(2)	92.87(1)
γ/(°)	119.97 ± 0.01	90	116.95(2)
V/Å^3	442.524	889.803	204.374
Z	2		
ρ_{calc}/(g·cm^{-3})	1.937		
T/K	295	295	295

参考文献

[1] R. L. Atkins, R. A. Hollins, W. S. Wilson, J. Org. Chem., 1968, 51, 3261-3266.

[2] R. Hansen, DE 3101783 A1, 1982.

[3] F. Volk, H. Bathelt, Propellants, Explosives, Pyrotechnics, 2002, 27, 136-141.

[4] H. H. Howard, H. Cady, A. C. Larson, Acta Cryst., 1965, 18, 485-496.

[5] A Study of Chemical Micro-Mechanisms of Initiation of Organic Polynitro Compounds, S. Zeman, Ch. 2 in Energetic Materials, Part 2: Detonation, Combustion, P. A. Politzer, J. S. Murray (eds.), Theoretical and Computational Chemistry, Vol. 13, 2003, Elsevier, p. 25-60.
[6] New Energetic Materials, H. H. Krause, Ch. 1 in Energetic Materials, U. Teipel (ed.), Wiley-VCH Verlag GmbH & Co. KGaA, Weinheim, 2005, p. 1-26. isbn: 3-527-30240-9.
[7] S. Zeman, J. Majzlík, Central Europ. J. Energ. Mat., 2007, 4, 15-24.
[8] J. P. Lu, Evaluation of the Thermochemical Code - CHEETAH 2.0 for Modelling Explosives Performance, DSTO Aeronautical and Maritime Research Laboratory, August 2011, AR-011-997.
[9] M. H. Keshavarz, Z. Keshavarz, ZAAC, 2016, 642, 335-342.
[10] M. H. Keshavarz, J. Haz. Mat., 2009, 166, 762-769.
[11] M. H. Keshavarz, Propellants, Explosives, Pyrotechnics, 2012, 37, 489-497.
[12] M. H. Keshavarz, Propellants, Explosives, Pyrotechnics, 2008, 33, 448-453.
[13] R. Weinheimer, Properties of Selected High Explosives, Abstract, 27th International Pyrotechnics Seminar, 16-21 July 2000, Grand Junction, USA.
[14] AMC Pamphlet Engineering Design Handbook: Explosive Series Properties of Explosives of Military Interest, Headquarters, U. S. Army Materiel Command, January 1971.
[15] P. Politzer, J. S. Murray, Centr. Eur. J. Energ. Mater., 2014, 11, 459-474.
[16] B. M. Dobratz, P. C. Crawford, LLNL Explosives Handbook - Properties of Chemical Explosives and Explosive Simulants, Lawrence Livermore National Laboratory, January 31st 1985.
[17] M. L. Hobbs, M. R. Baer, Proceedings of the 10th International, Detonation Symposium, Office of Naval Research ONR 33395-12, 1993, 409-418.
[18] R. Meyer, J. Köhler, A. Homburg, Explosives, 7th edn., Wiley-VCH, Weinheim, 2016, p. 352.
[19] Military Explosives, Department of the Army Technical Manual, TM 9-1300-214, Headquarters, Department of the Army, September 1984.
[20] LASL Explosive Property Data, T. R. Gibbs, A. Popolato (eds.), University of California Press, Berkeley, USA, 1980.
[21] A. Smirnov, D. Voronko, B. Korsunsky, T. Pivina, Huozhayo Xuebao, 2015, 38, 1-8.
[22] S. M. Kaye, Encyclopedia of Explosives and Related Items, Vol. 9, US Army Research and Development Command, TACOM, Picatinny Arsenal, USA, 1980.
[23] H. -H. Licht, Propellants, Explosives, Pyrotechnics, 2000, 25, 126-132.
[24] F. Hosoya, K. Shiino, K. Itabaschi, Propellants, Explosives, Pyrotechnics, 1991, 16, 119-122.
[25] P. E. Rouse, J. Chem. Engineering Data, 1976, 21, 16-20.
[26] A. A. Gidaspov, E. V. Yurtaev, Y. V. Moschenskiy, V. Y. Andeev, NTREM 17, 9-11th April 2014, pp. 658-661.
[27] J. R. Kolb, H. F. Rizzo, Propellants and Explosives, 1979, 4, 10-16.

1,3,5-三叠氮-2,4,6-三硝基苯 (1,3,5-Triazido-2,4,6-trinitrobenzene)

名称 1,3,5-三叠氮-2,4,6-三硝基苯

主要用途 火工品

分子结构式

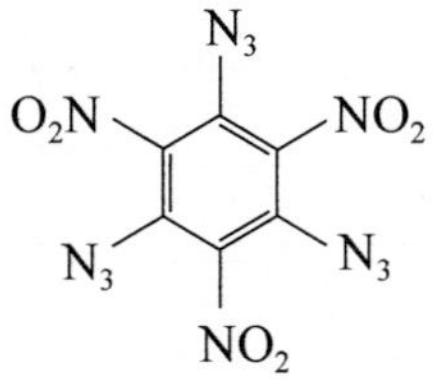

名称	TATNB	
分子式	$C_6N_{12}O_6$	
$M/(g \cdot mol^{-1})$	336.14	
IS/J	<4.9(B.M.)[6],如果250g样品从60cm高跌落则会发生爆炸[2],如果5kg样品从60cm高跌落则会发生爆炸[2],25cm(2kg落锤,B.M.)[11],FI=PA值的6%[11],$H_{60\%}$=30cm(Wöhler仪器)[11]	
FS/N		
ESD/J	20kV的静电可引发爆炸[2]	
N/%	50.00	
$\Omega(CO_2)$/%	−28.56	
$T_{m.p}$/℃	131[1],131(分解)[6,11],128~130(分解)[2]	
T_{dec}/℃		
ρ(@293 K)/$(g \cdot cm^{-3})$	1.80[1]	
ρ(晶体)/$(g \cdot cm^{-3})$	1.81[6]	
$\Delta_f H°/(kJ \cdot mol^{-1})$	+2278.0[2] +1129[7]	
$\Delta_f H°/(kJ \cdot kg^{-1})$	+765.8[2]	
	理论值(EXPLO5 6.03)	实测值
$-\Delta_{ex}U°(kJ \cdot kg^{-1})$	6195	5397 [H_2O(气态)][9]
T_{ex}/K	4912	
P_{C-J}/kbar	355	

续表

VoD/(m·s^{-1})	9065(@ 1.80g·cm^{-3})	8100[2] 8580(@ 1.74g·cm^{-3})[3,5,7] 9030(@ 1.81g·cm^{-3})[4] 7300(@ 1.71g·cm^{-3})[10]
V_0/(L·kg^{-1})	739	755[8]

名称	TATNB[2]
化学式	$C_6N_{12}O_6$
M/(g·mol^{-1})	336.18
晶系	单斜
空间群	$P2_1/c$ (no. 14)
a/Å	5.4256(4)
b/Å	18.5515(13)
c/Å	12.1285(10)
α/(°)	90
β/(°)	94.907(10)
γ/(°)	90
V/Å^3	1216.30(16)
Z	4
ρ_{calc}/(g·cm^{-3})	1.836
T/K	200

参考文献

[1] G. B. Manelis, G. M. Nazin, V. G. Prokudin, Dokl. Phys. Chem., 2006, 411, 335-338.

[2] D. Adam, K. Karaghiosoff, T. M. Klapötke, G. Holl, M. Kaiser, Propellants, Explosives, Pyrotechnics, 2002, 27, 7-11.

[3] M. H. Keshavarz, J. Haz. Mat., 2009, 166, 762-769.

[4] M. H. Keshavarz, Propellants, Explosives, Pyrotechnics, 2012, 37, 489-497.

[5] M. H. Keshavarz, Propellants, Explosives, Pyrotechnics, 2008, 33, 448-453.

[6] AMC Pamphlet Engineering Design Handbook: Explosive Series Properties of Explosives of Military Interest, Headquarters, U. S. Army Materiel Command, January 1971.

[7] M. L. Hobbs, M. R. Baer, Proceedings of the 10th International, Detonation Symposium, Office of Naval Research ONR 33395-12, 1993, 409-418.

[8] M. Jafari, M. Kamalvand, M. H. Keshavarz, A. Zamani, H. Fazeli, Indian J. Engineering and Mater. Sci., 2015, 22, 701-706.

[9] W. C. Lothrop, G. R. Handrick, Chem. Revs., 1949, 44, 419-445.

[10] P. W. Cooper, Explosives Engineering, Wiley-VCH, New York, 1996.

[11] B. T. Fedoroff, O. E. Sheffield, Encyclopedia of Explosives and Related Items, Vol. 2, US Army Research and Development Command, TACOM, Picatinny Arsenal, USA, 1962.

二缩三乙二醇二硝酸酯
(Triethyleneglycol dinitrate)

名称 二缩三乙二醇二硝酸酯

主要用途 双基推进剂、火箭推进剂[7]、液体炸药组分、推进剂中NC的胶化剂、烟火焰中的增塑剂

分子结构式

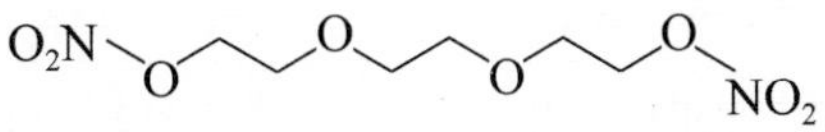

名称	TEGN	
分子式	$C_6H_{12}N_2O_8$	
$M/(g \cdot mol^{-1})$	240.17	
IS/J	12.7N·m[7],100cm(2kg 落锤)[6],>100cm(20mg 试样,B.M.)[8],43英寸(P.A.)[8]	
FS/N		
ESD/J		
$N/\%$	11.66	
$\Omega(CO_2)/\%$	-66.62	
$T_{m.p}/℃$	-40[6],-19[8]	
$T_{dec}/℃(DSC @ 5℃ \cdot min^{-1})$	195	
$\rho(@ 293 K)(g \cdot cm^{-3})$ $\rho(@ 20℃)/(g \cdot cm^{-3})$ $\rho(@ 25℃)/(g \cdot cm^{-3})$	1.344[1] 1.348[4] 1.33[5] 1.32[5]	
$\Delta_f H°/(kJ \cdot mol^{-1})$ $\Delta_f H°/(kJ \cdot kg^{-1})$ $\Delta_f H/(kJ \cdot kg^{-1})$	-656.9[2] -2619[3,7] -2736.3[4]	
	理论值(EXPLO5 6.03)	实测值
$-\Delta_{ex}U°/(kJ \cdot kg^{-1})$	4177	357cal·g^{-1}[5] 3138 J·g^{-1}[6] 2629 J·g^{-1}(等容)[6] 3317 [H_2O(液态)][7],750cal·kg^{-1}(@等压)[8]
T_{ex}/K	2880	2100[6]

续表

P_{C-J}/kbar	163	<2000(强约束,ρ 未给定)[8],不爆轰,中等约束(钢,@ 1.33g·cm^{-3},直径 1.25 英寸)[8]
VoD/($m \cdot s^{-1}$)	6608(@ TMD)	
V_0/($L \cdot kg^{-1}$)	837	1065[7],851[5]

参考文献

[1] Calculated using Advanced Chemistry Development(ACD/Labs) Software V11.02(© 1994-2017 ACD/Labs).

[2] P. J. Linstrom, W. G. Mallard, NIST Chemistry WebBook, NIST Standard Reference Database Number 69, July 2001, National Institute of Standards and Technology, Gaithersburg, MD, 2014, 20899, webbook.nist.gov.

[3] F. Volk, H. Bathelt, Propellants, Explosives, Pyrotechnics, 2002, 27, 136-141.

[4] https://engineering.purdue.edu/~propulsi/propulsion/comb/propellants.html

[5] AMC Pamphlet Engineering Design Handbook: Explosive Series Properties of Explosives of Military Interest, Headquarters, U. S. Army Materiel Command, January 1971.

[6] J. Liu, Liquid Explosives, Springer-Verlag, Heidelberg, 2015.

[7] R. Meyer, J. Köhler, A. Homburg, Explosives, 7th edn., Wiley-VCH, Weinheim 2016, pp. 354-355.

[8] S. M. Kaye, Encyclopedia of Explosives and Related Items, Vol. 9, US Army Research and Development Command, TACOM, Picatinny Arsenal, USA, 1980.

三-(2,2,2-三硝基乙基)氧基甲烷 (2,2,2-Trinitroethyl formate)

名称 三-(2,2,2-三硝基乙基)氧基甲烷

主要用途 氧化剂

分子结构式

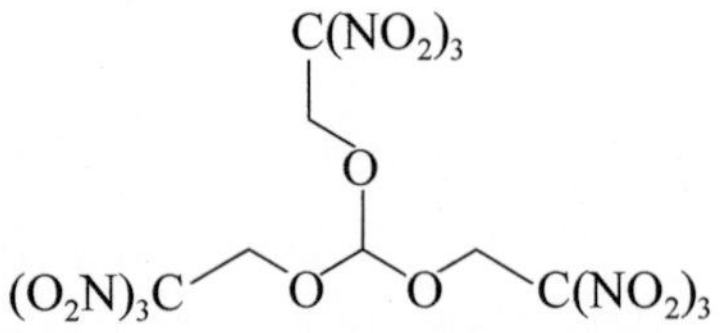

名称	TNEF
分子式	$C_7H_7N_9O_{21}$
M/($g \cdot mol^{-1}$)	553.2

续表

IS/J	5[1]	
FS/N	96[1]	
ESD/J	0.2[1]	
N/%	22.8	
$\Omega(CO_2)$/%	10.1	
$T_{m.p}$/℃	128	
T_{dec}/℃(DSC @ 5℃·min^{-1})	192[1]	
ρ/(g·cm^{-3})	1.81(@ 298 K)[1]	
$\Delta_f H°$/(kJ·mol^{-1}) $\Delta_f H°$/(kJ·kg^{-1})	−1021[1] −1846	
	理论值(EXPLO5 6.03)	AP 为氧化剂
I_{sp}/s(纯的)①	228	
I_{sp}/s(纯的)②	288	
I_{sp}/s(纯的)①③(71%氧化剂)	243	256
I_{sp}/s(纯的)②③(71%氧化剂)	307	330

① 70 bar/1 bar,等压燃烧,喉部为平衡流,出口处为冻结流;

② 70 bar/1 mbar,等压燃烧,喉部为平衡流,出口处为冻结流;

③ 15% Al;6%聚丁二烯丙烯酸,6% 聚丁二烯丙烯腈和 2%双酚 A 醚。

参考文献

[1] T. M. Klapötke, B. Krumm, R. Moll, S. F. Rest, Z. Anorg. Allg. Chem. 2011, 637, 2103-2110.

2,2,2-三硝基乙基-硝氨基甲酸酯
(2,2,2-Trinitroethyl nitrocarbamate)

名称 2,2,2-三硝基乙基-硝氨基甲酸酯[1-3]

主要用途 氧化剂

分子结构式

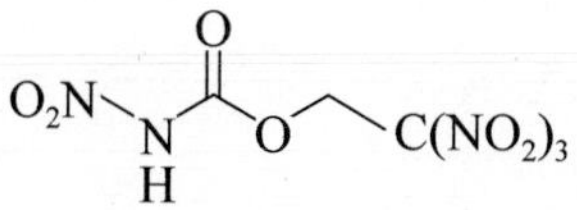

名称	$TNC-NO_2$	
分子式	$C_3H_3N_5O_{10}$	
$M/(g\cdot mol^{-1})$	269.1	
IS/J	10[1]	
FS/N	96[1]	
ESD/J	0.1[1]	
$N/\%$	26.0	
$\Omega(CO_2)/\%$	14.9	
$T_{m.p}/℃$	109	
$T_{dec}/℃$ (DSC @ 5℃·min^{-1})	153[1]	
$\rho/(g\cdot cm^{-3})$	1.73(@ 298 K)[1]	
$\Delta_f H°/(kJ\cdot mol^{-1})$ $\Delta_f H°/(kJ\cdot kg^{-1})$	-366[1] -1277	
	理论值(EXPLO5 6.03)	AP 为氧化剂
I_{sp}/s(纯的)①	226	
I_{sp}/s(纯的)②	284	
I_{sp}/s(纯的)①③(71%氧化剂)	255	256
I_{sp}/s(纯的)②③(71%氧化剂)	327	330

① 70bar/1bar,等压燃烧,喉部为平衡流,出口处为冻结流;

② 70bar/1mbar,等压燃烧,喉部为平衡流,出口处为冻结流;

③ 15% Al;6%聚丁二烯丙烯酸,6% 聚丁二烯丙烯腈和 2%双酚 A 醚。

名称	$TNC-NO_2$
化学式	$C_3H_3N_5O_{10}$
$M/(g\cdot mol^{-1})$	269.08
晶系	单斜
空间群	$P2_1/c$ (no. 14)
a/Å	10.784(2)
b/Å	11.527(2)
c/Å	8.752(2)
α/(°)	90
β/(°)	108.20(2)
γ/(°)	90

续表

$V/Å^3$	1033.5(7)
Z	4
$\rho_{calc}/(g\cdot cm^{-3})$	1.730(2)
T/K	243

参考文献

[1] Q. J. Axthammer, T. M. Klapötke, B. Krumm, R. Moll, S. F. Rest, Z. Anorg. Allg. Chem., 2014, 640, 76-83.

[2] Q. J. Axthammer, B. Krumm, T. M. Klapötke, J. Org. Chem., 2015, 80, 6329-6335.

[3] Chemical Rocket Propulsion - A Comprehensive Survey of Energetic Materials, T. M. Klapötke, M. Kettner, part II, L. DeLuca (ed.), Springer, ISBN: 978-3-319-27746-2, 2017, pp. 63-88.

硝酸三甲铵
(Trimethylammonium nitrate)

名称 硝酸三甲铵

主要用途 可用作浇铸装药组分[3]

分子结构式

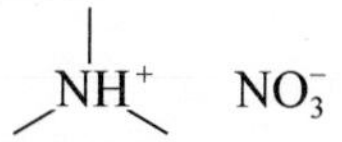

名称	TMAN
分子式	$C_3H_{10}N_2O_3$
$M/(g\cdot mol^{-1})$	122.12
IS/J	
FS/N	
ESD/J	
$N/\%$	22.94
$\Omega(CO_2)/\%$	−104.81
$T_{m.p}/℃$	428 K[1]
$T_{dec}/℃$	
$\rho/(g\cdot cm^{-3})$	1.50[3] 1.25~1.28[1]
$\Delta_f H°/(kJ\cdot mol^{-1})$	−313.0[2]
$\Delta_f H°/(kJ\cdot kg^{-1})$	−2816.2[3]

续表

	理论值(EXPLO5 5.04)	实测值
$-\Delta_{ex}U°/(kJ \cdot kg^{-1})$	3428	2140 [H_2O(液态)][3]
T_{ex}/K	2144	
$P_{C-J}/kbar$	144	
$VoD/(m \cdot s^{-1})$	6841(@ $1.23g \cdot cm^{-3}$; $\Delta_f H = -313\ kJ \cdot mol^{-1}$)	
$V_0/(L \cdot kg^{-1})$	977	1244[3]

参考文献

[1] K. Salo, J. Westerlund, P. U. Andersson, C. Nielsen, B. D'Anna, M. Hallquist, J. Phys. Chem. A, 2011, 115, 11671-11677.

[2] B. Nazari, M. H. Keshavarz, M. Hamadanian, S. Mosavi, A. R. Ghaedsharafi, H. R. Pouretedal, Fluid Phase Equilib., 2016, 408, 248-258.

[3] R. Meyer, J. Köhler, A. Homburg, Explosives, 7th edn., Wiley-VCH, Weinheim, 2016, p. 355.

1,3-丙二醇二硝酸酯
(Trimethyleneglycol dinitrate)

名称 1,3-丙二醇二硝酸酯

主要用途 火工品

分子结构式

名称	1,3-丙二醇二硝酸酯
分子式	$C_3H_6N_2O_6$
$M/(g \cdot mol^{-1})$	166.09
IS/J	100cm(2kg 落锤)[4]
FS/N	
ESD/J	
$N/\%$	16.87
$\Omega(CO_2)/\%$	-28.90
$T_{m.p}/℃$	
$T_{dec}/℃$(DSC @ $5℃ \cdot min^{-1}$)	225
$\rho/(g \cdot cm^{-3})$	1.393(@ 20℃)[4] 1.4053(@ 289 K)[1]

续表

$\Delta_f H°$/(kJ·mol^{-1}) $\Delta_f H°$/(kJ·kg^{-1})	−224.0[2]	
	理论值(EXPLO5 6.03)	实测值
$-\Delta_{ex} U°$/(kJ·kg^{-1})	5587	4763.5 J·g^{-1}[H_2O(气态)][4]
T_{ex}/K	3854	
$P_{C\text{-}J}$/kbar	212	
VoD/(m·s^{-1})	7373	7340(@ 1.5g·cm^{-3})[3]
V_0/(L·kg^{-1})	863	

参考文献

[1] J. Boileau, M. Thomas, Meml. Poudres., 1951, 33, 155−157.

[2] G. M. Khrapkovskii, T. F. Shamsutdinov, D. V. Chachkov, A. G. Shamov, J. Mol. Struct. (THEOCHEM.), 2004, 686, 185−192.

[3] W. C. Lothrop, G. R. Handrick, Chem. Revs., 1949, 44, 419−445.

[4] J. Liu, Liquid Explosives, Springer−Verlag, Heidelberg, 2015.

三硝基苯胺
(Trinitroaniline)

名称 三硝基苯胺

主要用途 高温/耐热炸药

分子结构式

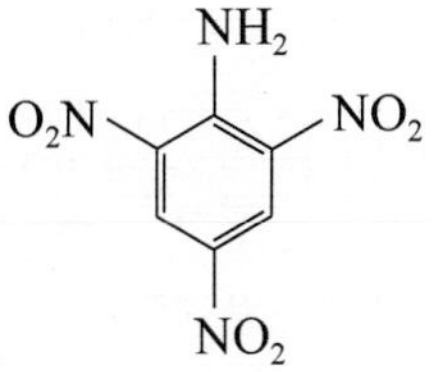

名称	TNA
分子式	$C_6H_4N_4O_6$
M/(g·mol^{-1})	228.12
IS/J	15[13], lg $H_{50\%}$ = 2.25[11], 35.25[12], H_{50} = 177cm[14]
FS/N	353[13]
ESD/J	6.85[5,12]

续表

N/%	24.56	
$\Omega(CO_2)$/%	-56.11	
$T_{m.p}$/℃	188[1],189~190[8]	
T_{dec}/℃(DSC @ 5℃·min^{-1})	346	
ρ/(g·cm^{-3})	1.762(@ 293 K)[3,13] 1.76(晶体)[8]	
$\Delta_f H°$/(kJ·mol^{-1}) $\Delta_f H°$/(kJ·kg^{-1})	-72.8[4] -368.1	
	理论值(EXPLO5 6.03)	实测值
$-\Delta_{ex}U°$/(kJ·kg^{-1})	4331	3589 [H_2O(液态)][7,13] 564cal·g^{-1}[8] 4.263 kJ·g^{-1}[14] 3488 [H_2O(气态)][13] 1019 kcal·kg^{-1}[H_2O(气态)][10]
T_{ex}/K	3203	
P_{C-J}/kbar	225	24.7GPa[14]
VoD/(m·s^{-1})	7442(@ 1.76g·cc^{-1})	7300(@ 1.72g·cm^{-3},装药直径 0.5 英寸,压制,无约束)[8] 7300(@ 1.72g·cm^{-3})[13] 7420(@ 1.76g·cm^{-3})[6]
V_0/(L·kg^{-1})	648	838[9,13]

名称	TNA
化学式	$C_6H_4N_4O_6$
M/(g·mol^{-1})	228.13
晶系	单斜[3]
空间群	$P2_1/c$
a/Å	5.9722(1)
b/Å	9.1789(1)
c/Å	15.2935(2)
α/(°)	90
β/(°)	99.073(1)
γ/(°)	90

续表

$V/\text{Å}^3$	827.87(2)
Z	4
$\rho_{calc}/(g\cdot cm^{-3})$	1.830
T/K	100

参考文献

[1] G. Leandri, A. Tundo, Ann. Chim., 1954, 44, 479-488.

[2] Calculated using Advanced Chemistry Development (ACD/Labs) Software V11.02 (© 1994-2017 ACD/Labs).

[3] I. V. Fedyanin, K. A. Lyssenko, Cryst. Eng. Comm., 2013, 15, 10086-10093.

[4] P. J. Linstrom, W. G. Mallard, NIST Chemistry WebBook, NIST Standard Reference Database Number 69, July 2001, National Institute of Standards and Technology, Gaithersburg, MD, 2014, 20899, webbook.nist.gov.

[5] M. H. Keshavarz, Z. Keshavarz, ZAAC, 2016, 642, 335-342.

[6] M. H. Keshavarz, Propellants, Explosives, Pyrotechnics, 2012, 37, 489-497.

[7] M. H. Keshavarz, Propellants, Explosives, Pyrotechnics, 2008, 33, 448-453.

[8] AMC Pamphlet Engineering Design Handbook: Explosive Series Properties of Explosives of Military Interest, Headquarters, U. S. Army Materiel Command, January 1971.

[9] M. Jafari, M. Kamalvand, M. H. Keshavarz, A. Zamani, H. Fazeli, Indian J. Engineering and Mater. Sci., 2015, 22, 701-706.

[10] A. Smirnov, M. Kuklja, Proceedings of the 20th Seminar on New Trends in Research of Energetic Materials, Pardubice, April 26-28, 2017, pp. 381-392.

[11] H. Nefati, J.-M. Cense, J.-J. Legendre, J. Chem Inf. Comput. Sci., 1996, 36, 804-810.

[12] N. Zohari, S. A. Seyed-Sadjadi, S. Marashi-Manesh, Central Eur. J. Energ. Mater., 2016, 13, 427-443.

[13] R. Meyer, J. Köhler, A. Homburg, Explosives, 7th edn., Wiley-VCH, Weinheim, 2016, pp. 356-357.

[14] T. B. Brill, K. J. James, "Kinetics and Mechanisms of Thermal Decomposition of Nitroaromatic Explosives", WL-TR-93-7058, December 1993.

三硝基茴香醚
(Trinitroanisole)

名称 三硝基茴香醚

主要用途 用于降低其他爆炸物的熔点，但在有水分的情况下稳定性差，用作助推器装药成分

分子结构式

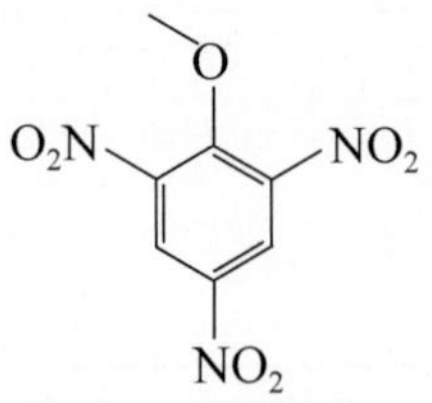

名称	TNAN	
分子式	$C_7H_5N_3O_7$	
$M/(g \cdot mol^{-1})$	243.13	
IS/J	20N·m[10], h_{50} = 192cm[8], 48[9]	
FS/N	353[10]	
ESD/J	28.59[9]	
$N/\%$	17.28	
$\Omega(CO_2)/\%$	-62.52	
$T_{m.p}/℃$	68[1,10]	
$T_{dec}/℃$ (DSC @ 5℃·min^{-1})	285	
$\rho/(g \cdot cm^{-3})$	1.61[2] 1.408(熔化态)[10]	
$\Delta_f H°/(kJ \cdot mol^{-1})$ $\Delta_f H°/(kJ \cdot kg^{-1})$	-187.2[3] -630.1[10]	
	理论值(EXPLO5 6.03)	实测值
$-\Delta_{ex} U°/(kJ \cdot kg^{-1})$	4321	3777 [H_2O(液态)][5,10] 2469 [H_2O(气态)][7] 3656 [H_2O(气态)][10]
T_{ex}/K	3284	
$P_{C-J}/kbar$	182	
$VoD/(m \cdot s^{-1})$	6720(@ 1.57g·cm^{-3})	6800(@ 1.57g·cm^{-3})[10] 6300(@ 1.5g·cm^{-3})[7] 6800(@ 1.61g·cm^{-3})[4]
$V_0/(L \cdot kg^{-1})$	670	844[6,10]

参考文献

[1] R. E. Damschroeder, R. L. Shriner, J. Am. Chem. Soc. 1937, 59, 931-933.

[2] J. Sarlauskas, Centr. Eur. J. Energ. Mater., 2010, 7, 313-324.

[3] P. J. Linstrom, W. G. Mallard, NIST Chemistry WebBook, NIST Standard Reference Database Number 69, July 2001, National Institute of Standards and Technology, Gaithersburg,

MD,2014,20899,webbook. nist. gov.
[4] M. H. Keshavarz,Propellants,Explosives,Pyrotechnics,2012,37,489-497.
[5] M. H. Keshavarz,Propellants,Explosives,Pyrotechnics,2008,33,448-453.
[6] M. Jafari,M. Kamalvand,M. H. Keshavarz,A. Zamani,H. Fazeli,Indian J. Engineering and Mater. Sci. ,2015,22,701-706.
[7] W. C. Lothrop,G. R. Handrick,Chem. Revs. ,1949,44,419-445.
[8] C. B. Storm,J. R. Stine,J. F. Kramer,Sensitivity Relationships in Energetic Materials, NATO Advanced Study Institute on Chemistry and Physics of Molecular Processes in Energetic Materials,LA-UR—89-2936.
[9] N. Zohari,S. A. Seyed-Sadjadi,S. Marashi-Manesh,Central Eur. J. Energ. Mater. , 2016,13,427-443.
[10] R. Meyer,J. Köhler,A. Homburg,Explosives,7th edn. ,Wiley-VCH,Weinheim,2016, pp. 357—358.

三硝基氮杂环丁烷
(Trinitroazetidine)

名称 三硝基氮杂环丁烷

主要用途 LOVA,熔铸炸药

分子结构式

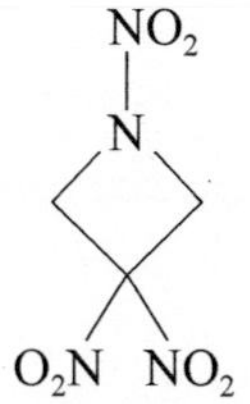

名称	TNAZ
分子式	$C_3H_4N_4O_6$
$M/(g\cdot mol^{-1})$	192.09
IS/J	6N·m[5],6.90[4],21cm(2.5kg 落锤)[9],$H_{50\%}$ = 45~47cm(3kg 落锤,NOL 仪器)[13],FOI=110(参考 RDX(FOI=80),Rotter 仪器)[12],86cm(2.5kg 落锤,12A 型工具法,35mg 试样,压制小球,美国真康普航空公司试样)[14],29cm(2.5kg 落锤,12A 型工具法,35mg 压制小球,Elgin Airforce Base 样品,纯度≥99.8%)[14],28cm(2.5kg 落锤,12A 型工具法,35mg 压制小球,重结晶试样)[14]
FS/N	324[5],110[7],160(BAM)[12],36kg(NOL 仪器)[13],5.4kg(BAM,美国真康普航空公司试样)[14],8.0kg(BAM,埃尔金空军基地试样,≥ 99.8%)[14],11.6kg(重结晶试样)[14]

续表

ESD/J	2.49[4],8.76[6],78.3 mJ[6],4.5[12],1 J 510Ω=美国真康普航空公司试样无反应[14],1 J 510Ω=埃尔金空军基地试样无反应,≥ 99.8%[14],1 J 510Ω=重结晶试样无反应[14]
N/%	29.17
$\Omega(CO_2)$/%	−16.66
$T_{m.p}$/℃	101[1,8,11,13],101(DSC @ 10℃·min^{-1})[13],99(起始温度,DSC)[12],99.45(最大峰温,DSC @ 10℃·min^{-1},美国真康普航空公司试样)[14],99.36(最大峰温,DSC @ 10℃·min^{-1},埃尔金空军基地试样,≥ 99.8%)[14],96.83(最大峰温,DSC @ 10℃·min^{-1},重结晶试样)[14],99.4~100.4(TNAZ 经升华纯化)[14],99(DSC(@ 10℃·min^{-1},敞开式平底坩埚)[15],99(DSC(@ 10℃·min^{-1},刺穿式平底坩埚)[15],99(DSC(@ 10℃·min^{-1},密闭式平底坩埚)[15],105~165(挥发,宽峰,DSC(@ 10℃·min^{-1},敞开式平底坩埚)[15],145~205(挥发,宽峰,DSC(@ 10℃·min^{-1},刺穿式平底坩埚)[15]
T_{dec}/℃	>240(DSC @ 5℃·min^{-1})[2],185(DTA)[12],232(起始温度,DSC @ 10℃·min^{-1},美国真康普航空公司试样)[14],243(起始温度,DSC @ 10℃·min^{-1},埃尔金空军基地试样,≥ 99.8%)[14],245(起始温度,DSC @ 10℃·min^{-1},重结晶试样)[14],220~290(DSC @ 10℃·min^{-1},密闭式平底坩埚)[15]
ρ/($g\cdot cm^{-3}$)	1.84(@ 293 K)[2,11],1.84(气体比重计)[12],189[13],1.554(@ 105℃)[16],1.522(@ 120℃)[16]
$\Delta_f H°$/($kJ\cdot mol^{-1}$) $\Delta_f H°$/($kJ\cdot kg^{-1}$)	26.1[5] 189.50[3,11]

	理论值(EXPLO5 6.03)	文献值	实测值
$-\Delta_{ex}U°$/($kJ\cdot kg^{-1}$)	6229	6110[10] 5733(理论值 LOTUSES[13])	6343 [H_2O(液态)][11] 6024 [H_2O(气态)][11]
T_{ex}/K	4115		
P_{C-J}/kbar	365	390[10] 34.25GPa(理论值[13])	343[8]
VoD/($m\cdot s^{-1}$)	8947	8860(@ 1.841$g\cdot cm^{-3}$)[10], 8860(@ 1.76$g\cdot cm^{-3}$)(理论值)[13]	8680(@ 1.76$g\cdot cm^{-3}$)[8]
V_0/($L\cdot kg^{-1}$)	729		

注:$-\Delta H_{det.}$(实测值)= 6130 $J\cdot g^{-1}$(TNAZ 纯度 ≥ 99.8 %,爆热)[14],$-\Delta H_{det.}$(根据产物的理论值)@ 298K,H_2O(液态)= 6364 $J\cdot g^{-1}$[14]。

名称	TNAZ-I[17] (稳定,密度高)	TNAZ-II[18] (不稳定,密度低)
化学式	$C_3H_4N_4O_6$	$C_3H_4N_4O_6$
$M/(g\cdot mol^{-1})$	192.06	192.06
晶系	正交	
空间群	*Pbca*(no. 61)	
a/Å	5.733(1)	
b/Å	11.127(2)	
c/Å	21.496(4)	
α/(°)	90	
β/(°)	90	
γ/(°)	90	
V/Å^3	1371.3(3)	
Z	8	
$\rho_{calc}/(g\cdot cm^{-3})$	1.861(ρ=1.84g·cm^{-3}@ 20℃)	
T/K	-30℃	

参考文献

[1] A. Singh, N. Sikder, A. K. Sikder, Indian J. Chem., 2005, 44B, 2560-2563.

[2] Iyer S, Velicky K, Sandus & O Alster J, U. S. Army Armament Research, Development and Engineering Centre, Technical Report ARAED-TR-89010, June 1989.

[3] F. Volk, H. Bathelt Propellants, Explosives, Pyrotechnics, 2002, 27, 136-141.

[4] A Study of Chemical Micro-Mechanisms of Initiation of Organic Polynitro Compounds, S. Zeman, Ch. 2 in Energetic Materials, Part 2: Detonation, Combustion, P. A. Politzer, J. S. Murray (eds.), Theoretical and Computational Chemistry, Vol. 13, 2003, Elsevier, p. 25-60.

[5] New Energetic Materials, H. H. Krause, Ch. 1 in Energetic Materials, U. Teipel (ed.), Wiley-VCH Verlag GmbH & Co. KGaA, Weinheim, 2005, p. 1-26. isbn: 3-527-30240-9.

[6] S. Zeman, V. Pelikán, J. Majzlík, Central Europ. J. Energ. Mat., 2006, 3, 27-44.

[7] M. H. Keshavarz, M. Hayati, S. Ghariban-Lavasani, N. Zohari, ZAAC, 2016, 642, 182-188.

[8] M. Nita, R. Warchol, Journal of the Military Academy of Land Forces, 47, 2015, 69-80.

[9] M. Pospíšil, P. Vávra, Final Proceedings for New Trends in Research of Energetic Materials, S. Zeman (ed.), 7th Seminar, 20-22 April 2004, Pardubice, pp. 600-605.

[10] A. Smirnov, O. Voronko, D. Lempert, T. Pivina, Proceedings of New Trends in Research of Energetic Materials, Pardubice, 15-17th April 2015, p. 34-51.

[11] R. Meyer, J. Köhler, A. Homburg, Explosives, 7th edn., Wiley-VCH, Weinheim, 2016, pp. 230-233.

[12] D. S. Watt, M. D. Cliff, "Evaluation of 1,3,3-Trinitroazetidine (TNAZ) - A High Performance Melt- Castable Explosive", DSTO-TR-1000, DSTO Aeronautical and Maritime Research Laboratory, PO Box 4331, Melbourne, Australia, July 2000.

[13] H. S. Jadhav, M. B. Talawar, D. D. Dhavale, S. N. Asthana, V. N. Krishnamurthy, Indian J. Chem. Technol., 2006, 13, 41-46.

[14] R. L. Simpson, R. G. Garza, M. F. Foltz, D. L. Ornellas, P. A. Urtiew, "Characterization of TNAZ", Energetic Materials Center, Lawrence Livermore National Laboratory, December 14, 1994.

[15] G. T. Long, C. A. Wright, J. Phys. Chem., 2002, 106B, 2791-2795.

[16] Z. Jalový, S. Zeman, M. Sućeska, P. Vávra, K. Dudek, M. Rajić, J. Energet. Mater., 2001, 19, 219-239.

[17] T. G. Archibald, R. Gilardi, K. Baum, C. George, J. Org. Chem., 1990, 55, 2920-2924.

[18] K. Schmid, D. Kaschmieder, Proc. 31st Ann. Conf. ICT Karlsruhe, June 2000, pp. 110/1-110/12.

三硝基苯
(Trinitrobenzene)

名称 三硝基苯

主要用途 稳定的高能炸药,性能好,但经济上不可行[15]

分子结构式

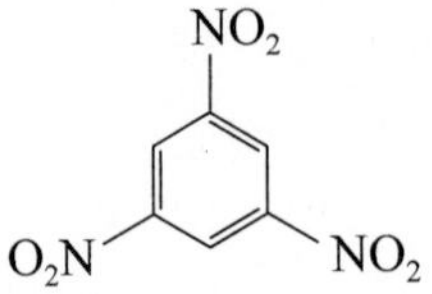

名称	TNB
分子式	$C_6H_3N_3O_6$
$M/(g\cdot mol^{-1})$	213.11
IS/J	24.52[4],5.90(一级反应)[7],24.64(声音)[7],5.89[14],17.40[14],11 英寸(P. A.)[16],FI=109% PA[16]
FS/N	353[15],$P_{fr.LL}$=650MPa[18],$P_{fr.50\%}$=900MPa[18]
ESD/J	6.31[4-6,14],108.2 mJ[5]
$N/\%$	19.72

续表

$\Omega(CO_2)$/%	-56.30
$T_{m.p}$/℃	121~122[1] 121~122.5(稳定态)[16],61(不稳定态)[16],120~122(商业 TNB,主要是均 TNB)[16]
T_{dec}/℃	580(DTA)[7]
ρ/(g·cm^{-3})	1.69~1.73(@ 293 K)[2],1.76[15],1.688(@ 20℃)[16]
$\Delta_f H°$/(kJ·mol^{-1}) $\Delta_f H°$(s)/(kJ·mol^{-1}) $\Delta_f H°$/(kJ·kg^{-1}) $\Delta_f H°$/(kJ·kg^{-1})	-43.5 -37.2[10] -204.2[3,15] -115[13]

	理论值(EXPLO5 6.03)	理论值(K-J)	理论值(K-W)	理论值(mod. K-W)	实测值
$-\Delta_{ex}U°$/(kJ·kg^{-1})	4701	5682[10]	2937[10]	3862[10]	3964[H_2(液态)][9,15] 3876[H_2O(气态)][15] 1100cal·kg^{-1}[H_2O(气态)][13] 1063cal·g^{-1}[16]
T_{ex}/K	3524				3540(最大)[16]
P_{C-J}/kbar	220	215(@ 1.64g·cm^{-3})[10]	228(@ 1.64g·cm^{-3})[10]	228(@ 1.64g·cm^{-3})[10]	219[10]
VoD/(m·s^{-1})	7304	7170(@1.64g·cm^{-3})[10]	7380(@1.64g·cm^{-3})[10]	7390(@1.64g·cm^{-3})[10]	7300(@ 1.71g·cm^{-3})[15] 7270(@ 1.64g·cm^{-3})[8,10] 7450(@ 1.60g·cm^{-3})[12] 7000(@ 1.64g·cm^{-3})[16] 7350(@ 1.60g·cm^{-3},直径20mm的纸筒)[16] 7350(@ 1.66g·cm^{-3})[16] 7440(@ 1.68g·cm^{-3},浇铸)[16]
V_0/(L·kg^{-1})	637				805[11,15]

名称	TNB[2]	TNB[2]	TNB[2]	TNB[17](中子衍射)
化学式	$C_6H_3N_3O_6$	$C_6H_3N_3O_6$	$C_6H_3N_3O_6$	$C_6H_3N_3O_6$
M/(g·mol^{-1})	213.11	213.11	213.11	213.11

续表

晶系	正交	正交	单斜	正交
空间群	*Pbca*(no. 61)	$Pca2_1$(no. 29)	$P2_1/c$ (no. 14)	*Pbca*(no. 61)
a/Å	12.587(11)	9.2970(19)	12.896(5)	9.78(1)
b/Å	9.684(9)	18.730(4)	5.723(2)	26.94(1)
c/Å	26.86(2)	9.6330(19)	11.287(5)	12.82(1)
α/(°)	90	90	90	90
β/(°)	90	90	98.190(8)	90
γ/(°)	90	90	90	90
$V/Å^3$	3274(5)	1677.4(6)	824.5(6)	3377.73
Z	16	8	4	16
$\rho_{calc}/(g\cdot cm^{-3})$	1.729	1.688	1.717	1.676
T/K	183	120	183	295

参考文献

[1] R. L. Atkins, A. T. Nielsen, C. Bergens, J. Org. Chem., 1984, 49, 503–507.

[2] P. K. Thallapally, R. K. R. Jetti, A. K. Katz, H. L. Carell, K. Singh, K. Lahiri, S. Kotha, R. Boese, G. R. Desiraju, Angew. Chem. Int. Ed., 2004, 43, 1149–1155.

[3] F. Volk, H. Bathelt, Propellants, Explosives, Pyrotechnics, 2002, 27, 136–141.

[4] A Study of Chemical Micro–Mechanisms of Initiation of Organic Polynitro Compounds, S. Zeman, Ch. 2 in Energetic Materials, Part 2: Detonation, Combustion, P. A. Politzer, J. S. Murray (eds.), Theoretical and Computational Chemistry, Vol. 13, 2003, Elsevier, pp. 25–60.

[5] S. Zeman, J. Majzlík, Central Europ. J. Energ. Mat., 2007, 4, 15–24.

[6] M. H. Keshavarz, Z. Keshavarz, ZAAC, 2016, 642, 335–342.

[7] S. Zeman, Proceedings of New Trends in Research of Energetic Materials, NTREM, April 24–25th 2002, pp. 434–443.

[8] M. H. Keshavarz, Propellants, Explosives, Pyrotechnics, 2012, 37, 489–497.

[9] M. H. Keshavarz, Propellants, Explosives, Pyrotechnics, 2008, 33, 448–453.

[10] P. Politzer, J. S. Murray, Centr. Eur. J. Energ. Mater., 2014, 11, 459–474.

[11] M. Jafari, M. Kamalvand, M. H. Keshavarz, A. Zamani, H. Fazeli, Indian J. Engineering and Mater. Sci., 2015, 22, 701–706.

[12] P. W. Cooper, Explosives Engineering, Wiley–VCH, New York, 1996.

[13] A. Smirnov, M. Kuklja, Proceedings of the 20th Seminar on New Trends in Research of Energetic Materials, Pardubice, April 26–28, 2017, pp. 381–392.

[14] N. Zohari, S. A. Seyed–Sadjadi, S. Marashi–Manesh, Central Eur. J. Energ. Mater., 2016, 13, 427–443.

[15] R. Meyer, J. Köhler, A. Homburg, Explosives, 7th edn., Wiley-VCH, Weinheim, 2016, pp. 358-360.
[16] B. T. Fedoroff, O. E. Sheffield, Encyclopedia of Explosives and Related Items, Vol. 2, US Army Research and Development Command, TACOM, Picatinny Arsenal, USA, 1962.
[17] C. S. Choi, J. E. Abei, Acta Cryst., 1972, B28, 193-201.
[18] A. Smirnov, O. Voronko, B. Korsunsky, T. Pivina, Huozhayo Xuebao, 2015, 38, 1-8.

三硝基苯甲酸
(Trinitrobenzoic acid)

名称 三硝基苯甲酸

主要用途

分子结构式

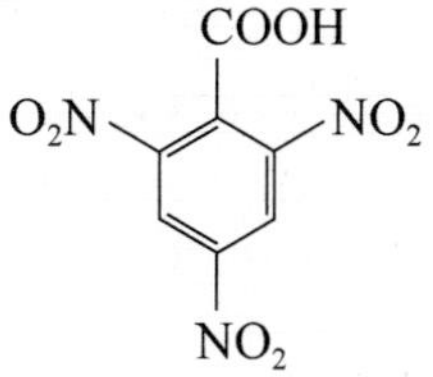

名称	TNBA
分子式	$C_7H_3N_3O_8$
$M/(g \cdot mol^{-1})$	257.11
IS/J	10N·m[9], 26.82[4], 8.28(一级反应)[5], 26.82(声音)[5], lg $H_{50\%}$ = 2.04[8]
FS/N	353[9]
ESD/J	
N/%	16.34
$\Omega(CO_2)/\%$	-46.67
$T_{m.p}$/℃	228.7[1]
T_{dec}/℃	
$\rho/(g \cdot cm^{-3})$	1.870[2](@293 K)
$\Delta_f H°/(kJ \cdot mol^{-1})$ $\Delta_f H°/(kJ \cdot kg^{-1})$	-409[3] -1567[9]

	理论值(EXPLO5 6.03)	实测值
$-\Delta_{ex}U°/(kJ \cdot kg^{-1})$	4110	3008 [H_2O(液态)][6,9] 2929 [H_2O(气态)][9]

续表

T_{ex}/K	3139	
P_{C-J}/kbar	241	
VoD/(m·s^{-1})	7558(@ TMD)	
V_0/(L·kg^{-1})	593	809[7,9]

参考文献

[1] L. Desvergnes, Monit. Sci. Doct. Quesneville, 1926, 16, 201-208.

[2] Calculated using Advanced Chemistry Development (ACD/Labs) Software V11.02 (© 1994-2017 ACD/Labs).

[3] P. J. Linstrom, W. G. Mallard, NIST Chemistry WebBook, NIST Standard Reference Database Number 69, July 2001, National Institute of Standards and Technology, Gaithersburg, MD, 2014, 20899, webbook.nist.gov.

[4] A Study of Chemical Micro-Mechanisms of Initiation of Organic Polynitro Compounds, S. Zeman, Ch. 2 in Energetic Materials, Part 2: Detonation, Combustion, P. A. Politzer, J. S. Murray (eds.), Theoretical and Computational Chemistry, Vol. 13, 2003, Elsevier, pp. 25-60.

[5] S. Zeman, Proceedings of New Trends in Research of Energetic Materials, NTREM, April 24-25th 2002, pp. 434-443.

[6] M. H. Keshavarz, Propellants, Explosives, Pyrotechnics, 2008, 33, 448-453.

[7] M. Jafari, M. Kamalvand, M. H. Keshavarz, A. Zamani, H. Fazeli, Indian J. Engineering and Mater. Sci., 2015, 22, 701-706.

[8] H. Nefati, J.-M. Cense, J.-J. Legendre, J. Chem Inf. Comput. Sci., 1996, 36, 804-810.

[9] R. Meyer, J. Köhler, A. Homburg, Explosives, 7th edn., Wiley-VCH, Weinheim, 2016, p. 360.

三硝基氯苯
(Trinitrochlorobenzene)

名称 三硝基氯苯

主要用途 过去在弹药中用作高爆组分

分子结构式

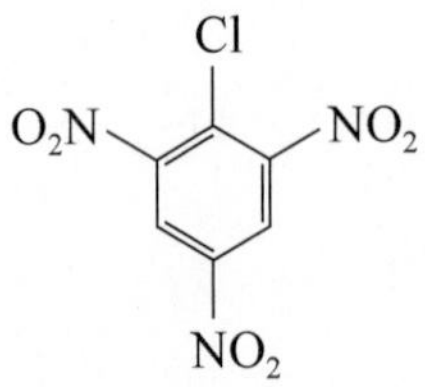

名称	2,4,6-三硝基氯苯	
分子式	$C_6H_2N_3O_6Cl$	
$M/(g\cdot mol^{-1})$	247.55	
IS/J	16N·m[2],11.0[7],99%的TNT(2kg)[9],FI=111%~127% PA[9]	
FS/N	>353[2]	
ESD/J	6.71[3-4,7],101.0 mJ[3]	
$N/\%$	16.97	
$\Omega(CO_2)/\%$	−45.24	
$T_{m.p}/℃$	83[1,9]	
$T_{dec}/℃$	395~400(DSC @ 5℃·min^{-1})	
ρ(@293K)/$(g\cdot cm^{-3})$	1.797[2,9]	
$\Delta_f H°/(kJ\cdot mol^{-1})$ $\Delta_f H°/(kJ\cdot kg^{-1})$	26.8 108.2[2]	
	理论值(EXPLO5 6.03)	实测值
$-\Delta_{ex}U°/(kJ\cdot kg^{-1})$	4466	2845 [H_2O(气态)][5]
T_{ex}/K	3817	3370(理论值)[9]
$P_{C-J}/kbar$	233	
VoD/$(m\cdot s^{-1})$	7368(@ 1.74g·cc^{-1})	6855(@ 1.70~1.71g·cm^{-3})[9] 7130(@ 1.74~1.75g·cm^{-3})[9] 7347(@ 1.77g·cm^{-3})[9] 7200(@ 1.74g·cm^{-3})[2,6] 6450(@ 1.5g·cm^{-3})[5]
$V_0/(L\cdot kg^{-1})$	644	620[9]

名称	2,4,6-三硝基氯苯[8]
化学式	$C_6H_2N_3O_6Cl$
$M/(g\cdot mol^{-1})$	247.55
晶系	单斜
空间群	$P2_1/a$
a/Å	11.020(4)
b/Å	6.795(1)
c/Å	14.964(4)
α/(°)	90

续表

β/(°)	124.15(2)
γ/(°)	90
$V/Å^3$	927.308
Z	4
$\rho_{calc}/(g\cdot cm^{-3})$	1.773
T/K	295

参考文献

[1] Hazardous Substances Data Bank, obtained from the National Libarary of Medicine (US).

[2] R. Meyer, J. Köhler, A. Homburg, Explosives, 7th edn., Wiley-VCH, Weinheim, 2016, p. 361.

[3] S. Zeman, J. Majzlík, Central Europ. J. Energ. Mat., 2007, 4, 15-24.

[4] M. H. Keshavarz, Z. Keshavarz, ZAAC, 2016, 642, 335-342.

[5] W. C. Lothrop, G. R. Handrick, Chem. Revs., 1949, 44, 419-445.

[6] P. W. Cooper, Explosives Engineering, Wiley-VCH, New York, 1996.

[7] N. Zohari, S. A. Seyed-Sadjadi, S. Marashi-Manesh, Central Eur. J. Energ. Mater., 2016, 13, 427-443.

[8] J. S. Willis, J. M. Stewart, H. L. Amman, H. S. Preston, R. E. Gluyas, P. M. Harris, Acta Cryst., 1971, B27, 786-793.

[9] B. T. Fedoroff, O. E. Sheffield, Encyclopedia of Explosives and Related Items, Vol. 3, US Army Research and Development Command, TACOM, Picatinny Arsenal, USA, 1966.

三硝基甲酚
(2,4,6-Trinitrocresol)

名称 三硝基甲酚

主要用途 在过去用作手榴弹中装药[9],在炮弹中用作爆破装药

分子结构式

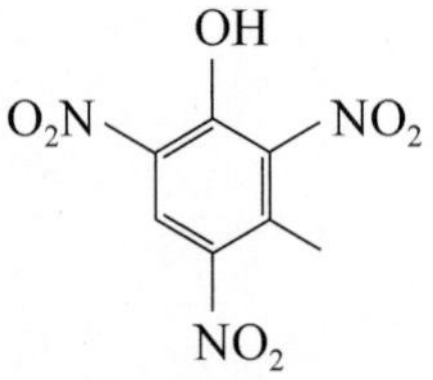

名称	2,4,6-三硝基甲酚
分子式	$C_7H_5N_3O_7$

续表

$M/(g \cdot mol^{-1})$	243.13	
IS/J	12N·m[9],9.40(一级反应)[4],47.00(声音)[4],比 PA 稍敏感[10]	
FS/N	353[9]	
ESD/J	5.21[3]	
$N/\%$	17.28	
$\Omega(CO_2)/\%$	-62.52	
$T_{m.p}/℃$	105~108[1],106.5~110[10]	
$T_{dec}/℃$ $T_{dec}/℃$	210(DSC @ 5℃·min^{-1}) 468(DTA)[4]	
$\rho/(g \cdot cm^{-3})$	1.68[9],1.69[10] 1.740(@ 293 K)[2]	
$\Delta_f H/(kJ \cdot mol^{-1})$ $\Delta_f H°/(kJ \cdot kg^{-1})$	252.3[5] -1038[9]	
	理论值(EXPLO5 6.03)	实测值
$-\Delta_{ex}U°/(kJ \cdot kg^{-1})$	4117	3370 [H_2(液态)][5,9] 3248 [H_2O(气态)][9] 912 kcal·kg^{-1}[H_2O(气态)][8]
T_{ex}/K	3110	
$P_{C-J}/kbar$	180	
$VoD/(m \cdot s^{-1})$	6763(@ 1.62g·cm^{-3})	6850 22,400 feet·s^{-1}(@ 1.6g·cm^{-3})[6] 6620(@ 1.52g·cm^{-3})[10] 6850(@ 1.68g·cm^{-3})[10] 6850(@ 1.62g·cm^{-3})[7,9]
$V_0/(L \cdot kg^{-1})$	657	844[9]

参考文献

[1] F. H. Westheimer, E. Segel, R. Schramm, J. Am. Chem. Soc., 1947, 69, 773-785.

[2] Calculated using Advanced Chemistry Development (ACD/Labs) Software V11.02 (© 1994-2017 ACD/Labs).

[3] M. H. Keshavarz, Z. Keshavarz, ZAAC, 2016, 642, 335-342.

[4] S. Zeman, Proceedings of New Trends in Research of Energetic Materials, NTREM, April 24-25th 2002, pp. 434-443.

[5] M. H. Keshavarz, Propellants, Explosives, Pyrotechnics, 2008, 33, 448-453.

[6] EOD Information for Solid and Liquid Propellants, Conventional Explosives, and Other Dan-

gerous Materials, Department of the Army Technical Manual, TM9-1385-211, Headquarters, Department of the Army, January 1969.

[7] P. W. Cooper, Explosives Engineering, Wiley-VCH, New York, 1996.

[8] A. Smirnov, M. Kuklja, Proceedings of the 20th Seminar on New Trends in Research of Energetic Materials, Pardubice, April 26-28, 2017, pp. 381-392.

[9] R. Meyer, J. Köhler, A. Homburg, Explosives, 7th edn., Wiley - VCH, Weinheim 2016, p. 362.

[10] B. T. Fedoroff, O. E. Sheffield, Encyclopedia of Explosives and Related Items, Vol. 3, US Army Research and Development Command, TACOM, Picatinny Arsenal, USA, 1966.

三硝基甲烷
(Trinitromethane)

名称 三硝基甲烷

主要用途 HEDOs 初始原料

分子结构式

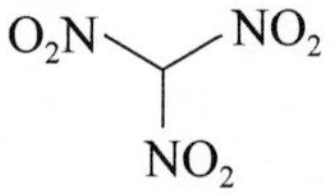

名称	三硝基甲烷
分子式	CHN_3O_6
$M/(g \cdot mol^{-1})$	151.03
IS/J	
FS/N	
ESD/J	
N/%	27.82
$\Omega(CO_2)$/%	37.08
$T_{m.p}$/℃	25.4[1], 22[4]
T_{dec}/℃	
$\rho/(g \cdot cm^{-3})$	1.806[2] 1.479[4]
$\Delta_f H^\circ/(kJ \cdot mol^{-1})$ $\Delta_f H^\circ/(kJ \cdot kg^{-1})$	−68.0[3] −38.58[4] −255.46[4]

续表

	理论值(EXPLO5 6.03)	实测值
$-\Delta_{ex}U°/(kJ\cdot kg^{-1})$	3009	3120[4]
T_{ex}/K	2839	
$P_{C-J}/kbar$	215	
$VoD/(m\cdot s^{-1})$	7486	
$V_0/(L\cdot kg^{-1})$	764	

名称	三硝基甲烷
化学式	CHN_3O_6
$M/(g\cdot mol^{-1})$	151.05
晶系	简单立方[2]
空间群	$Pa3$(no. 205)
a/Å	10.3580(10)
b/Å	10.3580(10)
c/Å	10.3580(10)
$\alpha/(°)$	90
$\beta/(°)$	90
$\gamma/(°)$	90
V/Å^3	1111.3
Z	8
$\rho_{calc}/(g\cdot cm^{-3})$	1.806
T/K	200

参考文献

[1] M. Göbel, T. M. Klapötke, P. Mayer, Huozhayao Xuebao, 2006, 632, 1043-1050.

[2] H. Schödel, R. Dienelt, H. Bock, Acta Cryst, 1994, C50, 1790-1792.

[3] P. J. Linstrom, W. G. Mallard, NIST Chemistry WebBook, NIST Standard Reference Database Number 69, July 2001, National Institute of Standards and Technology, Gaithersburg, MD, 2014, 20899, webbook. nist. gov.

[4] J. Liu, Liquid Explosives, Springer-Verlag, Heidelberg, 2015.

三硝基萘
(Trinitronaphthalene)

名称 三硝基萘

主要用途 过去曾与其他炸药混合使用过[8]

分子结构式

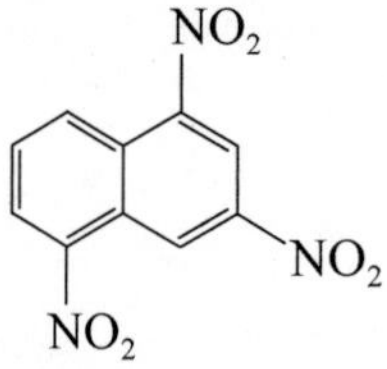

1,3,5-TNN
α-TNN

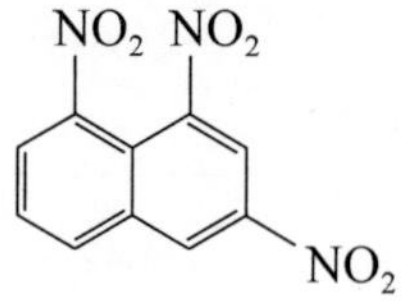

1,3,8-TNN
β-TNN

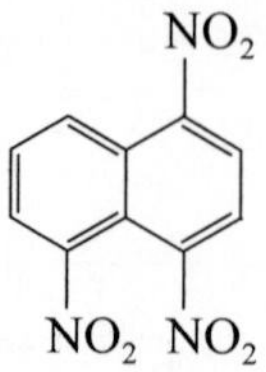

1,4,5-TNN
γ-TNN

名称	三硝基萘	
分子式	$C_{10}H_5N_3O_6$	
$M/(g \cdot mol^{-1})$	263.17	
IS/J	19[8]	
FS/N		
ESD/J	10.97[5],210.0 mJ[5],10.97(1,4,5-TNN)[6]	
N/%	15.97	
$\Omega(CO_2)$/%	-100.32	
$T_{m.p}$/℃	120(1,3,5-TNN) 217(1,3,8-TNN) 148(1,4,5-TNN)[1] 115(异构体混合物开始软化)[8]	
T_{dec}/℃		
$\rho/(g \cdot cm^{-3})$	1.654(@ 293 K,1,3,5-TNN)[2] 1.72-1.75(@ 293 K,1,3,8-TNN)[3] 1.654(@ 293 K,1,4,5-TNN)[2]	
$\Delta_f H^\circ/(kJ \cdot mol^{-1})$ $\Delta_f H/(kJ \cdot mol^{-1})$ $\Delta_f H^\circ/(kJ \cdot kg^{-1})$	-8.49(1,3,8-TNN)[4] 55.2[7]	
	理论值(EXPLO5 6.03),1,3,8-TNN	实测值
$-\Delta_{ex}U^\circ/(kJ \cdot kg^{-1})$	3734	3521 [H_2O(液态)][7-8] 3425 [H_2O(气态)][8]
T_{ex}/K	2780	
P_{C-J}/kbar	160	
VoD/$(m \cdot s^{-1})$	6371 (@ 1.75g·cm^{-3}, $\Delta_f H$ = -8.49 kJ·mol^{-1})	6000(未给定密度)[8]
$V_0/(L \cdot kg^{-1})$	548	723[8]

参考文献

[1] T. Bausinger, U. Dehner, J. Preuß, Chemosphere, 2004, 57, 821-829.

[2] Calculated using Advanced Chemistry Development (ACD/Labs) Software V11.02 (© 1994-2017 ACD/Labs).

[3] G. A. Gol'der, M. M. Umanskii, Zh. Fiz. Khim., 1951, 25, 555-556.

[4] P. J. Linstrom, W. G. Mallard, NIST Chemistry WebBook, NIST Standard Reference Database Number 69, July 2001, National Institute of Standards and Technology, Gaithersburg, MD, 2014, 20899, webbook.nist.gov.

[5] S. Zeman, J. Majzlík, Central Europ. J. Energ. Mat., 2007, 4, 15-24.

[6] M. H. Keshavarz, Z. Keshavarz, ZAAC, 2016, 642, 335-342.

[7] M. H. Keshavarz, Propellants, Explosives, Pyrotechnics, 2008, 33, 448-453.

[8] R. Meyer, J. Köhler, A. Homburg, Explosives, 7th edn., Wiley-VCH, Weinheim, 2016, pp. 363-364.

三硝基苯氧基乙基硝酸酯
(Trinitrophenoxyethyl nitrate)

名称 三硝基苯氧基乙基硝酸酯

主要用途

分子结构式

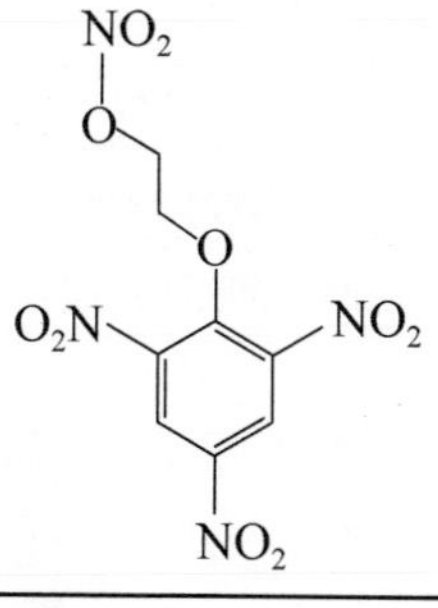

名称	TNPON
分子式	$C_8H_6N_4O_{10}$
$M/(g \cdot mol^{-1})$	318.15
IS/J	7.9N·m[7]
FS/N	
ESD/J	
$N/\%$	17.61

续表

$\Omega(CO_2)/\%$	-45.26
$T_{m.p}/℃$	104[1],104.5[7]
$T_{dec}/℃$	>300(DSC @ 5℃·min^{-1})
$\rho/(g\cdot cm^{-3})$	1.723[2],1.68[7]
$\Delta_f H°/(kJ\cdot mol^{-1})$ $\Delta_f H°/(kJ\cdot kg^{-1})$	-277.4[4] -871.9[7]

	理论值(EXPLO5 6.03)	实测值
$-\Delta_{ex}U°/(kJ\cdot kg^{-1})$	4892	3911 [H_2O(液态)][4] 3473 [H_2O(气态)][6] 3792 [H_2O(气态)][7]
T_{ex}/K	3530	
$P_{C-J}/kbar$	241	
VoD/(@1.65)(m·s^{-1})	7561	7600(@ 1.65g·cm^{-3})[7] 7600(@ 1.68g·cm^{-3})[3]
$V_0/(L\cdot kg^{-1})$	662	878[5,7]

参考文献

[1] J. J. Blanksma, P. G. Fohr, Recl. Trav. Chim. Pays-Bas Belg., 1946, 65, 711-721.

[2] Calculated using Advanced Chemistry Development(ACD/Labs) Software V11.02(© 1994-2017 ACD/Labs).

[3] M. H. Keshavarz, Propellants, Explosives, Pyrotechnics, 2012, 37, 489-497.

[4] M. H. Keshavarz, Propellants, Explosives, Pyrotechnics, 2008, 33, 448-453.

[5] M. Jafari, M. Kamalvand, M. H. Keshavarz, A. Zamani, H. Fazeli, Indian J. Engineering and Mater. Sci., 2015, 22, 701-706.

[6] W. C. Lothrop, G. R. Handrick, Chem. Revs., 1949, 44, 419-445.

[7] R. Meyer, J. Köhler, A. Homburg, Explosives, 7th edn., Wiley-VCH, Weinheim, 2016, p. 364.

2,4,6-三硝基苯基硝基氨基乙基硝酸酯
(2,4,6-Trinitrophenylnitraminoethyl nitrate)

名称 2,4,6-三硝基苯基硝基氨基乙基硝酸酯

主要用途 建议作为雷管的基本装药

分子结构式

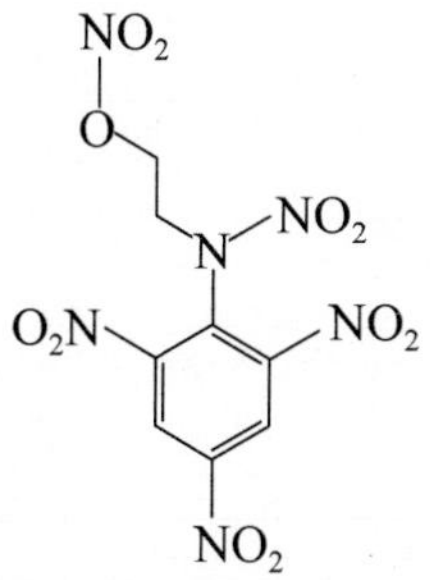

名称	Pentryl
分子式	$C_8H_6N_6O_{11}$
$M/(g\cdot mol^{-1})$	362.17
IS/J	4N·m[3]，$H_{50\%}$=0.75 m(2kg 落锤)[4]，FI=61% PA[4]，0.26 m(5kg 落锤，$H_{56\%}$)[4]，不爆炸时的最大落锤高度= 30cm(2kg 落锤)[4]
FS/N	
ESD/J	
N/%	23.21
$\Omega(CO_2)/\%$	−35.34
$T_{m.p}/℃$	129[1]，128[3]，126~129[4]
$T_{dec}/℃$	235，爆炸@ 235($20℃\cdot min^{-1}$)[4]，爆炸@ 230($20℃\cdot min^{-1}$)[4]
$\rho/(g\cdot cm^{-3})$	1.858[2]，1.75[3]，1.82(绝对值)[4]，0.45(表观)[4]，1.73(可压缩最大值)[4]
$\Delta_f H°/(kJ\cdot mol^{-1})$ $\Delta_f H°/(kJ\cdot kg^{-1})$	

	理论值(EXPLO5 6.04)	实测值
$-\Delta_{ex}U°/(kJ\cdot kg^{-1})$		
T_{ex}/K		
$P_{C-J}/kbar$		
$VoD/(m\cdot s^{-1})$		5000(@ 0.80$g\cdot cm^{-3}$在轻铅管中，>0.5m 长，0.5 英寸)[4] 5254(@ 1.0$g\cdot cm^{-3}$，约束在 3/16 英寸玻璃管中)[4] 5330(@ 0.90$g\cdot cm^{-3}$，硬纸筒，直径 30mm；1.5g MF 起爆)[4]
$V_0/(L\cdot kg^{-1})$		

参考文献

[1] K. F. Waldkotter, Recl. Trav. Chim. Pays-Bas Belg., 1938, 57, 1294-1310.
[2] Calculated using Advanced Chemistry Development (ACD/Labs) Software V11.02 (© 1994-2017 ACD/Labs).
[3] R. Meyer, J. Köhler, A. Homburg, Explosives, 7th edn., Wiley-VCH, Weinheim 2016, pp. 364-365.
[4] B T. Fedoroff, H. A. Aaronson, E. F. Reese, O. E. Sheffield, G. D. Clift, Encyclopedia of Explosives and Related Items, Vol. 1, US Army Research and Development Command, TACOM, Picatinny Arsenal, USA, 1960.

三硝基吡啶
(Trinitropyridine)

名称 三硝基吡啶

主要用途

分子结构式

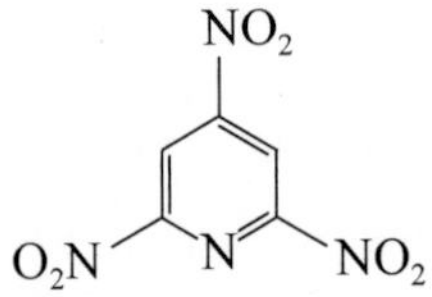

名称	TNPy	
分子式	$C_5H_2N_4O_6$	
$M/(g\cdot mol^{-1})$	214.09	
IS/J	4.5~6.5N·m[1,3]	
FS/N	>353[3]	
ESD/J		
$N/\%$	26.17	
$\Omega(CO_2)/\%$	-37.37	
$T_{m.p}/℃$	162(升华)[1]	
$T_{dec}/℃$		
$\rho/(g\cdot cm^{-3})$	1.77[1,3]	
$\Delta_f H°/(kJ\cdot mol^{-1})$ $\Delta_f H°/(kJ\cdot kg^{-1})$	368.5[3]	
	理论值	实测值
$-\Delta_{ex}U°/(kJ\cdot kg^{-1})$		4418 [H_2O(液态)][3-4]

续表

T_{ex}/K		
P_{C-J}/kbar		
VoD/(m·s^{-1})		7470(@ 1.66g·cm^{-3})[3]
V_0/(L·kg^{-1})		818[3,5]

名称	TNPy
化学式	$C_5H_2N_4O_6$
M/(g·mol^{-1})	214.11
晶系	正交[2]
空间群	*Pbcn*
a/Å	28.573(6)
b/Å	9.7394(19)
c/Å	8.7566(18)
α/(°)	90
β/(°)	90
γ/(°)	90
V/Å^3	2436.8(8)
Z	12
ρ_{calc}/(g·cm^{-3})	1.751
T/K	293

参考文献

[1] H. H. Licht, H. Ritter, Propellants, Explosives, Pyrotechnics, 1988, 13, 25-29.

[2] J.-R. Li, J.-M. Zhao, H.-S. Dong, J. Chem. Crystallogr., 2005, 35, 943-948.

[3] R. Meyer, J. Köhler, A. Homburg, Explosives, 7th edn., Wiley-VCH, Weinheim, 2016, pp. 365-366.

[4] M. H. Keshavarz, Propellants, Explosives, Pyrotechnics, 2008, 33, 448-453.

[5] M. Jafari, M. Kamalvand, M. H. Keshavarz, A. Zamani, H. Fazeli, Indian J. Engineering and Mater. Sci., 2015, 22, 701-706.

三硝基吡啶-*N*-氧化物
(Trinitropyridine-*N*-oxide)

名称 三硝基吡啶-*N*-氧化物

主要用途 三硝基吡啶生产中的中间体[7]

分子结构式

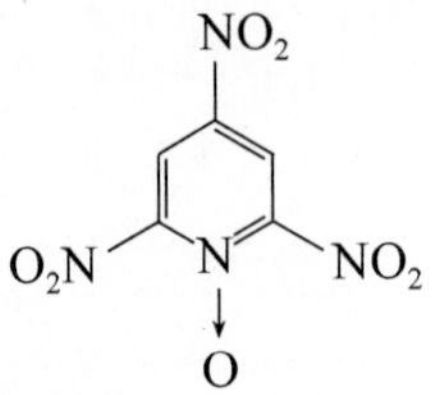

名称	TNPyOx	
分子式	$C_5H_2N_4O_7$	
$M/(g \cdot mol^{-1})$	230.09	
IS/J	1.5~3.0N·m[1,7], h_{50} = 20cm[6]	
FS/N	157[7]	
ESD/J		
$N/\%$	24.35	
$\Omega(CO_2)/\%$	-27.82	
$T_{m.p}/℃$		
$T_{dec}/℃$	170[1](DSC @ 5℃·min^{-1})	
$\rho/(g \cdot cm^{-3})$	1.86[1,7]	
$\Delta_f H/(kJ \cdot mol^{-1})$ $\Delta_f H°/(kJ \cdot kg^{-1})$	98.7[4] 428.9[7]	
	理论值(EXPLO5 6.04)	实测值
$-\Delta_{ex}U°/(kJ \cdot kg^{-1})$	5912	3533 [H_2O(液态)][4] 5320 [H_2O(液态)][7]
T_{ex}/K	4298	
$P_{C-J}/kbar$	337	
$VoD/(m \cdot s^{-1})$	(8369, R-P 法)[3] 8615(@ 1.875g·cm^{-3}; $\Delta_f H$ = 98.7 kJ mol^{-1})	7770(@ 1.72g·cm^{-3})[7]
$V_0/(L \cdot kg^{-1})$	667	777[5,7]

	TNPyOx[2]
化学式	$C_5H_2N_4O_7$
$M/(g \cdot mol^{-1})$	230.11

续表

晶系	正交
空间群	*Pnma*
a/Å	9.6272(19)
b/Å	14.128(3)
c/Å	5.9943(12)
α/(°)	90
β/(°)	90
γ/(°)	90
V/Å^3	815.3(3)
Z	4
ρ_{calc}/(g·cm^{-3})	1.875
T/K	293

参考文献

[1] H. H. Licht, H. Ritter, Propellants, Explosives, Pyrotechnics, 1988, 13, 25-29.

[2] J. -R. Li, J. -M. Zhao, H. -S. Dong, J. Chem. Crystallogr., 2005, 35, 943-948.

[3] L. R. Rothstein, R. Petersen, Propellants, Explosives, Pyrotechnics, 1979, 4, 56-60.

[4] M. H. Keshavarz, Propellants, Explosives, Pyrotechnics, 2008, 33, 448-453.

[5] M. Jafari, M. Kamalvand, M. H. Keshavarz, A. Zamani, H. Fazeli, Indian J. Engineering and Mater. Sci., 2015, 22, 701-706.

[6] C. B. Storm, J. R. Stine, J. F. Kramer, Sensitivity Relationships in Energetic Materials, NATO Advanced Study Institute on Chemistry and Physics of Molecular Processes in Energetic Materials, LA-UR—89-2936.

[7] R. Meyer, J. Köhler, A. Homburg, Explosives, 7th edn., Wiley-VCH, Weinheim, 2016, p. 366.

三硝基甲苯
(2,4,6-Trinitrotoluene)

名称 三硝基甲苯

主要用途 猛(高能)爆炸、熔铸、爆破

分子结构式

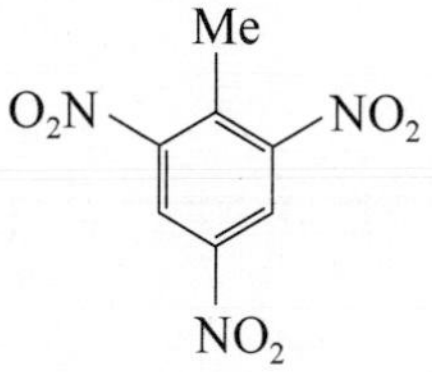

<table>
<tr><td>名称</td><td>TNT</td></tr>
<tr><td>分子式</td><td>$C_7H_5N_3O_6$</td></tr>
<tr><td>$M/(g \cdot mol^{-1})$</td><td>227.13</td></tr>
<tr><td>IS/J</td><td>
15N·m[1],39.24[6],15N·m[8],35.86(一级反应)[13],39.24(声音)[13],18.64~19.62(B. M.)[17-18,23],6.98~7.48(P. A.)[17-18,23],I_{SLL} = 5.0 m[26],$IS_{A_{50}}$ = 6.5m[26],H_{50} = 212cm(12 型工具法,片状 TNT)[25],H_{50} > 320cm(12B 型工具法,片状 TNT)[25],H_{50} = 154cm(12 型工具法,颗粒状 TNT)[25],H_{50} > 320cm(12B 型工具法,颗粒状 TNT)[25],H_{50} > 111.6[29];
P. A.(@ ℃):8.47(-40),6.98(RT),3.49(80),1.50(90)[23];
大型撞击仪器;压装(@ 1.60g·cm^{-3}) = 34.9[23];浇铸(@ 1.60g·cm^{-3}) = 12.96[23];
IS(2kg 落锤,P. A. 仪器@ 不同温度)[33]:
<table>
<tr><td>T/℃</td><td>英寸</td></tr>
<tr><td>-40</td><td>17</td></tr>
<tr><td>室温</td><td>14</td></tr>
<tr><td>80</td><td>7</td></tr>
<tr><td>90</td><td>3</td></tr>
<tr><td>105</td><td>2(20 次试验有 5 次爆炸)</td></tr>
</table>
0/6 最高落高>60cm(2kg,Lenze-Kast 仪器)[30];
0/6 最高落高> 24cm(10kg,Lenze-Kast 仪器)[30];
6/6 最低落高> 60cm(2kg,Lenze-Kast 仪器)[30];
6/6 最低落高> 24cm(2kg,Lenze-Kast 仪器)[30]
</td></tr>
<tr><td>FS/N</td><td>
353[1],353[8],$P_{fr.LL}$ = 600MPa[26],$P_{fr.50\%}$ = 850MPa[26],F_{50} = 8kgf(1/6)[29],平均摩擦系数(FOF)>8.2(Rotter FS)[36],>360(平均极限载荷,BAM)[36]
Mallet 摩擦感度:钢/钢 = 0%[36],尼龙/钢 = 0%[36],木头/软木 = 0%[36],木头/硬木 = 0%[36],木头/约克石 = 0%[36]
</td></tr>
<tr><td>ESD/J</td><td>
6.85[6,9,12],111.8 mJ[9],0.06(100 目,无约束)[23,48],4.4(100 目,无约束)[23,48],火花感度:= 0.46(黄铜电极,3mm 铅箔)[25],2.75(黄铜电极,10mm 铅箔)[25],0.19(钢电极,1mm 铅箔)[25],4.00(钢电极,10mm 铅箔)[25],E_{50} = 8.576(@ 293 K)[29],E_{50} = 5.470(@ 333 K)[29]。
5000V 最高静电放电能下不发火概率[31]:
<table>
<tr><td rowspan="2">发火</td><td colspan="2">不发火时的最高放电能</td><td colspan="2">发火类型</td></tr>
<tr><td>无约束</td><td>约束</td><td>无约束</td><td>约束</td></tr>
<tr><td>TNT 颗粒</td><td>>11.0</td><td>4.68</td><td>未发火</td><td>爆轰</td></tr>
<tr><td>过 100 目筛的 TNT 颗粒</td><td>0.062</td><td>4.38</td><td>爆燃</td><td>爆轰</td></tr>
</table>
</td></tr>
<tr><td>N/%</td><td>18.5</td></tr>
</table>

续表

$\Omega(CO_2)$/%	-74.0
$T_{m.p}$/℃	81,80~82[21],81[23],80.9[25],80.6[30],80.6~80.85[33],80.75±0.05[33],80.9[33],81.0[33],81.5[33],81.5(退火 TNT,DTA @ 10℃·min^{-1})[34],70.5~80.5(熔融淬火 TNT,DTA @ 10℃·min^{-1})[34]
T_{dec}/℃	290(DSC @ 5℃·min^{-1}),526 K(DTA)[13]
ρ/(g·cm^{-3})	1.713(@ 100K),1.47(熔融)[1],1.648(@ 298K),1.65(晶体)[23],1.652,1.653[21],1.654(@ 25℃)[30],1.654(晶体,浮选)[33],1.648(浇铸,气体比重计)[33],1.654(@ TMD)[33],达到 1.64(压制)[33]; 饱和湿空气下 TNT 的密度[33]:1.4718 @ 72.3℃[33],1.4652 @ 79.2℃[33],1.4588 @ 86.2℃[33],1.4538 @ 92.4℃[33]
$\Delta_f H°$/(kJ·mol^{-1}) $\Delta_f H°$/(kJ·kg^{-1}) $\Delta_f H$(kJ·kg^{-1})	-55.5,-12 kcal·mol^{-1}[25],-8.6 kcal·mol^{-1}(@ 25℃)[30] -219.0[1] -200.8[7]

	理论值(EXPLO5 6.03)	实测值	文献值
$-\Delta_{ex}U°$/(kJ·kg^{-1})	5033	4564 [H_2O(液态)][1,16] 3646 [H_2O(气态)][1] 4519[23] 1080 kcal·kg^{-1}[28]	4587(ZMWCyw)[20] 3975[10]
T_{ex}/K	3462	3000(@ 1.0g·cm^{-3})[27] 3450(@ 1.59g·cm^{-3})[27] 4417(@ 1.5g·cm^{-3})[28]	2820[10]
P_{C-J}/kbar	206	210 190(@ 1.64g·cm^{-3})[11,27] 187(@ 1.61g·cm^{-3})[11] 202(@ 1.59g·cm^{-3})[27] 190(@ 1.63g·cm^{-3})[27] 222(@ 1.65g·cm^{-3})[27] 18.91GPa(@ 1.637g·cm^{-3})[25] 202(@ 1.59g·cm^{-3},压制)[28] 190(@ 1.640g·cm^{-3},压制)[28]	192 (@ 1.64g·cm^{-3})(CHEETAH 2.0)[11] 183 (@ 1.61g·cm^{-3})(CHEETAH 2.0)[11]
VoD/(m·s^{-1})	7224	6950(@ 1.64g·cm^{-3})[11,15] 6780(@ 1.61g·cm^{-3})[11] 6930(@ 1.64g·cm^{-3})[14] 6500(@ 1.45g·cm^{-3})[14] 6200(@ 1.36g·cm^{-3})[14] 5000(@ 1.0g·cm^{-3})[14] 4340(@ 0.8g·cm^{-3})[14] 6640(@ 1.56g·cm^{-3},浇铸)[17] 6824(@ 1.72g·cm^{-3},压制)[17]	6700(1.57g·cm^{-3})[10] 6843 (@ 1.64g·cm^{-3})(CHEETAH 2.0)[11] 6752 (@ 1.61g·cm^{-3})(CHEETAH 2.0)[11]

续表

VoD/(m·s^{-1})	7224	6860(@ 1.63g·cm^{-3})[19] 6825(@ 1.56g·cm^{-3},装药直径1.0 inch,压制,无约束)[23] 6640(@ 1.56g·cm^{-3},装药直径1.0 inch,浇铸,无约束)[23] 6633(@ 1.462g·cm^{-3},@ 81℃)[25] 6942(@ 1.637g·cm^{-3})[25] 6940(@ 1.59g·cm^{-3},压制)[28] 6950(@ 1.640g·cm^{-3},压制)[28] 6790(@ 1.622g·cm^{-3},压制)[28] 7361(@ 1.640g·cm^{-3},压制)[28]	
V_0/(L·kg^{-1})	634	730[23] 825[1,24] 684(@ 1.62g·cm^{-3})[27] 690(@ 1.64g·cm^{-3})[27] 610 [H_2O(液态)](ρ = 1.5g·cm^{-3},Dolgov 弹)[31-32] 750 [H_2O(气态)](ρ = 1.5g·cm^{-3},Dolgov 弹)[31-32]	717(ZMWCyw)[20] 690(@ 0℃)[10]

基于流体力学理论爆轰方程得到值(Caldirola)[28]:

装药密度/(g·cm^{-3})	爆压/(kg·cm^{-2})	爆温/K
1.00	68700	3210
1.29	132800	3610
1.46	178000	3860
1.59	216200	4020

注:1. 实测值(Mason 和 Gibson 法)[28]:

ρ=0.70g·cm^{-3},爆温=未爆轰[28];

ρ=1.5g·cm^{-3},爆温=4417 K[28]。

2. 实测值(辐射法)[28]:

ρ=0.70g·cm^{-3},爆温=3650 K[28];

ρ=1.15g·cm^{-3},爆温=4350 K[28];

ρ=1.5g·cm^{-3},爆温=4750 K[28]。

3. 理论值(基于流体力学理论)[28]:

装药密度 ρ=1.50g·cm^{-3},爆温=3600℃,P(10atm.)= 1.10,VoD=6480m·s^{-1}[28]。

辐射法测得的不同粒径 TNT 药粉的爆温[28]:

平均粒径/μm	$\rho/(g\cdot cm^{-3})$	平均爆温/K
5	0.75	4610
5	1.55	4960
800(20 目)	1.54	5320

注:光度法(实测值),辐射狭缝宽度=1m,空中无约束的爆炸[28]: TNT 装药密度 $\rho=1.29g\cdot cm^{-3}$,平均爆温= 4850 K[28];TNT 装药密度 $\rho=1.56g\cdot cm^{-3}$,平均爆温= 5500 K[28]。

VoD 实测值(通过阴极射线管电信号迹线扫描;初始距离=10cm,安装在离雷管 5cm 处,装药直径= 1.92cm)[28]:

平均粒径/μm	$\rho/(g\cdot cm^{-3})$	$VoD/(m\cdot s^{-1})$
5	0.75	3660
5	1.55	6630
800(20 目)	0.97	不完全爆轰
800	1.54	6700

注:不同条件下存储后的 TNT 的 VoD 值(装药直径 1/8~1 英寸,长度 18 英寸的杆状,转鼓相机)[28]:

浇铸 TNT,-65 F 下存储 16 h,$\rho=1.63g\cdot cm^{-3}$,爆速=6700 $m\cdot s^{-1}$[28];

浇铸 TNT,+70 F 下存储 16 h,$\rho=1.62g\cdot cm^{-3}$,爆速= 6820 $m\cdot s^{-1}$[28];

浇铸 TNT,+140 F 下存储 24 h,$\rho=1.64g\cdot cm^{-3}$,爆速=6770 $m\cdot s^{-1}$[28];

浇铸 TNT,+140 F 下存储 24 h,$\rho=1.64g\cdot cm^{-3}$,爆速=6510 $m\cdot s^{-1}$[28]。

不同密度、不同尺寸压装 TNT 的 VoD[28]:

$\rho(g\cdot cc^{-1})$	$VoD(m\cdot s^{-1})$		
	0.75	1.0	1.75
1.53	6830	6920	7000
1.40	6350	6450	6510
1.34	6150	6180	6210

TNT 在不同封闭式爆炸容器中的 VoD 实测值[28]:

装药密度 $\rho/(g\cdot cc^{-1})$	爆炸容器类型	装药直径/mm	壁厚/mm	$VoD/(m\cdot s^{-1})$
0.250(TNT 粉)	玻璃	25	1	2363
0.250(TNT 粉)	钢	27	4	2478
0.832(TNT 粉)	玻璃	16	0.8	3308

续表

装药密度 ρ/(g·cc^{-1})	爆炸容器类型	装药直径/mm	壁厚/mm	VoD/(m·s^{-1})
0.832(TNT 粉)	铜	15	1	4100
1.6(浇铸 TNT)	钢	21	3	6650
1.6(浇铸 TNT)	钢	29	10	6700
1.6(浇铸 TNT)	钢	160	25	6690
1.6(浇铸 TNT)	钢	300	50	6710

不同温度下的 VoD 实测值(ρ = 0.90g·cm^{-3},粉状样,置于直径 12.5mm 的薄壁铅管中)[28]:

VoD @ 25℃(m·s^{-1})	VoD(@ -80℃)/(m·s^{-1})	VoD(@ -180℃)/(m·s^{-1})
4310	4800	4550
4460	4230	4570
4580	4250	4800
平均值= 4450	平均值= 4430	平均值= 4640

注:1. 实测值[32]:

爆压=220kbar,体积比重=1.64,VoD=6930m·s^{-1},爆热=1102cal·g^{-1}[32]。

2. 气压实测值(将爆炸样品置于小型爆炸容器中,压力通过活塞和闭孔器测定)[32]:

装药密度 ρ=0.20g·cm^{-3},P=1840kg·cm^{-2}[32];

装药密度 ρ=0.25g·cm^{-3},P=2625kg·cm^{-2}[32];

装药密度 ρ=0.30g·cm^{-3},P=3675kg·cm^{-2}[32]。

名称	TNT[37]	TNT[38]	TNT[39]	TNT[40]	TNT[5]	TNT[41]	TNT[41]	TNT[27]	TNT[27]
化学式	$C_7H_5N_3O_6$	$C_7H_5N_3O_6$	$C_7H_5N_3O_6$	$C_7H_5N_3O_6$	$C_7H_5N_3O_6$	$C_7H_5N_3O_6$	$C_7H_5N_3O_6$	$C_7H_5N_3O_6$	$C_7H_5N_3O_6$
M/(g·mol^{-1})	227.13	227.13	227.13	227.13	227.13	227.13	227.13	227.13	227.13
晶系	单斜	单斜		单斜	正交	单斜	正交	单斜	正交
空间群	$P21$	$C2/c$ (no. 15)		$P2_1/c$ (no. 14)		$P2_1/a$	$Pca2_1$ (no. 29)	$P2_1/c$ (no. 14)	$Pmca$
a/Å	20.2	40.5	14.85	21.230(14)	40.0	14.9113(1)	14.910(2)	21.35 ± 0.05	20.07 ± 0.08
b/Å	6.2	6.19	39.5	6.081(2)	14.89	6.0340(1)	6.031(2)	6.05 ± 0.03	6.09 ± 0.04
c/Å	7.7	15.2	5.96	14.958(5)	6.09	20.8815(3)	19.680(4)	14.96 ± 0.05	15.03 ± 0.07
α/(°)	90	90	90	90	90	90	90	90	90

续表

名称	TNT[37]	TNT[38]	TNT[39]	TNT[40]	TNT[5]	TNT[41]	TNT[41]	TNT[27]	TNT[27]
$\beta/(°)$	90.0①	90.52	90	110.12(2)	90	110.365(1)	90	111.15	90
$\gamma/(°)$	90	90	90	90	90	90	90	90	90
$V/Å^3$	964.348	3810.41	3495.99	1813.23	3627.2	1761.37(4)	1770.6(7)		
Z	4	16	16	8		8	8	8(假定)	8(假定)
$\rho_{calc}/(g \cdot cm^{-3})$	1.564	1.584	1.726	1.664		1.713	1.704	1.673（基于$Z=8$）	1.642（基于$Z=8$）
T/K	295	295	295	295	295	100	123		
说明					从 TNT 的苯溶液中获得的晶体			78℃ 下表面真空升华	在丙酮/干冰浴温度下,将丙酮/TNT 溶液滴入 ET_2O 或酒精中

注:1. 晶型-III 可能是晶型-I 和晶型-II 的混合物[41]。孪晶现象在 TNT 中非常普遍,过去人们误认为是大的单胞[41]。正交 TNT 可以在环境温度下保持 12 个月以上的稳定性而不发生转化[41]。正交晶型 TNT 可以在环境温度下保持稳定 12 个月以上而不发生转变[41]。

① 文献中称为单斜。

TNT 主要存在两种晶型[60]:

(I) 室温至熔点(81℃)温度范围内呈稳定的单斜晶型(通常存在大量的孪晶)。

(II) 室温温度以下主要是亚稳态的正交晶型,但在高于 70℃ 低于熔点(81℃)时会发生固-固相转变,在晶体中可以观察到正交晶型向单斜晶型的相转变[60]。在每个多晶中,都存在两种类型的 TNT 分子:四种 A 型分子和四种 B 型分子。两种类型中都有三种不同类型的$-NO_2$基团[60]。

名称	TNT[60]（单斜）	TNT[60]	TNT[60]（正交）	TNT[60]	TNT[60]
化学式	$C_7H_5N_3O_6$	$C_7H_5N_3O_6$	$C_7H_5N_3O_6$	$C_7H_5N_3O_6$	$C_7H_5N_3O_6$
$M/(g \cdot mol^{-1})$	227.13	227.13	227.13	227.13	227.13
晶系	单斜	单斜	正交	正交	正交
空间群	$P2_1/c$ (no. 14)	$P2_1/c$ (no. 14)	$Pb21a$	$P21ca$	
$a/Å$	21.275	21.407	15.005	20.041	40.0

续表

名称	TNT[60] (单斜)	TNT[60]	TNT[60] (正交)	TNT[60]	TNT[60]
b/Å	6.093	15.019	20.024	15.013	14.89
c/Å	15.025	6.0932	6.107	6.0836	6.09
α/(°)	90	90	90	90	90
β/(°)	110.23	111.00	90	90	90
γ/(°)	90	90	90	90	90
V/Å^3					
Z	8	8	8	8	
ρ_{calc}/(g·cm^{-3})					
T/K					
作者	Duke in Gallagher 等	Golovina 等	Duke in Gallagher 等	Golovina 等	Golovina 等

参考文献

[1] R. Meyer, J. Köhler, A. Homburg, Explosives, 7th edn., Wiley-VCH, Weinheim, 2016, pp. 347-349.

[2] A. E. D. M. Van der Heijden, Current Topics in Crystal Growth Research, 1998, 4, 99-114.

[3] G. R. Miller, A. N. Garroway, Naval Research Laboratory, NRL/MR/6120—01-8585, 2001.

[4] H. G. Gallagher, K. J. Roberts, J. N. Sherwood, L. A. Smith, J. Mater. Chem., 1997, 7, 229-235.

[5] N. I. Golovina, A. N. Titkov, A. V. Raevskii, L. O. Atovmyan, J. Solid State Chem., 1994, 113, 229-238.

[6] A Study of Chemical Micro-Mechanisms of Initiation of Organic Polynitro Compounds, S. Zeman, Ch. 2 in Energetic Materials, Part 2: Detonation, Combustion, P. A. Politzer, J. S. Murray (eds.), Theoretical and Computational Chemistry, Vol. 13, 2003, Elsevier, p. 25-60.

[7] https://engineering.purdue.edu/~propulsi/propulsion/comb/propellants.html.

[8] New Energetic Materials, H. H. Krause, Ch. 1 in Energetic Materials, U. Teipel (ed.), Wiley-VCH Verlag GmbH & Co. KGaA, Weinheim, 2005, p. 1-26.

[9] S. Zeman, J. Majzlík, Central Europ. J. Energ. Mat., 2007, 4, 15-24.

[10] Explosives, Section 2203 in Chemical Technology, F. H. Henglein, Pergamon Press, Oxford, 1969, pp. 718-728.

[11] J. P. Lu, Evaluation of the Thermochemical Code - CHEETAH 2.0 for Modelling Explosives Performance, DSTO Aeronautical and Maritime Research Laboratory, August 2011, AR-011-997.

[12] M. H. Keshavarz, Z. Keshavarz, ZAAC, 2016, 642, 335-342.

[13] S. Zeman, Proceedings of New Trends in Research of Energetic Materials, NTREM, April 24–25th 2002, pp. 434–443.

[14] M. H. Keshavarz, J. Haz. Mat., 2009, 166, 762–769.

[15] M. H. Keshavarz, Propellants, Explosives, Pyrotechnics, 2012, 37, 489–497.

[16] M. H. Keshavarz, Propellants, Explosives, Pyrotechnics, 2008, 33, 448–453.

[17] Ordnance Technical Intelligence Agency, Encyclopedia of Explosives: A Compilation of Principal Explosives, Their Characteristics, Processes of Manufacture and Uses, Ordnance Liaison Group- Durham, Durham, North Carolina, 1960.

[18] B. M. abbreviation for Bureau of Mines apparatus; P. A. abbreviation for Picatinny Arsenal apparatus.

[19] A. Koch, Propellants, Explosives, Pyrotechnics, 2002, 27, 365–368.

[20] D. Buczkowski, Centr. Eur. J. Energet. Mater., 2014, 11, 115–127.

[21] R. Weinheimer, Properties of Selected High Explosives, Abstract, 27th International Pyrotechnics Seminar, 16–21 July 2000, Grand Junction, USA.

[22] Determined using the Bureau of Mines (B. M.), Picatinny Arsenal (P. A.) or Explosive Research Laboratory (ERL) apparatus.

[23] AMC Pamphlet Engineering Design Handbook: Explosive Series Properties of Explosives of Military Interest, Headquarters, U. S. Army Materiel Command, January 1971.

[24] M. Jafari, M. Kamalvand, M. H. Keshavarz, A. Zamani, H. Fazeli, Indian J. Engineering and Mater. Sci., 2015, 22, 701–706.

[25] LASL Explosive Property Data, T. R. Gibbs, A. Popolato (eds.), University of California Press, Berkeley, USA, 1980.

[26] A. Smirnov, O. Voronko, B. Korsunsky, T. Pivina, Huozhayo Xuebao, 2015, 38, 1–8.

[27] Military Explosives, Department of the Army Technical Manual, TM 9-1300-214, Headquarters, Department of the Army, September 1984.

[28] B. T. Fedoroff, O. E. Sheffield, Encyclopedia of Explosives and Related Items, Vol. 4, US Army Research and Development Command, TACOM, Picatinny Arsenal, USA, 1969.

[29] F. Hosoya, K. Shiino, K. Itabashi, Propellants, Explosives, Pyrotechnics, 1991, 16, 119–122.

[30] S. M. Kaye, Encyclopedia of Explosives and Related Items, Vol. 8, US Army Research and Development Command, TACOM, Picatinny Arsenal, USA, 1978.

[31] B. T. Fedoroff, O. E. Sheffield, Encyclopedia of Explosives and Related Items, Vol. 5, US Army Research and Development Command, TACOM, Picatinny Arsenal, USA, 1972.

[32] B. T. Fedoroff, O. E. Sheffield, Encyclopedia of Explosives and Related Items, Vol. 6, US Army Research and Development Command, TACOM, Picatinny Arsenal, USA, 1974.

[33] S. M. Kaye, Encyclopedia of Explosives and Related Items, Vol. 9, US Army Research and Development Command, TACOM, Picatinny Arsenal, USA, 1980.

[34] D. G. Grabar, F. C. Rausch, A. J. Fanelli, J. Phys. Chem., 1969, 73, 2514–3518.

[35] G. R. Miller, A. N. Garroway, "A Review of the Crystal Structures of Common Explosives

Part I: RDX, HMX, TNT, PETN and Tetryl", NRL/MR/6120—01-8585, Naval Research Laboratory, October 15th 2001.
[36] R. K. Wharton, J. A. Harding, J. Energet. Mater., 1993, 11, 51-65.
[37] Gol'der, Zhurnal Fizicheskoi Khimii, 1952, 26, 1259.
[38] E. Hertel, G. H. Romer, Z. Physikalische Chemie (Leipzig), 1930, B11, 77.
[39] Hultgren, J. Chem. Phys., 1936, 4, 84.
[40] H. -C. Chang, C. -P. Tang, Y. -J. Chen, C. -L. Chang, Int. Ann. Conf. Fraunhofer Inst. Chemische Technologie, 1987, 18, 51.
[41] R. M. Vrcelj, J. N. Sherwood, A. R. Kennedy, H. G. Gallagher, T. Gelbrich, Crystal Growth and Design, 2003, 3, 1027-1032.
[42] L. A. Burkhardt, J. J. Bryden, Acta Cryst., 1954, 7, 135-137.

三硝基二甲苯
(Trinitroxylene)

名称 三硝基二甲苯

主要用途 爆破装药中的成分

分子结构式

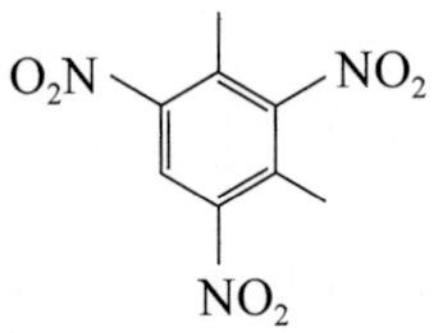

名称	TNX
分子式	$C_8H_7N_3O_6$
$M/(g\cdot mol^{-1})$	241.16
IS/J	10.46[3], 9.90(一级反应)[5], 10.46(声音)[5]
FS/N	
ESD/J	11.10[3], 11.1[4]
N/%	17.42
$\Omega(CO_2)$/%	−89.57
$T_{m.p}$/℃	180.2[1], 187[9]
T_{dec}/K T_{dec}/℃	521[5](DTA @ 5℃·min^{-1}) 351(最大放热峰)[9](DSC @ 20℃·min^{-1})

续表

$\rho/(g\cdot cm^{-3})$	1.623[2], 1.69[8]	
$\Delta_f H/(kJ\cdot mol^{-1})$ $\Delta_f H°/(kJ\cdot kg^{-1})$	−102.6[6] −425.6[8]	
	理论值(EXPLO5 6.04)	实测值
$-\Delta_{ex}U°/(kJ\cdot kg^{-1})$	4050	3533 [H_2O(液态)][6,8] 3391 [H_2O(气态)][8]
T_{ex}/K	2876	
$P_{C-J}/kbar$	164	
$VoD/(m\cdot s^{-1})$	6527(@ 1.623g·cm^{-3}; $\Delta_f H$ = −102.6 kJ·mol^{-1})	6600(@ 1.51g·cm^{-3})[10]
$V_0/(L\cdot kg^{-1})$	649	843[7,8]

名称	TNX[2]
化学式	$C_8H_7N_3O_6$
$M/(g\cdot mol^{-1})$	241.16
晶系	正交
空间群	*Pbcn*
a/Å	5.749(2)
b/Å	15.043(3)
c/Å	11.415(2)
α/(°)	90
β/(°)	90
γ/(°)	90
V/Å^3	987.2(3)
Z	4
$\rho_{calc}/(g\cdot cm^{-3})$	1.623
T/K	

参考文献

[1] N. N. Efremov, A. M. Tikhomirova, Izv. Inst. Fiz.-Khim. Anal., Akad. Nauk SSSR, 1928, 4, 65-91.

[2] J. Guo, T. Zhang, J. Zhang, Y. Liu, Huozhayao Xuebao, 2006, 29, 58-62.

[3] A Study of Chemical Micro-Mechanisms of Initiation of Organic Polynitro Compounds, S. Ze-

man, Ch. 2 in Energetic Materials, Part 2: Detonation, Combustion, P. A. Politzer, J. S. Murray (eds.), Theoretical and Computational Chemistry, Vol. 13, 2003, Elsevier, p. 25–60.

[4] M. H. Keshavarz, Z. Keshavarz, ZAAC, 2016, 642, 335–342.

[5] S. Zeman, Proceedings of New Trends in Research of Energetic Materials, NTREM, April 24–25th 2002.

[6] M. H. Keshavarz, Propellants, Explosives, Pyrotechnics, 2008, 33, 448–453.

[7] M. Jafari, M. Kamalvand, M. H. Keshavarz, A. Zamani, H. Fazeli, Indian J. Engineering and Mater. Sci., 2015, 22, 701–706.

[8] R. Meyer, J. Köhler, A. Homburg, Explosives, 7th edn., Wiley-VCH, Weinheim, 2016, pp. 366–367.

[9] J. C. Oxley, J. L. Smith, E. Rogers, X. X. Dong, J. Energet Mater., 2000, 18, 97–121.

[10] B. T. Fedoroff, O. E. Sheffield, Encyclopedia of Explosives and Related Items, Vol. 2, US Army Research and Development Command, TACOM, Picatinny Arsenal, USA, 1962.

三季戊四醇辛酸硝酸酯
(Tripentaerythritol octanitrate)

名称 三季戊四醇辛酸硝酸酯

主要用途 硝化纤维素用高能增塑剂

分子结构式

$$\begin{array}{c} \quad CH_2ONO_2 \quad CH_2ONO_2 \quad CH_2ONO_2 \\ \quad | \qquad\qquad\quad | \qquad\qquad\quad | \\ O_2NOCH_2CCH_2OCH_2CCH_2OCH_2CCH_2ONO_2 \\ \quad | \qquad\qquad\quad | \qquad\qquad\quad | \\ \quad CH_2ONO_2 \quad CH_2ONO_2 \quad CH_2ONO_2 \end{array}$$

名称	TPEON
分子式	$C_{15}H_{24}N_8O_{26}$
$M/(g\cdot mol^{-1})$	732
IS/J	4.9(2kg 落锤, 9 英寸)[1], 9 英寸(2kg 落锤, 24mg 样品, P. A.)[8], 10 英寸(2kg 落锤, 12mg 样品, P. A.)[8]
FS/N	
ESD/J	
N/%	15.3
$\Omega(CO_2)$/%	−35
$T_{m.p}$/℃	82~84[1,3] 71~74(粗 TPEON)[3]
T_{dec}/℃	215~250[1](DSC @ 5℃·min⁻¹)

续表

$\rho/(g\cdot cm^{-3})$	1.58(晶体)[1] 1.58(绝对)[3] 1.565(装药密度@ 60000psi)[3]	
$\Delta_f H^\circ/(kJ\cdot mol^{-1})$ $\Delta_f U^\circ/(kJ\cdot kg^{-1})$		
	理论值(EXPLO5 6.03)	实测值
$-\Delta_{ex}U^\circ(kJ\cdot kg^{-1})$		$1085cal\cdot g^{-1}$[1,3]
T_{ex}/K		
$P_{C-J}/kbar$		
$VoD/(m\cdot s^{-1})$		7650(@ $1.56g\cdot cm^{-3}$,装药直径0.5英寸,压制,无约束)[1,3] 7710[2]
$V_0/(L\cdot kg^{-1})$		$762\ cc\cdot gm^{-1}$[1,3]

参考文献

[1] AMC Pamphlet Engineering Design Handbook: Explosive Series Properties of Explosives of Military Interest, Headquarters, U. S. Army Materiel Command, January 1971.

[2] H. Muthurajan, R. Sivabalan, M. B. Talawar, S. N. Asthana, J. Hazard. Mater., 2004, A112, 17-33.

[3] S. M. Kaye, Encyclopedia of Explosives and Related Items Vol. 9, US Army Research and Development Command TACOM, Picatinny Arsenal, USA, 1980.

U

硝酸脲
(Uronium nitrate)

名称 硝酸脲

主要用途 简易爆炸物,无烟药中的稳定剂,用于降低混合炸药的爆温

分子结构式

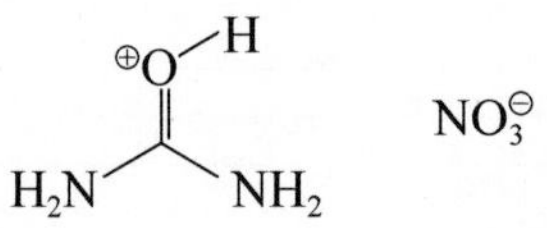

名称	UN	
分子式	$CH_5N_3O_4$	
$M/(g \cdot mol^{-1})$	123.07	
IS/J	>40(500~1000μm),>49N·m[1,5]	
FS/N	>360(500~1000μm),>353[1]	
ESD/J	>1.5(500~1000μm)	
$N/\%$	34.14	
$\Omega(CO_2)/\%$	-6.50	
$T_{m.p}/℃$	155,140[1],157~159(DSC @ 10℃·min⁻¹)[3]	
$T_{dec}/℃$	159(DSC @ 5℃·min⁻¹),~160(DSC @ 20℃·min⁻¹)[3]	
$\rho/(g \cdot cm^{-3})$	1.744(@ 100 K),1.59[1],1.655(@ 298 K,气体比重计)	
$\Delta_f H°/(kJ \cdot mol^{-1})$ $\Delta_f U°/(kJ \cdot kg^{-1})$	-469 -3691	
	理论值(EXPLO5 6.03)	实测值
$-\Delta_{ex}U°(kJ \cdot kg^{-1})$	3348	639 kcal·kg⁻¹[2] 3211 [H_2O(液态)][1] 2455 [H_2O(气态)][1]
T_{ex}/K	2499	
$P_{C-J}/kbar$	236	

续表

VoD/(m·s^{-1})	7958	3400(@ 0.85g·cm^{-3},30mm 纸管,1.5g MF 炸药驱动)[2] 4700(@ 1.2g·cm^{-3},30mm 钢管,1.5g 炸药驱动)[2]
V_0/(L·kg^{-1})	916	910[1],896[2]

名称	UN[4]	UN[5] (中子衍射)
化学式	$CH_5N_3O_4$	$CH_5N_3O_4$
M/(g·mol^{-1})	123.07	123.07
晶系	单斜	单斜
空间群	$P2_1/c$ (no. 14)	$P2_1/c$ (no. 14)
a/Å	9.527(7)	9.543(1)
b/Å	8.203(5)	8.201(1)
c/Å	7.523(6)	7.498
α/(°)	90	90
β/(°)	124.37(5)	124.25(1)
γ/(°)	90	90
V/Å^3	485.28	485.051
Z	4	4
ρ_{calc}/(g·cm^{-3})	1.684	1.685
T/K	295	295

参考文献

[1] R. Meyer, J. Köhler, A. Homburg, Explosives, 7th edn., Wiley-VCH, Weinheim, 2016, pp. 371-372.

[2] S. M. Kaye, Encyclopedia of Explosives and Related Items, Vol. 10, US Army Research and Development Command, TACOM, Picatinny Arsenal, USA, 1983.

[3] J. C. Oxley, J. L. Smith, S. Vadlaroannati, A. C. Brown, G. Zhang, D. S. Swanson, J. Canino, Propellants, Explosives, Pyrothechnics, 2013, 38, 335-344.

[4] S. Harkema, D. Feil, Acta Cryst., 1969, B25, 589-591.

[5] J. E. Warsham, J. L. Smith, J. Brady, S. Naik, Propellants, Explosives, Pyrotechnics, 2010, 35, 278-283.

乌洛托品二硝酸盐
(Urotropinium dinitrate)

名称 乌洛托品二硝酸盐

主要用途 简易爆炸物,HMX 前驱体

分子结构式

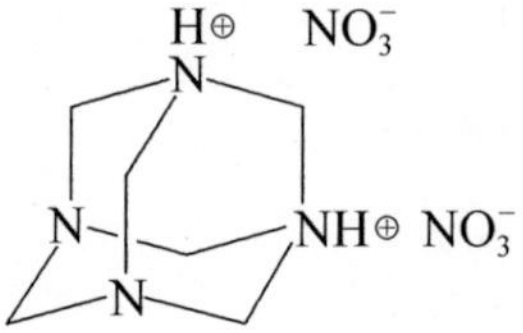

名称	UDN	
分子式	$C_6H_{14}N_6O_6$	
$M/(g \cdot mol^{-1})$	265.21	
IS/J	15(<100μm)	
FS/N	240(<100μm)	
ESD/J	1.3(<100μm)	
N/%	31.57	
$\Omega(CO_2)$/%	-78.43	
$T_{m.p}$/℃	160	
T_{dec}/℃	164(DSC @ 5℃·min⁻¹)	
$\rho/(g \cdot cm^{-3})$	1.711(@ 173 K) 1.663(@ 298 K,气体比重计)	
$\Delta_f H^\circ/(kJ \cdot mol^{-1})$ $\Delta_f U^\circ/(kJ \cdot kg^{-1})$	-470 -1645	
	理论值(EXPLO5 6.03)	实测值
$-\Delta_{ex} U^\circ/(kJ \cdot kg^{-1})$	3222	
T_{ex}/K	2239	
P_{C-J}/kbar	210	
VoD/$(m \cdot s^{-1})$	7726	
$V_0/(L \cdot kg^{-1})$	860	

附　　录

附录1　符号说明

a	晶格参数(Å)
b	晶格参数(Å)
c	晶格参数(Å)
DH_{50}	爆炸分数为50%时对应的落高(cm)
E_{50}	爆炸分数为50%时的静放电能(J)
Ed_{min}	连续6次撞击都不爆炸的最大落高(cm)
ESD	静电火花感度(J)
F_{50}	爆炸分数为50%时的摩擦荷重(N)
FI	不敏感指数
FOF	不敏感指数
FOI	不敏感指数
FS	摩擦感度(N)
$H_{38\%}$	爆炸分数为38%时的落锤高度(cm)
$H_{50\%}$	爆炸分数为50%时的落锤高度(cm)
$H_{60\%}$	爆炸分数为60%时的落锤高度(cm)
IS	撞击感度(J)
IS_{A50}	爆炸分数为50%时对应的落高(m)
IS_{LL}	撞击敏感度下限(m)
M	摩尔质量($g \cdot mol^{-1}$)
N	含氮量(%)
P_{C-J}	爆压(GPa)
$P_{fr.50\%}$	根据压力-爆炸频率曲线计算的爆炸分数为50%时的压力(MPa)
$P_{fr.LL}$	摩擦感度下限对应的压力(MPa)
Q_E	爆热($kJ \cdot mol^{-1}$)
Q_E^V	定容爆热($kJ \cdot mol^{-1}$)

Q_f^P	定压生成热(kJ·mol^{-1})
T	温度（℃或K)
$T_{b.p}$	沸点
T_{cr}	热爆炸临界温度(℃)
T_{dec}	分解温度(℃)
T_{ex}	爆温(K)
T_{idb}	强分解初始温度(℃)
T_{max}	最大分解温度(℃)
T_{melt}	熔融温度
$T_{m.p}$	熔点(℃)
T_w	最大分解速率温度(℃)
V	晶胞体积(Å^3)
VoD	爆速(m·s^{-1})
V_0	爆容(L·kg^{-1})
Z	晶胞内含有化学式单元的数目
α	晶格参数(°)
β	晶格参数(°)
γ	晶格参数(°)
@	在…实验条件
Ω	氧系数(%)
ρ	密度(g·cm^{-3})
ρ_{calc}	理论密度(g·cm^{-3})
$\Delta_f H°$	生成焓(kJ·mol^{-1})
$\Delta_{ex} U°$	爆热(kJ·kg^{-1})

附录2　术语注释

ABL	美国阿勒格尼弹道实验室
AP	高氯酸铵
ARC-DSC	加速量热-差示扫描量热分析
ARDEC	美国陆军军械研究发展与工程中心
B. M.	美国矿务局仪器
BAM	德国联邦材料研究与测试研究所

Bruceton	布鲁斯顿
Buechi	瑞士布奇公司
CHEETAH	热化学计算程序
CHEETAH 2.0	热化学计算程序 CHEETAH 的 2.0 版
CHEETAH 7.0	热化学计算程序 CHEETAH 的 7.0 版
CHEETAH v8.0	热化学计算程序 CHEETAH 的 8.0 版
DSC	差示扫描量热
DSC-TG	差示扫描量热-热重分析
DTA	差热分析
ERL	美国爆炸研究实验室
EXPLO5	热化学计算程序软件
EXPLO5	热化学计算程序 EXPLO5
EXPLO5 5.02	热化学计算程序 EXPLO5 的第 5.02 版
EXPLO5 5.04	热化学计算程序 EXPLO5 的第 5.04 版
EXPLO5 6.03	热化学计算程序 EXPLO5 的第 6.03 版
EXPLO5_6.04	热化学计算程序 EXPLO5 的第 6.04 版
ICT	德国费劳恩霍费尔化学工艺研究所
Julius-Peters	美国朱利叶斯-彼得斯公司
Kast	卡斯特
K-J	K-J 方程
K-W	Kistiakowski-Wilson 方程
LA	叠氮化铅
LASEM	能材料激光诱发的空气冲击试验
LASL	洛斯阿拉莫斯国家实验室
Lenze-Kast	Lenze-Kast 公司
LLNL	美国利弗莫尔国家实验室
LOTUSES	一种测试软件
MF	雷汞
NIST	美国国家标准与技术研究院
NOL	美国海军军械实验室
Olin	美国欧琳公司
P. A.	美国匹克汀尼兵工厂仪器
PA	三硝基苯酚
RDX	黑索今,环三亚甲基三硝胺

Rotter	美国罗特公司
Rotter FS	美国罗特公司摩擦感度仪
RSFTIR	遥感红外傅里叶红外光谱
RT	室温
SMS	美国西马克集团公司
TGA	热重分析
TG-DTA-FTIR-MS	热重-差热-红外-质谱分析
TG/DTA	热重/差热分析
TMD	最大理论密度
TNT	三硝基甲苯
US-NOL	美国海军军械实验室
US	美国
Wöhler	德国沃勒公司
XRD	X 射线衍射
ZMWCyw	热动力学计算程序

附录 3　单位换算表

一、质量单位

质量	千克(kg)	克(g)	盎司(oz)	磅(lb)
千克(kg)	1	1000	35.274	2.2046
克(g)	10^{-3}	1	0.035274	0.0022046
盎司(oz)	0.0283495	28.3495231	1	0.0625
磅(lb)	0.4535924	453.59237	16	1

二、长度单位

长度	米(m)	毫米(mm)	英寸(in)	英尺(ft)	码(yd)
米(m)	1	1000	39.3700787	3.2808399	1.0936133
毫米(mm)	0.001	1	0.0393701	0.0032808	0.0010936
英寸(in)	0.0254	25.4	1	0.0833333	0.0277778
英尺(ft)	0.3048	304.8	12	1	0.3333333
码(yd)	0.9144	914.4	36	3	1

三、体积单位换算

长度	米^3(m^3)	升(L)	英尺^3(ft^3)	英寸^3(in^3)	美加仑(gal)	英加仑(gal)
米^3(m^3)	1	1	35.3147248	61023.8445022	264.1720524	219.9691573
升(L)	1	1	35.3147248	61023.8445022	264.1720524	219.9691573
英尺^3(ft^3)	0.0283168	0.0283168	1	1728	7.4805072	6.2288226
英寸^3(in^3)	0.0000164	0.0000164	0.0005787	1	0.004329	0.0036046
美加仑(gal)	0.0037854	0.0037854	0.1336808	231.0003801	1	0.8326738
英加仑(gal)	0.0045461	0.0045461	0.160544	277.420004	1.2009504	1

四、温度单位换算

温度	开尔文(K)	摄氏度(℃)	华氏度(℉)
开尔文(K)	n	$n-273.15$	$n\times9/5-459.67$
摄氏度(℃)	$n+273.15$	n	$n\times5/9+32$
华氏度(℉)	$(n+459.67)\times5/9$	$(n-32)\times5/9$	n

五、压力单位换算

压力	兆帕(MPa)	帕斯卡(Pa)	巴(bar)	大气压(atm)	磅力/英寸^2(psi)	毫米汞柱(mmHg)
兆帕(MPa)	1	10^6	10	10	145.0377	7500.6168
帕斯卡(Pa)	10^6	1	10^{-5}	10^{-4}	0.000145	0.0002953
巴(bar)	0.1	10^5	1	1	14.5037744	750.0617
大气压(atm)	0.1	10^5	1	1	14.5037744	750.0617
磅力/英寸^2(psi)	0.0068948	6894.757	0.0689476	0.0689476	1	51.7149304
毫米汞柱(mmHg)	0.0001333	133.3223684	0.0013332	0.0013332	0.0193368	1

六、能量单位换算

能量	牛·米（N·m）	千焦（kJ）	千卡（kcal）	米·吨（m·t）	升·大气压（Lat·m）	升·巴（L·bar）
焦（J）	1	10^{-3}	2.3884×10^{-4}	1.0197×10^{-4}	9.8687×10^{-3}	10^{-2}
千焦（kJ）	10^{3}	1	2.3884×10^{-1}	1.0197×10^{-1}	9.8687	10
千卡（kcal）	4.1868×10^{3}	4.1868	1	4.2694×10^{-1}	41.319	41.869
米·吨（m·t）	9.8067×10^{3}	9.8067	2.3423	1	96.782	98.069
升·大气压（Lat·m）	1.0133×10^{2}	1.0133×10^{-1}	2.4202×10^{-2}	1.0333×10^{-2}	1	1.0133
升·巴（L·bar）	10^{2}	10^{-1}	2.3884×10^{-2}	1.0197×10^{-2}	9.8687×10^{-1}	1

索　　引

分子式索引表

分子式	页码	分子式	页码
AgCNO	285	$C_2H_{11}N_{11}O$	322
AgN_3	283	$C_2H_2N_4O_3$	233
$Ba(ClO_3)_2$	18	$(C_2H_3NO_3)_n$	266
$Ba(ClO_4)_2$	21	$C_2H_4N_2O_6$	129,221
$Ba(NO_3)_2$	19	$C_2H_4N_4O_4$	136
CHN_3O_6	352	$C_2H_5N_9$	314
$CH_3N_3O_3$	235	$C_2H_5NO_2$	214
CH_3N_5O	2	$C_2H_5NO_3$	131
CH_3NO_2	227	$C_2H_6N_{10}O_2$	188
$CH_4N_4O_2$	222	$C_2H_6N_4O_4$	126
$CH_5N_3O_4$	374	$C_2H_7N_3O_6$	122
$CH_5N_5O_2$	210	$C_2H_7N_7O_5$	138
$CH_5N_5O_6$	191	$C_2H_8N_{10}O$	312
$CH_6N_3O_4Cl$	152	$C_2H_8N_{10}O_4$	75
$CH_6N_4O_3$	150	$C_2H_8N_2$	80
CH_6N_6O	3	$C_2H_8N_8O$	149
$CH_9N_7O_3$	323	$C_2H_9N_9O$	1
CN_4O_8	308	$C_2K_2N_{12}O_4$	271
$C_2ClCoH_{12}N_{14}O_8$	300	$C_2N_2O_2Hg$	207
$C_2Cu_2N_{10}O_4$	52	$C_2N_6O_{12}$	170
$C_2H_{10}N_{10}O$	62	$C_3H_{10}N_2O_3$	335
$C_2H_{10}N_4O_6$	125	$C_3H_3N_5O_{10}$	333

续表

分子式	页码	分子式	页码
$C_3H_3N_7O_5$	35	$C_4H_6N_4O_6$	90
$C_3H_4N_4O_6$	341	$C_4H_7N_3O_8$	229
$C_3H_5N_3O$	147	$C_4H_7N_3O_9$	45
$C_3H_5N_3O_9$	216	$C_4H_8N_{10}O_8$	77
$C_3H_5NO_4$	220,264	$C_4H_8N_{16}O_2$	197
$C_3H_6N_{10}O_2$	67	$C_4H_8N_{16}O_4$	196
$C_3H_6N_2O_6$	279,336	$C_4H_8N_2O_6$	44
$C_3H_6N_2O_7$	142,143	$C_4H_8N_2O_7$	72
$C_3H_6N_6O_3$	55	$C_4H_8N_4O_8$	113
$C_3H_6N_6O_6$	176	$C_4H_8N_8O_8$	240
$C_3H_7N_{11}O_2$	66,198,199	$C_4H_9N_3O_5$	132
$C_3H_7NO_3$	280	$C_4H_{10}N_4$	78
$C_3H_8N_{10}O$	63,65	$C_5H_{12}N_{16}O_2$	71
$C_3H_8N_4O_4$	86	$C_5H_{12}N_4O_4$	88
C_3N_{12}	53	$C_5H_2N_4O_6$	358
$C_4H_{10}N_{18}O_4$	195	$C_5H_2N_4O_7$	359
$C_4H_{10}N_4O_4$	87	$C_5H_6N_8O_{13}$	43
$C_4H_{12}N_{14}O_4$	119	$C_5H_8N_2O_8$	141
$C_4H_{12}N_{18}O_4$	31	$C_5H_8N_4O_{12}$	248
$C_4H_{12}N_2O_3$	301	$C_5H_8N_6O$	263
$C_4H_{14}N_{20}O_4$	24	$C_5H_9N_3O$	261
$C_4H_{14}N_{20}O_6$	26	$C_5H_9N_3O_{10}$	247
$C_4H_2N_8O_{10}$	307	$C_5H_9N_3O_8$	215
$C_4H_4N_6O_5$	61	$C_6H_{10}N_{16}O_2$	64
$C_4H_4N_6O_6$	98	$C_6H_{10}N_4O_{13}$	74
$C_4H_4N_8O_{14}$	41	$C_6H_{11}N_3O_9$	123
$C_4H_4N_8O_2$	15	$C_6H_{12}N_{16}O_4$	70
$C_4H_4N_8O_3$	16,59	$C_6H_{12}N_{22}O_4$	25
$C_4H_6N_4O_{11}$	225	$C_6H_{12}N_2O_4$	79
$C_4H_6N_4O_{12}$	120	$C_6H_{12}N_2O_6$	184

续表

分子式	页码	分子式	页码
$C_6H_{12}N_2O_8$	331	$C_7H_{12}N_4O_{10}$	30
$C_6H_{12}O_4$	58	$C_7H_2N_{10}O_{12}$	39
$C_6H_{13}N_3O_5$	47	$C_7H_3N_3O_8$	347
$C_6H_{14}N_6O_6$	158,376	$C_7H_5N_3O_6$	361
$C_6H_2N_3O_6Cl$	348	$C_7H_5N_3O_7$	339,350
$C_6H_2N_4O_5$	68	$C_7H_5N_5O_8$	315
$C_6H_2N_4O_6$	83	$C_7H_6N_{10}O_8$	27
$C_6H_3N_2O_4Cl$	85	$C_7H_6N_2O_4$	109,111
$C_6H_3N_3O_6$	344	$C_7H_6N_2O_5$	82,102
$C_6H_3N_3O_7$	259	$C_7H_7N_9O_{21}$	332
$C_6H_3N_3O_8$	293	$C_7H_7NO_2$	230,231,232
$C_6H_3N_3O_9Pb$	204	$C_7H_8N_6O_7$	155
$C_6H_3N_4O_7K$	272	$C_8H_{14}N_4O_{10}$	29
$C_6H_3N_5O_8$	304	$C_8H_6N_4O_{10}$	355
$C_6H_4N_2O_2$	106	$C_8H_6N_6O_{11}$	356
$C_6H_4N_4O_6$	337	$C_8H_7N_3O_6$	370
$C_6H_4N_6O_{16}$	36	$C_8H_7N_3O_7$	133
$C_6H_5N_3O_5$	257	$C_8H_7N_3O_8$	104
$C_6H_6N_{12}O_{12}$	50	$C_8H_7N_5O_8$	134
$C_6H_6N_4O_4$	105	$C_8N_8O_{16}$	32,238
$C_6H_6N_4O_7$	13	$C_9H_{12}N_4O_{13}$	302
$C_6H_6N_4O_8$	107	$C_9H_{18}O_6$	297
$C_6H_6N_6O_6$	325	$C_9H_7N_5O_{13}$	146
$C_6H_8N_2O_8$	200	$C_9H_8N_4O_{11}$	144
$C_6H_8N_6O_{12}$	91	$C_{10}H_{16}N_6O_{19}$	115
$C_6H_8N_6O_{18}$	206	$C_{10}H_4N_4O_8$	311
$C_6H_9N_3O_{11}$	145	$C_{10}H_5N_3O_6$	353
$C_6HN_3O_6$	265	$C_{10}H_6N_2O_4$	100,101
$C_6HN_4O_7K$	274	$C_{10}H_8N_6O_{14}$	34
$C_6N_{12}O_6$	329	$C_{10}H_8N_8O_{17}$	157

续表

分子式	页码	分子式	页码
$C_{12}H_{14}N_6O_{22}$	211	$C_{16}H_4N_{10}O_{14}$	38
$C_{12}H_2CaK_2N_6O_{16}$	49	$C_{17}H_7N_{11}O_{16}$	281
$C_{12}H_4N_6O_{12}$	161	$C_{22}H_{42}O_4$	112
$C_{12}H_4N_6O_{12}S$	167	H_4N_2	186
$C_{12}H_4N_6O_{13}$	166	$H_4N_4O_4$	5
$C_{12}H_4N_6O_{14}S$	169	$H_5N_2O_4Cl$	193
$C_{12}H_4N_8O_{12}$	159	$H_5N_3O_3$	189
$C_{12}H_4N_8O_8$	296	$KClO_3$	268
$C_{12}H_5N_5O_8$	306	$KClO_4$	277
$C_{12}H_5N_7O_{12}$	162	KN_3O_4	269
$C_{12}H_9N_3O_4$	93,94,95,96,97	KNO_3	275
$C_{13}H_6N_8O_{13}$	118	N_6Pb	202
$C_{14}H_{10}O_4$	23	$NaClO_3$	286
$C_{14}H_6N_6O_{12}$	173	$NaClO_4$	290
$C_{14}H_6N_8O_{14}$	172	$NaNO_3$	288
$C_{14}H_8N_8O_{15}$	164	NH_4ClO_4	10
$C_{15}H_{15}NO_2$	116	NH_4N_3	4
$C_{15}H_{24}N_8O_{26}$	372	NH_4NO_3	8
$C_{15}H_9N_7O_{17}$	165	$Sr(NO_3)_2$	291

中文索引表

1,1′-二羟基-3,3′-二硝基-5,5′-联-1,2,4-三唑二羟胺盐	77
1,1′-二羟基-5,5′-联四唑-二(氨基脲)盐	119
1,1′-二羟基-5,5′-联四唑肼盐	188
1,1′-二羟基-5,5′-偶氮四唑二(3-肼基-4-氨基-2H-1,2,4-三唑)盐	199
1,1′-二硝氨基-5,5′-联四唑二(氨基胍)盐	24
1,1′-二硝氨基-5,5′-联四唑双(3,4-二氨基-1,2,4-三唑)盐	25

续表

1,1′-二硝氨基-5,5′-联四唑双胍盐	31
1,1′-二硝基氨基-5,5′-联四唑钾盐	271
1,1-二氨基-2,2-二硝基乙烯	136
1,2,4-丁三醇三硝酸酯	45
1,3,5-三氨基-2,4,6-三硝基苯	325
1,3,5-三叠氮-2,4,6-三硝基苯	329
1,3-丙二醇二硝酸酯	336
1,3-丁二醇二硝酸酯	44
1,4-二硝基甘脲	98
1,5-二硝基萘	100
1,8-二硝基萘	101
1-[(2E)-3-(1H-四唑-5-基)三氮-2-烯-1-亚基]甲烷二胺	314
1H,1′H-5,5′-双四唑′3-肼基-4-氨基-1H-1,2,4-三唑盐	197
1-氨基三唑-5-酮-三氨基胍盐	322
1-氨基四唑-5-酮	2
1-氨基四唑-5-酮氨基胍盐	1
1-氨基四唑-5-酮铵盐	3
1-氨基四唑-5-酮胍盐	149
2,2,2-三硝基乙基-硝氨基甲酸酯	333
2,2,2-双(三硝基乙基)草酸	36
2,2′-二硝基二苯胺	93
2,3,4,6-四硝基苯胺	304
2,3-二甲基-2,3-二硝基丁烷	79
2,4,6,2′,4′,6′-六硝基苯基醚	166
2,4,6,2′,4′,6′-六硝基二苯胺	162
2,4,6,2′,4′,6′-六硝基二苯基砜	169
2,4,6,2′,4′,6′-六硝基二苯基硫醚	167
2,4,6,2′,4′,6′-六硝基联苯	161
2,4,6-三硝基苯基硝基氨基乙基硝酸酯	356
2,4,6-三硝基苯基乙基硝胺	134
2,4,6-三硝基间苯二酚(斯蒂酚酸)	293
2,4′-二硝基二苯胺	95
2,4-二硝基-2,4-二氮杂己烷	87
2,4-二硝基-2,4-二氮杂戊烷	86
2,4-二硝基苯甲醚	82
2,4-二硝基二苯胺	94

续表

2,4-二硝基甲苯	109
2,4-二硝基氯苯	85
2,6-二氨基-3,5-二硝基吡嗪-1-氧化物	61
2,6-二苦氨基-3,5-二硝基吡啶	281
2,6-二硝基二苯胺	96
2,6-二硝基甲苯	111
2-硝基甲苯	230
3,3′-二氨基-4,4′-氧化偶氮呋咱	59
3,3′-二异噁唑-4,4′,5,5′-四亚甲基硝酸酯	34
3,3′-二异噁唑-5,5′-二亚甲基硝酸酯	32
3,4-二氨基-1,2,4-三唑 1-氨基四唑-5-酮盐	63
3,4-二氨基-1,2,4-三唑-1-羟基 5-氨基-四唑盐	65
3,4-二氨基-1,2,4-三唑 5-硝氨基-四唑盐	66
3,4-二氨基-1,2,4-三唑 5-硝基-四唑盐	67
3,5-二硝基-3,5-二氮杂庚烷	88
3-硝基-1,2,4-三唑-5-酮	233
3-硝基甲苯	231
4,10-二硝基-4,10-二氮杂-2,6,8,12-四氧四环十二烷	107
4,4′-二硝基二苯胺	97
4,6-二硝氨基-1,3,5-三嗪-2(1H)-酮	35
4,6-二硝基苯并氧化呋咱	83
4-硝基甲苯	232
5,5′-联四唑-1,1′-二氧二羟胺	75
5,5′-双(2,4,6-三硝基苯)-2,2′-双(1,3,4-噁二唑)	38
5,7-二硝基-4-氧-[2,1,3]-苯并噁二唑钾-3-氧化物	274
5-硝基四唑亚铜	52
N-(2,4,6 三硝基苯基-*N*-硝氨基)-三羟甲基甲烷三硝酸酯	157
N-丁基-*N*-(2-硝酸酯乙基)硝胺	47
N-脒基脲二硝酰胺盐	138
N-乙基-*N*-(2-硝氧乙基)硝胺	132
ε-六硝基六氮杂异伍兹烷	50
奥克托今	240
八硝基立方烷	238
丙二醇二硝酸酯	279
赤藓醇四硝酸酯	120
叠氮化铵	4

续表

叠氮化铅	202
叠氮化银	283
二(1-氨基-1,2,3-三唑)5,5′-联四唑-1,1′-二羟基盐	64
二(3,4-二氨基-1,2,4-三唑)5-二硝甲基-四唑盐	70
二(3,4-二氨基-1,2,4-三唑)5-硝氨基-四唑盐	71
二(5-硝氨基-四唑)-3-肼基-4-氨基-1H-1,2,4-三唑盐	195
二(5-硝基-四唑)-3-肼基-4-氨基-1H-1,2,4-三唑盐	196
二氨基胍-1-氨基四唑5-酮盐	62
二苯氨甲酸乙酯	116
二甘油四硝酸酯	74
二过氧化二丙酮	58
二季戊四醇六硝酸酯	115
二甲基-2-叠氮乙基胺	78
二苦基脲	118
二缩三乙二醇二硝酸酯	331
二硝基苯	106
二硝基苯并氧化呋咱钾	272
二硝基苯肼	105
二硝基苯氧基乙基硝酸酯	104
二硝基二甲基草酰胺	90
二硝基二氧乙基草酰胺二硝酸酯	91
二硝基邻甲酚	102
二硝基重氮酚	68
二硝酰胺铵	5
二硝酰胺钾	269
二乙二醇二硝酸酯	72
甘露醇六硝酸酯	206
甘油1,2-二硝酸酯	143
甘油1,3-二硝酸酯	142
甘油-2,4-二硝基苯基醚二硝酸酯	144
甘油三硝基苯醚二硝酸酯	146
甘油硝基乳酸酯二硝酸酯	145
甘油乙酸酯二硝酸酯	141
高氯酸铵	10
高氯酸钡	21
高氯酸胍	152

续表

高氯酸钾	277
高氯酸肼	193
高氯酸钠	290
过氧化苯甲酰	23
黑索今	176
环三亚甲基三亚硝胺	55
吉纳	113
己二酸二辛酯	112
季戊四醇三硝酸酯	247
肼	186
聚-3,3-双-(叠氮基甲基)-氧杂环丁烷	263
聚-3-叠氮基甲基-3-甲基-氧杂环丁烷	261
聚叠氮缩水甘油醚	147
聚三硝基苯	265
聚缩水甘油硝酸酯	264
聚乙烯醇硝酸酯	266
苦氨酸	257
苦味酸	259
苦味酸铵	13
苦味酸胍	155
雷汞	207
雷酸银	285
六硝基二苯基氨基乙基硝酸酯	164
六硝基二苯基草酸胺	172
六硝基二苯基甘油单硝酸酯	165
六硝基偶氮苯	159
六硝基芪	173
六硝基乙烷	170
六亚甲基三过氧化二胺	184
六亚甲基四胺二硝酸盐	158
氯酸钡	18
氯酸钾	268
氯酸钠	286
偶氮三唑酮	15
偏二甲肼	80
三-(2,2,2-三硝基乙基)氧基甲烷	332

续表

三氨基硝酸胍	323
三过氧化三丙酮	297
三季戊四醇辛酸硝酸酯	372
三聚叠氮氰	53
三羟甲基丙烷三硝酸酯	123
三硝基苯	344
三硝基苯胺	337
三硝基苯甲酸	347
三硝基苯氧基乙基硝酸酯	355
三硝基吡啶	358
三硝基吡啶-*N*-氧化物	359
三硝基氮杂环丁烷	341
三硝基二甲苯	370
三硝基茴香醚	339
三硝基甲苯	361
三硝基甲酚	350
三硝基甲烷	352
三硝基氯苯	348
三硝基萘	353
双(2,2-二硝基丙基)甲缩醛	30
双(2,2-二硝基丙基)乙缩醛	29
双(3,4,5-三硝基吡唑基)甲烷	39
双(3,5-二硝基-4-氨基吡唑基)甲烷	27
双(二氨基脲)1,1′-二硝氨基-5′,5′-联四唑盐	26
双(三硝基乙基)脲	43
双(三硝基乙基)硝胺	41
斯蒂芬酸钾钙	49
斯蒂酚酸铅	204
四胺-顺式-双(5-硝基-2H-四唑)钴(Ⅲ)高氯酸盐	300
四氮烯	312
四甲基硝酸铵	301
四羟甲基环戊酮四硝酸酯	302
四硝基二苯并-1,3a,4,6a-四氮杂戊搭烯	296
四硝基甘脲	307
四硝基甲烷	308
四硝基咔唑	306

续表

四硝基萘	311
太安	248
特屈儿	315
乌洛托品二硝酸盐	376
硝仿肼	191
硝化甘醇	221
硝化甘油	216
硝化纤维素	211
硝基氨基胍	210
硝基胍	222
硝基甲基丙二醇二硝酸酯	229
硝基甲烷	227
硝基脲	235
硝基四唑-3-肼基-4-氨基-1H-1,2,4-三唑盐	198
硝基缩水甘油	220
硝基乙基丙二醇二硝酸酯	215
硝基乙烷	214
硝基异丁基甘油三硝酸酯	225
硝酸铵	8
硝酸钡	19
硝酸丙酯	280
硝酸胍	150
硝酸钾	275
硝酸肼	189
硝酸钠	288
硝酸脲	374
硝酸三甲铵	335
硝酸锶	291
硝酸乙酯	131
氧化偶氮三唑酮	16
乙二胺二硝酸盐	125
乙二醇二硝酸酯	129
乙基苦味酸	133
乙酸乙醇胺	122
乙烯二硝胺	126
异山梨醇二硝酸酯	200

中英文索引表

中文名称	英文名称	缩写名称	页码
1-氨基四唑-5-酮氨基胍盐	Aminoguanidinium 1-aminotetrazol-5-oneate	ATO·AG	1
1-氨基四唑-5-酮	1-Aminotetrazol-5-one	ATO	2
1-氨基四唑-5-酮铵盐	Ammonium 1-aminotetrazol-5-oneate	$ATO·NH_3$	3
叠氮化铵	Ammonium azide		4
二硝酰胺铵	Ammonium dinitramide	ADN	5
硝酸铵	Ammonium nitrate	AN	8
高氯酸铵	Ammonium perchlorate	AP	10
苦味酸铵	Ammonium picrate	D炸药	13
偶氮三唑酮	Azotriazolone	AzoTO	15
氧化偶氮三唑酮	Azoxytriazolone	AZTO	16
氯酸钡	Barium chlorate		18
硝酸钡	Barium nitrate	BN	19
高氯酸钡	Barium perchlorate		21
过氧化苯甲酰	Benzoyl peroxide		23
1,1′-二硝氨基-5,5′-联四唑二(氨基胍)盐	Bis(aminoguanidinium) 1,1′-dinitramino-5,5′-bitetrazolate	(AG)2DNABT	24
1,1′-二硝氨基-5,5′-联四唑双(3,4-二氨基-1,2,4-三唑)盐	Bis(3,4-diamino-1,2,4-triazolium) 1,1′-dinitramino-5,5′-bitetrazolate	(DATr)2DNABT	25
双(二氨基脲)1,1′-二硝氨基-5′,5′-联四唑盐	Bis (diaminouronium) 1, 1′ - dinitramino-5,5′-bitetrazolate	(CHZ)2DNABT	26
双(3,5-二硝基-4-氨基吡唑基)甲烷	Bis (3, 5 - dinitro - 4 - aminopyrazolyl) methane	BDNAPM	27
双(2,2-二硝基丙基)乙缩醛	Bis(2,2-dinitropropyl)acetal	BDNPA	29
双(2,2-二硝基丙基)甲缩醛	Bis(2,2-dinitropropyl)formal	BDNPF	30
1,1′-二硝氨基-5,5′-联四唑双胍盐	Bis(guanidinium) 1,1′-dinitramino-5,5′-bitetrazolate)	G2DNABT	31
3,3′-二异噁唑-5,5′-二亚甲基硝酸酯	Bis-isoxazole-bis-methylene dinitrate	BIDN	32

续表

中文名称	英文名称	缩写名称	页码
3,3′二异噁唑4,4′,5,5′四亚甲基硝酸酯	Biisoxazoletetrakis(methyl nitrate)	BITN	34
4,6-二硝氨基-1,3,5-三嗪-2(1H)-酮	Bis(nitramino)triazinone	DNAM	35
2,2,2-双(三硝基乙基)草酸	2,2,2-Bis(trinitroethyl) Oxalate	BTOx	36
5,5′-双(2,4,6-三硝基苯)-2,2′-双(1,3,4-噁二唑)	5,5′-Bis(2,4,6-trinitrophenyl)-2,2′-bi(1,3,4-oxadiazole)	TKX-55	38
双(3,4,5-三硝基吡唑基)甲烷	Bis(3,4,5-trinitropyrazolyl)methane	BTNPM	39
双(三硝基乙基)硝胺	Bis-trinitroethylnitramine	HOX	41
双(三硝基乙基)脲	Bis(trinitroethyl)urea	BTNEU	43
1,3-丁二醇二硝酸酯	Butanediol dinitrate	BTTN,BTN	44
1,2,4-丁三醇三硝酸酯	Butanetriol trinitrate	BuNENA	45
N-丁基-*N*-(2-硝酸酯乙基)硝胺	*N*-Butyl-*N*-(2-nitroxyethyl) nitramine		47
斯蒂芬酸钾钙	Calcium potassium styphnate		49
ε-六硝基六氮杂异伍兹烷	ε-CL-20	HNIW,CL-20	50
5-硝基四唑亚铜	CopperI 5-nitrotetrazolate	DBX-1	52
三聚叠氮氰	Cyanuric triazide	TTA,TAT	53
环三亚甲基三亚硝胺	Cyclotrimethylene trinitrosamine	TMTA	55
二过氧化二丙酮	DADP	DADP	58
3,3′-二氨基-4,4′-氧化偶氮呋咱	3,3′-Diamino-4,4′-azoxyfurazan	DAAF	59
2,6-二氨基-3,5-二硝基吡嗪-1-氧化物	2,6-Diamino-3,5-dinitropyrazine-1-oxide	LLM-105	61
二氨基胍-1-氨基四唑5-酮盐	Diaminoguanidinium 1-aminotetrazol-5-oneate	ATO·DAG	62
3,4-二氨基-1,2,4-三唑1-氨基四唑-5-酮盐	3,4-Diamino-1,2,4-triazolium 1-aminotetrazol-5-oneate	ATO·DAG	63
二(1-氨基-1,2,3-三唑)5,5′-联四唑-1,1′-二羟基盐	Di(1-amino-1,2,3-triazolium) 5,5′-bitetrazole-1,1′-diolate	2ATr. BTO	64
3,4-二氨基-1,2,4-三唑-1-羟基5-氨基-四唑盐	3,4-Diamino-1,2,4-triazolium 1-hydroxyl-5-amino-tetrazolate	DATr. HATZ	65
3,4-二氨基-1,2,4-三唑5-硝氨基-四唑盐	3,4-Diamino-1,2,4-triazolium 5-nitramino-tetrazolate	DATr. NATZ	66
3,4-二氨基-1,2,4-三唑5-硝基-四唑盐	3,4-Diamino-1,2,4-triazolium 5-nitro-tetrazolate	DATr. NTZ	67

续表

中文名称	英文名称	缩写名称	页码
二硝基重氮酚	2-Diazonium-4,6-dinitrophenolate	DDNP	68
二(3,4-二氨基-1,2,4-三唑)5-二硝甲基-四唑盐	Di(3,4-diamino-1,2,4-triazolium) 5-dinitromethyl-tetrazolate	2DATr. DNMZ	70
二(3,4-二氨基-1,2,4-三唑)5-硝氨基-四唑盐	Di(3,4-diamino-1,2,4-triazolium) 5-nitramino-tetrazolate	2DATr. NATZ	71
二乙二醇二硝酸酯	Diethyleneglycol dinitrate	DEGN	72
二甘油四硝酸酯	Diglycerol tetranitrate		74
5,5′-联四唑-1,1′-二氧二羟胺	Dihydroxylammonium 5,5′-bitetrazole-1,1′-dioxide	TKX-50	75
1,1′-二羟基-3,3′-二硝基-5,5′-联-1,2,4-三唑二羟胺盐	Dihydroxylammonium-3,3′-dinitro-5,5′-bis(1,2,4-triazole)-1,1′-diolate	MAD-X1	77
二甲基-2-叠氮乙基胺	2-Dimethylaminoethylazide	DMAZ	78
2,3-二甲基-2,3-二硝基丁烷	2,3-Dimethyl-2,3-dinitrobutane	DMDNB	79
偏二甲肼	Unsymmetrical dimethylhydrazine	UDMH	80
2,4-二硝基苯甲醚	2,4-Dinitroanisole	DNAN	82
4,6-二硝基苯并氧化呋咱	4,6-Dinitrobenzofuroxan	4,6-DNBF	83
2,4-二硝基氯苯	Dinitrochlorobenzene	DNCB	85
2,4-二硝基-2,4-二氮杂戊烷	2,4-Dinitro-2,4-diazapentane	DNDA-5	86
2,4-二硝基-2,4-二氮杂己烷	2,4-Dinitro-2,4-diazahexane	DNDA-6	87
3,5-二硝基-3,5-二氮杂庚烷	3,5-Dinitro-3,5-diazaheptane	DNDA-7	88
二硝基二甲基草酰胺	Dinitrodimethyloxamide		90
二硝基二氧乙基草酰胺二硝酸酯	Dinitrodioxyethyloxamide dinitrate	NENO	91
2,2′-二硝基二苯胺	2,2′-Dinitrodiphenylamine		93
2,4-二硝基二苯胺	2,4-Dinitrodiphenylamine		94
2,4′-二硝基二苯胺	2,4′-Dinitrodiphenylamine		95
2,6-二硝基二苯胺	2,6-Dinitrodiphenylamine		96
4,4′-二硝基二苯胺	4,4′-Dinitrodiphenylamine		97
1,4-二硝基甘脲	1,4-Dinitroglycolurile	DINGU	98
1,5-二硝基萘	1,5-Dinitronaphthalene	1,5-DNN	100
1,8-二硝基萘	1,8-Dinitronaphthalene	1,8-DNN	101
二硝基邻甲酚	Dinitroorthocresol		102
二硝基苯氧基乙基硝酸酯	Dinitrophenoxyethylnitrate	DNPEN	104

续表

中文名称	英文名称	缩写名称	页码
二硝基苯肼	Dinitrophenylhydrazine		105
二硝基苯	Dinitrosobenzene		106
4,10-二硝基-4,10-二氮杂-2,6,8,12-四氧四环十二烷	4,10-Dinitro-2,6,8,12-tetraoxa-4,10-diazaisowurtzitane	TEX	107
2,4-二硝基甲苯	2,4-Dinitrotoluene	2,4-DNT	109
2,6-二硝基甲苯	2,6-Dinitrotoluene	2,6-DNT	111
己二酸二辛酯	Dioctyl Adipate	DOA	112
吉纳	Dioxyethylnitramine dinitrate	DINA	113
二季戊四醇六硝酸酯	Dipentaerythritol hexanitrate	DIPEHN	115
二苯氨甲酸乙酯	Diphenylurethane		116
二苦基脲	Dipicrylurea		118
1,1′-二羟基-5,5′-联四唑-二(氨基脲)盐	Di(semicarbazide) 5,5′-Bitetrazole-1,1′-diolate	2SCZ. BTO	119
赤藓醇四硝酸酯	Erythritol tetranitrate	ETN	120
乙酸乙醇胺	Ethanolamine dinitrate		122
三羟甲基丙烷三硝酸酯	Ethriol Trinitrate		123
乙二胺二硝酸盐	Ethylenediamine dinitrate	EDD	125
乙烯二硝胺	Ethylene dinitramine	EDNA	126
乙二醇二硝酸酯	Ethylene glycol dinitrate	EGDN	129
硝酸乙酯	Ethyl nitrate		131
N-乙基-*N*-(2-硝氧乙基)硝胺	*N*-Ethyl-*N*-(2-nitroxyethyl) nitramine	EtNENA	132
乙基苦味酸	Ethyl picrate		133
2,4,6-三硝基苯基乙基硝胺	Ethyltetryl		134
1,1-二氨基-2,2-二硝基乙烯	FOX-7	FOX-7	136
N-脒基脲二硝酰胺盐	FOX-12	FOX-12	138
甘油乙酸酯二硝酸酯	Glycerol acetate dinitrate		141
甘油 1,3-二硝酸酯	Glycerol 1,3-dinitrate		142
甘油 1,2-二硝酸酯	Glycerol 1,2-dinitrate		143
甘油-2,4-二硝基苯基醚二硝酸酯	Glycerol-2,4-dinitrophenyl ether dinitrate		144
甘油硝基乳酸酯二硝酸酯	Glycerol nitrolactate dinitrate		145

续表

中文名称	英文名称	缩写名称	页码
甘油三硝基苯醚二硝酸酯	Glycerol trinitrophenyl ether dinitrate		146
聚叠氮缩水甘油醚	Glycidyl azide polymer	GAP	147
1-氨基四唑-5-酮胍盐	Guanidinium 1-aminotetrazol-5-oneate	ATO·G	149
硝酸胍	Guanidinium nitrate		150
高氯酸胍	Guanidinium perchlorate		152
苦味酸胍	Guanidinium picrate		155
N-(2,4,6三硝基苯基-*N*-硝氨基)-三羟甲基甲烷三硝酸酯	Heptryl		157
六亚甲基四胺二硝酸盐	Hexamethylenetetramine dinitrate		158
六硝基偶氮苯	Hexanitroazobenzene		159
2,4,6,2′,4′,6′-六硝基联苯	2,4,6,2′,4′,6′-Hexanitrobiphenyl	HNB	161
2,4,6,2′,4′,6′-六硝基二苯胺	2,4,6,2′,4′,6′-Hexanitrodiphenylamine	HNDP	162
六硝基二苯基氨基乙基硝酸酯	Hexanitrodiphenylaminoethyl nitrate	HNDPO	164
六硝基二苯基甘油单硝酸酯	Hexanitrodiphenylglycerol mononitrate	DIPS	165
2,4,6,2′,4′,6′-六硝基苯基醚	2,4,6,2′,4′,6′-Hexanitrodiphenyl Oxide	DIPSO	166
2,4,6,2′,4′,6′-六硝基二苯基硫醚	2,4,6,2′,4′,6′-Hexanitrodiphenylsulfide		167
2,4,6,2′,4′,6′-六硝基二苯基砜	2,4,6,2′,4′,6′-Hexanitrodiphenylsulfone		169
六硝基乙烷	Hexanitroethane	HNE	170
六硝基二苯基草酸胺	Hexanitrooxanilide	HNO	172
六硝基芪	Hexanitrostilbene	HNS	173
黑索今	Hexogen	RDX	176
六亚甲基三过氧化二胺	HMTD	HMTD	184
肼	Hydrazine		186
1,1′-二羟基-5,5′-联四唑肼盐	Hydrazinium 5,5′-bitetrazole-1,1′-diolate	HA. BTO	188
硝酸肼	Hydrazinium nitrate		189
硝仿肼	Hydrazinium nitroformate	HNF	191
高氯酸肼	Hydrazinium perchlorate		193
二(5-硝氨基-四唑)-3-肼基-4-氨基-1H-1,2,4-三唑盐	3-Hydrazinium-4-amino-1H-1,2,4-triazolium di(5-nitramino-tetrazolate)	HATr. 2NATZ	195

续表

中文名称	英文名称	缩写名称	页码
二(5-硝基-四唑)-3-肼基-4-氨基-1H-1,2,4-三唑盐	3-Hydrazinium-4-amino-1H-1,2,4-triazolium di(5-nitro-tetrazolate)	HATr. 2NTZ	196
1H,1′H-5,5′-双四唑′3-肼基-4-氨基-1H-1,2,4-三唑盐	3-Hydrazinium-4-amino-1H-1,2,4-triazolium 1H,1′H-5,5′-bitetrazole-1,1′-diolate	HATr. BTO	197
硝基四唑-3-肼基-4-氨基-1H-1,2,4-三唑盐	3-Hydrazinium-4-amino-1H-1,2,4-triazolium Nitrotetrazolate	HATr. NTZ	198
1,1′-二羟基-5,5′-偶氮四唑二(3-肼基-4-氨基-2H-1,2,4-三唑)盐	3-Hydrazino-4-amino-2H-1,2,4-triazolium 1H,1′H-5,5′-azotetrazole-1,1′-diolate	2HATr. Dhazo	199
异山梨醇二硝酸酯	Isosorbitol dinitrate		200
叠氮化铅	Lead azide	LA	202
斯蒂酚酸铅	Lead styphnate	LS	204
甘露醇六硝酸酯	D-Mannitol hexanitrate	MHN	206
雷汞	Mercury fulminate		207
硝基氨基胍	Nitroaminoguanidine	NAGu	210
硝化纤维素	Nitrocellulose	NC	211
硝基乙烷	Nitroethane		214
硝基乙基丙二醇二硝酸酯	Nitroethylpropanediol dinitrate		215
硝化甘油	Nitroglycerine	NG	216
硝基缩水甘油	Nitroglycide		220
硝化甘醇	Nitroglycol	EGDN	221
硝基胍	Nitroguanidine	NQ	222
硝基异丁基甘油三硝酸酯	Nitroisobutylglycerol trinitrate	NIBTN	225
硝基甲烷	Nitromethane	NM	227
硝基甲基丙二醇二硝酸酯	Nitromethyl propanediol dinitrate	NIGBKDN	229
2-硝基甲苯	2-Nitrotoluene	2-MNT	230
3-硝基甲苯	3-Nitrotoluene	3-MNT	231
4-硝基甲苯	4-Nitrotoluene	4-MNT	232
3-硝基-1,2,4-三唑-5-酮	3-Nitro-1,2,4-triazole-5-one	NTO	233
硝基脲	Nitrourea		235
八硝基立方烷	Octanitrocubane	ONC	238
奥克托今	Octogen	β-HMX	240
季戊四醇三硝酸酯	Pentaerythritol trinitrate	PETRIN	247

续表

中文名称	英文名称	缩写名称	页码
太安	PETN	PETN	248
苦氨酸	Picramic acid		257
苦味酸	Picric acid	PA	259
聚-3-叠氮基甲基-3-甲基-氧杂环丁烷	Poly-3-azidomethyl-3-methyl-oxetane	Poly-AMMO	261
聚-3,3-双-(叠氮基甲基)-氧杂环丁烷	Poly-3,3-bis-(azidomethyl)-oxetane	Poly-BAMO	263
聚缩水甘油硝酸酯	PolyGLYN	PolyGLYN	264
聚三硝基苯	Polynitropolyphenylene	PNP	265
聚乙烯醇硝酸酯	Polyvinyl nitrate	PVN	266
氯酸钾	Potassium chlorate		268
二硝酰胺钾	Potassium dinitramide	KDN	269
1,1′-二硝基氨基-5,5′-联四唑钾盐	Potassium 1,1′-dinitramino-5,5′-bistetrazolate	K2DNABT	271
二硝基苯并氧化呋咱钾	Potassium dinitrobenzfuroxan	KDNBF	272
5,7-二硝基-4-氧-[2,1,3]-苯并噁二唑钾-3-氧化物	Potassium 5,7-dinitro-[2,1,3]-benzoxadiazol-4-olate 3-oxide	KDNP	274
硝酸钾	Potassium nitrate		275
高氯酸钾	Potassium perchlorate	PYX	277
丙二醇二硝酸酯	Propyleneglycol dinitrate		279
硝酸丙酯	Propyl nitrate		280
2,6-二苦氨基-3,5-二硝基吡啶	PYX		281
叠氮化银	Silver azide		283
雷酸银	Silver fulminate		285
氯酸钠	Sodium chlorate		286
硝酸钠	Sodium nitrate	SN	288
高氯酸钠	Sodium perchlorate		290
硝酸锶	Strontium nitrate		291
2,4,6-三硝基间苯二酚(斯蒂酚酸)	Styphnic acid	TNR	293
四硝基二苯并-1,3a,4,6a-四氮杂戊搭烯	Tacot	Tacot	296
三过氧化三丙酮	TATP	TATP	297

续表

中文名称	英文名称	缩写名称	页码
四胺-顺式-双(5-硝基-2H-四唑)钴(Ⅲ)高氯酸盐	Tetraamine-cis-bis(5-nitro-2H-tetrazolato) cobalt(Ⅲ) perchlorate	BNCP	300
四甲基硝酸铵	Tetramethylammonium nitrate	TeMeAN	301
四羟甲基环戊酮四硝酸酯	Tetramethylolcyclopentanone tetranitrate	FIVONITE	302
2,3,4,6-四硝基苯胺	2,3,4,6-Tetranitroaniline	TNA	304
四硝基咔唑	Tetranitrocarbazole	TNC	306
四硝基甘脲	Tetranitroglycolurile	TNGU	307
四硝基甲烷	Tetranitromethane	TNM	308
四硝基萘	Tetranitronaphthalene	TNN	311
四氮烯	Tetrazene		312
1-[(2E)-3-(1H-四唑-5-基)三氮-2-烯-1-亚基]甲烷二胺	1-[(2E)-3-(1H-Tetrazol-5-yl)triaz-2-en-1-ylidene]methanediamine	MTX-1	314
特屈儿	Tetryl		315
1-氨基三唑-5-酮-三氨基胍盐	Triaminoguanidinium 1-aminotetrazol-5-oneate	ATO·TAG	322
三氨基硝酸胍	Triaminoguanidinium nitrate	TATB	323
1,3,5-三氨基-2,4,6-三硝基苯	1,3,5-Triamino-2,4,6-trinitrobenzene		325
1,3,5-三叠氮-2,4,6-三硝基苯	1,3,5-Triazido-2,4,6-trinitrobenzene	TATNB	329
二缩三乙二醇二硝酸酯	Triethyleneglycol dinitrate	TEGN	331
三-(2,2,2-三硝基乙基)氧基甲烷	2,2,2-Trinitroethyl formate	TNEF	332
2,2,2-三硝基乙基-硝氨基甲酸酯	2,2,2-Trinitroethyl nitrocarbamate	$TNC-NO_2$	333
硝酸三甲铵	Trimethylammonium nitrate	TMAN	335
1,3-丙二醇二硝酸酯	Trimethyleneglycol dinitrate		336
三硝基苯胺	Trinitroaniline	TNA	337
三硝基茴香醚	Trinitroanisole	TNAN	339
三硝基氮杂环丁烷	Trinitroazetidine	TNAZ	341
三硝基苯	Trinitrobenzene	TNB	344
三硝基苯甲酸	Trinitrobenzoic acid	TNBA	347
三硝基氯苯	Trinitrochlorobenzene	TNCr	348

续表

中文名称	英文名称	缩写名称	页码
三硝基甲酚	2,4,6-Trinitrocresol		350
三硝基甲烷	Trinitromethane		352
三硝基萘	Trinitronaphthalene		353
三硝基苯氧基乙基硝酸酯	Trinitrophenoxyethyl nitrate	TNPON	355
2,4,6-三硝基苯基硝基氨基乙基硝酸酯	2,4,6-Trinitrophenylnitraminoethyl Nitrate	Pentryl	356
三硝基吡啶	Trinitropyridine	TNPy	358
三硝基吡啶-*N*-氧化物	Trinitropyridine-*N*-oxide	TNPyOx	359
三硝基甲苯	2,4,6-Trinitrotoluene	TNT	361
三硝基二甲苯	Trinitroxylene	TNX	370
三季戊四醇辛酸硝酸酯	Tripentaerythritol octanitrate	TPEON	372
硝酸脲	Uronium nitrate	UN	374
乌洛托品二硝酸盐	Urotropinium dinitrate	UDN	376

内容简介

本书是一部系统介绍含能化合物相关参数的手册,系统全面介绍了200多种含能化合物的化学式、简称、物理化学性能、感度、热性能、爆轰参数和晶胞参数等信息。书中不仅包含广为熟知且正在使用的含能化合物,还囊括了大量性能优异的新型含能化合物。

本书可作为含能材料配方设计和应用研究人员的参考手册,也可作为大学生和研究生的参考书。